高等职业教育系列教材

办公自动化教程

（Windows 7+Office 2010）

主编　吴春兰　田　红
参编　段小焕　张士辉
主审　严　玮

机械工业出版社

本书根据作者多年办公软件教学经验编写，内容既考虑了现代无纸化办公的特征，又考虑了办公软件的通用性，从办公自动化的实际应用出发，采用模块化的编写模式，以理论指导实践，以实践推动理论，理实结合、循序渐进，符合学生的认知规律。本书共6个模块，内容包括高效办公基础知识、个人计算机管理——Windows 7操作、Internet基础与简单应用、Word 2010办公实战、Excel 2010办公应用和PowerPoint 2010商务应用。

本书适合高职高专和成人教育各专业公共基础课教学，也可以作为从事办公自动化行业人员的参考资料和企事业单位办公人员计算机应用的培训教材。

本书配套授课电子课件，需要的教师可登录www.cmpedu.com免费注册、审核通过后下载，或联系编辑索取（QQ：1239258369，电话：010-88379739）。

图书在版编目（CIP）数据

办公自动化教程：Windows 7+Office 2010/吴春兰，田红主编．—北京：机械工业出版社，2014.10（2022.10重印）
高等职业教育系列教材
ISBN 978-7-111-48208-6

Ⅰ.①办…　Ⅱ.①吴…　②田…　Ⅲ.①Windows操作系统-高等职业教育-教材　②办公自动化-应用软件-高等职业教育-教材　Ⅳ.①TP316.7　②TP317.1

中国版本图书馆CIP数据核字（2014）第232218号

机械工业出版社（北京市百万庄大街22号　邮政编码100037）
责任编辑：鹿　征
责任校对：张艳霞
责任印制：郜　敏
北京富资园科技发展有限公司印刷

2022年10月第1版·第12次印刷
184mm×260mm·17.75印张·427千字
标准书号：ISBN 978-7-111-48208-6
定价：49.00元

电话服务
客服电话：010-88361066
010-88379833
010-68326294

网络服务
机　工　官　网：www.cmpbook.com
机　工　官　博：weibo.com/cmp1952
金　书　网：www.golden-book.com
机工教育服务网：www.cmpedu.com

高等职业教育系列教材计算机专业编委会成员名单

出版说明

《国家职业教育改革实施方案》（又称“职教20条”）指出：到2022年，职业院校教学条件基本达标，一大批普通本科高等学校向应用型转变，建设50所高水平高等职业学校和150个骨干专业（群）；建成覆盖大部分行业领域、具有国际先进水平的中国职业教育标准体系；从2019年开始，在职业院校、应用型本科高校启动“学历证书+若干职业技能等级证书”制度试点（即1+X证书制度试点）工作。在此背景下，机械工业出版社组织国内80余所职业院校（其中大部分院校入选“双高”计划）的院校领导和骨干教师展开专业和课程建设研讨，以适应新时代职业教育发展要求和教学需求为目标，规划并出版了“高等职业教育系列教材”丛书。

该系列教材以岗位需求为导向，涵盖计算机、电子、自动化和机电等专业，由院校和企业合作开发，多由具有丰富教学经验和实践经验的“双师型”教师编写，并邀请专家审定大纲和审读书稿，致力于打造充分适应新时代职业教育教学模式、满足职业院校教学改革和专业建设需求、体现工学结合特点的精品化教材。

归纳起来，本系列教材具有以下特点：

1）充分体现规划性和系统性。系列教材由机械工业出版社发起，定期组织相关领域专家、院校领导、骨干教师和企业代表召开编委会年会和专业研讨会，在研究专业和课程建设的基础上，规划教材选题，审定教材大纲，组织人员编写，并经专家审核后出版。整个教材开发过程以质量为先，严谨高效，为建立高质量、高水平的专业教材体系奠定了基础。

2）工学结合，围绕学生职业技能设计教材内容和编写形式。基础课程教材在保持扎实理论基础的同时，增加实训、习题、知识拓展以及立体化配套资源；专业课程教材突出理论和实践相统一，注重以企业真实生产项目、典型工作任务、案例等为载体组织教学单元，采用项目导向、任务驱动等编写模式，强调实践性。

3）教材内容科学先进，教材编排展现力强。系列教材紧随技术和经济的发展而更新，及时将新知识、新技术、新工艺和新案例等引入教材；同时注重吸收最新的教学理念，并积极支持新专业的教材建设。教材编排注重图、文、表并茂，生动活泼，形式新颖；名称、名词、术语等均符合国家有关技术质量标准和规范。

4）注重立体化资源建设。系列教材针对部分课程特点，力求通过随书二维码等形式，将教学视频、仿真动画、案例拓展、习题试卷及解答等教学资源融入到教材中，使学生学习课上课下相结合，为高素质技能型人才的培养提供更多的教学手段。

由于我国高等职业教育改革和发展的速度很快，加之我们的水平和经验有限，因此在教材的编写和出版过程中难免出现疏漏。恳请使用本系列教材的师生及时向我们反馈相关信息，以利于我们今后不断提高教材的出版质量，为广大师生提供更多、更适用的教材。

机械工业出版社

前　言

计算机以及计算机网络正在改变着人们学习、工作和生活的方式，推动着经济的发展和社会的进步。计算机已经成为办公自动化最基本的工具，越来越多的办公人员已经认识到学会使用计算机的重要性。掌握现代信息技术的基础知识和具有熟练的计算机操作技能，更是大学生应该具备的最基本的素质。本书的编写目的正是为了提高读者自动化办公的能力。

目前与办公软件相关的书籍比较多，采用案例编写的教程也很多，但使用的案例与实际的联系往往不够紧密，读者学习了这些案例后，不知道应用到什么场合，甚至到了写论文或材料时，还是不会排版、自动生成目录等。本书试图改变现有教材的编写思路和编写方法，从学习、工作、生活中遇到的实际问题出发，以学习、工作、生活中常用的文档编辑和排版、数据处理分析、演示文稿的制作为主线，采用来自工作和生活中的项目，如文书的编辑处理、自荐书制作、宣传单的制作、毕业论文的排版、工作证的制作、学生成绩单统计分析、工资条的生成、企业宣传演示文稿的制作等，将基本知识和基本技能融合到实际应用中。

本书具有以下三大特点：

（1）快：任务驱动，快速上手

本书精选了多个源于实际工作的典型办公应用案例进行讲解，每个案例在制作前都会给出重点、难点及制作要求，并进行制作分析，让读者做到“心中有数”，便于快速上手。每个案例都有一个完整的任务，通过学习和总结，不仅可以应用于实际工作中，还能达到举一反三的目的。

（2）易：情景教学，容易学会

本书在选用案例时，注重情景设计，以便于教师进行“情景教学”，从而激发学生的学习兴趣，充分发挥学生的主体作用，达到更好的学习效果。

（3）通：经验之谈，打通关节

本书在讲解过程中穿插了“知识补充”和“提示”等小栏目，介绍了办公软件应用的心得体会和职场感悟。同时，部分操作性强的章节还精心设计了“拓展训练”，打通理论知识与工作实践的环节，培养读者办公自动化的能力，以切实提升工作效率。

本书体系合理、概念准确、内容通俗、条理清晰，既有理论讲解又有实际操作，既包含办公软件和网络办公的应用，又包括办公设备的使用。本书采用“主要知识点 + 实训项目”的流程来介绍各部分内容，提高了本书的实用性和可操作性。本书共分 6 个模块，主要内容为高效办公基础知识、个人计算机管理——Windows 7 操作、Internet 基础与简单应用、Word 2010 办公实战、Excel 2010 办公应用和 PowerPoint 2010 商务应用。在教学中，教师可按模块分单元进行教学，建议学时分配如下：

模　　块	学　　时
模块 1　高效办公基础知识	8
模块 2　个人计算机管理——Windows 7 操作	4
模块 3　Internet 基础与简单应用	4
模块 4　Word 2010 办公实战	16
模块 5　Excel 2010 办公应用	16
模块 6　PowerPoint 2010 商务应用	12
合　　计	60

本书编者都是多年从事教学的一线教师，并负责或跟踪学生顶岗实习工作，书中的内容都是他们长期教学经验的积累。在编写过程中，教研室其他教师也给予了大力支持和帮助，并提供了相关的参考资料，在此表示衷心感谢。

由于编写时间仓促，尽管经过了反复修改，但书中难免有欠妥和不足之处，敬请广大读者提出宝贵意见。

编　者

目　　录

模块1　高效办公基础知识

本章要点

- 了解办公自动化的基本概念。
- 熟练掌握常用办公设备的使用。
- 规范英文打字。
- 规范数字键盘录入。
- 规范中文打字。

1.1　办公自动化概述

办公自动化是一门技术，也是一项系统工程，随着技术的发展而发展，随着人们办公的方式、习惯和思想的变化而变化。实现办公自动化可提高工作效率、节约办公资源。本节主要介绍办公自动化的基本概念和办公自动化的发展。

1.1.1　办公自动化的基本概念

1. 什么是办公自动化

办公自动化（Office Automation，OA）这一概念是由美国通用汽车公司的 D. S. Harte（哈特）于1936年首先提出的。20世纪70年代美国麻省理工学院教授 M. C. Zisman（季斯曼）为办公自动化下了一个较为完整的定义："办公自动化就是将计算机技术、通信技术、系统科学及行为科学应用传统的数据处理难以处理的数量庞大且结构不明确的、包括非数值型的信息的办公事务进行处理的一项综合技术。"

我国办公自动化在20世纪80年代中期才发展起来。1985年全国召开了第一次办公自动化规划会议，会议对我国办公自动化建设进行了规划。与会的专家、学者们综合了国内外的各种意见，将办公自动化定义为："办公自动化是利用先进的科学技术，不断使人的部分办公业务活动物化于人之外的各种设备中，并由这些设备与办公室人员构成服务于某种目标的人机信息处理系统，其目的是尽可能充分地利用信息资源，提高生产率、工作效率和质量，辅助决策，求得更好的效果，以达到既定（即经济、政治、军事或其他方面的）目标"。办公自动化的核心任务是为各领域各层次的办公人员提供所需的信息。1986年5月在国务院电子振兴领导小组办公自动化专家组第一次会议上，定义了办公自动化系统的功能层次和结构。随后国务院率先开发了"中南海办公自动化系统"。

20世纪90年代以后，网络的发展不仅为办公自动化提供了信息交流的手段与技术支持，更使办公活动跨时空的信息采集、信息处理与利用成为可能，为办公自动化赋予了新的内涵和应用空间，并提出了新的问题与要求。

办公自动化是将现代化办公及计算机网络功能结合起来的一种新型的办公方式，是当前新技术革命中一个非常活跃和具有很强生命力的技术应用领域，是信息化社会的产物。通过网络，组织机构内部的人员可以跨时间、地点协同工作。通过 OA 系统的交换式网络应用，使信息传递更加快捷和方便，从而实现了高效率办公。

鉴于上述情况，在 2000 年 11 月召开的办公自动化国际学术研讨会上，专家们建议将办公自动化（OA）更名为办公信息系统（Office Information Systems，OIS），他们认为办公信息系统是以计算机科学、信息科学、地理空间科学、行为科学和网络通信技术等为支撑，以提高专项和综合业务水平和辅助决策效果为目的的综合性人机信息处理系统。

总之，办公自动化的概念将随外部环境、支撑技术以及人们观念的不断发展而逐渐演变，并不断充实和完善。

2. 办公自动化的层次

从广义上讲，OA 应该是一个单位所有信息处理的集合。它一般可分为 3 个层次：事务处理型、管理控制型、辅助决策型。面对不同层次的使用者，OA 会有不同的功能表现。

（1）事务处理型

事务处理型是最基本的应用，包括文字处理、日程安排、行文管理、电子邮件处理、人事管理、工资管理以及其他事务管理。该层次的 OA 主要是业务处理系统，它为办公人员提供良好的办公手段和环境，使办公人员可以准确、高效、愉快地工作。

（2）管理控制型

管理控制型为中间层，它包含事务处理型，是支持各种办公事务处理活动的办公系统与支持管理控制活动的管理信息系统相结合的办公系统。该层次的 OA 主要是管理信息系统，它利用各业务管理环节提供的基础数据，提炼出有用的管理信息，把握业务进程，降低经营风险，提高经营效率，如超市结算系统、书店销售系统和图书馆管理系统等。

（3）辅助决策型

辅助决策型为最上层的应用，它以事务处理型和管理控制型办公系统的大量数据为基础，同时又以其自有的决策模型为支持，该层次的 OA 主要是决策支持系统，它运用科学的数学模型，以单位内部或外部的信息为条件，为单位领导提供决策参考和依据，如医院的专家诊断系统等。

3. 办公自动化系统的功能

（1）办公自动化系统的基本功能

从外在形式上看，办公自动化系统的基本功能包括 8 个方面，见表 1–1。

表 1–1　办公自动化系统的基本功能

序号	功　能	解　　释
1	公文管理	包括公文的收发、起草、传阅、批办、签批、下发、催办、归档、查询、统计等基本功能，初步实现公文处理的网络化、自动化和无纸化
2	会议管理	包括会议计划、通知、组织、纪要、归档、查询、统计等功能和会议室管理功能，使会议通知、协调、安排都能在网络环境下实现
3	部门事务管理	包括部门值班、休假安排、工作计划、工作总结、部门活动
4	个人办公管理	包括通信录、日程、个人物品管理等
5	领导日程管理	包括为领导提供日程或活动的设计与安排等

（续）

序号	功　　能	解　　释
6	文档资料管理	包括文档资料的立卷、借阅、统计等
7	人员权限管理	包括人员的权限、角色、口令、授权等
8	业务信息管理	包括人事、财务、销售、库存、供应以及其他业务信息的管理等

（2）办公自动化系统的集成化功能

在目前的技术支持下，办公自动化系统的建设就是要创造一个集成的办公环境，是所有的办公人员都能在同一个桌面环境下一起工作。具体来说，一个完整的办公自动化系统应实现以下7个方面的功能。

1）内部通信平台的建立。建立单位的内部邮件系统，使单位内部的通信和信息交流快捷通畅。

2）信息发布平台的建立。在单位内部建立一个有效的信息发布和交流场所，如电子公告、电子论坛或电子刊物，使内部的规章制度、新闻简报、技术交流、公告事项等能够在单位内部员工之间得到广泛的传播，从而使员工能够及时了解单位的发展状态。

3）工作流程的自动化。工作流程自动化包括流转过程的实时监控和跟踪，解决多岗位、多部门之间的协同工作问题，实现高效率的协作。例如，公文的处理、收发、审批、请示、汇报等流程化的工作，通过实现工作流程的自动化，规范各项工作，提高单位协同工作的效率。

4）文档管理的自动化。文档管理的自动化可以使各类文档按权限进行保存、共享和使用，并可进行快速查找。办公自动化使各类文档实现电子化，通过电子文件柜的形式实现文档的保管，办公人员可按权限进行使用和共享。实现办公自动化以后，如果单位来了一位新员工，管理员只要分配给他一个用户名和口令，他就能上网查看到单位的各种规章制度和相关技术文件，可以减少很多培训环节。

5）辅助办公。辅助办公涉及很多内容，如会议管理、车辆管理、物品管理、图书管理等各种辅助办公的日常事务性工作，都可以实现办公自动化。

6）信息集成。每个单位都存在大量的业务系统，如购销存、ERP（Enterprise Resource Planning，企业资源计划）等各种业务系统，如果实现办公自动化系统与业务系统的集成，可使相关人员能够有效地获得整体信息，提高整体的反应速度和决策能力。

7）分布式办公的实现。分布式办公就是要实现多分支机构、跨地域的办公模式以及移动办公。就目前情况来看，随着单位规模越来越大，地域分布越来越广，移动办公和跨地域办公已成为一种迫切的需求。

1.1.2　办公自动化系统组成

1. 办公自动化系统组成要素

一个完整的办公自动化系统涉及4个要素：办公人员、办公信息、办公流程和办公设备。

（1）办公人员

办公人员包括高层领导，中层干部等管理决策人员，秘书、通信员等办公室工作人员，以及系统管理员、硬件维护人员和录入员等其他人员。这些人应当具有现代化的思想，掌握一定的科学技术知识、管理知识与业务技能。他们的自身素质、业务水平、敬业精神、对系统的使用水平和了解程度等，对系统的运行效率乃至项目成败有非常重要的影响。

（2）办公信息

办公信息是各类办公活动的处理对象和工作成果，办公在一定意义上讲就是处理信息。办公信息覆盖面广，按照其用途，可分为经济信息、社会信息、历史信息等；按照其发生源，可分为内部信息和外部信息；按照其形态，有各种文书、文件、报表等文字信息，电话、录音等语音信息，图表、手迹等图像信息，统计数字等数据信息。各类信息对不同的办公活动提供不同的支持，它们可以为事务工作提供基础，为研究工作提供素材，为管理工作提供服务，为决策工作提供依据。

OA 系统要辅助各种形态办公信息的收集、输入、处理、存储、交换、输出乃至全过程，因此，对于办公信息的外部特征、办公信息的存储与显示格式、不同层次的办公需要与使用信息的特点等方面的研究，是组建 OA 系统的基础工作。

（3）办公流程

办公流程是有关办公业务处理、办公过程和办公人员管理的规章制度和管理规则，它是设计 OA 系统的依据之一。办公流程的科学化、系统化和规范化，将使办公活动更易实现自动化。应该注意的是，OA 系统往往要模拟具体的办公过程，因此办公流程或者组织机构的某些变化必然会导致系统的变化，同时，在新系统运行之后，也会出现一些新要求、新规定和新的处理方法，这就要求办公自动化系统与现行办公流程之间要有过渡和切换。

（4）办公设备

办公设备包括传统的办公用品和现代化的办公设备，是决定办公质量的物质基础。传统的办公用品以笔、墨、纸、砚文房四宝为主；现代化的办公设备包括计算机、打印机、扫描仪、电话机、传真机、复印机等。办公自动化环境要求办公设备主要以现代化设备为主，办公设备的水平与成熟程度，直接影响 OA 系统的应用与普及。

2. 办公自动化系统的处理环节

一般来说，一个较完整的办公自动化系统，应当包括信息输入、信息处理、信息反馈、信息输出 4 个环节，这 4 个环节组成一个有机的整体。无论是传统的办公系统还是自动化办公系统，整个办公活动的工作流程如图 1-1 所示。

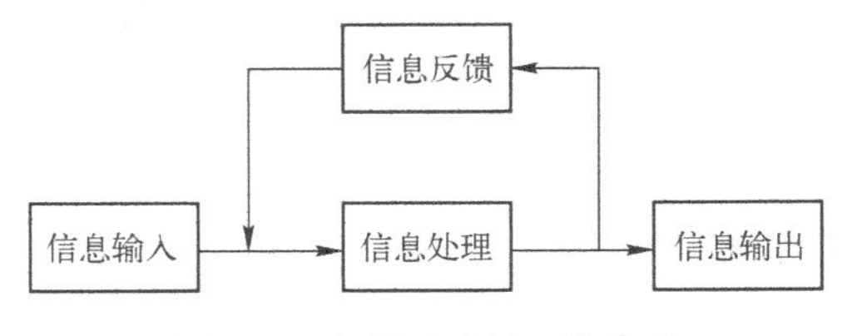

图 1-1 办公活动的工作流程

图中箭头的指向表示信息流的方向。输入的办公信息主要有文稿、报表等文字信息，电话、录音等语音信息，图表、手迹等图像信息，统计数字等数据信息；输出的是编辑排版好的文件、表格、报表、图表等有用信息。在办公自动化系统中，信息处理的工具主要是计算机、打印机、复印机和传真机等，信息存储介质是磁盘、磁带、光盘和缩微胶片等。信息反馈是指处理过的信息需要再次处理。

办公自动化系统综合体现了人、机器、信息资源之间的关系。信息是被加工的对象，机器是加工信息的工具，人是加工过程中的设计者、指挥者和成果的享用者。

3. 办公自动化的主要技术

现代的办公自动化系统，是综合运用信息技术、通信技术和管理科学的系统，是向集成化、智能化方向不断发展的系统。从其处理技术来看，它包括以下几个方面的内容。

（1）公文电子处理技术

公文电子处理是指使用计算机，借助文字处理软件和其他软件，自动地产生、编辑与存储文件，并实现各办公室之间文件的传递，其核心部件是文字处理软件。文字处理技术包括文字的输入、编辑、排版以及存储、输出等基本功能。

（2）电子表格和数据处理技术

在一般办公室环境下，许多工作都可用二维表来表示，如财务计算、统计计算、通讯录、日程表等。计算机电子表格处理软件提供了强大的表格处理功能。而数据处理是通过数据库软件建立的各类管理信息系统或其他应用程序来实现的，包括对办公中所需大量数据信息的存储、计算、排序、查询、汇总、制表和编排等。

（3）电子报表技术

电子报表技术就是将手工报表的处理转化为计算机处理的技术。目前，有许多电子报表软件（如本书后续章节介绍的 Excel），可以使复杂而烦琐的报表处理变得容易，并且由计算机处理的报表能生成各种图表，可达到清晰、美观的效果。

（4）语音和图形图像处理技术

语音处理技术是指计算机对人的语言声音的处理，从应用角度来看，主要包括语音合成和语音识别技术。图形图像处理技术是指图形图像的生成（绘制）、编辑和修改，图形图像与文字的混合排版、定位与输出等技术。

（5）电子邮件技术

电子邮件技术是以计算机网络为基础的信件通信系统，它将声音、数据、文字、图形、图像等进行组合，并通过网络快速传递到异地的技术。

（6）电子会议技术

电子会议技术是指在现代化通信手段和各种现代电子设备的支持下，在本地或异地举行会议的技术。它使用先进的计算机工作站和网络通信技术，使多个办公室的工作台构成同步会议系统，代替一些面对面的会议，包括电话会议、电视会议和网络视频会议 3 种。电子会议免除了不必要的交通费用，减少了会议开支，缩短了与会时间，大大提高了工作效率，是目前现代决策和信息交流必不可少的手段。特别是网络视频会议，随着网络速度的不断加快，在一些政府机关、大型集团公司、跨国企业得到了充分运用。

（7）信息检索与传输技术

利用计算机可以方便地进行信息检索与传输，输入要检索的信息名称，或者是信息名中一个或几个关键字就可以顺利地找到资料。任何一台计算机都可以通过电话线、网线、通信卫星等设施或者无线方式与世界各地的计算机相连，这使信息检索的应用扩展到了全世界。

当然，办公自动化能完成的工作还很多，更完备的办公自动化系统还应包括管理信息系统和决策支持系统的功能。

1.1.3 办公自动化的发展

办公自动化技术与其他技术一样，都有一个产生和发展的过程，其发展的核心动力是人们对办公效率提高的需要。本节主要介绍办公自动化的起源、现代办公技术设备的发展、办公自动化的发展趋势以及我国办公自动化的发展过程与现状。

1. 办公自动化的起源

美国是最先将计算机系统引入办公领域的国家。20 世纪 60 年代初，美国 IBM 公司生产了一种半自动化的打字机，且具有编辑功能，它是现代文字处理机的早期产品。不久，IBM 公司就用文字处理机实现了文书起草、编辑、修改和打印工作的处理，从而揭开了办公自动化的序幕。

到 20 世纪 80 年代初，由于微电子技术的迅速发展，并与光机技术结合，产生了适合办公需要的电子计算机、通信设备及各类办公设备，为办公自动化的实现提供了物质上的可能。许多体积小、功能全、操作方便的微型计算机出现以后，才使得计算机真正成为办公工具。随着微型计算机的不断改进，办公自动化的进程也大大加快，并形成了新型的综合学科——办公自动化。

20 世纪 80 ~ 90 年代，办公自动化系统开始在世界各国得到较快的发展，美、日、英、德等国是较早实现办公自动化的国家。目前，这些国家的办公自动化正向着更高的阶段迈进。

2. 现代办公技术设备的发展

从世界范围来看，尽管各个国家情况有所不同，但办公自动化的发展过程在技术设备的使用上大都经历了单机设备、局部网络、一体化、全面实现办公自动化 4 个阶段。美国是推行办公自动化最早的国家，下面以其为例来说明现代办公技术设备的发展历程。

（1）单机设备阶段（1975 年以前）

办公自动化在该阶段主要是在计算机上进行单项数据处理，如工资结算、统计报表、档案检索、档案管理、文书写作等，使用的设备有小型机、微机、复印机、传真机等，用于完成单项办公室事务的自动化。在此阶段，计算机只是在局部代替办公人员的手工劳动，使部分办公室工作效率有所提高，但并未引起办公室工作性质的根本改变。这时的办公自动化可以称为“秘书级别”。

（2）局部网络阶段（1975 ~ 1982 年）

在该阶段，办公自动化主要设备的使用在单机应用的基础上，以单位为中心向单位内联及发展，建立了局部网络。局部网络的功能相当于一台小型机、中型机，甚至大型机。一个局部网络中可以连接几台、几十台甚至上千台微型计算机。网络里的计算机以双重身份工作，既可以像没有连接网络一样单独工作，又可以作为网络中的一部分参与网络办公工作。应用局部网络，可以实现网络中的资源共享，使得办公中的关键办公业务实现了自动化。这时的办公自动化可以称为“主任级别”。

（3）一体化阶段（1983 ~ 1990 年）

在该阶段，办公自动化设备使用由局部网络向跨单位、跨地区联机系统发展。把一个地区、几十个地区，乃至全国的局部网络连接起来，就形成了庞大的计算机网络。采用系统综合设备，如多功能工作站、电子邮政、综合数据通信网等，可以实现更大范围的资源共享，实现全面的办公业务综合管理自动化。1984 年，美国康涅狄格州哈特福特市一幢旧金融大厦改建为“都市办公大楼（City Place Building）”，用计算机统一控制空调、电梯、供电配电、防火防盗系统，并为客户提供语音通信、文字处理、电子邮政、市场行情查询、情报资料检索、科学计算等多方面的服务，成为公认的世界上第一幢智能大厦。这一阶段已经是办公自动化的较高级阶段，此时办公自动化进入了“经理（决策）级别”。

（4）全面实现办公自动化阶段（1990 年至今）

办公自动化在该阶段以互联网为手段，信息资源在世界范围内共享，将世界变成地球村。1993 年 9 月，时任美国总统克林顿代表美国政府正式宣布了“国家信息基础设施（NII）”计划，该计划以光纤网技术为先导，谋求实现政府机关、科研院所、学校、企业、商店乃至家庭之间的多媒体信息传输，使得办公系统与其他信息系统结合在一起，形成一个高度自动化、综合化、智能化的办公环境。内部网可以和其他局域或广域网相连，以获取外部信息源产生的各种信息，更有效地满足高层办公人员、专业人员的信息需求，从而达到辅助决策的目的。

在该阶段，人们在办公室中可以看到许多现代化的办公设备，如各类计算机、可视电子业务通信设备、综合信息数字网络系统、多功能自动复印机、传真机、电子会议室等。利用计算机以及由计算机控制的各类现代化办公设备，即可迅速处理大量的办公信息。

3. 办公自动化的发展趋势

随着各种技术的不断进步，办公自动化的未来发展趋势将体现以下几个特点。

（1）办公环境网络化

完备的办公自动化系统能够把多种办公设备连接成局域网，进而通过公共通信网或专用网连接成广域网，通过广域网可连接到地球上的任何角落，从而使办公人员真正做到“秀才不出门，尽知天下事”。

（2）办公操作无纸化

办公环境的网络化使得跨部门的连续作业免去了介质载体的传统传递方式。采用无纸办公，可以节省纸张，更重要的是速度快、准确度高、便于文档的编排和复用，非常符合电子商务和电子政府的办公需要。

（3）办公服务无人化

无人办公适用于办公流程及作业内容相对稳定，内容比较枯燥，易疲劳，易出错，劳动量较重的工作。如自动存取款的银行业务、夜间传真及电子邮件自动收发等工作。

（4）办公业务集成化

许多单位的办公自动化系统最初往往是单机运行，各个部门分别开发自己的应用系统。在这种情况下，由于所采用的软、硬件可能出自多家厂商，因此各系统的软件功能、数据结构、界面等也会有所不同。随着业务的发展、信息的交流，人们对办公业务集成性的要求将会越来越高，主要体现在 4 个方面：一是网络的集成，即实现异构系统下的数据传输，这是整个系统集成的基础；二是应用程序的集成，以实现不同的应用程序在同一环境下运行和同一应用程序在不同节点下运行；三是数据的集成，不仅包括相互交换数据，而且要实现数据的相互操作和解决数据语义的异构问题，真正实现数据共享；四是界面的集成，就是要实现不同系统下操作环境和操作界面的一致性。

（5）办公设备移动化

人们可通过便携式办公自动化设备，如笔记本电脑通过电话线或无线接入，轻而易举地与“总部”相连，完成信息交换、传达指令、汇报工作，利用移动存储设备可以将大量数据轻易地移动到别处。1995 年，IBM 公司开始一项“移动办公计划”，亚洲地区的日本、韩国、新加坡和中国的 IBM 分公司都先后实现了这一计划。1997 年，IBM 中国公司广州分公司在中国率先实现了“移动办公”。据 IBM 韩国分公司统计，推行移动办公后，员工与客户直接接触的时间增加了 40%，有 63.7% 的客户对服务表示更加满意，而公司也节省了 43% 的空间。

（6）办公思想协同化

从 20 世纪 90 年代末期开始，协同办公管理思想开始兴起，旨在实现项目团队的协同、部门之间的协同、业务流程与办公流程的协同、跨越时空的协同，主要侧重和关注知识、信息与资源的分享。这是今后办公自动化的一大发展方向。

（7）办公信息多媒体化

多媒体技术在办公自动化中的应用，使人们处理信息的手段和内容更加丰富，数字、文字、图形图像、音频及视频等各种信息载体均能使用计算机进行处理，更加适应并支持人们以视觉、听觉、感觉等多种方式获取及处理信息的方式。目前，人事档案库中增添个人照片，历史档案材料的光盘存储等就是办公信息多媒体化的典型应用。

（8）办公管理知识化

知识管理的优势在于注重知识的收集、积累与继承，最终目标实现政府、机关、企业及员工的协同发展，而不是关注办公事务本身与单位本身的短期利益。只有实现单位的发展，员工才有发展空间；只有实现员工的发展，单位的发展才有潜力。而“知识管理”正是实现两者协同发展的桥梁。

（9）办公系统智能化

给机器赋予人的智能，一直是人类的一个梦想。人工智能是当前计算机技术研究的前沿课题，也取得了一些成果。这些成果虽然还远未达到让机器像人一样思考、工作的程度，但已经可以在很多方面对办公活动给予辅助。办公系统智能化的广义理解可以包括：手写输入、语音识别、基于自然语言的人机界面、多语互译、基于自学习的专家系统以及各种类型的智能设备等。

综上所述，办公自动化技术的发展前景是广阔而美好的。办公自动化技术能让人从繁重、枯燥、重复性的劳动中解放出来，使人们有更多的精力和时间去研究思考更重要的问题，最终把办公活动变成一个思考型而非专业型的活动。

4. 我国办公自动化的发展过程与现状

（1）我国办公自动化的发展过程

我国办公自动化起源于 20 世纪 80 年代初政府的公文和文档管理，发展过程可以概括为以下 3 个阶段。

1）启蒙动员阶段（1985 年以前）。我国的办公自动化从 20 世纪 80 年代初进入启蒙阶段，1983 年国家开始大力推行计算机在办公中的应用，通过一个时期的积累，成立了我国办公自动化专业领导组，它负责制定我国的办公自动化发展规划，并从硬件、软件建设上进行宏观指导。当时计算机汉字信息处理技术实现突破性发展，为OA系统在我国的普及铺平了道路。我国在该阶段通过试点，建立了一些有效的办公自动化系统。1985年，我国制定了办公自动化的发展目标及远期规划，确定了有关政策，为全国OA系统的初创与发展奠定了基础。

2）初见成效阶段（1986～1990年）。20世纪80年代末，我国大力发展办公自动化。这个阶段我国建立了一批能体现国家实力的国家级办公自动化系统，在各个省、市、县、区的领导部门，建立了一批有一定水平的办公自动化系统，同时做了一定的标准化工作，为建立自上而下的网络办公自动化系统打下了良好的基础。1987年10月，上海市政府办公信息自动化管理系统（SOIS）通过鉴定并取得了良好的效果，在全国具有一定的示范性。

在这一阶段，我国的单位应用水平已接近国外单位应用水平。但此时国内通信设施还比较落后、网络水平较低，国家开始对全国的通信网络进行全面改造。

3）快速发展阶段（1990年以后）。进入20世纪90年代，随着网络技术、数据库技术的广泛应用，国内经济的飞速发展，以及政府管理职能的扩大和优化，政府和企业对办公自动化产品的需求快速增长。这时，办公自动化开始进入一个快速的发展阶段，我国OA系统发展呈现网络化、综合化的趋势。该阶段我国OA发展有两大群体：一个是国家投资建设的经济、科技、银行、铁路、交通、气象、邮电、电力、能源、军事、公安及国家高层领导机关共12类大型信息管理系统，体系较为完整，具有一定规模。其中，由国务院办公厅秘书局主办的“全国行政首脑机关办公决策服务系统”于1992年启动，以国办的计算机主系统为核心节点，覆盖全国省级和国务院主要部门的办公机构，已经取得了很大的进展，到1997年底已初步实现全国行政首脑机关的办公自动化、信息资源化、传输网络化和管理科学化。另一个群体是各企业、各部门自行开发的或者是一些软件公司推出的商品化的OA软件。这些软件系统是根据用户的具体需求开发的，往往侧重于某几个主要功能，或者适用于某种规模，或者满足某些特殊需要，所以其功能比较完善，并能较好地满足用户的实际需要，在一些中、小型单位具有较大的市场。

办公自动化发展到今天，它的定义已由原来简单的公文处理扩展到整个企事业单位的信息交换平台，并实现了与系统支持平台的无关性，其功能已有极大的飞跃。然而，随着计算机技术水平的不断提高和用户的不断增长，我国办公自动化的道路还很漫长。

（2）我国办公自动化现状

我国办公自动化建设经历了一个较长的发展阶段，目前各单位的办公自动化程度相差较大，大致可以划分为以下4类。

1）起步较慢，还停留在使用没有联网的计算机的阶段，使用Microsoft Office系列、WPS系列应用软件以提高个人办公效率。

2）已经建立了自己的Intranet（企业内部网），但没有好的应用系统支持协同工作，仍然是个人办公。网络处在闲置状态，单位的投资没有产生应有的效益。

3）已经建立了自己的Intranet，单位内部员工通过电子邮件交流信息，实现了有限的协同工作，但产生的效益不明显。

4）已经建立了自己的Intranet；使用经二次开发的通用办公自动化系统，能较好地支持信息共享和协同工作，与外界的联系畅通，通过Intranet发布、宣传单位的有关情况，Intranet网络已经对单位的管理产生明显效益。现在正着手开发或已经在使用针对业务定制的综合办公自动化系统，实现科学的管理和决策，增强单位竞争能力。

目前，构筑单位内部的 Intranet 平台，实现办公自动化，进而实现电子商务或电子政务已成为众多单位的当务之急。设计信息系统方案、添置硬件设备、建设网络平台、选择应用软件也成为每个企事业单位领导和信息主管日常工作的重要组成部分。

（3）影响我国办公自动化发展的原因

纵观我国办公自动化系统的发展，经历了和发达国家类似的过程。目前，影响系统发展的主要因素有以下几个方面：

1）基础设施建设尚不完善。

应用办公自动化产品的多数单位的计算机和网络基础设施建设尚不完善，仅仅依靠独立的个人计算机完成简单的文字处理和表格处理，或者利用网络进行简单的邮件交换，并不能大幅度提高用户的工作效率。

2）系统的安全性难以令人满意。

自从第一台计算机诞生以来，安全就成了阻碍计算机应用的一个重要因素，尤其是在网络时代，Intranet 的不断发展也为系统的安全带来了隐患。对于办公系统来说，由于传输、处理、存储的信息具有很高的价值和保密性，往往成为黑客和病毒攻击的目标，直接与 Intranet 相连的办公系统的安全难以保障。

3）与办公自动化相适应的规章制度不健全。

办公自动化系统不同于一般管理软件，它处理的电子化公文存在法律效力的问题，目前国内尚无这方面的立法规定。同时，单位内部也没有建立和完善相应的规章制度保证办公系统的正常运行。在运用软件进行管理的过程中，必须建立一种责任和制度对人的行为进行管理。

4）落后的管理模式与先进的计算机网络化管理不相适应。

单位投入大量资金实现办公自动化，但如果管理人员和办公人员的计算机水平较低，使用计算机的热情不高，网络管理混乱，基础数据不完整，则必然造成办公自动化效果不明显。办公过程中引入计算机管理系统，必然会对现行的体制产生影响，一部分管理和办公人员产生疑问和抵触情绪，将会妨碍现在办公管理系统的应用。

5）领导的重视和工作人员的支持不够。

在目前形势下，由于机关和企业办公自动化负责人没有真正获得应有的权利和信任，既要面对单位领导的直接领导，又要面临基层部门的阻力，从而导致办公自动化系统无法更好地实施。因此，办公自动化的实施必须取得领导的重视和和工作人员的支持。

6）软件应用相对滞后于硬件平台。

过去，许多企业开发的办公软件功能过于单一，长期以来成熟的办公自动化软件产品还主要是以文字、表格处理为主，没有将用户其他方面的需求，尤其是其业务处理的需求结合到办公自动化系统中。软件应用相对滞后于硬件平台，导致企业无法很好地开展办公自动化。

7）不能慎重选择适合自身条件的设备、软件和服务厂商。

每个单位都有自己的特殊之处，适用于其他单位的软件不一定适合自己。然而，一些单位在实施办公自动化之初，没有对单位需求进行分析和设计、没有对各种系统进行咨询和考察，不慎重选择与单位条件相适应的结构、设备、软件系统和能及时提供服务支持的厂商，结果造成软件应用过于庞大，功能与单位需求不符，尽管硬件系统比较完善，但仍使办公自动化在实际应用中效果不明显。

近几年，随着计算机技术尤其是网络技术、通信技术、数据库技术、多媒体技术、虚拟实现技术等的飞速发展和应用，我国办公自动化技术的发展也呈现出新的景象。目前，我国办公自动化发展已进入黄金时代。

1.1.4 现代化的办公环境

行政办公需要一定的办公设施，包括各种硬件环境和软件环境。只有在这些办公环境的支持下，才能更好地做好行政工作。

1. 行政办公的硬件环境

行政办公的硬件环境即通常使用的各种办公设备，如桌椅、电话机、传真机、计算机和打印机等，各种设备均有不可代替的作用。

办公基础设施包括基本的桌椅、档案柜、文件夹等。由于行政办公的特殊性，还经常需要接待客户、领导以及其他员工，所以接待品也不可缺少，规模大的公司会有专门的接待室，室内摆放沙发和茶几等。如图 1-2 所示为整齐的办公设施及摆放文件的文件柜。

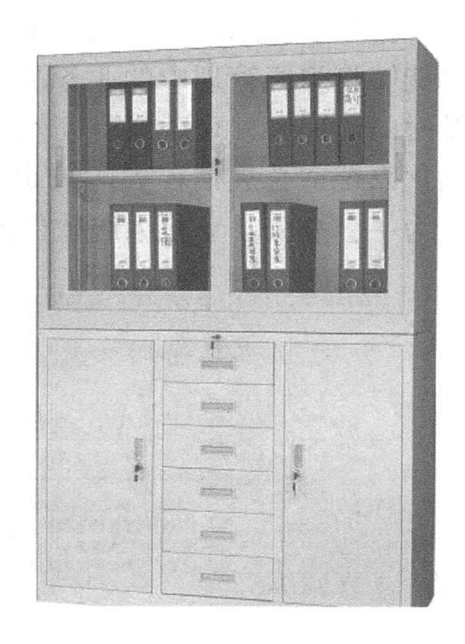

图 1-2　办公基础设施

现代办公与传统的办公相比，最大区别就是融入了现代化的科技成果，淘汰了传统的手写、珠算、信函等方式，继而以电话交流、传真传递纸质文件、计算机录入和计算、打印机打印文件等方式代替了传统的方法，大大提高了工作效率。

所以，现代办公需要配备这些常用的办公设备，如图 1-3 所示为现代化办公不可缺少的计算机。

图 1-3　计算机

2. 行政办公的软件环境

具备了办公的硬件设备，还需要软件系统来支持，如电话系统的通信畅通、办公软件是否齐全、整个办公环境是否安全等。

（1）网络的接入

要实现现代化的办公，网络的接入是前提条件。办公网络包括电话网、宽带等，这些网络可以实现与外界沟通和交流，同时也方便公司内部各部门之间的协作。

通常一个稳定的办公环境需要有稳定的电话和传真系统，尽管现在移动电话已经很普遍，但还是有必要接入固定的电话网络。另外，宽带的接入也是现代化办公所必需的服务，只有接入了这些网络，才能真正实现现代化办公。

（2）计算机系统和办公软件

计算机是目前使用最广泛也是必需的办公设备，几乎所有组织和单位都已使用计算机办公。要用计算机进行办公，需要有完整的计算机系统，并安装相应的办公软件。

一般购买的计算机中已安装了操作计算机所必需的操作系统，不需用户自行安装。但要利用计算机完成各种工作，还需要在操作系统中安装不同的办公软件。通常用作行政办公的计算机，可安装 Office 系列的办公软件，而其他用途的计算机，可安装专门的软件，如财务软件、销售系统软件等。

（3）办公自动化系统

办公自动化系统是一整套的办公软件集合，可以通过网络将整个公司的计算机连接起来，能够将组织管理中的业务活动、管理活动及活动产生的信息在组织、部门和个人之间进行及时的沟通和处理，具有高效、有序、可控、全程共享等特点，最终实现整体协作。办公自动化系统适合规模较大的组织和企业，通过它还可以实现跨地域的高效办公。如图 1-4 所示为一套办公自动化系统软件的管理界面。

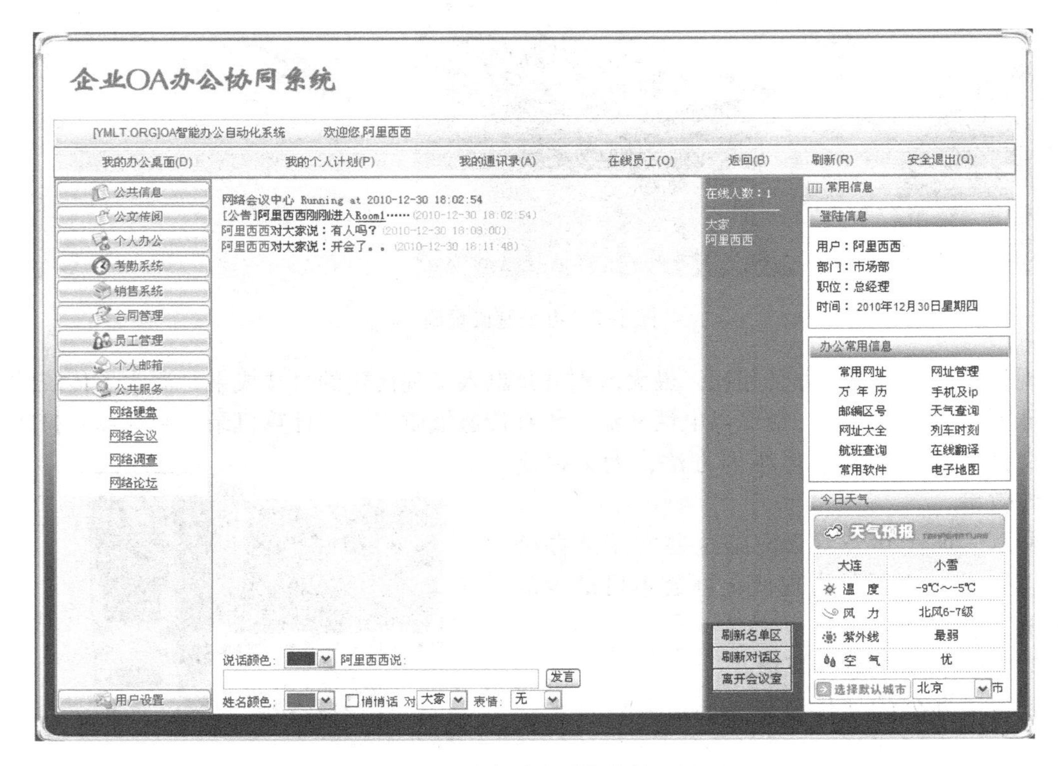

图 1-4　办公自动化系统的管理界面

（4）保证计算机系统的安全

对于办公计算机，最大的威胁不是计算机损坏，而是被病毒和黑客侵袭。由于计算机中一些数据非常重要，一旦损坏或泄漏，可能会对整个组织造成重大损失。

对于计算机的安全不容忽视，首先要养成及时备份数据的习惯，经常将重要的数据备份到其他计算机或移动硬盘、U 盘中，并且在计算机中安装安全防护软件，防止病毒和黑客的入侵。

（5）行政办公与 Word

对于行政文秘来说，做得最多的事情就是起草和编辑办公文档，但现代化的办公并不需要使用纸笔来做，而是直接在计算机中便可完成。但是要制作出规范、美观的办公文档，还需要专业的工具，Word 就是专门为办公设计的一款文档编辑工具，使用它可以依据用户的需要设置各种格式的文本和页面。

在行政办公的过程中，经常会使用 Word 制作各种正式文书及其他办公文档，常见的如通知、公告、会议纪要、调查报告、劳动合同、招聘启事和邀请函等。

（6）行政办公与 Excel

在办公时难免会处理很多复杂的数据，如果使用人工在大量的数据中查找某些数据，或需要对大量数据进行统计和分析，这将是一件繁重而伤神的事情。然而，使用 Excel 电子表格工具，可快速地对数据进行查找、分析和统计，从而提高工作效率。

Excel 在行政办公中的使用非常广泛，可以说 Excel 和 Word 是行政办公的左膀右臂，在现代化的办公中，使用这两款软件可以完成大部分行政办公工作。通常使用 Excel 制作各种带有大量数据的表格，其最大的特点是编辑表格和数据处理分析。常见的 Excel 在行政办公方面的应用有人事资料表、工资表、考勤表、绩效考核表、生产统计表、销售统计表以及各种数据分析图表等。

1.1.5 实训项目　规范英文打字

[任务预览]

小王初进公司，担任文秘工作，需要将公司与外商会淡的内容整理成稿，打印后交领导审阅。由于没有经过正规的中英文录入训练，小王的录入速度并不快，而且录入的错误率较高，很难胜任工作。因此，公司给小王三个月的时间，要求小王英文录入速度达到 120 字符/min，并且正确率达到 98% 以上。

[任务分析]

英文字符的录入训练包括以下几方面：

- 掌握正确的指法和坐姿。
- 基本键位的录入训练。
- 手指控制键位的训练。
- 英文单词的录入训练。
- 英文文章的录入训练。

[操作步骤]

1. 掌握指法训练的基本要领

（1）认识键盘

整个键盘分为 5 个小区，上面的一行是功能键区和状态指示区，下面的 5 行是主键盘区、编辑键区和辅助键区，如图 1–5 所示。

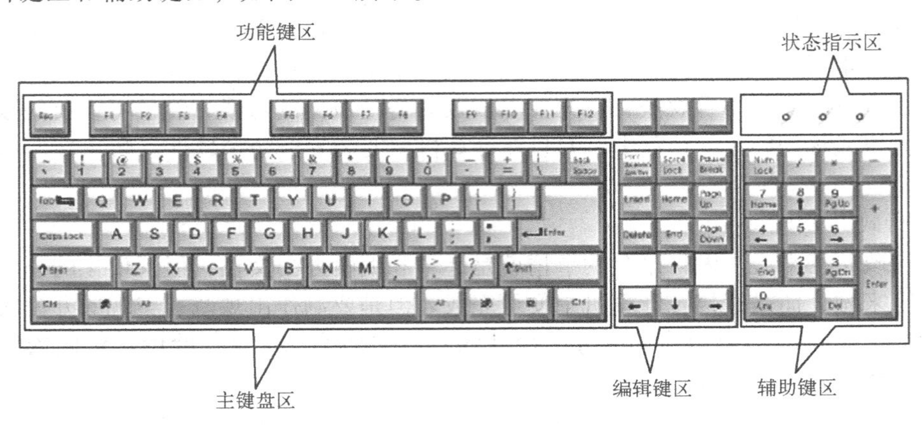

图 1–5　键盘

（2）基本键位

准备打字时，除拇指外其余的 8 个手指分别放在基本键上，十指分工，包键到指，分工明确。F、J 两个键上各有一个横杠，用来确定基本键的位置，称为基准键，如图 1–6 所示。

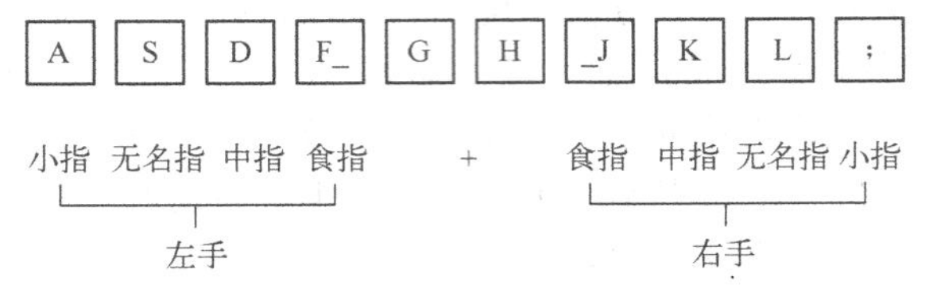

图 1–6　手指基本键位

（3）手指分工

每个手指除了指定的基本键外，还负责其他的键位，称为它的范围键，如图 1–7 所示。

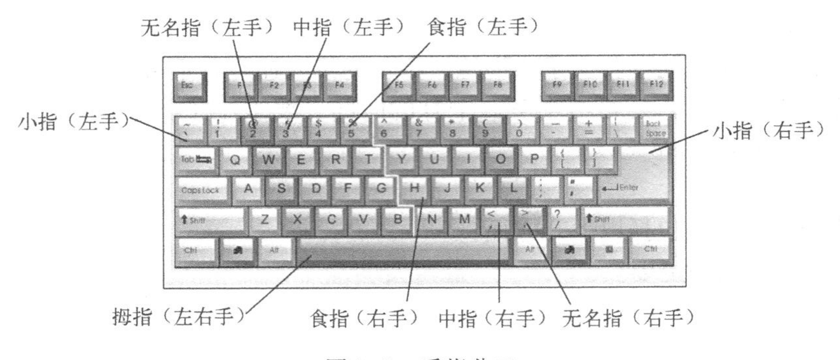

图 1–7　手指分工

（4）正确坐姿

开始打字之前一定要端正坐姿。如果坐姿不正确，不但会影响打字速度，而且还很容易疲劳。正确的坐姿应该是：

- 两脚平放，腰部挺直，两臂自然下垂，两肘贴于腋边；
- 身体略倾斜，离键盘的距离约为 20 ~ 30 cm；

- 打字教材或文稿放在键盘的左边；或用专用夹，夹在显示器旁边。打字时眼观文稿，身体不要跟着倾斜，如图 1-8 所示。

（5）击键方法

击键前，双手轻轻地放在基本键位上，拇指放在空格键上，手腕平直，除大拇指外的其他 4 个指头呈 90°弯曲状，胳膊尽量保持不动。

击键时，用手指指头击键，击键动作要轻快干脆，要有节奏和弹性，而且只有要击键的手指才可伸出击键，各手指要严格按照分工在规定的区域内活动，不能变换。

击键后，手指要迅速回到相应的基本键位，准备下一次击键。

2. 英文字符的录入训练

1）启动金山打字通。双击桌面上的图标，系统将会出现“金山打字通”主界面，如图 1-9所示。

图 1-8　打字标准坐姿

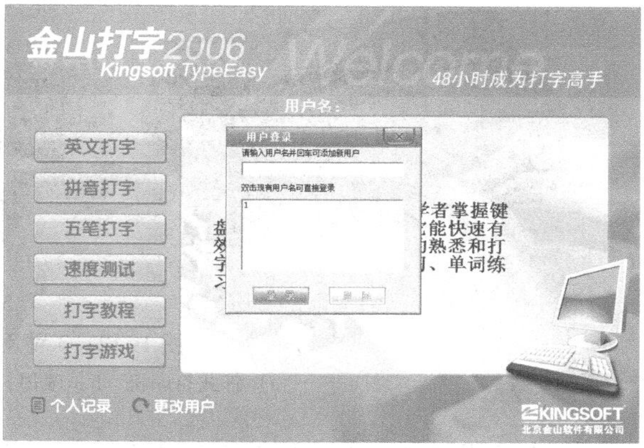

图 1-9　“金山打字通”主界面

2）进入英文打字练习窗口，如图 1-10 所示。

3）课程选择。在初级训练界面中，单击“课程选择”按钮，系统会弹出如图 1-11 所示的“课程选择”对话框。

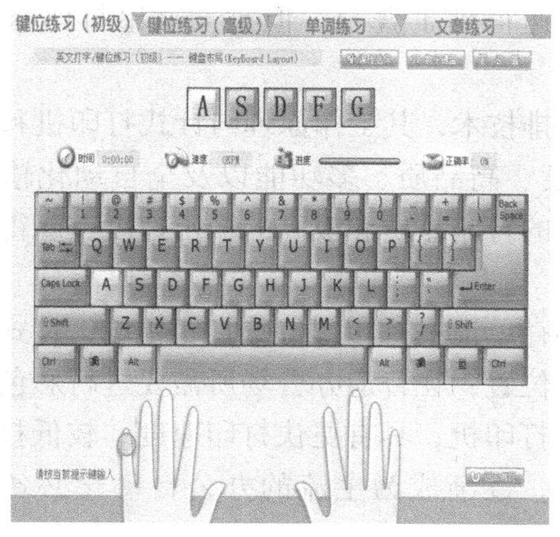

图 1-10　英文打字练习窗口

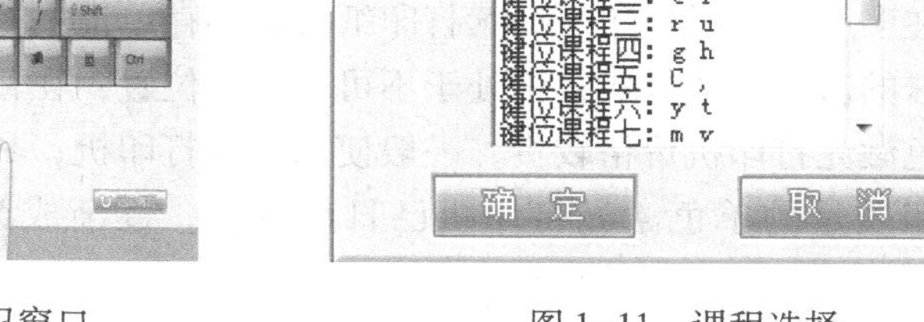

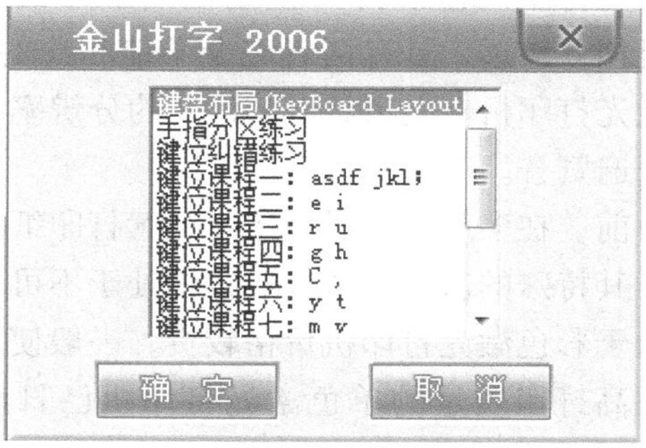

图 1-11　课程选择

4）英文练习。

1.2 常用办公设备的使用

1.2.1 打印机的使用

打印机是办公自动化中重要的输出设备之一，用户可以利用打印机把制作的各种类型的文档适时地输出到纸张或有关介质上，从而便于在不同场合传送、阅读和保存。

1. 打印机的概述

办公常用的打印机按照工作方式划分，可分为针式打印机、喷墨打印机和激光打印机。如图 1-12 所示。

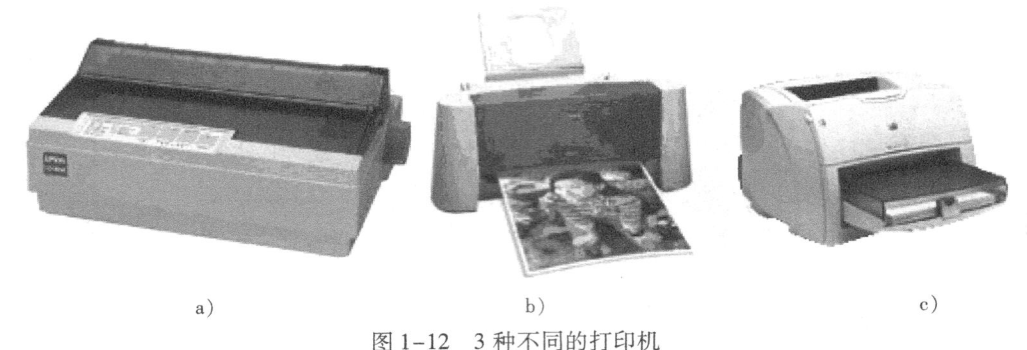

a)　　b)　　c)

图 1-12　3 种不同的打印机

a）针式打印机　b）喷墨打印机　c）激光打印机

针式打印机是一种典型的击打式点阵打印机，曾在很长一段时间内作为打印机主流产品占据市场，由于其纸张适应性好、运行成本低廉、易于维护，适合环境和打印质量要求不太高的场合。但是，针式打印机打印分辨率低、噪声大、速度较慢且价格较高。

喷墨打印机是一种利用静电技术，把墨水喷到纸张上形成点阵字符或图像的打印机，喷墨打印机具有结构简单、工作噪声低、体积小、价格低、能进行彩色打印、打印质量接近于激光打印机等诸多优点，逐步受到用户青睐，迅速得到了普及。但是，喷墨打印机耗材（墨盒）较贵，打印速度慢，对打印环境要求较高。

激光打印机起源于 20 世纪 80 年代末的激光照排技术，其工作原理与针式打印机和喷墨打印机相差甚远，具有两者完全不能相比的高速度、高品质、多功能以及全自动化输出性能。激光打印机一上市就以其优异的分辨率、良好的打印品质和极高的输出速度，赢得了用户的普遍赞誉。

目前，在多层压感纸打印、连续打印纸打印和存单证书打印等特殊打印领域，针式打印机由于其特殊的击打工作方式，仍处于不可替代的位置；在普通办公场所需要进行彩色打印时，由于彩色激光打印机价格较贵，一般使用喷墨打印机；具有更快打印速度、较低打印噪声和很高打印质量的单色激光打印机已日趋普及，逐渐成为主流的办公自动化必备设备之一。

2. 激光打印机

激光打印机分为单色激光打印机、彩色激光打印机和网络激光打印机 3 种。

（1）单色激光打印机

单色激光打印机是一类标准分辨率在600 dpi（点/in），打印速率为15 ppm（页/min）以下，纸张处理能力一般为A4幅面，价格在1000～3000元，打印自动化程度高，应用十分广泛的打印机，其打印品质和速度完全可以满足一般办公中的文字处理需求。

（2）彩色激光打印机

彩色激光打印机配置更高，标准分辨率在600 dpi（点/in）以上，打印速度为8 ppm（页/min）左右，纸张输出基本在A3以下，价格在4000～8000元，适应于彩色输出专业人员或办公室的需要。彩色激光打印机与单色激光打印机相比，除了打印输出拥有极其艳丽的色彩之外，性能也更强大；而与彩色喷墨打印机相比，在打印的色彩品质、打印速度、功能等方面有明显提高，耗材及管理等方面也要优越得多。

（3）网络激光打印机

网络激光打印机都有标准的自适应网卡接口，从而实现了可直接获取网络数据，同时配以相应的功能强大的软件控制，具有高速度、高分辨率、高品质和高度网络化管理等特点，使其不仅可以轻松实现网络化打印，而且打印性能更加卓越。

3. 单色激光打印机的使用

（1）打印机指示灯的含义

指示灯可以引导操作者进行正确的操作，以HP LaserJet P1566打印机为例，指示灯在不同状态下对应不同操作，指示灯状态可分为熄灭状态、发亮状态、闪烁状态等。

（2）选择纸张或其他介质输出通道

具体操作步骤如下：

1）将送纸道手柄置于上方位置，以使用纸张输出盒。这样，各张介质将按正确顺序堆放。

2）将送纸道手柄置于下方位置，以使用重磅介质出槽。此直通送纸道是打印明信片、透明胶片、标签、信封和重磅纸（100～157 g/m^2固定重量）的最佳输出选择。

3）在信头和信封上打印。

打印信头和信封时，应尽量使用单页输入槽。放入信头和信封时，应使其打印面朝上，顶部（或左部）朝下。打印信封时，将出纸道手柄置于下方位置，以减少出现起皱和卷曲现象。如果要打印多个信封，可用多页纸输入槽，但应视信封结构和纸张厚度适量放入，一般最多不要超过10张。

4）双面打印。

按正常方式打印第一面。一些办公软件程序，包括了双面打印时的一些有用选项，如只打印“奇数页”或“偶数页”等。打印第二面时，请先冷却并整平纸张后再进行，以获得更好的打印质量。放入纸张时，应确保已打印面朝向打印背面，且纸张顶端向下。

5）在特殊介质上打印。

激光打印机的设计使其可以在多种介质上打印，但在使用除标准纸张以外的其他介质时，必须使这些介质符合打印机指定介质的要求，并在使用时注意以下几点：

- 尽量使用直通送纸道。即单页输入方式，并使出纸道手柄置于下方位置。
- 认真调整导纸板，使输入介质居中。
- 自定义尺寸打印时，不要在宽度小于76.2 mm或长度小于127 mm的介质上打印，并在软件中将边距至少设为6.4 mm。另外要始终以纵向将介质放入打印机，若要横向打印，请从软件中设定。

- 透明胶片打印后，要立即放在平面上冷却。
- 不干胶标签打印时，不要使用与衬纸分开的，或已起皱、损坏的标签，不要将同一张标签多次送入打印机。

（3）在打印机属性窗口中进行恰当设置

激光打印机可以通过打印机属性的相关设置，满足各种打印需要。

1.2.2 扫描仪的使用

扫描仪作为光学、机械、电子、软件应用等技术紧密结合的高科技产品，是继键盘和鼠标之后的又一代主要的计算机输入设备。从最直接的图片、胶片到各类图纸图形以及文稿资料都可以通过扫描仪输入到计算机中，进而实现对这些图像信息的处理、管理、使用、存储和输出。

1. 扫描仪的基本知识

（1）扫描仪的种类

扫描仪的种类有很多，常见的有以下几类：

1）手持式扫描仪。手持式扫描仪是1978年推出的产品，外形很像超市收款员拿在手上使用的条码扫描仪。手持式扫描仪光学分辨率一般为200 dpi，有黑白、灰度、彩色多种类型。

2）小滚筒式扫描仪。小滚筒式扫描仪的光学分辨率一般为300 dpi，有彩色和灰度两种，彩色型号一般为24位彩色。小滚筒式扫描仪是将扫描仪的镜头固定，移动要扫描的物件通过镜头来扫描。因为要扫描的物件必须穿过机器再送出，所以被扫描的原稿或物体不可太厚。

3）平台式扫描仪。平台式扫描仪又称平板式扫描仪或台式扫描仪，是现在的主流。这类扫描仪光学分辨率在300～800 dpi之间，色彩位数从24位到48位，扫描幅面一般为A4或者A3。平板式的好处在于使用方便，只要把扫描仪的上盖打开，不管是书本、报纸、杂志、照片、底片都可以放上去扫描，而且扫描出的效果也是所有常见类型扫描仪中最好的。

其他的还有大幅面扫描用的大幅面扫描仪、笔式扫描仪、条码扫描仪、底片扫描仪和实物扫描仪，另外还有主要用于印刷排版领域的滚筒式扫描仪等。

（2）扫描仪的工作原理

扫描仪是图像信号输入设备，它对原稿进行光学扫描，然后将光学图像传送到光电转换器中变为模拟信号，又将模拟信号变换成为数字信号，最后通过计算机接口送至计算机中。

扫描仪的分辨率要从3个方面来确定：光学部分、硬件部分和软件部分。也就是说，扫描仪的分辨率等于其光学部件的分辨率加上其自身通过硬件及软件进行处理分析所得到的分辨率。光学分辨率是扫描仪的光学部件在每平方英寸面积内所能捕捉到的实际的光点数，是指扫描仪CCD（或者其他光电器件）的物理分辨率，也是扫描仪的真实分辨率，扩充部分的分辨率由硬件和软件联合生成，这个过程是通过计算机对图像进行分析，对空白部分进行数字填充所产生的，该过程也称为插值处理。

2. 扫描仪的安装

下面以型号为 HP Scanjet 2200C 的平台式扫描仪为例，介绍扫描仪的安装和使用。

（1） 硬件安装

扫描仪硬件的安装比较简单，HP Scanjet 2200C 采用 USB 接口方式。安装步骤如下：

1） 从扫描仪底部拔出塑料钥匙，打开扫描仪的固定锁。

2） 连接 USB 电缆。

3） 连接电源线。

硬件安装过程中，系统可能会要求重新启动计算机，遵照执行即可。

（2） 软件安装

将随机光盘插入光驱后，一般会自动打开安装程序向导。如果没有自动打开，可手动运行光盘根目录下的 setup. exe 文件，同样可以进入安装向导窗口。单击“安装软件”按钮，在弹出的安装类型选择窗口中，选择“典型安装”。

单击“下一步”按钮，在弹出的窗口中选择随机提供的两个应用软件。依次单击“下一步”按钮后，开始自动安装所选软件。

软硬件安装完毕后，扫描仪就可以正常使用了。

3. 扫描仪的使用

使用扫描仪时，放置原稿时正面朝下，居中放正，贴紧玻璃板。启动扫描软件，常见的使用方法有：

1） 直接通过扫描仪操作软件启动扫描。

2） 通过操作系统自带的扫描仪应用软件来启动。

3） 通过第三方软件启动，比如 Photoshop 等。

1.2.3 其他办公设备的使用

在日常办公中，有时会使用数码照相机获取图片；使用移动存储设备保存和传递计算机文件；使用光盘刻录机把重要信息刻在光盘上保存文件；使用复印机复印文档；使用传真机远距离传送文件等。本节主要介绍数码照相机、移动存储设备、光盘刻录机、传真机和复印机的使用方法。

1. 数码照相机

（1） 数码照相机的基本知识

使用数码照相机时，一旦按下快门，镜头和 CCD 就完成了相应的感光工作，最后的彩色图像便以压缩图像的格式存放在数码照相机的存储卡中。存储卡是一个专门的压缩芯片（通常采用标准的 JPEG 压缩方法），将原始位图图像压缩到只有原来大小的几十分之一甚至更小，然后存入数码照相机的存储卡中。当存储卡的可用容量不足时，可把存储卡中的照片导出到计算机中然后删除存储卡中的内容或插入另一块存储卡，相当于在胶片照相机中装一个新的胶卷。

大多数数码照相机允许用户设置图像的质量，高质量照片通常可达到 1024 × 768 像素甚至更高。

（2） 数码照相机的使用

1） 数码照相机的拍照方法。

数码照相机的拍照操作和胶片照相机的拍照方法基本一样，不同之处是数码照相机在拍照前要对各项参数进行设置。用数码照相机进行一般的拍照时，使用其出厂默认的参数即可。但高质量的、更具艺术魅力的照片，却是操作技术和艺术素养的有机结合，必须根据个人理解和需要慎重设定各项拍摄参数。

拍摄参数的设置内容有存储模式的选择、自动或手动曝光量选择，以及白平衡和感光度设定等。设定的操作都比较简单，不同的数码照相机其设定方法也不相同，可参考使用手册。

另外，数码照相机快门释放按钮的操作与普通胶片照相机有所不同。对大多数数码照相机而言，操作时需先半按下按钮，等待系统通过反馈电路自动调整焦距和曝光量，锁定后取景器旁边的绿色指示灯会点亮或听到提示音时，再安全按下快门释放按钮，才可完成拍照。

2）数码照相机通过连线向计算机传送数据。

数码照相机的照片是以 0 和 1 来保存数字图像信息的，只有把数码照片传入计算机，才能体现数码相片的价值。

目前，大多数数码照相机都使用标准的 USB 2.0 接口，通过专用的数据线与计算机的 USB 接口连接后，打开照相机，就会在“我的电脑”中发现一个移动存储设备，可以像在两个磁盘之间传递文件一样，把照片文件传送到计算机中。

数码照相机不但可以通过连线向计算机传送数据，还可以通过 PC 卡转接器或磁盘转接器让计算机直接读取存储卡上的数据，除此之外，数码照相机还可以通过转接电缆为专用相机提供数据，从而直接印出照片。

3）数码照相机的日常维护。

数码照相机的日常维护保养一般包括以下内容。

- 存放时：注意防潮、防尘、防高温。温度范围为 -20 ~ 60℃，湿度范围为 10% ~ 90%。
- 清洁时：若使用交流电源转接器，应断开。可用浸过中性洗涤剂或清水并拧干的软布擦拭，然后用干燥的软布擦干。
- 使用时：防止异物（灰尘、雨滴、沙砾等）进入机内，防止受重撞击或振动，不要在暴风雨中或有闪电的室外使用，不要在充满可燃性或爆炸性气体之处使用，不要突然把照相机从热处带入冷处或从冷处带入热处。使用环境温度范围为 0 ~ 40℃，湿度范围为 30% ~ 90%。
- 关于电池：使用照相机规定使用的电池，包括尺寸、容量和化学性质。按电池舱盖指示正确放入电池，不要混用新旧电池或不同类型的电池，也不要使用漏液、膨胀或有其他异常情况的电池。

2. 移动存储设备

移动存储设备主要包括移动硬盘和闪存盘，它们以容量大、速度快、易使用、性能比高和即插即用为主要特点。尤其是近几年出品的计算机大都有前置 USB 接口，为使用这类移动存储设备带来了更大方便。

（1）移动硬盘的安装和使用

移动硬盘是一种磁介质存储设备，存储容量非常大，通常按产品的接口类型分为 USB 1.1、USB 2.0、USB 3.0 和 IEEE 1394 共 4 种，其数据传输速率不同。USB 1.1 的最大传输速率为 12 MB/s，USB 2.0 的最大传输速率理论值为 480 MB/s，USB 3.0 的最大传输速率理论值为 5.0 GB/s，IEEE 1394 接口的最大传输速率为 400 MB/s。

当前被用户广泛使用的移动硬盘基本上都采用 USB 接口。不须手动安装驱动程序，用 USB 电缆连接后，系统会自动载入驱动，直接使用。但部分移动硬盘在某些旧式计算机（特别是笔记本电脑）上使用时，需提供外接电源，一般通过专用的电源连接线从键盘或鼠标接口获得。

（2）闪存盘的安装和使用

闪存盘又称闪存或 U 盘，它利用 Flash 闪存芯片作为存储介质，容量从几百兆字节到几千兆字节等，采用 USB 接口，体积小，使用方便，可通过开关进行写保护，能承受 3 m 以下自由落体的撞击，不易损坏，数据安全。有的闪存盘还可以直接支持 mp3、mp4 播放功能，更使其成为时尚用品。使用时将闪存盘插入计算机的 USB 接口即可被识别。

（3）使用移动硬盘和闪存盘时的注意事项

1）移动硬盘在携带和使用时要注意减振。闪存盘虽然抗振性能较好，但也应避免撞击。

2）在拔掉之前，一定要通过系统的“拔出或弹出硬件”选项先停止设备，然后才可以拔出电缆和设备，否则有可能会导致数据丢失或损坏设备。

（4）拔出闪存盘的操作步骤

在 Windows 7 操作系统下拔出闪存盘的具体操作步骤如下：

1）在任务栏中双击图标（移动存储设备安装后，任务栏中自动出现该图标）。

2）在弹出的“拔出或弹出硬件”对话框中，选中需要停用的 USB 设备后单击“停止”按钮，弹出“停用硬件设备”对话框，单击“确定”按钮即可。

3）关闭“拔出或弹出硬件”对话框，拔掉设备即可。

3. 光盘刻录机

光盘刻录机是一种数据写入设备，它利用激光将数据写到空光盘上从而实现数据的储存。其写入过程可以看做普通光驱读取光盘的逆过程。

（1）光盘刻录机的分类

在计算机上使用的 CD 刻录机或 DVD 刻录机，按接口不同，可分为 IDE 接口、SCCI 接口、USB 接口和 LPT 并行接口刻录机；按放置位置不同，又可分为内置式和外置式刻录机。办公和家庭刻录机大多数是 IDE 接口的内置式刻录机；其次使用较多的是方便携带，易于安装和使用的 USB 接口外置式刻录机，但其速度较慢。SCCI 接口的刻录机数据传输快，性能稳定，但因其价格稍高，并且一般的计算机都没有 SCCI 卡，一般很少使用；LPT 接口的刻录机由于受速度等因素的限制，目前市场已不多见。

（2）光盘刻录机的安装和使用

1）刻录机的安装。

USB 接口刻录机和 IDE 接口刻录机，分别是外置式刻录机和内置式刻录机的典型代表。USB 接口刻录机的安装与其他 USB 设备的安装一样。IDE 接口刻录机的安装与普通内置硬盘的安装一样，只需要设置主从跳线。

2）驱动程序的安装。

刻录机驱动程序是否需要手动安装，要根据使用的刻录机和操作系统而定，一般 IDE

接口的刻录机在 Windows 2000 以上的操作系统上都可以找到。而 USB 接口的刻录机，大多需要手动安装。安装驱动程序均与其他硬件驱动程序的安装方法相同，不再赘述。

安装后，打开“设备管理器”窗口，可看到已安装刻录机的有关信息。

3）刻录软件的安装和使用。

一般在购买刻录机时，都附带有公司自己开发的刻录软件或 OEM 的第三方软件，这里以著名的刻录软件 Nero 为例，讲述一般刻录的过程。

① 安装 Nero – Burning Rom 软件。在执行安装 Nero – Burning Rom 软件的安装程序 Setup. exe 后，依次单击“下一步”按钮，就可以进行安装。

② 使用安装 Nero – Burning Rom 软件刻录光盘。首次执行该软件时，会要求进行合法用户确认，正确输入有关信息，单击“确认”按钮即可。

③ 一般的光盘刻录可以在 Nero – Burning Rom 的刻录精灵引导下进行。刻录时，可以选择“完成后自动关闭计算机”复选框。刻录完毕后，若要保存或打印刻录记录，单击相应的命令按钮即可，否则单击“放弃”按钮，退出刻录精灵。

④ 用户自定义数据盘的刻录，可在刻录精灵的引导下。刻录过程中，显示了如何为自己编辑的光盘命名，以及如何编辑要录入光盘的文件。编辑好后，单击工具栏上的按钮即可。

对于个人创建的数据光盘，也可以继续添加数据，但前提是该光盘在上次刻录时，必须允许可以继续录入。

4. 传真机

（1）传真机简介

传真机是一种应用扫描和光电变换技术，把文件、图表、照片等静止图像转换成电信号，传送到接收端，以记录形式进行复制的通信设备。

传真机能直观、准确地再现真迹，并能传送不易用文字表达的图表和照片，操作简便，随着大规模集成电路、微处理机技术、信号压缩技术的应用，传真机正朝着自动化、数字化、高速、保密和体积小、重量轻的方向发展。

目前市场上常见的传真机按照其工作原理可以分为 4 类：热敏纸传真机（也称为卷筒纸传真机）、热传印式普通纸传真机、激光式普通纸传真机（也称为激光一体机）和喷墨式普通纸传真机（也称为喷墨一体机）。而市场上最常见的是热敏纸传真机和喷墨/激光一体机。

（2）传真机的安装和使用

1）使用前的准备。使用前需仔细阅读使用说明书，正确安装好机器，包括检查电源线是否正常、接地是否良好。机器应避免在有灰尘、高温、日照的环境中使用。

2）芯线。有些传真机的芯线（如松下 V40、松下 V60、夏普 145、夏普 245 等）用的是 4 芯线，而有的用的是 3 芯线，这两种芯线如果连接错误，传真机就无法正常通信。

3）线路通信质量的简单判断。摘机后检查拨号音是否有异常杂音，如听到“滋滋”或“咔咔”声。说明线路通信质量差，进行传真可能会引起文件内容部分丢失、字体压缩或通信线路中断。

4）记录纸的安装。记录纸有传真纸（热敏纸）和普通纸（一般为复印纸）两种。

热敏纸是在基纸上涂上一层化学涂料，常温下无色，受热后变为黑色，所以热敏纸有正反面区别，安装时需依据机器的示意图进行安装。如新机器出现复印全白时，故障原因可能是原稿放反或热敏纸放反了。

而普通纸传真机容易出现卡纸故障，多数是由于纸的质量引起。一般推荐纸张重量为 $80\ g/cm^3$，且要干燥。

5. 复印机

复印技术是将一种媒介上的文字或图像内容转印到其他媒介上的一种技术。1991 年日本佳能公司推出了第一台数码复印机后，其他厂商也在很短的时间内陆续推出了多种型号的数码复印机。

作为技术比较成熟的办公设备，复印机的独立生产厂商也很多。国内经常使用的品牌有：理光（RICOH）、佳能（CANON）、施乐（XEROX）、夏普（SHARP）、美能达（MINOLA）、松下（PANASONIC）、东芝（TOSHIBA）、基士得耶（GESTETNER）等，其中大部分厂商在我国都建有生产基地、如桂林理光、湛江佳能、上海施乐等。

（1）复印机的种类

1）根据复印机工作原理的不同，复印机可分为模拟复印机和数码复印机两种。

2）根据复印机速度不同，复印机可分为低速、中速和高速 3 种。低速复印机每分钟可复印 A4 幅面的文件 10 ~ 30 份，中速复印机每分钟可复印 30 ~ 60 份，高速复印机每分钟可复印 60 份以上。大多数办公场所只配备中速或低速复印机。

3）根据复印幅面不同，复印机可分为普及型复印机和工程复印机两种。一般我们在普通的办公场所看到的复印机均为普及型，也就是复印幅面大小为 A3 ~ A5。工程复印机复印幅面大小为 A2 ~ A0，甚至更大，不过其价格也非常昂贵。

（2）复印机的安装与使用

复印机的安装建议参考随机操作手册，一般需经过以下步骤：

1）检查主机、零部件、消耗材料及备件，确保完整无缺。

2）按照安放要求正确放置主机，并依次安装感光鼓，加入载体及墨粉，安装纸盒和副盘。

3）主机显示及工作状态检查。包括机器各部位有无损伤和变形；各齿轮、带轮和链轮等是否处于正确位置；各按键和机器状态显示是否正常。

4）机器试运行。经过通电、预热，若机器无异常显示或噪声，即可复印。试运行测试的内容包括：原样复印、连续复印、缩放复印、浓淡复印和各送纸盒送纸能力测试等。

5）做好记录。试运行正常后，应装好后挡板和前门，并擦拭机器表面、清理现场，同时填写使用维修卡片，并附上一张复印品，存档备查。

6）安装自选附件。例如自动分页器、自动进稿器等，应按照相应技术材料说明正确安装。

复印机在出厂时都经过严格的测试和检验，用户安装的都是易装卸的大的零部件，操作都很简单，认真按照说明书进行安装，一般都比较顺利。

（3）复印机的使用

常规复印操作的操作步骤如下：

1）放置原稿，正面朝上，按纸张标尺放正。

2）设定缩放尺寸、浓淡程度和复印数量。

3）放入纸张。

4）启动复印。

1.2.4 实训项目　规范数字键盘录入

［任务预览］

在一些特殊行业，对数字键盘的使用非常频繁，如银行、会计工作等，因此小键盘的正确指法也是非常重要的。小张初进银行，担任前台工作，需要与客户打交道。由于没有经过正规的数字录入训练，小张的录入速度并不快，而且录入的错误率较高，造成客户意见很大。因此，公司给小张三个月的时间，要求小张数字录入速度达到150字符/min，并且正确率达到100%。

［任务分析］

数字键盘的录入训练：

- 掌握正确的指法。
- 基本键位的录入训练。
- 手指控制键位的训练。
- 数字的录入训练。

［操作步骤］

数字键区左上方的〈NumLock〉键可以定义小键盘是作为数字键，还是作为文字编辑操作时的控制键。

1）启动金山打字通。

2）进入数字键盘练习窗口，如图1-13所示。

3）课程选择，在初级训练界面中，单击“课程选择”按钮，系统会弹出如图1-14所示的“课程选择”对话框。

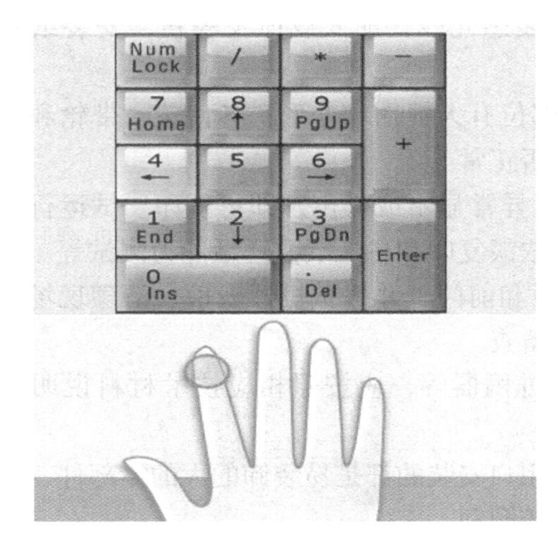

图1-13　金山打字通数字键盘练习窗口

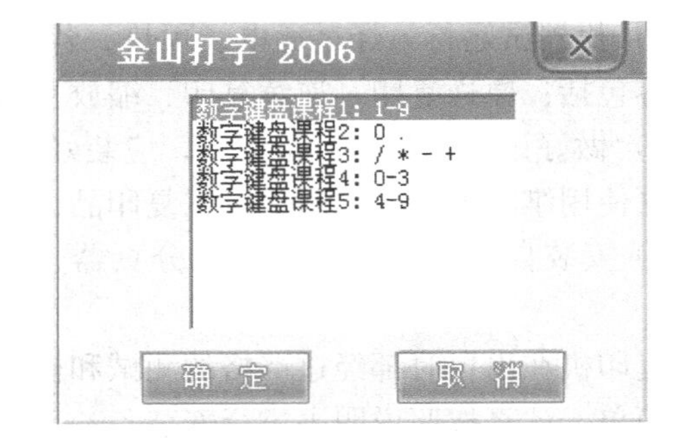

图1-14　金山打字通课程选择

4）数字键盘练习，熟悉数字键盘的基本键位。

1.3 常用办公软件的使用

1.3.1 压缩/解压缩软件——WinRAR

由于计算机存储设备和传输介质的限制，人们在传输较大文件或多个文件时会很不方便，压缩软件正是为了解决这些问题而产生的。合理使用压缩工具，不仅可以缩小文件所占用的磁盘空间，便于备份存储和传输，而且还可以提高文件的安全性，方便用户对文件进行管理。

WinRAR 是现在最好的压缩工具之一，界面友好，使用方便，在压缩率和速度方面都有很好的表现，其压缩率比 WinZIP 要高。RAR 采用了比 ZIP 更先进的压缩算法，是现在压缩率较大、压缩速度较快的格式之一。WinRAR 对 RAR 和 ZIP 完全支持，同时还支持 ARJ、CAB、LZH、ACE、TAR、GZ、UUE、BZ2、JAR、ISO 类型文件的解压以及多卷压缩功能。创建自释放文件，可以制作简单的安装程序，使用方便；强大的档案文件修复功能，最大限度地恢复损坏的 RAR 和 ZIP 压缩文件中的数据，如果设置了恢复记录，甚至可能完全恢复，如图 1-15 所示。

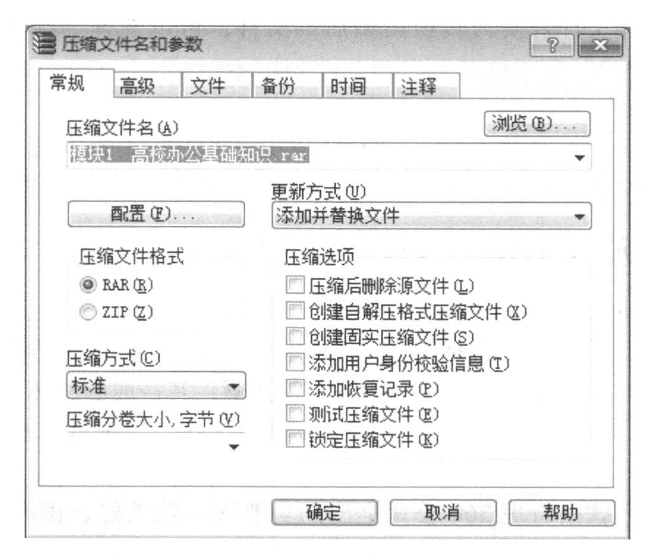

图 1-15 WinRAR 压缩软件

WinRAR 的功能主要有以下几个方面。

（1）分卷压缩

如果在进行文件压缩时生成的压缩文件比较大，仍然会对文件的传输和移动带来不便，这时可以采用分卷压缩的方式。分卷压缩即表示将文件/文件夹压缩之后再分割成许多小部分，用户可以分批对其进行操作。

（2）多个文件/文件夹的压缩

如果要将多个文件/文件夹压缩生成一个文件，而且这多个文件/文件夹又不在同一路径下时，可以先选择其中一个文件/文件夹进行压缩，生成压缩文件以后，再在 Windows 窗口中依次打开其他需要添加到压缩文件中的文件/文件夹，然后通过鼠标拖放功能，将各个文件/文件夹直接拖放到该压缩文件上，即可快速将多个文件/文件夹添加到压缩文件中。

（3）估计压缩文件/文件夹的大小

进行文件/文件夹压缩前，可预先估计生成的压缩文件的大小。在 WinRAR 窗口中选择待压缩的文件/文件夹，单击“信息”按钮，在弹出“文件信息”对话框中单击“估计”按钮，程序会自动估计文件/文件夹的压缩率、压缩包大小和压缩该文件/文件夹需要的时间等信息。

（4）测试并修复损坏的压缩文件

WinRAR 可以对压缩文件进行测试，查看是否有损坏，如果损坏还可以对其进行修复，在 WinRAR 窗口中选择待测试的压缩文件，单击“测试”按钮，程序会自动对文件进行测试，并给出测试结果。如果要修复损坏的压缩文件，单击“修复”→“确定”按钮，程序开始分析修复该压缩文件，并在相同路径下产生一个名为_reconst 的压缩文件。

（5）转换压缩文件格式

如果需要将其他格式的压缩文件转换为 RAR 类型，可以在 WinRAR 窗口中选择其他类型的压缩文件，然后选择“工具”→“转换压缩文件格式”命令，单击“确定”按钮即可完成类型转换。如果要继续添加需要转换格式的压缩文件，可以单击该对话框中的“添加”按钮。如果要将原压缩文件替换为转换类型后的文件，可以选择“删除原来的压缩文件”复选框。

（6）解压缩

WinRAR 可以对 RAR、ZIP、CAB、ARJ 和 LZH 等多种格式的压缩文件进行压缩。如果要对分卷压缩生成的文件进行解压缩，只需要对第一个分卷压缩文件解压缩即可。

1.3.2 系统增强与防护工具——360 安全卫士

在长期使用计算机的过程中，计算机上都会安装和使用很多从网上下载的软件，但由于网上的软件良莠不齐，无法安装或者安装后会跟本机有冲突导致系统崩溃的情况时有发生。同时，随着网络技术的不断发展，计算机病毒日益猖獗，其造成的破坏也越来越大。所以在计算机的日常使用中，应当做好病毒防护和系统防护工作，保证计算机系统的安全和稳定运行。

360 安全卫士是一款由奇虎 360 公司推出的功能强、效果好、国内用户使用较多的一款安全防护软件，其主界面如图 1-16 所示。360 安全卫士拥有查杀木马、清理插件、修复漏洞、电脑体检、电脑救援、保护隐私等多种功能，并独创了“木马防火墙”功能，依靠抢先侦测和云端鉴别，可全面、智能地拦截各类木马，保护用户的账号、隐私等重要信息。

360 安全卫士的功能主要有以下几个方面：

（1）电脑体检

在“电脑体检”选项卡，单击“开始体检”按钮，360 安全卫士分别从故障检测、垃圾检测、速度检测、安全检测、系统强化几个方面对计算机操作系统和应用软件进行检查扫描，检查结束后，系统提示可清理的插件、垃圾文件，可修复、优化的项目等。此时，可以选择“一键修复”或者根据自己的需要逐项进行修复，从而提高系统的安全性。

图 1-16　360 安全卫士主界面

（2） 木马查杀

木马查杀提供给用户 3 种类型的扫描方式，用户在云查杀引擎中可以选择快速扫描、全盘扫描或自定义扫描，对查找到的结果进行相应的处理。如果扫描结束时发现有木马程序的存在，在“扫描结果”信息列表中会详细地列出病毒所在的文件名、全路径、病毒名，这时用户单击“立即处理”按钮，对查找到的病毒进行相应的处理。

（3） 系统修复

系统修复包括“常规修复”和“漏洞修复”两部分，其主要功能是对体检过程中检测出来的系统安全漏洞给予修复，包括常见的上网设置和系统设置。

（4） 电脑清理

电脑清理包括清理“电脑中的 Cookie”、“电脑中的垃圾”、“使用电脑和上网中的痕迹”、“注册表中的多余项目”、“电脑中不必要的插件”等。用户选择需要清理的项目，单击“一键清理”按钮，即可完成清理。

（5） 优化加速

优化加速包括“一键优化”、“深度优化”、“我的开机时间”、“启动项”、“优化记录与恢复”等内容，其主要目的是加快开机速度。用户可以禁止一些开机启动的项目达到提高开机速度的目的。

（6） 电脑救援

360 电脑救援汇集了各种自助方案，以解决用户在计算机日常使用中存在的各种问题，如上不了网、网页打不开、主页被篡改、计算机速度太慢、软件问题、游戏环境、视频声音故障等。

（7）手机助手

在使用手机助手时，首先确保智能手机通过数据线与计算机相连。与手机连接后，可以管理手机上的应用软件、联系人、短信、照片，手机杀毒，关闭消耗手机资源的后台程序，清理系统运行过程中产生的垃圾文件，扫描并查杀手机里的恶意扣费软件等。

（8）软件管家

软件管家具有提供安全下载、升级软件，管理现有的应用软件等功能。

1.3.3 高速下载工具——迅雷

网络已经渗透到人们生活、学习和工作的各个领域，通过网络可获得需要的大部分资源。但对于规模庞大的资源，必须使用专用的下载工具才能顺利下载。

迅雷是目前互联网上主流的下载软件，可以帮助用户很好地完成需要下载的任务，提供给用户非常优秀的加速服务，开通迅雷会员更有高速通道和离线空间等多种特权提供给用户使用，其主界面如图1-17所示。

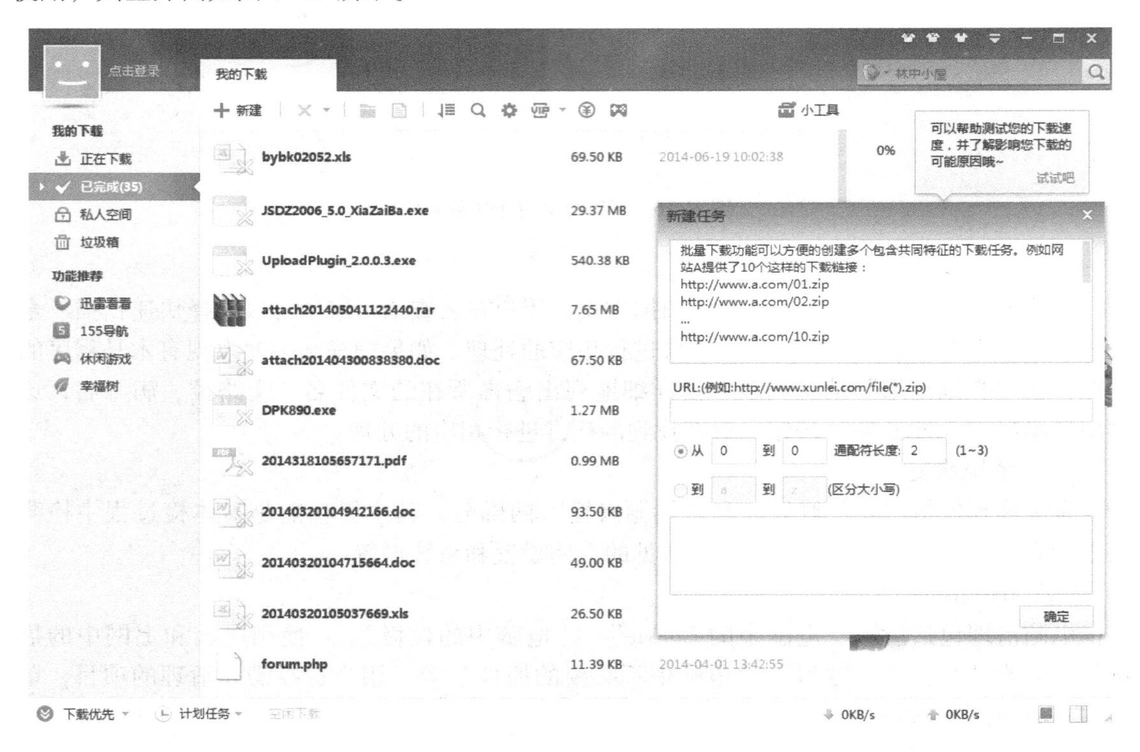

图1-17 迅雷主界面

迅雷的常用功能主要有以下几个方面。

（1）设置迅雷为默认下载工具

在进行资源下载时，可以将迅雷作为默认下载工具。设置方法是：打开“迅雷”窗口，选择“工具”→“浏览器支持”命令。

（2）下载任务状态的设置

如果需要暂停任务下载，可以在窗口的任务列表区域中的选择任务区域中选择任务，单击“暂停”按钮；也可以在下载任务上单击鼠标右键，在弹出的快捷菜单中选择“暂停任务”命令。如果要对停止的任务重新开始下载，可以双击任务进行下载；或者在任务列表区域中选择任务，然后单击“开始”按钮；还可以在下载任务上单击鼠标右键，在弹出的快捷菜单中选择“开始任务”命令。如果要删除下载任务，可以在任务列表区域中选择任务，单击“删除”按钮。删除的任务自动被存放到垃圾箱中，如果要彻底删除下载任务，需要清理垃圾箱。

（3）继续未完成的下载任务

如果关闭迅雷时，任务下载还没有完成，那么下次启动迅雷时，在窗口的任务列表区域中会显示未完成的任务，双击任务可以继续任务的下载。如果未完成任务的下载任务不在迅雷的任务列表区域中，只要未完成任务生成的临时文件没有删除，都可以使用迅雷“导入下载任务”功能继续下载。

（4）新建批量下载任务

使用迅雷批量下载功能可以方便地创建多个包含共同特征的下载任务，特别是下载系列教程时非常有用。例如，要下载某个网站中 8 个这样的文件地址：http://www. ab. com/. zip 到 http://www. ab. com/08. zip 中的资源，对于上面的地址，只有数字部分不同，可以用 * 表示不同的部分，即可在 URL 文本框中填写 http://www. ab. com/ * . zip 形式的相关信息。在“通配符长”文本框中输入数字 2，表示地址中不同部分数字的长度为 2；填写完相应信息以后，单击“确定”按钮，就可以将这些下载任务一次性地添加到迅雷的任务下载列表中了。

1.3.4 视频播放工具——暴风影音

休闲娱乐是计算机提供的功能之一，随着计算机性能的不断提高，互联网技术的迅速发展，RM 和 MPEG 等压缩格式文件的流行，用户可通过网络下载各种影音文件，使用多媒体播放工具轻松获得高质量的影音视听享受。

暴风影音软件是由北京暴风网际科技有限公司出品，从 2003 年开始，该公司就致力于为互联网用户提供最简单、便捷的互联网音视频播放解决方案。截止 2012 年末，其工程师分析了数以十万计的视频文件，掌握了超过 500 种视频格式的支持方案。2013 年和 2014 年，暴风影音先后推出了“点一下，左眼会爆炸”的高清理念，把画面质量提到了一个更高的层次，其主界面如图 1-18 所示。

暴风影音的常用功能主要有以下几个方面。

（1）截取视频画面

如果需要将视频中的某幅画面保存下来，在播放视频文件时，可以先单击窗口底部的“暂停”按钮，将需要保存的画面以静止的状态显示，然后单击窗口底部的“截屏”按钮，弹出“另存为”对话框，输入要保存画面文件的名称，并设置文件的保存路径，即可完成视频画面的截取操作。

（2）跳过片头、片尾

在使用暴风影音播放连续剧时，因为每集视频的片头和片尾都相同，重复播放比较繁琐，可直接跳过片头和片尾播放下一集剧情。选择“播放”→“视频设置”命令，弹出“设置”对话框，选择“视频设置”选项卡，在对话框中调整“跳过片头”和“跳过片尾”

图 1-18　暴风影音主界面

的微调按钮，使时间刚好与片头和片尾的时间相同，以后在播放每集视频时，程序都会自动跳过片头和片尾。

（3）记忆播放

播放视频时，对于本次结束观看时还没有播放完的视频，可实现下次启动能直接从本次结束位置进行播放。

（4）设置声音和画面的同步效果

在播放媒体文件时，若出现画面和声音不同步的情况，可以打开“设置”对话框，通过调整“声音延迟”微调按钮实现声音和画面的同步效果。如将微调按钮设置为 1，表示播放文件时声音将延迟 1 ms 再播放，以达到声音和画面同步播放的效果。

（5）加挂字幕

在播放某些外国高清大片时，若没有中文字幕会给观看视频带来不便，这时可以到一些专业的字幕网站，查找关于该影片的中文字幕并下载。下载完成后，在菜单栏中选择“文件”→“手动载入字幕”命令，在弹出的对话框中查找并打开字幕文件，即可导入中文字幕。

1.3.5　电子图书阅览工具——Adobe Acrobat

电子图书占用体积小，一个小小的移动硬盘就可以容纳一个中等图书馆的书籍内容，电子图书的内容形式也丰富多彩，不但有文字、图片，甚至还包括了视频和声音，增加了阅读的趣味性和多样性。对于这些内容丰富的电子图书，有些特殊格式的书籍需要专门的阅读工具。鉴于网络上大部分书籍的格式为 PDF 类型，下面介绍专门支持这种文件格式的阅读工具 Adobe Acrobat。

Adobe 公司推出的 PDF 格式是一种常用的电子文档格式。借助 Acrobat，几乎可以阅读所有 PDF 格式的文档。PDF 格式的文档能如实保留文档原来的面貌和内容，包括字体和图像。这类文档可通过电子邮件发送，也可将它们存储在互联网、企业内部网、文件系统或 CD - ROM 上，来供其他用户在 Microsoft Windows 、Mac OS 和 Linux 等平台上进行查看。其主界面如图 1-19 所示。

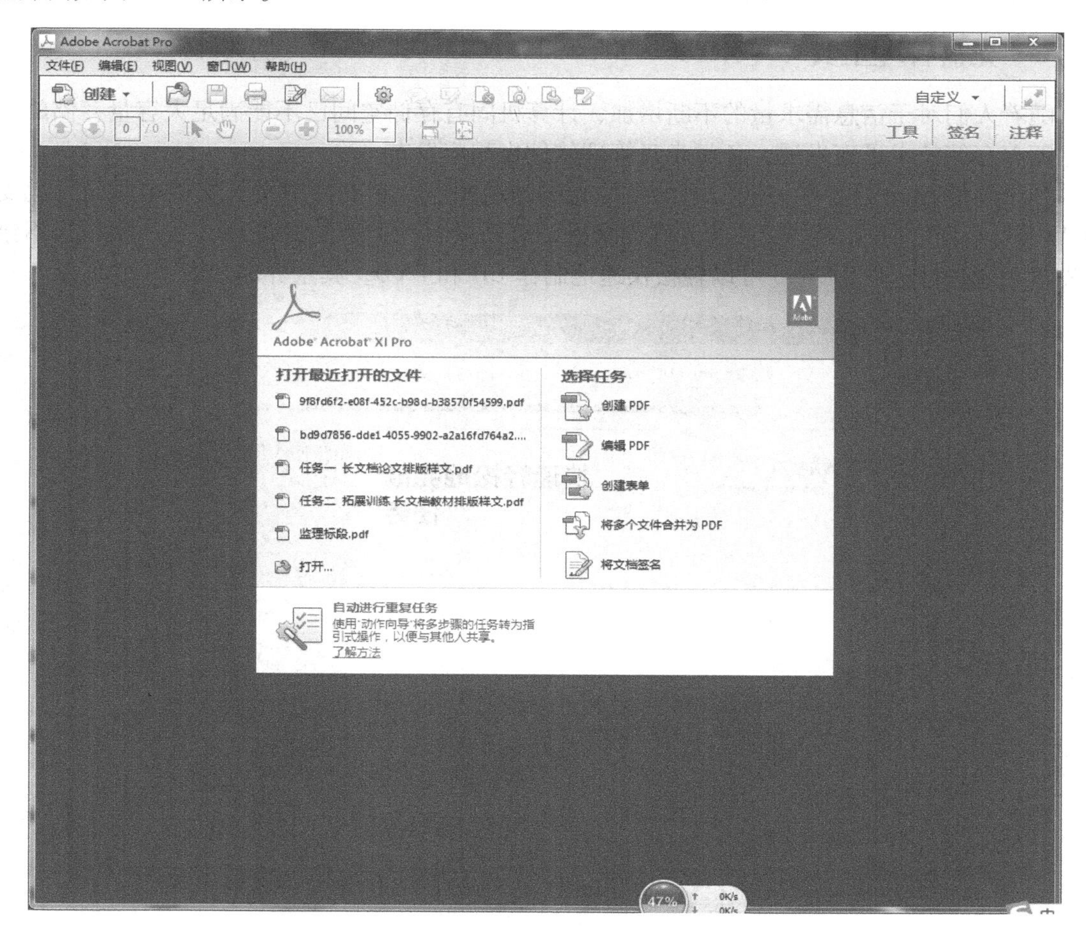

图 1-19 Adobe Acrobat 主界面

Adobe Acrobat 的常用功能主要有以下几个方面。

（1） 自动阅览

在 Adobe Acrobat 窗口中单击“上一页”按钮或“下一页”按钮，可以实现相邻页面的切换，选择“视图”→“自动滚动”命令可以自动滚动文档进行阅览，滚动时单击鼠标左键可以暂停滚动，按〈ESC〉键可终止文档滚动。

（2） 使用页面缩略图导览文档

页面缩略图提供了文档页面的微型预览，使用页面缩略图也可以有选择地阅读页面。单击导览面板中的“页面”标签，在“导览”窗格中单击某页的缩略图即可转到该页面，页面缩略图中的红色查看框表示正在显示的页面区域。

（3） Word 与 PDF 文档之间的转换

Adobe Acrobat 与最新的 Office 2010 相结合，在 office 2010 的组件中即可方便地调用 Acrobat 创建 PDF 文档。

（4） 多种文件类型整合功能

Acrobat 能简化文档的开发和审阅，并简化表单创建和数据采集。将多种文件类型整合到 PDF 包中，它们可以更清晰地传达用户意图。

1.3.6 光盘管理工具——Nero

随着人们对于信息需求量的不断增加，计算机固有存储空间已不能满足大容量存储的需要。随着存储技术迅速发展，各类光盘管理软件也相应发布。

刻录软件 Nero 是德国一家公司出品的光碟刻录程序，它支持中文长文件名刻录，也支持 ATAPI（IDE）和 SATA 接口的光碟刻录机，可刻录多种类型的光盘片，是一款相当不错的光盘刻录软件。使用 Nero 可以轻松快速地制作 CD 和 DVD，其主界面如图 1-20 所示。

图 1-20　Nero 主界面

Nero 的常用功能主要有以下几个方面。

（1） 跨光盘刻录

使用 Nero DiscSpan，用户可以分割超大文件，然后将其一次性刻录到所需的多张光盘上。

（2） 文件恢复

Nero RescueAgent 可以帮用户恢复 CD/DVD/USB 及硬盘中的文件。

（3） 翻录音频

在用户的计算机上创建所喜爱音乐的播放列表或 CD 混音以进行即时播放。

（4）光盘表面扫描

Nero SecurDisc 不仅局限于单一的刻录，还有表面扫描功能，从而可以提高光盘刻录的可靠性。

（5）光盘复制

用户可以轻松快速地将音乐复制到 CD，甚至将高清电影复制到蓝光光盘。

（6）刻录长久使用的光盘

Nero SecurDisc 功能可以确保光盘的可读性，减少刮痕、老化和损坏的影响。

1.3.7 实训项目　规范中文打字

[任务预览]

小张初进公司，担任文秘工作，需要将公司与外商会淡的内容整理成稿，打印后交领导审阅。由于没有经过正规的中文录入训练，小王的录入速度并不快，而且录入的错误率较高，很难胜任工作。因此，公司给小王三个月的时间，要求小王中文录入速度达到 60 字/min，并且正确率达到 98% 以上。

[任务分析]

中文字符的录入训练

- 掌握正确的指法和坐姿。
- 基本键位的录入训练。
- 手指控制键位的训练。
- 中文单词的录入训练。
- 中文文章的录入训练。

[操作步骤]

1）启动金山打字通。

2）进入中文打字练习窗口，如图 1-21 所示。

3）课程选择，在“文章类型”中选择课程，如图 1-22 所示。

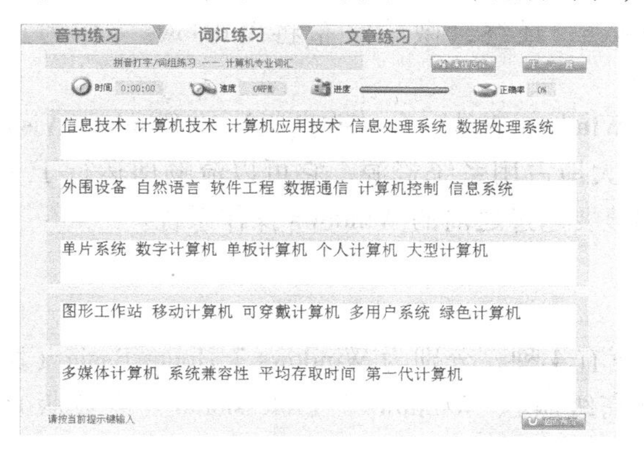

图 1-21　金山打字通中文打字练习窗口

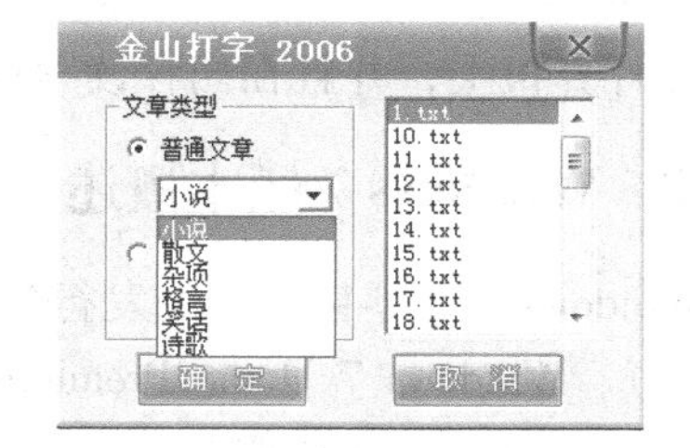

图 1-22　金山打字通课程选择

4）中文打字练习，提高整体打字速度，熟练键盘手指位置，掌握键盘的功能键区。

提示：正确指法 + 键盘记忆 + 集中精力 + 准确输入 = “打字高手”

模块2　个人计算机管理——Windows 7 操作

本章要点

- 了解和熟悉 Windows 7 工作环境。
- 熟练掌握 Windows 7 操作系统。
- 了解 Windows 7 的桌面组成和运行应用程序的一般方法。
- 学会使用窗口、菜单和对话框。
- 学会常用系统设置和用户账户管理。

Windows 7 是微软公司推出的基于 Windows Vista 内核的操作系统。Windows 7 在触控性能、语音识别和手写输入功能等方面有了很大改进，并且在启动速度、文件存储效率以及多内核 CPU 的支持上进行了优化。

2.1　了解 Windows 7

Windows 7 是由微软公司推出的新一代 Windows 操作系统，供个人计算机使用，包括家庭及商业工作环境、笔记本电脑、平板电脑、多媒体中心等。

2.1.1　Windows 7 的发展历程

Windows 7 发布于 2009 年 10 月 22 日。在 Windows 7 开发的初始阶段，其代号以加拿大滑雪圣地 Blackcomb 命名；2006 年初，Blackcomb 被更名为 Vienna；在 2007 年微软公司又将新一代的系统代号改为 Windows Seven；最终，微软宣布将 Windows 7 作为正式名称。

微软首席运行官史蒂夫·巴尔默指出："Windows 7 是一个'改良版'的 Windows Vista"。因为 Windows 7 不再像 Windows Vista 那样极大地占用系统资源，它可以流畅地运行于一些旧型号计算机上，并且在内存读写性能上明显要超过之前的 Windows 操作系统。

2.1.2　Windows 7 版本概述

Windows 7 在零售市场上发行的版本主要有 4 种，分别为 Windows 7 Home Basic（家庭普通版）、Windows 7 Home Premium（家庭高级版）、Windows 7 Professional（专业版）和 Windows 7 Ultimate（旗舰版）。

Windows 7 Home Basic（家庭普通版）是简化的家庭版，支持 Windows 7 任务栏、快速显示桌面、桌面工具、快速切换投影和部分 Windows 触控等全新功能。同时，它也限制了很多功能，如不包括半透明玻璃窗口、Aero 桌面透视、Aero 桌面背景幻灯片切换、截图工具、媒体中心、加入域和组策略以及 Windows XP 模式等功能。

Windows 7 Home Premium（家庭高级版）可满足家庭娱乐需求，包含所有桌面增强和多媒体功能，如 Aero 特效、多点触控功能、媒体中心、建立家庭网络组、手写识别等，该版本同样会限制一些功能，如不包括高级备份（备份到网络和组策略）和加密文件系统（EFS）等安全性功能，不支持 Windows 域、Windows XP 模式、多语言界面等面向高级用户的功能。

Windows 7 Professional（专业版）可满足办公需求，该版本包含备份、位置感知打印、加密文件系统、演示模式和 Windows XP 模式等功能。64 位的 Windows 7 Professional 最大可支持 192GB 内存。

Windows 7 Ultimate（旗舰版）拥有上述全部功能，面向高端用户和软件发烧友。Windows 7 Professional 和 Windows 7 Home Premium 版的用户可以通过 Windows 升级服务随时升级到 Windows 7 Ultimate，但需支付一定的费用。

此外，Windows 7 还包括 Windows 7 Starter（初级版）和 Windows 7 Enterprise（企业版）两个版本。其中，Windows 7 Starter（初级版）主要用于低端上网本，该版本主要提供给 OEM 厂商。Windows 7 Starter（初级版）功能限制最多，如不支持 Aero 特效，不包含 64 位系统，甚至不能更换桌面背景。Windows 7 Enterprises（企业版）面向企业批量许可出售，其并不在 OEM 和零售市场发售。

部分 Windows 7 的光盘包装盒如图 2-1 所示。

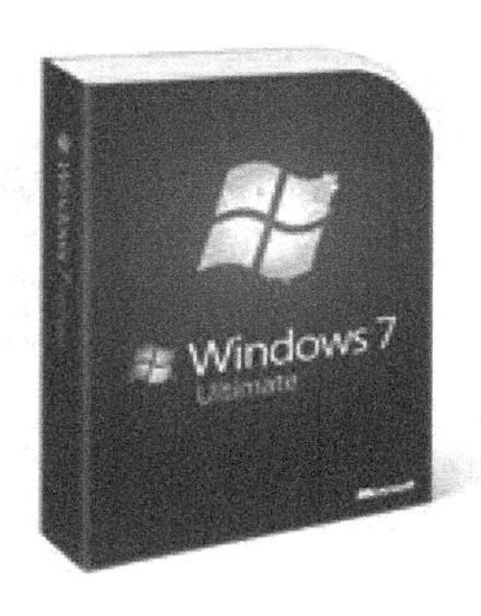

图 2-1　Windows 7 的光盘包装盒

2.1.3　实训项目　下载并添加字体

用户在操作时，有时发现系统自带的字体不够用。这时，需要下载并添加字体。

[操作步骤]

1）用鼠标右键单击（以下简称“右击”）桌面上的“计算机”→“控制”，或者单击“开始”→“控制面板”，打开控制面板，如图 2-2 所示。

2）在打开的控制面板中，找到“字体”文件夹，如图 2-3 所示。

3）打开“字体”文件夹，将事先下载好的字体拖动到文件夹中，字体便会自动开始安装，如图 2-4 所示。

安装完毕即表示字体已成功装进计算机，要使用时便会出现在字体下拉框中，用户可根据需要自由选用。

图 2-2　打开控制面板

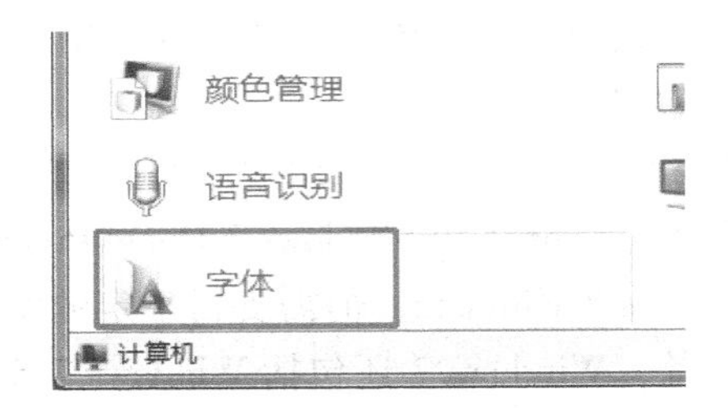

图 2-3　“字体”文件夹

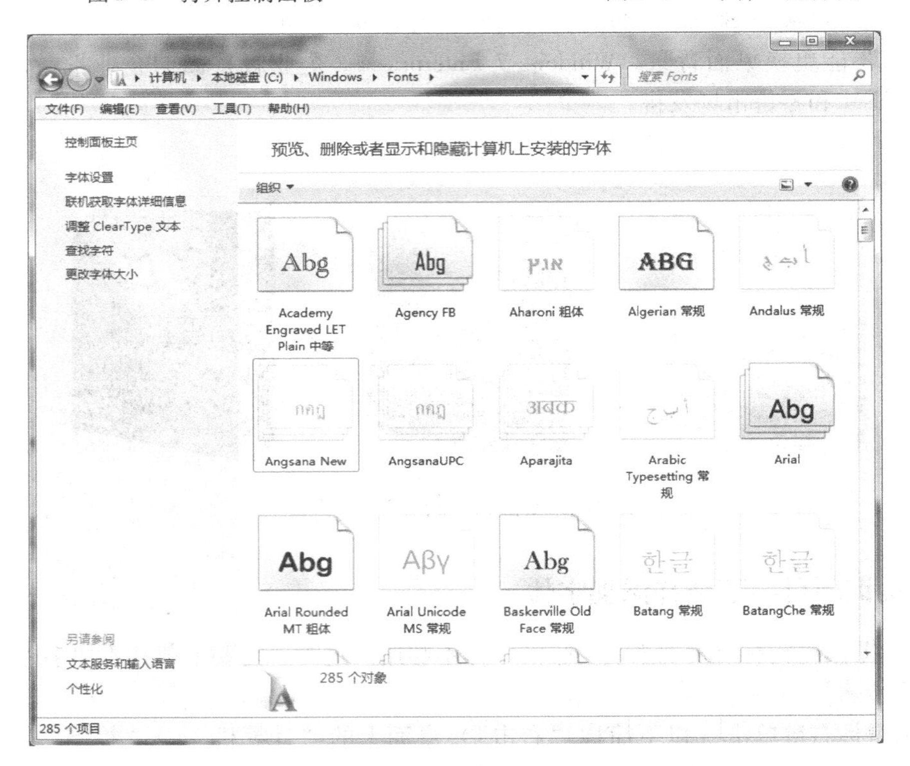

图 2-4　安装字体

2.2　Windows 7 的基本操作

2.2.1　显示桌面图标

桌面是登录到 Windows 系统之后看到的主屏幕区域，是用户主要的工作平台。打开程序或文件夹时，它们便会出现在桌面上。可以将一些常用的程序快捷方式、文件、文件夹放置在桌面，并且随意对其进行排列。

首次安装 Windows 7 并登录系统后，桌面默认只显示“回收站”图标，这样给用户使用带来很多不便，如何将“计算机”“网络”“我的文档”等其他被隐藏的图标显示出来呢?其具体操作步骤如下。

1）右击桌面的空白区域，在弹出的快捷菜单中选择“个性化”命令，如图 2-5 所示。

2）在“个性化”窗口中单击“更改桌面图标”链接，如图 2-6 所示。

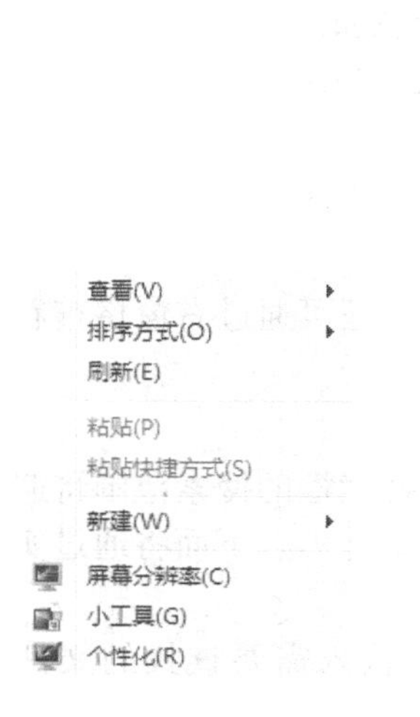

图 2-5 选择“个性化”命令

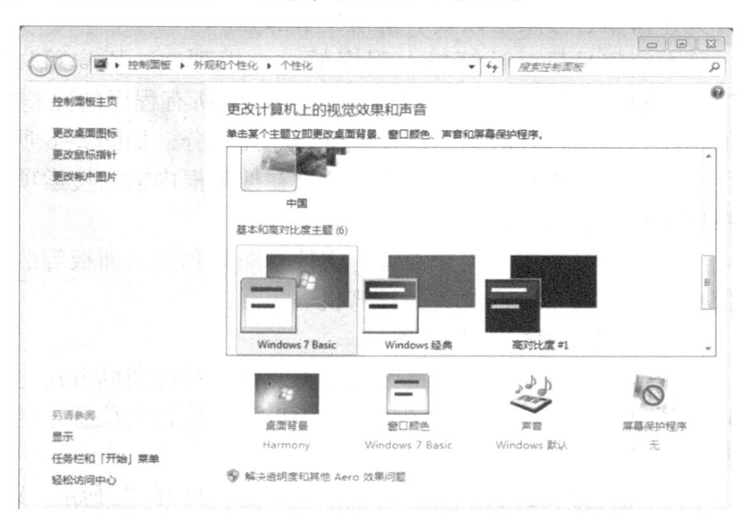

图 2-6 “个性化”窗口

3）在“桌面图标设置”对话框中，选中需要显示的桌面图标名称前的复选框，单击“确定”按钮，如图 2-7 所示。

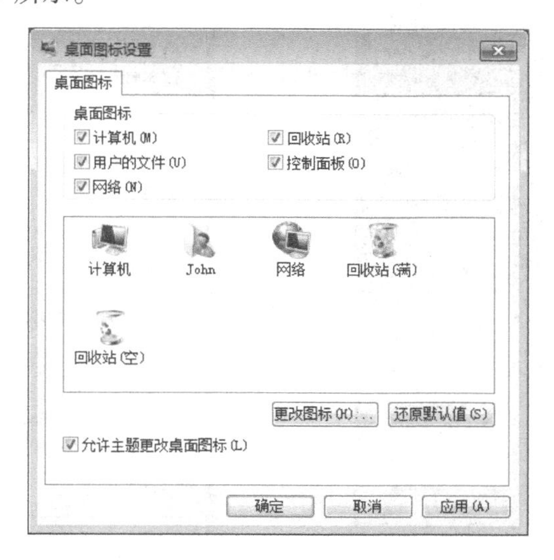

图 2-7 “桌面图标设置”对话框

这时，即可在桌面上显示其他被隐藏的默认图标了。

2.2.2 Windows 7 的“开始”菜单

“开始”菜单是计算机程序、文件夹和设置的主门户。它提供了一个选项列表，包含了计算机内的所有安装程序的快捷方式，就像餐厅里的菜单一样方便。用户可以便捷地通过“开始”菜单访问程序、搜索文件，并且可以自定义“开始”菜单。

1. “开始”菜单概述

用户可以单击屏幕左下角的“开始”按钮，打开“开始”菜单。“开始”菜单可以分为左窗格、搜索框以及右窗格 3 个部分。

左窗格是显示计算机上程序的一个短列表。用户可以自定义此列表，单击其下方的“所有程序”按钮可显示计算机内已安装的所有程序的完整列表，其中左窗格又可分为附加的程序、最近打开的文档以及所有程序几部分，如图 2–8 所示。

搜索框位于左窗格的底部。通过在搜索框内输入搜索项，可以非常便捷地在计算机上查找所需程序和文件。

右窗格提供对常用文件夹、文件、图片和控制面板等的访问。还可通过右窗格查看帮助信息，注销 Windows 或关闭计算机。

2. 通过搜索框查找项目

通过搜索框查找计算机中的所需文件是最便捷的方法之一。搜索框的搜索范围将遍及用户计算机的程序、文档、图片、桌面以及其他常见位置中的所有文件夹。下面将通过实例对其进行讲解，具体操作步骤如下。

1）输入关键词，单击“开始”按钮，打开“开始”菜单。输入需要查找的文件关键词，如输入“QQ”，“开始”菜单中即可迅速显示搜索结果。

搜索结果将会按类型自动分类，单击链接即可打开该文件，如图 2–9 所示。

图 2–8 “开始”菜单

图 2–9 输入“QQ”进行搜索

2）查看更多结果，单击“查看更多结果”链接，可以在弹出的窗口中查看更多搜索结果，如图 2-10 所示。

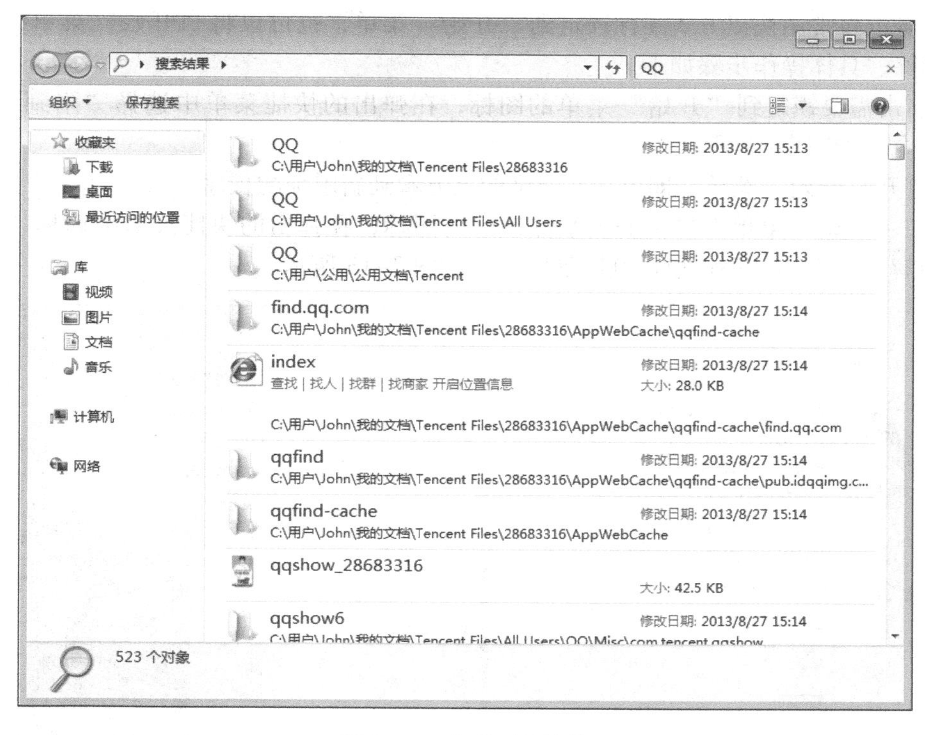

图 2-10　查看更多结果

3）保存搜索结果，单击窗口中的“保存搜索”按钮，弹出“另存为”对话框，可以保存搜索结果到指定路径，如图 2-11 所示。

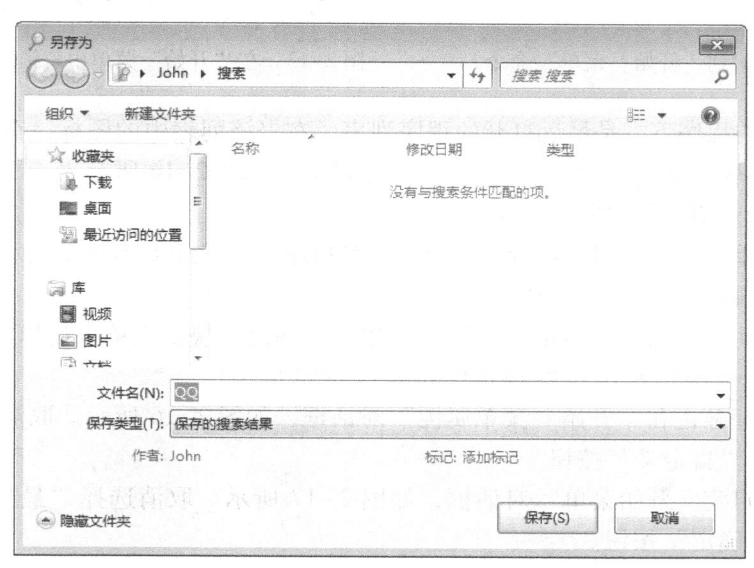

图 2-11　“另存为”对话框

文件默认以搜索关键词命名，双击该文件，即可打开搜索结果窗口。

3. 锁定与删除图标

用户可以将常用快捷方式图标锁定到“开始”菜单，也可以将“开始”菜单中的图标解锁或删除。具体操作步骤如下。

1）右击需要锁定到“开始”菜单的图标，在弹出的快捷菜单中选择“附到「开始」菜单”命令，如图 2-12 所示。

2）打开“开始”菜单，即可在左窗格的上方看到新附加的程序。

3）在“开始”菜单上右击需要解除锁定的图标，在弹出的快捷菜单中选择“从「开始」菜单解锁”命令，即可取消其附加状态，如图 2-13 所示。

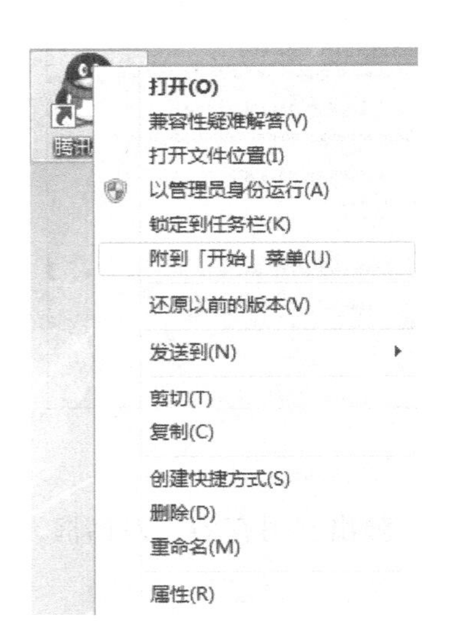

图 2-12 “附到「开始」菜单”命令

图 2-13 在“开始”菜单中解锁图标

4）在附加的程序下方是最近打开的程序列表。右击该列表中的图标，在弹出的快捷菜单中选择“从列表中删除”命令，即可取消显示状态，如图 2-14 所示。

4. 取消显示最近打开的文件或程序

“开始”菜单默认保留用户最近打开的文件与程序，用户如果不希望显示最近打开的文件与程序，可以通过如下方法实现。

1）选择“属性”命令。右击“开始”菜单，在弹出的快捷菜单中选择“属性”命令，如图 2-15 所示。

2）弹出“任务栏和「开始」菜单属性”对话框，如图 2-16 所示。取消选择其中的复选框，然后单击“自定义”按钮。

3）弹出“自定义开始菜单”对话框，如图 2-17 所示。取消选择“最近使用的项目”复选框，单击“确定”按钮。

此时，“开始”菜单左窗格将变得很干净，只剩下锁定的程序。

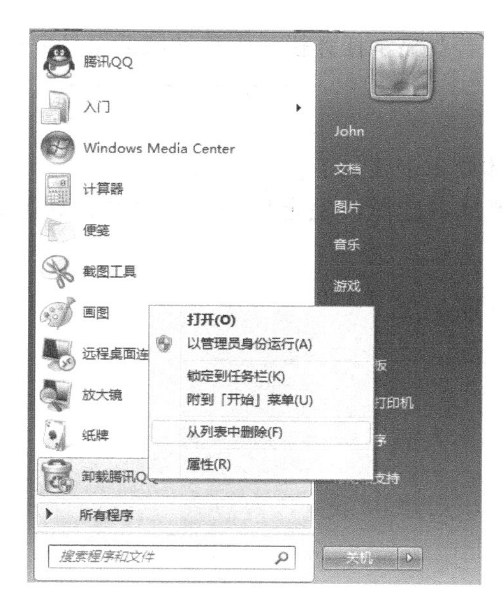

图 2-14 “从列表中删除”命令

图 2-15 “属性”命令

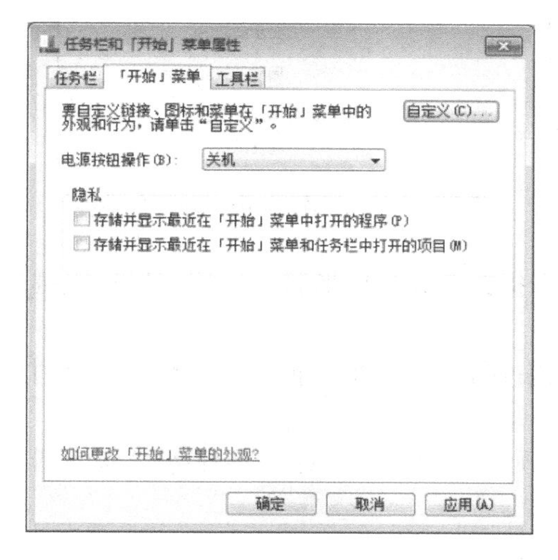

图 2-16 “任务栏和「开始」菜单属性”对话框

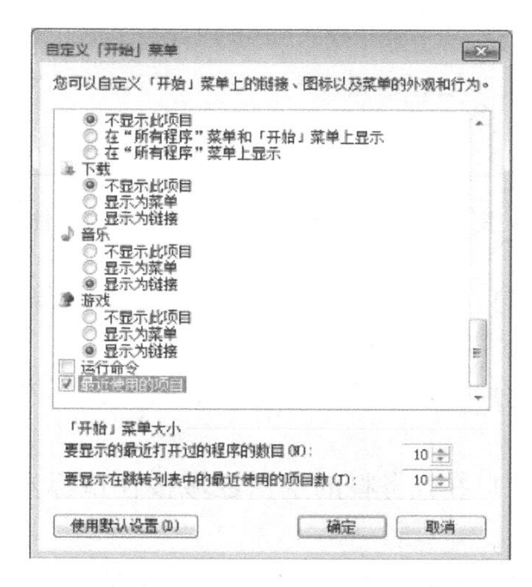

图 2-17 “自定义「开始」菜单”对话框

2.2.3 Windows 7 的任务栏

任务栏是位于桌面最下方的水平长条。与桌面不同的是，任务栏不会被打开的窗口遮挡，它几乎是始终可见的。任务栏大致可分为“开始”按钮、中间区域和通知区域 3 部分。

1. 自动隐藏任务栏

如果用户希望桌面看起来更为广阔，可以设置自动隐藏任务栏，如图 2-18 所示。具体操作步骤如下。

1）右击任务栏的空白区域，在弹出的快捷菜单中选择“属性”命令。

2）打开“任务栏和「开始」菜单属性”对话框，选中“自动隐藏任务栏”复选框，单击“确定”按钮。

这时，任务栏在不使用时将会被自动隐藏。若要显示任务栏，则移动鼠标至任务栏原来所在的位置，即可暂时显示任务栏。

2. 调整任务栏大小与位置

用户可以自定义任务栏的大小与位置，具体操作步骤如下。

1）右击任务栏空白区域，在弹出的快捷菜单中选择“锁定任务栏”命令，如图 2-19 所示，取消其左侧的复选标记。

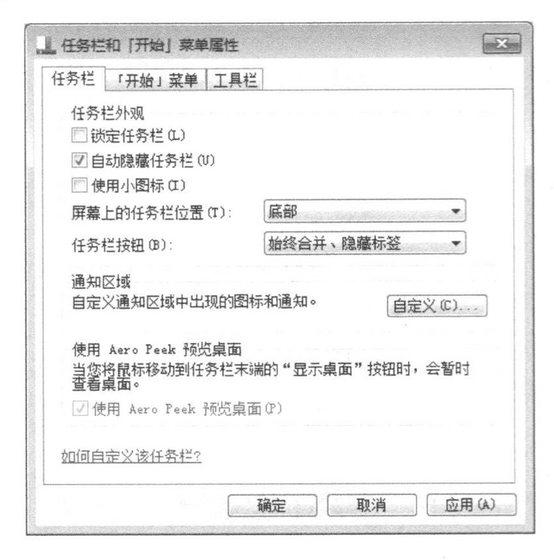

图 2-18 “任务栏和「开始」菜单属性”对话框

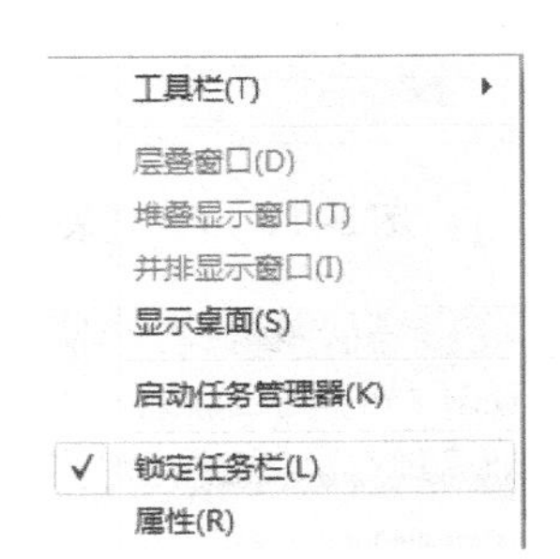

图 2-19 锁定任务栏

2）移动鼠标指针到任务栏上方边缘位置，当指针变为光标形状后，按住鼠标左键进行拖动，即可调整任务栏宽度。

3）在任务栏的空白区域按住鼠标左键，向右侧进行拖动，即可将任务栏移动到桌面右侧。

4）在任务栏的空白区域按住鼠标左键，向顶部进行拖动，即可将任务栏移动到桌面顶部。

3. 自定义通知区域图标显示状态

通知区域位于任务栏的最右侧，包括时钟和一组应用程序图标。用户可以自定义图标的显示状态，隐藏或显示图标，如图 2-20 所示，具体操作步骤如下：

1）选择“属性”命令，右击任务栏空白区域，在弹出的快捷菜单中选择“属性”命令。

2）弹出“任务栏和「开始」菜单属性”对话框，单击“自定义”按钮。

3）弹出“通知区域图标”窗口，在“行为”列表框中单击需要自定义显示状态的选项右侧的下拉按钮，在弹出的菜单中选择显示方式，如选择“显示图标和通知”选项。

4）如果用户希望单独设置系统图标的显示方式，可单击“打开或关闭系统图标”链接，在之后打开的窗口中可对其进行设置。

4. 改变合并方式

在 Windows 7 中，打开的窗口任务栏按钮将会在任务栏中按类别进行分布，如果用户不习惯这种分布方式，可以改变合并方式，具体操作步骤如下：

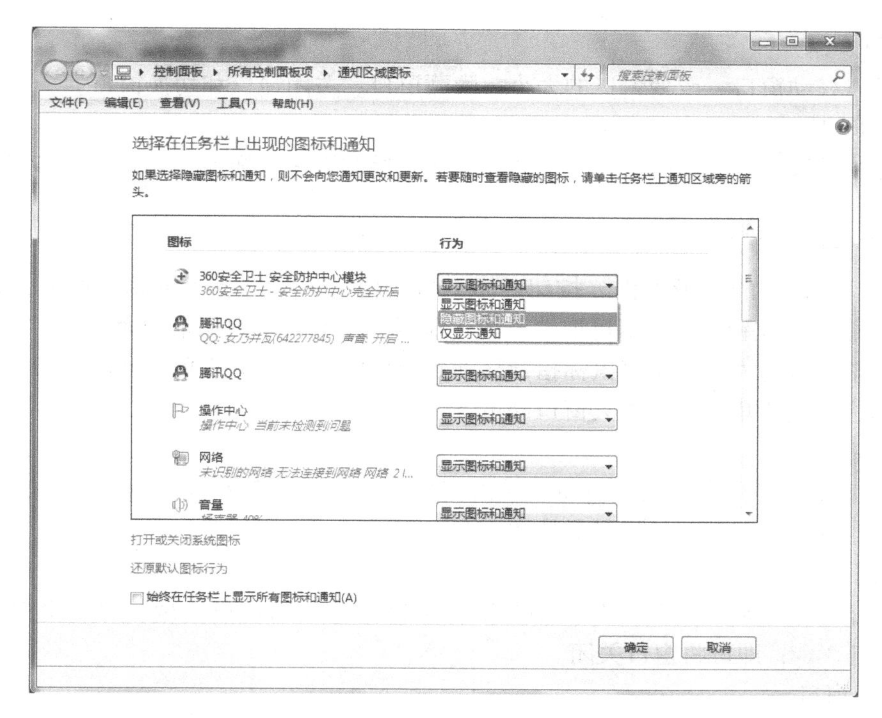

图 2-20 “通知区域图标”窗口

1）选择“属性”命令，右击任务栏空白区域，在弹出的快捷菜单中选择“属性”命令。

2）弹出“任务栏和「开始」菜单属性”对话框，单击“任务栏按钮”右侧的下拉按钮，选择合适的选项，如选择“当任务栏被占满时合并”选项，单击“确定”按钮，则任务栏中的任务栏按钮将取消按类别合并。

2.2.4 Windows 7 的窗口

窗口在 Windows 中随处可见，当打开程序、文件或文件夹时，窗口都会在屏幕上显示。

1. 窗口组成部分

大多数窗口可分为标题栏、“最小化”按钮、“最大化”按钮、“关闭”按钮、菜单栏、滚动条、边框等部分，如图 2-21 所示。

标题栏用于显示文档和程序的名称，位于窗口上方左侧位置。

“最小化”“最大化”和“关闭”按钮位于窗口的右上角，分别用于隐藏窗口、放大窗口使其填充整个屏幕以及关闭窗口。

菜单栏位于标题栏下方，可单击菜单栏中的按钮，在弹出的菜单中选择所需选项。

滚动条一般位于窗口右侧，可以通过鼠标拖动滚动条，以查看窗口内当前视图之外的信息。另外，用鼠标拖动边框可以更改窗口的大小。

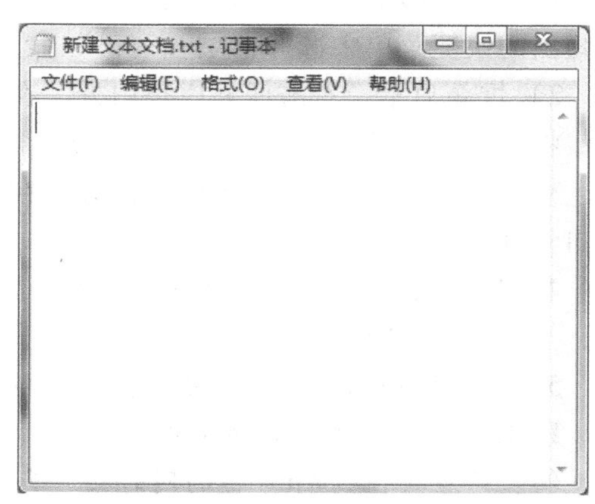

图 2-21 窗口

2. 窗口操作

用户可以移动窗口，改变窗口的大小、隐藏窗口、关闭窗口和切换窗口。

1）移动窗口

将鼠标指针移动到窗口的标题栏，然后按住鼠标左键进行拖动，即可将窗口移动到所需位置。

2）改变窗口的大小

单击窗口右上方的“最大化”按钮，可以使窗口填满整个屏幕。最大化显示窗口后，单击“还原”按钮，即可取消最大化显示，还原窗口到原来的大小。

若要调整窗口的大小，则将鼠标指针移动到窗口的任意边框或角。当鼠标指针变成双箭头时，拖动边框或四角缩小或放大窗口即可。

3）隐藏窗口

隐藏窗口又称为“最小化”窗口。单击窗口右上方的“最小化”按钮，窗口会从桌面中消失，并在任务栏上显示任务按钮。

4）关闭窗口

如果希望将窗口从桌面和任务栏中删除，可以通过关闭窗口实现。单击窗口右上角的“关闭”按钮，即可将窗口关闭。

5）切换窗口

若同时打开了多个窗口，则需要通过切换窗口指定当前的活动窗口。任务栏提供了整理所有已打开窗口的方式。若要切换到其他窗口，只需单击任务栏中的相应按钮即可。可通过任务栏窗口的预览功能查看任务栏按钮所对应的窗口。

也可以使用Aero三维窗口切换功能。按住Windows徽标键的同时按〈Tab〉键，即可打开三维窗口切换。当按下Windows徽标键时，重复按〈Tab〉键则可以循环切换打开的窗口。

FAQ：为什么我的计算机无法使用Aero三维窗口切换功能呢？

答：请检查计算机是否支持Aero并且已切换到Aero主题。

3. 改变窗口排列方式

用户可以在桌面上按喜欢的任何方式排列窗口，或是通过Windows自动排列窗口。自动排列方式可分为层叠、堆叠和并排3种，具体操作步骤如下：

1）层叠显示。选择“层叠窗口”命令，在打开多个窗口时，右键单击任务栏空白处，在弹出的快捷菜单中选择“层叠窗口”命令。层叠排列时窗口将以层叠方式排列。

2）堆叠显示。右击任务栏空白处，在弹出的快捷菜单中选择“堆叠显示窗口”命令，窗口将竖排堆叠显示。

3）并排显示。右击任务栏空白处，在弹出的快捷菜单中选择“并排显示窗口”命令，窗口将并排显示。

4）拖动窗口。在窗口标题栏上按住鼠标左键，将其拖动到屏幕的左侧或右侧边缘位置，当出现蓝框时释放鼠标。

5）排列窗口时窗口将自动调整为桌面一半大小，并排列于窗口的右侧或左侧。

FAQ：有没有快捷键切换窗口？

答：请在按住〈Alt〉键的同时按〈Tab〉键，当弹出选择窗口时，通过按〈Tab〉键或使用鼠标选择需要最大化的窗口即可。

2.2.5 Windows 7 的退出

用户可以通过“关机”命令关闭计算机；也可以锁定计算机，使其进入睡眠状态；还可以注销系统。

1. 关机

计算机使用完毕，应将其正确关闭，这样不但可以节约电能，还可以确保计算机中数据的安全。可以通过“开始”菜单右下角的“关机”按钮关闭计算机；也可以通过按〈Alt + F4〉组合键打开“关闭 Windows”窗口，然后在下拉列表中选择“关机”命令，单击“确定”按钮关闭电脑，如图 2-22 所示。

图 2-22 “关闭 Windows”窗口

2. 睡眠

在一些情况下，用户可以将计算机设置为睡眠模式，而非关闭计算机。在睡眠状态下，Windows 将保存用户当前进行的工作，在使计算机进入睡眠状态前不需要关闭程序和文件。处于睡眠状态时，显示器将会关闭，计算机风扇通常也会停止工作。

打开“开始”菜单，单击“关机”按钮旁的下拉按钮，在弹出的下拉菜单中选择“睡眠”选项，即可使计算机进入睡眠状态，如图 2-23 所示。

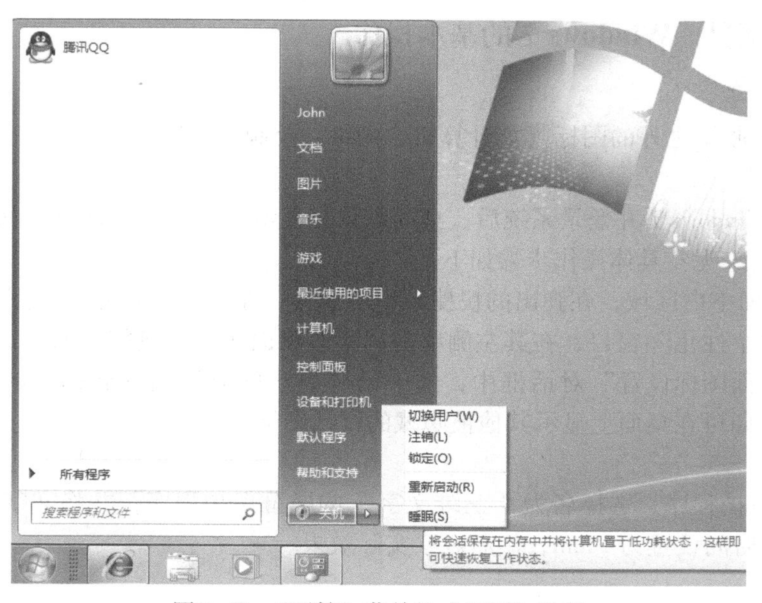

图 2-23 “开始”菜单的“睡眠”选项

如果用户需要唤醒计算机，通常可按下计算机机箱上的电源按钮或移动鼠标，Windows将自动在数秒内唤醒计算机，并进入登录界面。

3. 注销

注销系统可以快速关闭正在使用的所有程序，但不会关闭计算机，从而方便其他用户登录该系统。打开“开始”菜单，单击“关机”按钮旁的下拉按钮，在弹出的下拉菜单中选择“注销”选项，即可注销系统，如图2-24所示。

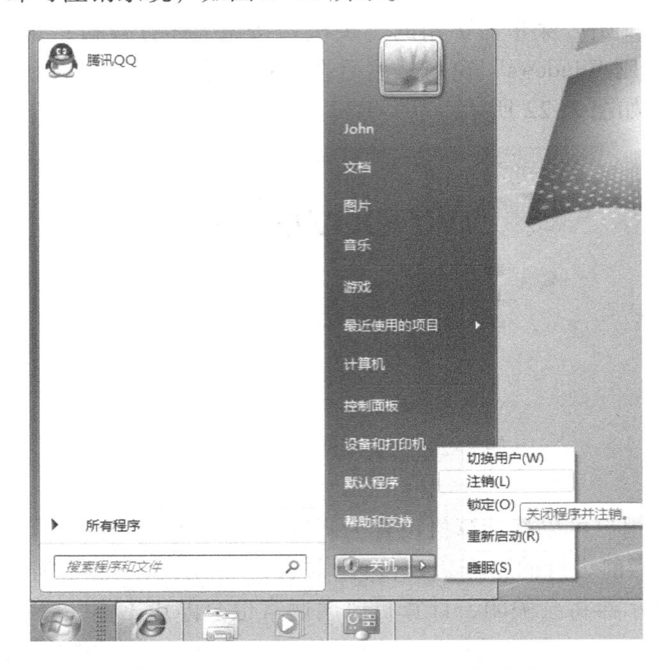

图2-24 “开始菜单”的“注销”选项

2.2.6 实训项目 Windows 7 的基本操作

[任务1]

显示除了回收站之外的图标（如计算机、网络、控制面板等）。

[操作步骤]

首次安装 Windows 7 并登录系统后，桌面默认只显示“回收站”图标。如何将其他被隐藏的图标显示出来呢？具体操作步骤如下。

1）右击桌面空白区域，在弹出的快捷菜单中选择“个性化”命令，如图2-25所示。

2）打开“个性化”窗口，在其左侧单击“更改桌面图标”链接，如图2-26所示。

3）在“桌面图标设置”对话框中，选中需要显示的桌面图标名称前的复选框，单击“确定”按钮，即可在桌面上显示其他被隐藏的默认图标。

[任务2]

设置屏幕保护程序，选择名为“三维文字”的屏幕保护程序，并将文字设为“天天好心情”，将等待时间设置为1 min，然后观察实际效果。

[操作步骤]

1）在桌面空白处单击鼠标右键，然后在弹出的菜单中选择“个性化”命令，然后在弹

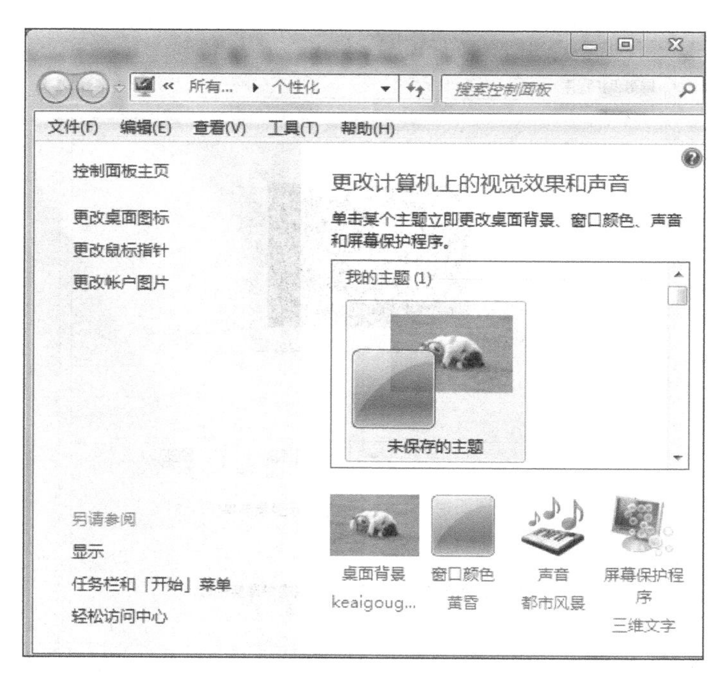

图 2-25 “个性化”窗口

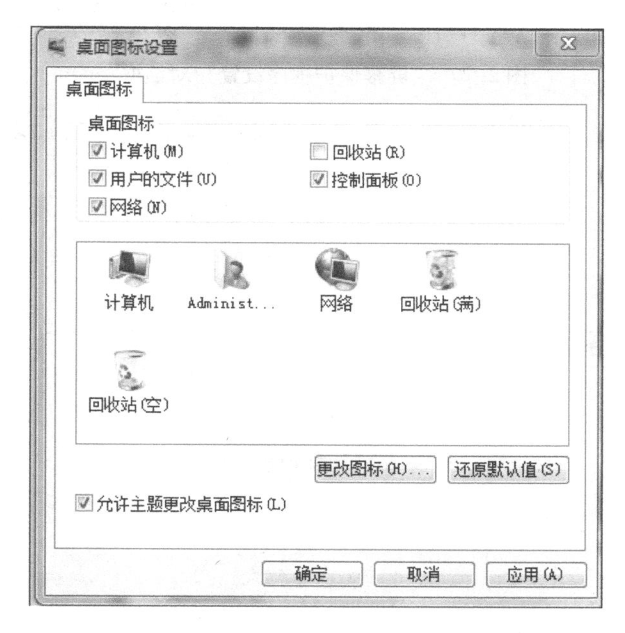

图 2-26 “桌面图标设置”对话框

出的“个性化”窗口中单击“屏幕保护程序”。

2）弹出一个屏幕保护设置页面，在页面中选择“三维文字”，并将等待时间设置为 1 min（分钟），如图 2-27 所示。

3）选择好三维文字后，单击“设置”按钮即可打开“三维文本设置”对话框，从而进行三维文字的设置，这里设置三维文字为“天天好心情”，然后单击“确定”按钮，如图 2-28 所示。

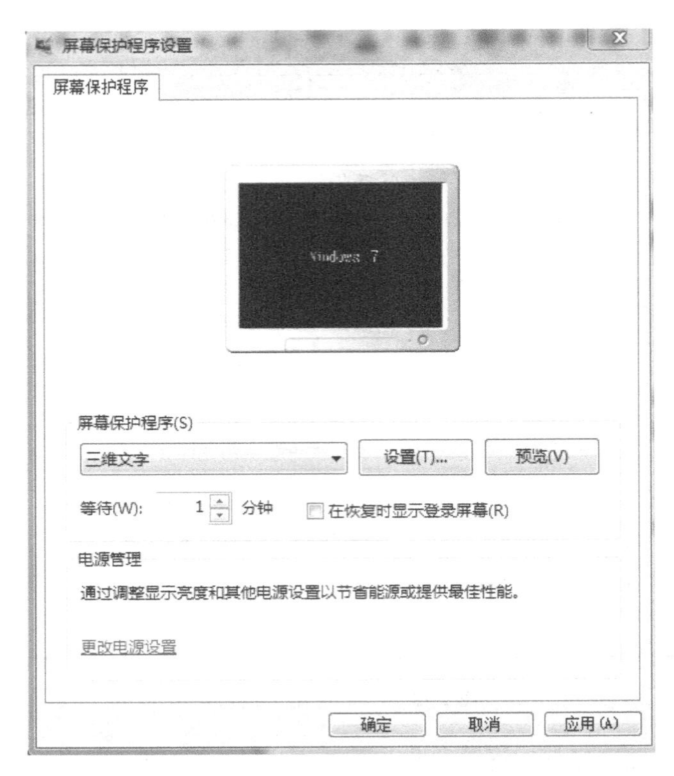

图 2-27 “屏幕保护程序设置”对话框

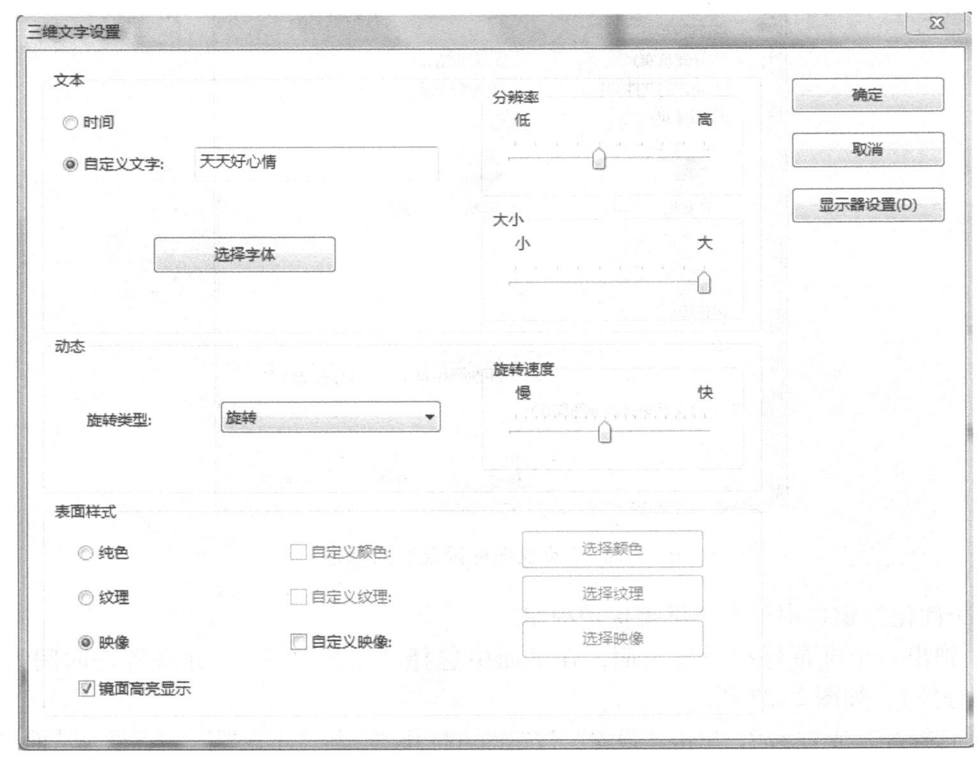

图 2-28 “三维文字设置”对话框

4）设置完成后，单击“应用”按钮，然后单击“确定”按钮，即可完成屏幕保护的设置。

[任务 3]

更改鼠标指针形状为十字。

[操作步骤]

Windows 7 鼠标设置具体步骤如下。

首先，需要下载一些比较个性的鼠标指针样式，在百度中搜索“鼠标指针下载”会找到许多个性的鼠标样式，然后选择自己喜欢的样式下载并保存到计算机中。

1）单击“开始”菜单，然后选择“控制面板”选项，如图 2-29 所示。

2）进入控制面板后，单击地址栏的“所有控制面板项”，即可找到“鼠标”设置，如图 2-30 所示，单击后弹出“鼠标属性”对话框。

图 2-29 “控制面板”选项

图 2-30 “鼠标”选项

3）在对话框中单击“指针”选项，就可以选择鼠标的形状了，如图 2-31 所示。

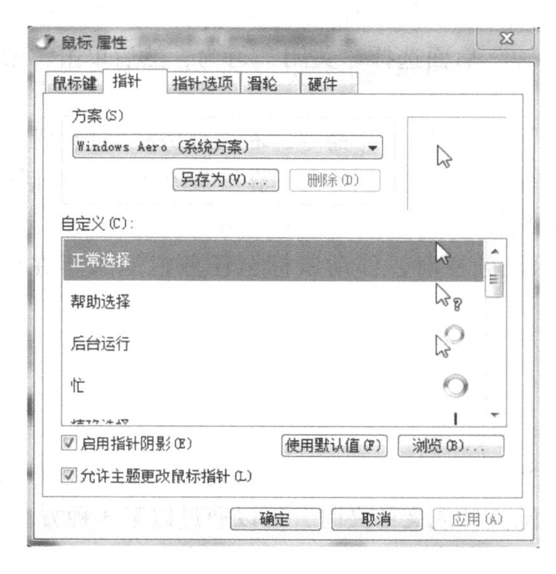

图 2-31 “鼠标属性”对话框

4）单击“浏览”按钮，选择十字形状，单击“打开”按钮，如图 2-32 所示。

5）选择“应用”按钮，然后单击“确定”按钮，即设置鼠标形状为十字形状。

图 2-32　选择鼠标十字形状文件

[任务 4]

设置任务栏属性为“不显示时钟”，并设置“自动隐藏任务栏”。

[操作步骤]

1）设置时钟属性。在桌面右下角的任务栏显示时间区域单击鼠标右键，选择“属性”命令，在系统图标的“时钟”后面选择“关闭”行为，然后单击“确定”按钮，如图 2-33 所示。

2）自动隐藏任务栏。选择“属性”命令，右击任务栏空白区域，在弹出的快捷菜单中选择“属性”命令，在弹出的“任务栏和「开始」菜单属性”对话框中选中“自动隐藏任务栏”复选框，单击“确定”按钮，如图 2-34 所示。查看结果，这时任务栏在不使用时将会被自动隐藏。临时显示任务栏时，移动鼠标至任务栏原来所在位置，即可暂时显示任务栏。

[任务 5]

设置回收站属性。

[操作步骤]

对于已经不再使用的文件或文件夹，可以将其删除，这样就可以释放出计算机中更多的磁盘空间，另做它用。删除文件或文件夹时，可以通过以下 3 种方法来实现。

方法一：使用“组织”下拉菜单。具体操作步骤如下。

1）选中要删除的文件或文件夹，打开“组织”下拉菜单，选择“删除”命令。

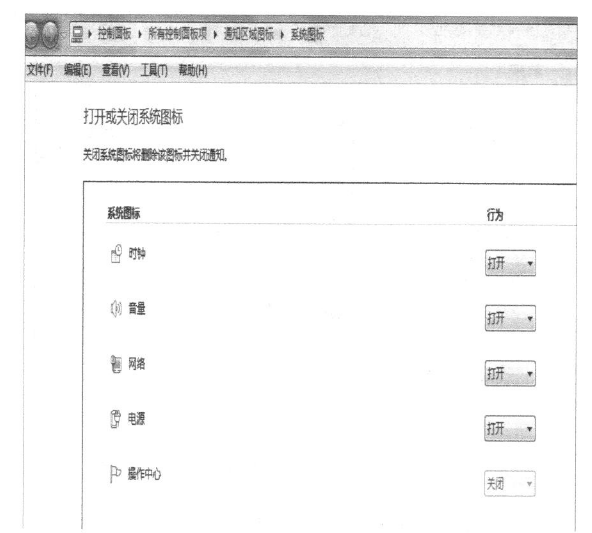

图 2-33 “系统图标”窗口

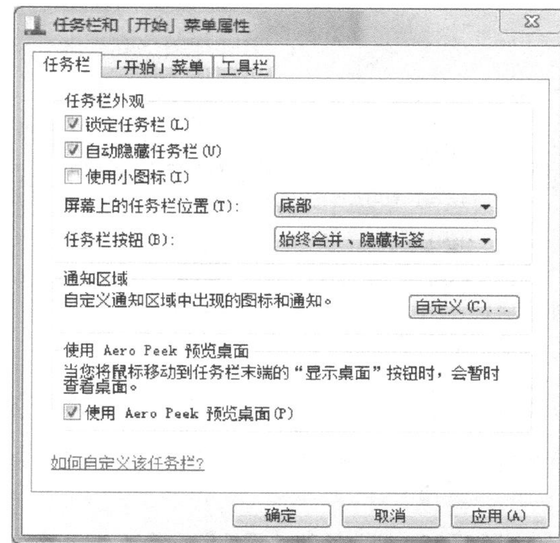

图 2-34 “任务栏和「开始」菜单属性”对话框

2）弹出“删除文件/文件夹”对话框，单击“是”按钮，即可将文件或文件夹从当前位置删除到回收站。

方法二：利用鼠标右键菜单进行删除，具体操作步骤如下。

1）右击要删除的文件或文件夹，在弹出的快捷菜单中选择“删除”命令。

2）弹出“删除文件/文件夹”对话框。单击“是”按钮，即可将文件或文件夹从当前位置删除到回收站。

方法三：按〈Delete〉键删除。

选择要删除的文件或文件夹，按〈Delete〉键，即可将其删除到回收站中。

回收站是 Windows 操作系统用来存放被删除文件的场所，上述这些删除操作只是将文件或文件夹删除到了回收站中，并没有真正从硬盘中删除，从而保证了文件的可恢复性，避免因误删除给用户带来麻烦。如果要将文件或文件夹彻底从计算机中删除，可以在执行上面的删除操作的同时按住〈Shift〉键，这样被删除的文件或文件夹就不会放入回收站，而从计算机硬盘中彻底删除。

若要将放入回收站的文件立即删除，不保存在回收站中，则具体操作步骤如下。

1）在桌面右击“回收站”图标，然后在弹出的菜单中选择“属性”命令，如图 2-35 所示。

2）弹出“回收站属性”对话框，选择“不将文件移动到回收站”单选按钮，单击“确定”按钮，如图 2-36 所示。

如需调整回收站所占硬盘驱动器的大小，则单击“自定义大小”单选按钮，根据需要进行手动设置，如图 2-37 所示。

若要在删除文件时不显示确认对话框，则在“回收站属性”对话框中取消勾选“显示删除确认对话框”即可。

若要把回收站的内容全部恢复。右击回收站里的文件，然后选择“还原”命令，即可恢复回收站的内容。

图 2-35　回收站的“属性”命令

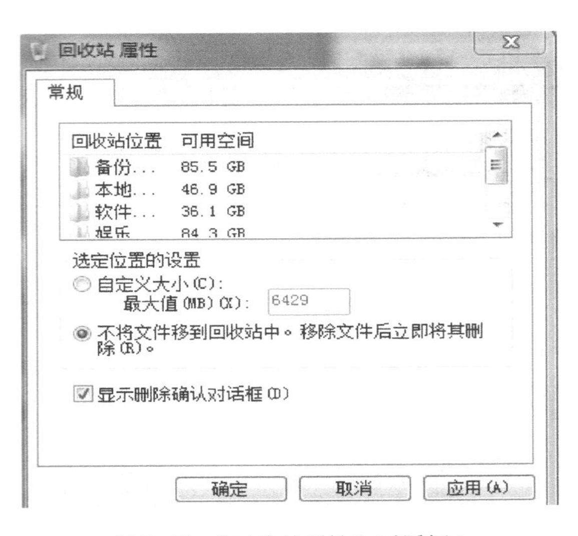

图 2-36　“回收站属性”对话框 1

[任务 6]

改变收藏夹的盘符。

[操作步骤]

1）打开收藏夹，单击鼠标右键，选择“属性”命令，打开“收藏夹属性”对话框，如图 2-38 所示。

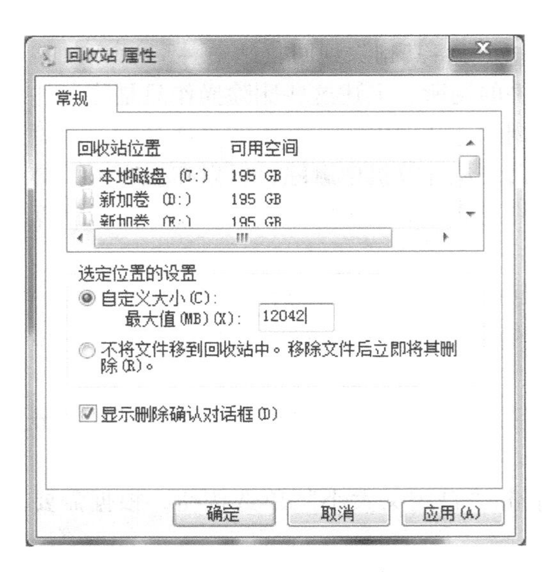

图 2-37　“回收站属性”对话框 2

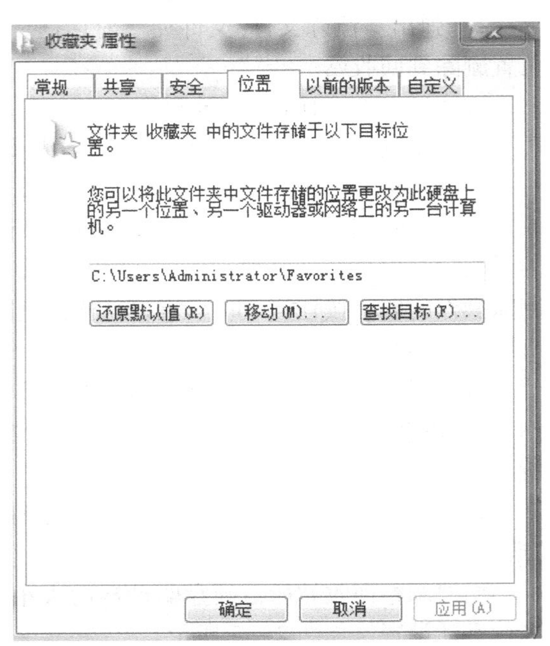

图 2-38　“收藏夹属性”对话框

2）在对话框中选择“位置”选项卡，单击移动即可改变收藏夹的盘符。

2.3 文件与文件夹

文件和文件夹的管理操作是计算机的基本操作。本章将学习如何管理计算机中的文件和文件夹，其中包括认识“计算机”窗口和资源管理器，以及查看、创建、移动文件和文件夹等。

2.3.1 浏览与搜索

在 Windows 7 操作系统中，文件和文件夹的操作和管理是很重要的概念，对计算机的几乎所有的操作都会涉及文件和文件夹，下面就来认识一下文件和文件夹，介绍一下文件和文件夹的浏览与搜索操作。

1. 认识文件和文件夹

计算机中的文件是以单个名称在计算机上存储的信息集合，例如我们编辑的日记、存放的照片和图片、安装的应用程序等。可以说在计算机里看见的东西都叫文件。

在 Windows 7 中，在系统已经设置了显示文件扩展名的情况下，我们在计算机中看到的文件通常具有 3 个字母的文件扩展名，用于指示文件类型。例如，图片文件以 JPEG 格式保存时，文件扩展名为 . jpg。所有文件的标识都由两部分组成：图标和文件名。其中，文件名又由文件本身的名字和扩展名两部分组成，两者之间用一个原点（分隔符）分开。如果系统设置隐藏了文件扩展名，则不显示扩展名，只显示文件图标和文件名。

理解了什么是计算机中的文件，文件夹也就不难理解了。文件夹是用来分类存放文件，协助人们管理计算机文件的，每一个文件夹对应一小块磁盘空间。它就像我们日常用于存储档案的档案柜中的众多抽屉一样，把不同类别的文件分门别类地存放在文件夹中，以便查找和使用。当打开一个文件夹时，它会以窗口的形式显示在桌面上；关闭文件夹时，则会变成一个图标。

文件夹的图标用表示，文件夹则一般由图标和名称两部分组成。一个文件夹中不仅可以装入一个或多个文件，还可以装入一个或多个子文件夹。而这些子文件夹中又可以装一个或多个文件（或子文件夹）。

2. 查看文件或文件夹

对于计算机中存放的数目众多的文件和文件夹，如何来查看和管理呢？“计算机”窗口和“Windows 资源管理器”就是用来管理文件和文件夹的。在实际的使用功能上，“资源管理器”和“计算机”窗口差不多，都是用来管理系统资源的，也可以说都是用来管理文件的。

（1）通过 Windows 资源管理器查看文件和文件夹

单击“开始”按钮，在“开始”菜单中依次选择“所有程序”→“附件”→“Windows 资源管理器”命令，如图 2-39 所示，即可打开“Windows 资源管理器”窗口。用户可以在该窗口中对整个计算机库中存储的文件进行访问和管理。

Windows 7 中的库是不同于以前版本的新概念。打开 Windows 资源管理器，首先看到的就是库文件夹，库为用户访问存放在计算机硬盘中的文件提供了统一的查看视图，只要把文件或文件夹添加到库中，用户就可以直接进行访问，而不用具体到哪个盘符哪个文件夹中去寻找。将文件或文件夹添加到库，不是将文件或文件夹复制到库中，而是相当于存放到库中一个访问路径，文件或文件夹在原来的存放位置不动。

图 2-39　选择“Windows 资源管理器”命令

（2）通过“计算机”窗口查看文件和文件夹

在 Windows XP 系统中，用户可以在“我的电脑”窗口中管理文件和文件夹；Windows 7 系统中的“计算机”就相当于“我的电脑”。“计算机”的功能和布局和“Windows 资源管理器”相同，使用方法也是大同小异。只不过“Windows 资源管理器”首先显示的是库，而“计算机”首先显示的是计算机中的硬盘盘符。

在桌面上双击“计算机”图标或在“开始”菜单中选择“计算机”命令，都可以打开“计算机”窗口，如图 2-40 所示，在该窗口中可以浏览计算机中的内容。“计算机”窗口的左窗格的树形结构中显示的目录有“收藏夹”“库”“家庭组”“计算机”“网络”等，用户可通过该树形结构在相应的窗口中来回切换。

当选中某个盘符时，窗口底部的状态栏中会显示该盘符的总大小、已用空间、未用空间和文件系统类型。双击任一个盘符，即可打开该磁盘，查看盘中存放的所有文件和文件夹。双击文件和文件夹，可以打开该文件夹或运行该文件。选中文件或文件夹后，用户还可以单击窗口右上角的按钮，查看文件或文件夹的详细信息。再次单击该按钮，可以改变预览窗格。

“计算机”窗口上方还设置了“前进”按钮和“返回”按钮，用户可以利用这两个按钮在前后浏览的内容中跳转。单击“前进”按钮后面的下拉按钮，打开下拉列表，其中带

图 2-40 “计算机”窗口

“√”选项的表示当前访问的位置，它的上方显示的是可以前进到的位置，下方显示的是可以后退到的位置。

3. 搜索文件

相比以前的版本，Windows 7 的搜索功能更加强大，搜索设置也更加人性化，搜索速度有很大提高，可以帮助用户快速从众多文件中查找到自己要找的文件或文件夹。在“计算机”窗口、“Windows 资源管理器”窗口和“开始”菜单中都可以找到搜索功能。

（1）在“开始”菜单中进行搜索

具体操作步骤如下。

1）单击“开始”按钮，打开“开始”菜单，如图 2-41 所示，最下方的搜索框可以搜索程序和文件。

2）输入要搜索的关键字，直接显示出搜索结果。

3）单击“查看更多结果”链接，将在打开的搜索窗口中显示更多的搜索结果。拖动右侧的滚动条，窗口最下方将显示用户可以在以下内容中再次搜索，如图 2-42 所示。

4）用户可以选择再次在库、计算机等位置进行搜索，也可以单击“自定义”按钮。在

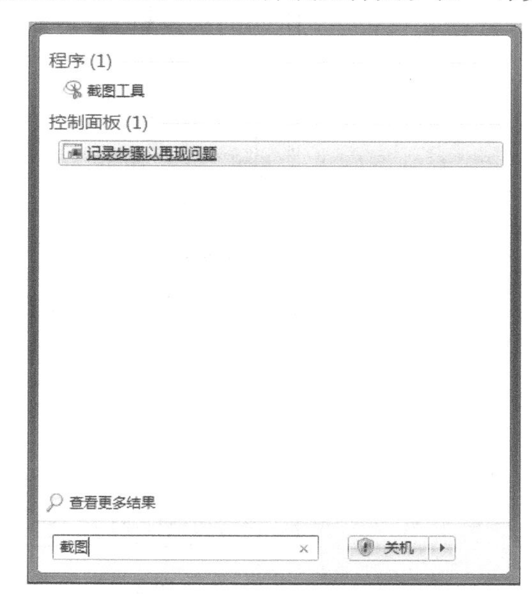

图 2-41 “开始”菜单搜索

弹出的对话框中重新选择搜索位置，如图 2-43 所示。

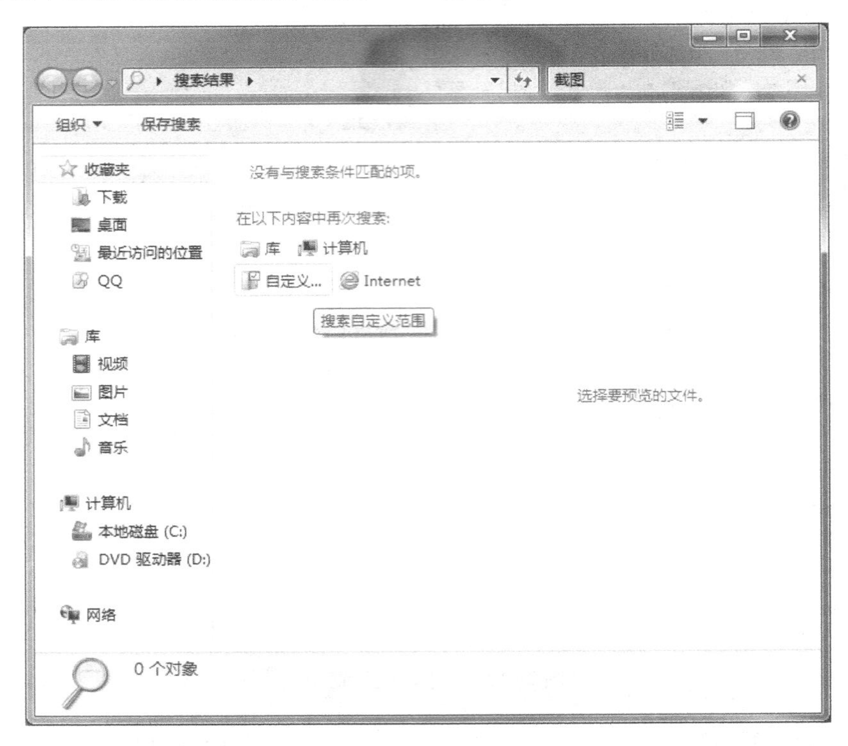

图 2-42　查看更多结果

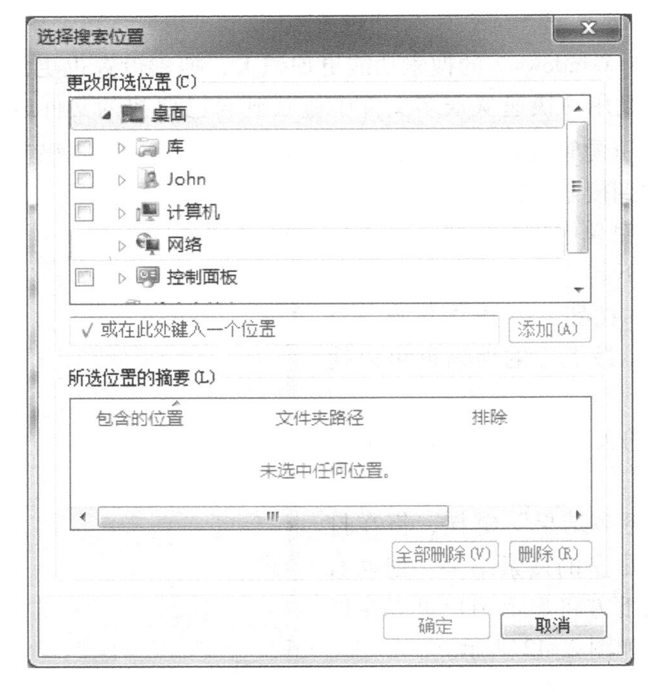

图 2-43　“选择搜索位置”对话框

（2）在“计算机”窗口中进行搜索

在“计算机”窗口中使用搜索框搜索时，只在当前目录中搜索。例如，当前进入的是C盘目录，则搜索框中显示只在C盘进行搜索。如果要在某个指定的文件夹下搜索文件，需要先进入文件夹目录，然后输入搜索的关键字。如果要在整个计算机中搜索，则需要跳转到根目录“计算机”。具体操作步骤如下。

1）打开“计算机”窗口，可以看到窗口上方设置了搜索框，当前是在C盘目录下进行。

2）跳转到“计算机”目录下，可以发现搜索框中显示的是对整个计算机进行搜索。

3）在搜索框中输入关键字后，系统便自动在计算机中进行搜索，并显示搜索进度条。

4）搜索完毕，在窗口的右窗格中即可显示所有的搜索结果，如图2-44所示。

图2-44　显示搜索结果

用户还可以通过添加搜索筛选器来快速查找目标文件。

4. 更改视图方式

当用户打开一个文件夹时，为了能更清楚快捷地了解里面包含的内容，可以按照自己的需要来选择文件的视图方式。文件和文件夹的视图方式是指在Windows资源管理器或“计算机”窗口中图标的显示方式。

在Windows资源管理器或“计算机”窗口中不断单击右上角的“更改您的视图”按钮，可以在各种视图中依次切换。单击右边的下拉按钮，在弹出的下拉面板中列出了全部视图，用户可以单击其中的一种视图，也可以拖动滑块来选择一种视图。不同的是，通过单击按钮来设置视图，不能应用“超大图标”视图。用户也可以在显示窗口中右击，在弹出的快捷菜单中选择“查看”命令，展开子菜单，从中选择视图方式。

各种视图的效果如下。

- 超大图标：以超大图标显示时，方便浏览文件内容，尤其对于图片，可以浏览缩略图。
- 大图标：以大图标显示时，可以粗略查看文件的内容。
- 中等图标：以中等图标显示时，可以在窗口中更多地显示文件。
- 小图标：以小图标显示时，不显示文件的缩略图，只显示文件类型的图标。
- 列表：文件以列表的形式进行排列，适合文件较多时查看。
- 平铺：平铺显示时，以 Windows 默认的标准来查看文件，这样可以了解文件的名称、类型和大小。
- 详细信息：以详细信息显示时，可以查看文件的各种信息，如创建日期、文件类型等。
- 内容：以内容显示时，将显示文件名称、类型、大小以及作者名称等。

5. 文件排序

在同一个文件夹中，如果存放了数目较多的文件和子文件夹，可能无法快速找到自己需要的文件，这时可以通过对文件或文件夹进行排序整理来查找。文件的排序是指在显示窗口中排列文件图标的顺序，用户可以根据需要设置按文件名、文件大小、创建日期等信息对文件进行排序。

（1）通过快捷菜单进行排序

在“计算机”窗口中，用户可以通过右键快捷菜单选择排序方式，具体操作步骤如下。

1）在“计算机”窗口中显示出要排序的文件，在窗口空白处单击鼠标右键右击，在弹出的快捷菜单中选择“排序方式”命令，展开子菜单。在其中可以设置按名称、大小和类型等排序。例如按“修改日期”“升序”排序。

2）在“排序方式”子菜单中选择“更多”命令，可以打开“选择详细信息”对话框，在其中用户可以添加显示的文件的详细信息，如“备注”。

3）设置完毕，单击“确定”按钮。再次打开右键菜单，可以发现其中添加了“备注”。

（2）通过筛选文件进行排序

将文件的视图设置为“详细信息”后，系统会依次显示出文件的名称、日期、类型和大小等。用户可以针对某项进行排序和筛选，具体操作步骤如下。

1）将鼠标指针移动到“名称”类别上，会出现下拉按钮。单击该按钮会打开下拉面板，可以针对名称来筛选文件。

2）如果选中“A－H”复选框，则只显示文件名的拼音首字母是 A～H 的，缩小了查找文件的范围。取消选择复选框，则重新显示全部文件。

3）按日期筛选。单击日期下拉按钮，在打开的下拉菜单中，用户可以选择显示某时间段的文件。

4）按文件大小筛选。打开“大小”下拉面板，用户可按文件的大小进行筛选。

6. 文件分组

除了可以按照名称、类型、大小等对文件进行排序外，还可将文件分组显示。文件分组管理也是便于查询和管理的一种方法。按照一定的规则对文件进行分组后，文件将更加清晰明了地显示在窗口中。

将文件进行分组的具体操作步骤如下。

1）在“计算机”窗口中显示出要排序的文件，在空白处单击鼠标右键，在弹出的快捷菜单中选择“分组依据”命令，展开子菜单，在其中可以设置按名称、大小和类型等分组。

2）例如，按名称递增分组。选中“名称”命令按名称递增分组，可以看到系统自动将文件名首字符是数字的分为一组，是字母的按设置分为几段，并递增排列。

分组之后，可以通过单击每组前面的按钮来展开或折叠该组。如果要取消分组，可以重新打开右键菜单，选择“无”命令，即可取消分组。

2.3.2 设置属性

文件和文件夹的属性包括文件的名称、大小、创建时间、显示的图标、共享设置以及文件加密等。用户可以根据需要来设置文件和文件夹的属性，或者进行安全性设置，以确保自己的文件不被他人查看或修改。

2.3.3 查看属性

查看文件或文件夹属性的具体操作步骤如下。

1）直接查看。将鼠标指针移到要查看的文件或文件夹上，即可自动显示相关的信息。

2）打开右键菜单。在要查看的文件上单击鼠标右键，在弹出的快捷菜单中选择“属性”命令。

3）打开“属性”对话框，可以看到有关文件的属性信息。

4）单击“计算机”窗口中的“组织”下拉按钮，在弹出的下拉列表框中选择“属性”选项，也可以打开属性对话框。

2.3.4 隐藏文件

对于放置在计算机中的重要文件或文件夹，用户可以将其隐藏，以防止别人阅读、移动或删除。具体操作方法如下。

1. 隐藏文件或文件夹

例如，要将保存在 C 盘中的文件夹及其中的文件隐藏，具体操作步骤如下：

1）右击要隐藏的文件夹，在弹出的快捷菜单中选择“属性”命令。

2）打开“隐藏文件属性”对话框，选中“隐藏”复选框，如图 2-45 所示。

3）单击“确定”按钮，弹出“确认属性更改”对话框。系统默认选中“将更改应用于此文件夹、子文件夹和文件”单选按钮。

4）单击“确定”按钮关闭该对话框。这时可以看到，隐藏的文件已经消失。

2. 重新显示隐藏的文件或文件夹

当用户再次查看或修改已经隐藏的文件或文件夹时，需要先将其重新显示出来。以前面

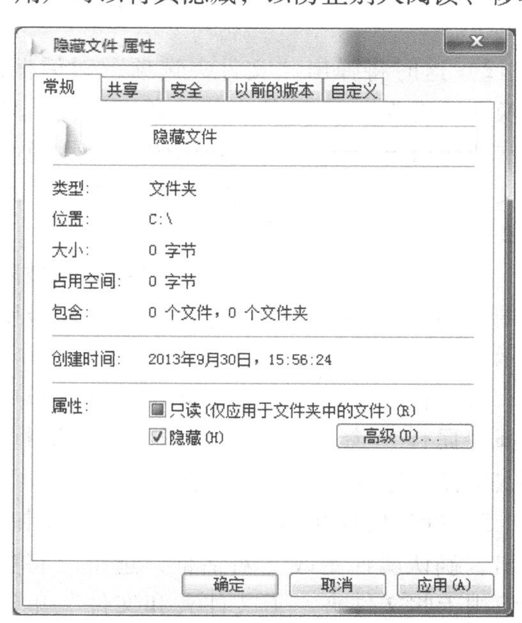

图 2-45 “隐藏文件属性”对话框

设置了隐藏的文件夹为例，具体操作步骤如下：

1）打开隐藏文件夹所在的窗口，打开已经隐藏的文件夹所在的目录，单击“组织”下拉按钮，在弹出的下拉列表框中选择“文件夹和搜索选项”选项，如图 2-46 所示。

图 2-46 “文件夹和搜索选项”选项

2）这时将弹出“文件夹选项”对话框，切换到“查看”选项卡。在“高级设置”列表框中拖动滚动条，找到并选中“显示隐藏的文件、文件夹和驱动器”单选按钮，如图 2-47 所示。

3）单击“确定”按钮后，可以看到被隐藏的文件夹重新显示了出来，但是呈透明显示。

4）右击该文件夹，在弹出的快捷菜单中选择“属性”命令，打开“属性”对话框。再次选择“隐藏”复选框取消选择。

5）确认属性更改，单击“确定”按钮，弹出“确认属性更改”对话框，选中“将更改应用于此文件夹、子文件夹和文件”单选按钮。

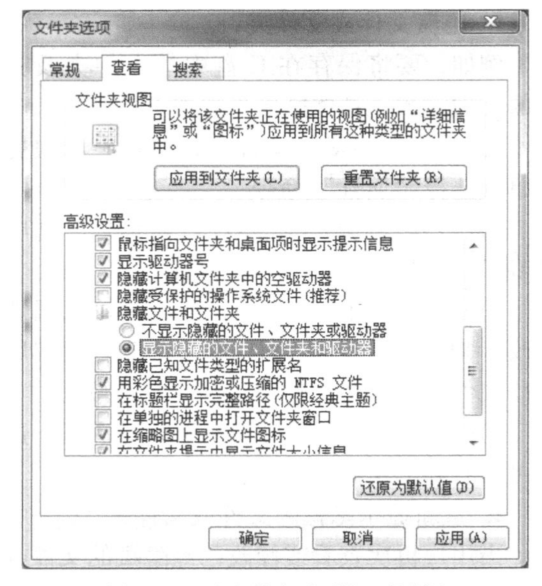

图 2-47 “文件夹选项”对话框

6）单击“确定”按钮关闭对话框，可以看到隐藏的文件夹又重新显示出来了。

2.3.5　文件与文件夹的管理操作

文件与文件夹的管理操作主要包括文件及文件夹的新建、查看、复制、移动、删除和重命名等，通过执行这些管理操作，可以使计算机中的文件和文件夹井然有序。

1. 新建与重命名

新建文件和文件夹的操作可以通过右键菜单进行，也可以通过执行菜单命令实现。新建与重命名文件或文件夹的具体操作步骤如下。

1）打开要创建文件或文件夹的目录，在空白处单击鼠标右键，在弹出的快捷菜单中选择“新建”→“文件夹”命令，即可新建一个文件夹。

2）这时将在窗口中显示一个新建的文件夹，默认名称为“新建文件夹”，名称处于可更改状态。

3）重命名文件夹。按〈Ctrl + Shift〉组合键切换到合适的输入法，为文件夹重新设置一个合适的名字。在其他位置单击鼠标即可确认文件夹重命名。

4）执行菜单命令。单击“文件”菜单，在弹出的下拉菜单中展开“新建”子菜单，可以选择要新创建的内容。

2. 多种选择方式

要对文件或文件夹进行复制、移动等管理操作，需要先将其选中。用户可以选择一个、多个或者一组不相邻的文件或文件夹，具体操作步骤如下。

（1）选择单个文件或文件夹

单个文件或文件夹的选择很简单，只需单击要选择的文件即可。此时被选中的文件或文件夹上显示蓝色的阴影。

（2）选择多个相邻的文件或文件夹的方法一

先选中要选择的第1个文件，然后在按住〈Shift〉键的同时单击要选择的最后一个文件，即可将相邻的多个文件选中。

（3）选择多个相邻的文件或文件夹的方法二

在要选择的文件或文件夹区域的左上角按住鼠标左键，然后拖动鼠标至该区域右下角的文件或文件夹处，释放鼠标后即可将其选中。

（4）选择多个不相邻的文件或文件夹

先选中第1个要选择的文件或文件夹，然后按住〈Ctrl〉键，依次单击要选择的文件或文件夹，即可将多个不相邻的文件或文件夹选中。再次单击，即取消选择。

（5）选择全部文件或文件夹

如果有必要选择全部的文件或文件夹，可以选择“编辑”→“全部选定”命令，或按〈Ctrl + A〉组合键。

（6）反向选择文件或文件夹

在对文件或文件夹进行操作时，有时需要选择大部分不连续的文件。如果使用上面的方法，操作不太方便。这时，我们可以先将少数不选择的文件或文件夹选中。然后选择“编辑”→“反向选择”命令，这样，将会取消选择当前所选的文件或文件夹，而选中没有被选择的文件或文件夹。

3. 移动与复制

在整理文件或文件夹的过程中，用户经常需要将某个文件或文件夹移动到其他位置，这时就需要执行移动操作。移动文件或文件夹用的是“剪切”命令，执行完移动操作后，原位置的文件或文件夹就会消失，出现在目标位置。

移动文件或文件夹的具体操作步骤如下。

1）执行“剪切”命令。选中要移动的文件夹，在菜单栏中选择“编辑”→“剪切”命令，或按〈Ctrl + X〉组合键。

2）执行“粘贴”命令。打开要移动到的目标文件夹，在菜单栏中选择“编辑”→“粘贴”命令，或按〈Ctrl + V〉组合键。

打开“组织”下拉菜单，选择“剪切”命令也可以执行“剪切”操作；或者右击要剪切的文件，在弹出的快捷菜单中选择“剪切”命令。

提示：用鼠标将文件拖动到另一磁盘的目标位置，实现的操作不是移动，而是复制。若要移动文件需要按住〈Shift〉键。

在计算机操作过程中很有可能会出现一些误操作，致使文件被破坏甚至丢失。为避免造成不必要的麻烦，甚至是不可挽回的损失，可以将文件备份到相对安全的地方，这就用到了文件或文件夹的复制操作。复制文件或文件夹就是指在保留原文件或文件夹的基础上，在计算机中重新生成一个与原文件内容完全一样的文件、文件夹。

上面介绍的移动文件的几种方法，同样也可以用来执行“复制”操作。以使用“组织”下拉菜单来复制文件为例，具体操作步骤如下。

1）选中要复制的文件夹，打开“组织”下拉菜单，选择“复制”命令，这时文件夹将被复制到剪贴板中。

2）跳转到要复制到的目标位置，执行“粘贴”命令。

3）这时系统开始复制文件夹及其中的内容，并显示复制进度提示窗口。

4）复制完毕后，在复制到的目标位置，可以看到文件夹已经显示在目标文件夹中。

提示：对文件及文件夹进行复制操作时，最简便的方法是通过〈Ctrl + C〉、〈Ctrl + V〉快捷键进行操作。

4. 删除

对于已经不再使用的文件或文件夹，可以将其删除，这样就可以在计算机中释放出更多的磁盘空间。删除文件时，可以通过以下 3 种方法来实现。

方法一：使用“组织”下拉菜单，具体操作步骤如下。

1）选中要删除的文件或文件夹。打开“组织”下拉菜单，选择“删除”命令。

2）这时将弹出“删除文件/文件夹”对话框。单击“是”按钮，即可将文件或文件夹从当前位置删除到回收站。

方法二：利用右键菜单删除，具体操作步骤如下：

1）右击要删除的文件或文件夹，在弹出的快捷菜单中选择“删除”命令。

2）这时同样会弹出“删除文件/文件夹”对话框。单击“确认”按钮，即可将文件或文件夹从当前位置删除到回收站。

方法三：按〈Delete〉键删除。

选择要删除的文件或文件夹，按〈Delete〉键，即可将其删除到回收站中。

删除到回收站中的文件或文件夹，以后如果需要重新使用，可以从回收站中还原到原来的位置，具体操作步骤如下。

双击桌面上的“回收站”图标，打开“回收站”窗口，选中需要还原的文件，单击“还原此项目”按钮，这时可以发现此文件在回收站中已经消失。

通过右键菜单还原，在回收站中右击要恢复的文件，在弹出的快捷菜单中选择“还原”命令，也可以执行“还原”操作。

5. 创建快捷方式

用户可以为最近经常查看的文件或文件夹添加桌面快捷方式，需要用时直接双击快捷方式即可打开。创建快捷方式的具体操作步骤如下。

右击要创建快捷方式的文件或文件夹，在弹出的快捷菜单中选择“发送到”→“桌面快捷方式”命令。即可在桌面上创建一个快捷方式。双击可以快速打开该文件夹。

2.3.6 实训项目　文件和文件夹操作

[任务1]

在C盘中新建一个文件夹，命名为user，从其他文件夹中复制若干文件到user文件夹。

[操作步骤]

新建文件和文件夹的操作可以通过右键菜单进行，也可以通过执行菜单命令实现。具体操作步骤如下。

1）双击桌面的“计算机”图标，然后双击C盘打开，如图2-48所示。

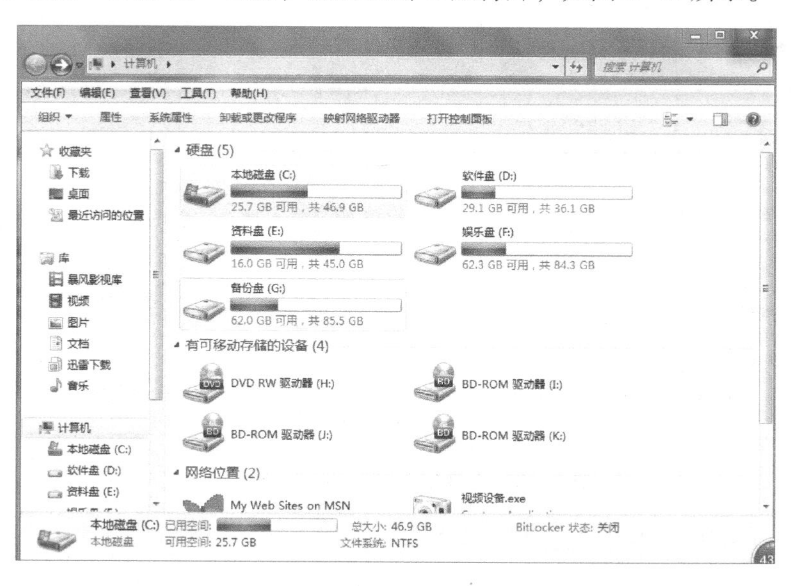

图2-48　“计算机”窗口

2）在C盘中单击鼠标右键选择“新建文件夹”命令，将该文件夹命名为“user”，如图2-49所示。

3）打开“新建文件夹”，选中里面的word文档，单击鼠标右键选择“复制”命令，然后打开“user”文件夹，单击鼠标右键，选择“粘贴”命令，如图2-50所示。

图 2-49　将文件夹命名为“user”

图 2-50　文件复制到“user”文件夹

［任务 2］

选择一个文件，将它隐藏起来并查看；然后再去除文件的隐藏属性，使其恢复原样。

［操作步骤］

1. 隐藏文件夹及文件

对于放置在计算机中的重要文件或文件夹，用户可以将其隐藏，以防止别人阅读、移动或删除。例如，要将保存在 C 盘中的“新建文件夹”及里面的“word 简单的使用方法”隐藏，具体操作步骤如下：

1）右击要隐藏的文件夹，在弹出的快捷菜单中选择“属性”命令。

2）打开“新建文件夹属性”对话框，选中“隐藏”复选框，如图 2-51 所示。

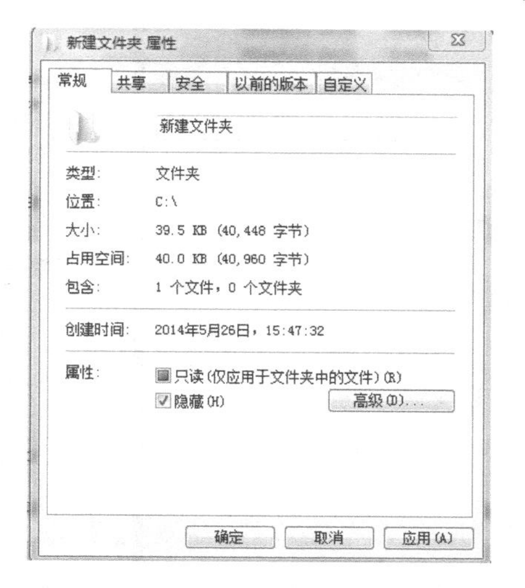

图 2-51　设置文件隐藏属性

3）单击“确定”按钮，弹出“确认属性更改”对话框。系统默认选中“将更改应用于此文件夹、子文件夹和文件”单选按钮，如图 2-52 所示。

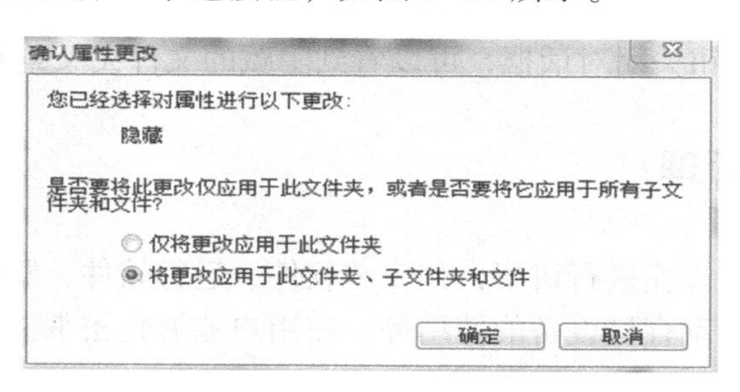

图 2-52　确认属性更改

4）单击“确定”按钮关闭该对话框，这时可以看到，隐藏的文件已经消失。

2. 重新显示隐藏的文件或文件夹

当用户再次查看或修改已经隐藏的文件或文件夹时，需要先将其重新显示出来。以前面设置了隐藏的文件夹为例，具体操作步骤如下。

1）打开已经隐藏的文件夹所在的目录，单击“组织”下拉按钮，在弹出的下拉列表框中选择“文件夹和搜索选项”选项，如图 2-53 所示。

2）这时将弹出“文件夹选项”对话框，切换到“查看”选项卡。在“高级设置”列表框中拖动滚动条，找到并选中“显示隐藏的文件、文件夹和驱动器”单选按钮，如图 2-54所示。

3）单击“确定”按钮，可以看到被隐藏的文件夹重新显示了出来，但是呈透明显示。

4）右击该文件夹，在弹出的快捷菜单中选择“属性”命令，打开“属性”对话框，取消选择“隐藏”复选框。

图 2-53 “文件夹和搜索选项”选项

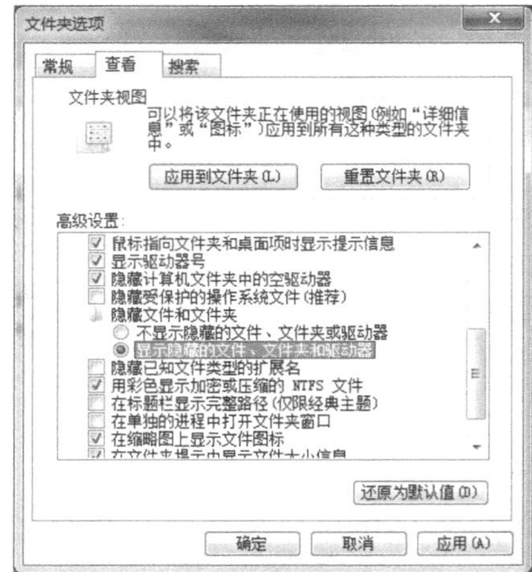

图 2-54 “文件夹选项”对话框

5）确认属性更改，单击“确定”按钮，弹出“确认属性更改”对话框，选中“将更改应用于此文件夹、子文件夹和文件”单选按钮。

6）单击“确定”按钮关闭对话框，可以看到隐藏的文件夹又重新显示出来了。

2.4 软件与硬件管理

本节将对软硬件相关操作进行讲解，如安装软件、运行软件、删除软件、管理硬件驱动程序、检测硬件性能和移动存储设备的使用等。使用户能够轻松掌握如何通过 Windows 7 管理软件与硬件。

2.4.1 软件管理

软件可分为系统软件和应用软件两部分。应用软件包括文字处理软件、辅助设计软件、多媒体播放软件、图形处理软件等多种类型。可以通过 Windows 安装、运行和管理软件。

1. 安装软件

下面将以安装 WinRAR 应用软件为例，讲解如何通过 Windows 安装软件。具体操作步骤如下。

1）通过 Internet 或安装光盘找到 WinRAR 的安装程序，双击运行该程序。弹出“安全警告”对话框，单击“运行”按钮。

2）单击“浏览”按钮，弹出程序安装窗口。如果用户希望自定义安装路径，则单击“浏览”按钮。

3）指定安装路径，在弹出的“浏览文件夹”对话框中，指定程序的安装路径，然后单击“确定”按钮。

4）进行相关设置。单击“安装”按钮，安装程序。在弹出的对话框中进行相关设置，如设置关联文件、是否在桌面创建快捷方式等。设置完毕，单击“确定”按钮即可。

2. 运行软件

可以通过多种方式运行常用的软件，具体操作方法如下。

安装程序时，通常要求用户设置是否在桌面创建该程序的快捷方式。通过双击桌面快捷方式启动软件是较为常用的方法。

还可以通过“开始”菜单运行。

3. 删除软件

通过 Windows 删除应用软件的具体操作步骤如下。

1）打开“开始”菜单，选择右窗格中的“控制面板”选项。

2）打开“控制面板”窗口，单击“卸载程序”链接。

3）在列表框中选择需要卸载的程序图标，单击“卸载”按钮，如图 2-55 所示。

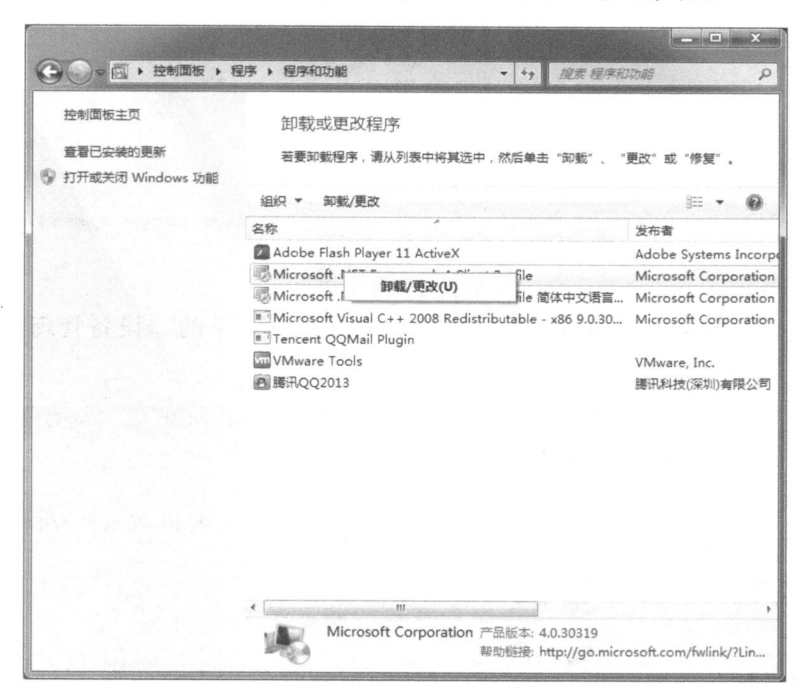

图 2-55　卸载程序

4）弹出“卸载程序”对话框，依次单击“下一步”按钮即可卸载程序。

2.4.2　硬件管理

通过 Windows 可查看硬件信息，查看硬件驱动程序，卸载或升级驱动程序，检测硬件性能，启动与禁用硬件等。

1. 管理硬件驱动程序

用户可以查看硬件驱动程序是否正确安装，也可以升级到新版本的驱动程序。具体操作步骤如下。

1）打开控制面板，单击“硬件和声音”链接，如图 2-56 所示。

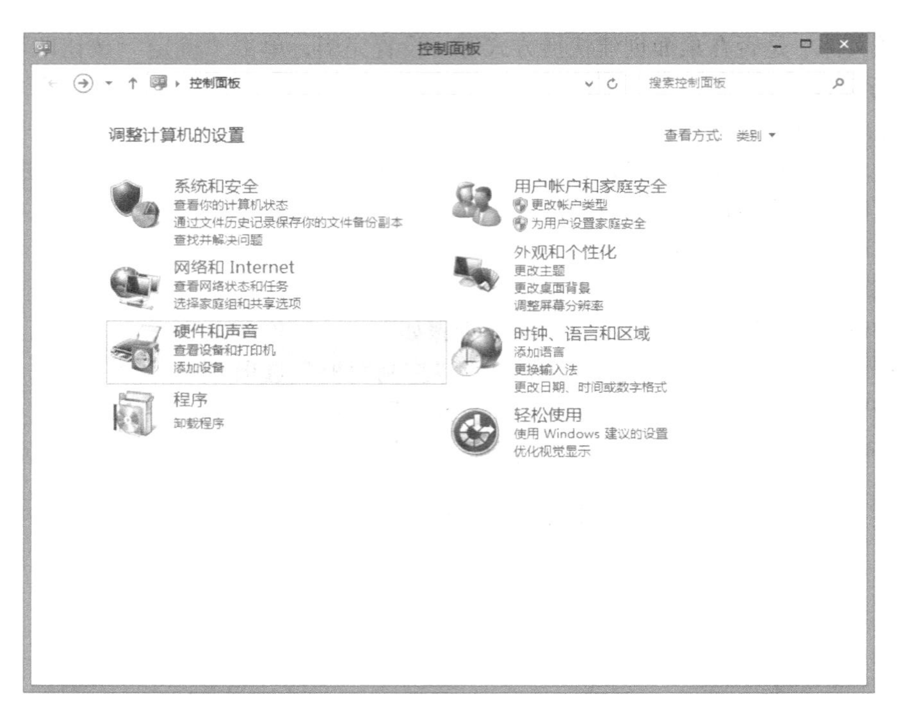

图 2-56　控制面板

2）打开“硬件和声音”窗口，单击“设备和打印机”下的“设备管理器”链接，如图 2-57 所示。

图 2-57　硬件和声音

3）打开“设备管理器”窗口，在列表框中展开到需要查看驱动程序的硬件选项，如图2-58所示。右击该选项，在弹出的快捷菜单中选择“属性”命令。

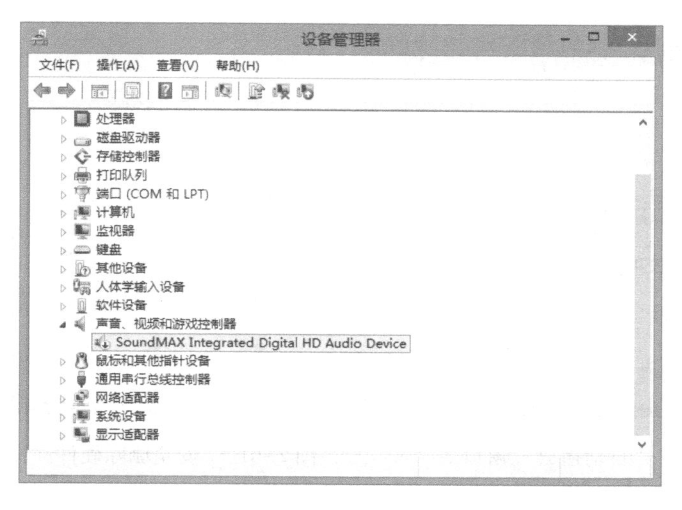

图2-58 设备管理器

4）在弹出的菜单中选择“设备属性”→“驱动程序”选项卡，即可查看该硬件驱动程序的相关信息。

5）单击“更新驱动程序”按钮，将弹出对话框，要求用户选择搜索方式。选择“自动搜索更新的驱动程序”选项。

6）等待系统联机搜索更新程序，如果该程序无需升级，系统将给出相应的结果。

提示：驱动程序的安装与更新也可以通过第三方软件从互联网上下载驱动程序。

2. 启用与禁用硬件

如果用户希望启用或禁用某硬件，可以通过如下步骤实现。

1）打开控制面板，单击“硬件和声音”链接。

2）打开“硬件和声音”窗口，单击“设备和打印机”下的“设备管理器”链接。

3）打开“设备管理器”窗口，在列表框中展开所需硬件选项。右击该选项，在弹出的快捷菜单中选择“禁用”命令。

4）弹出提示信息框，单击“是”按钮，即可禁用该硬件，如图2-59所示。

图2-59 提示对话框

5）选择需要启用的硬件选项，单击工具栏中的“启用”按钮，即可启用该硬件。

3. 使用移动存储设备

U盘、移动硬盘、MP3、智能手机等设备一般均支持即插即用。下面将通过实例讲解如何在Windows 7中使用移动存储设备，具体操作步骤如下。

1）将移动存储设备与计算机进行连接，将自动弹出“自动播放”窗口。选择所需选项，如选择“打开文件以查看文件”选项，如图2-60所示。

2）查看文件，进入打开的文件夹窗口，即可查看移动存储设备中的文件夹与文件。

3）使用完毕，单击任务栏中的“安全删除硬件并弹出媒体”图标，在弹出的菜单中选择“弹出”命令即可，如图 2-61 所示。

图 2-60 “自动播放”窗口

图 2-61 “安全删除硬件并弹出媒体”图标

2.4.3 实训项目 下载和安装软件

[任务 1]

上网搜索 2013 版的金山打字通，下载并安装。安装要求：在 E 盘中新建一个名为“jsdz”的文件夹，并将金山打字通安装到此文件夹中。在桌面创建快捷方式，并将其添加到“开始”菜单。

[操作步骤]

1）百度搜索 2013 金山打字通，找到下载页面，单击下载，出现“新建下载任务”对话框，如图 2-62 所示。

图 2-62 “新建下载任务”对话框

2）单击“浏览”按钮，选择计算机 E 盘并新建“jsdz”文件夹，单击“确定”按钮，如图 2-63 所示。

3）双击“setup. exe”进入金山打字通安装向导，然后单击“下一步”进行安装，如图 2-64 所示。

4）选择金山打字通的安装文件夹，单击“浏览”，选择安装文件夹为 E 盘的“jsdz”文件夹，然后单击“确定”按钮，如图 2-65 所示。

5）在桌面上创建程序的快捷方式，并将其添加到“开始”菜单。

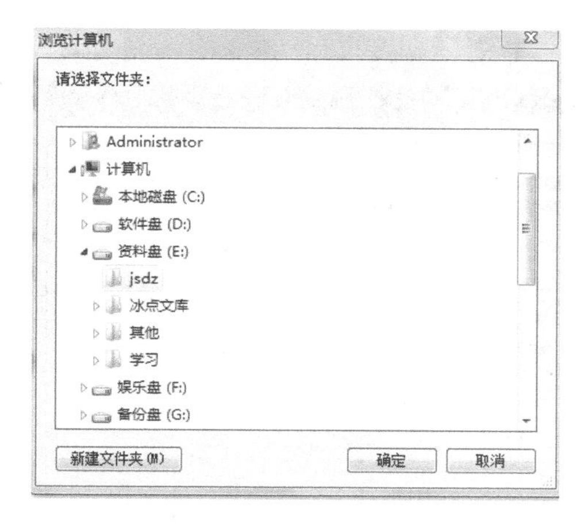

图 2-63 “浏览计算机”对话框

图 2-64 安装向导

6）单击“完成”，至此金山打字通下载安装完成，如图 2-66 所示。在桌面上可以看到金山打字通图标，双击即可进入。

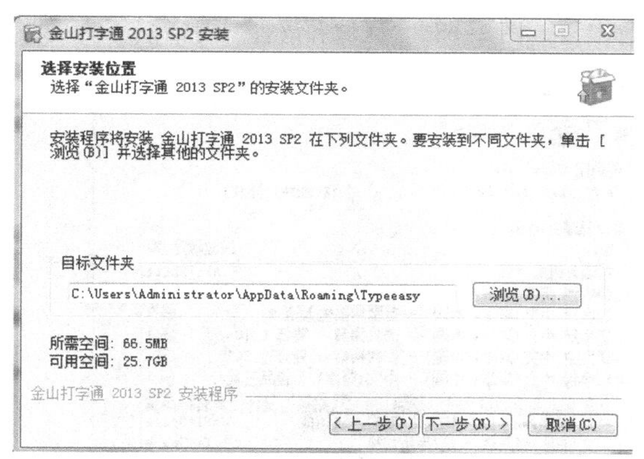

图 2-65 选择安装位置

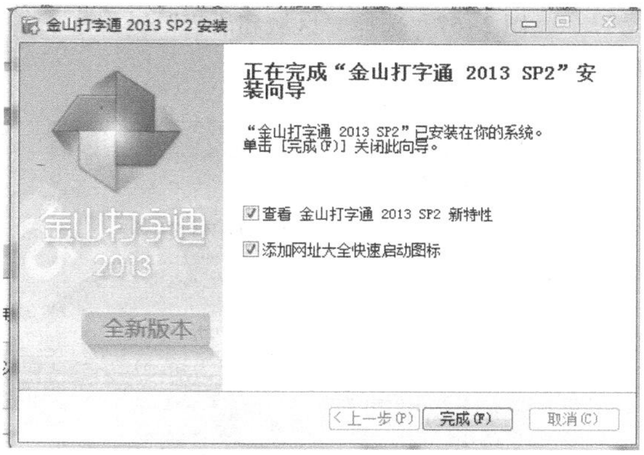

图 2-66 金山打字通安装完成

[**任务 2**]

安装完成操作系统之后，系统会默认安装一些输入法。为了使用方便，我们可以设置默认的输入法中英文切换，以及删除一些不用的输入法，具体操作步骤如下。

[**操作步骤**]

1）删除“微软拼音输入法”。首先进入 Windows 7 控制面板，选择“区域和语言”键接，如图 2-67 所示。在“区域和语言”对话框中，首先切换到“键盘和语言”选项卡，然后单击“更改键盘”按钮，如图 2-68 所示。在弹出的“文本服务和输入语言”对话框中，选择“默认输入语言”栏下的“微软拼音”输入法，单击“删除”按钮将其删除，如图 2-69所示。

2）设置用热键〈Ctrl + 2〉来切换到“中文（简体）- 美式键”。在“区域和语言”设置对话框中，切换到“高级键设置”选项卡，然后选中“输入语言的热键”下面的“切换到中文（简体，中国）- 中文（简体）- 美式键盘”，如图 2-70 所示。单击“更改按键顺序”按钮，在弹出的对话框里单击启用按键顺序，然后设置热键为 < Ctrl + 2 >，单击“确定”按钮，如图 2-71 所示。

图 2-67 选择“区域和语言”链接

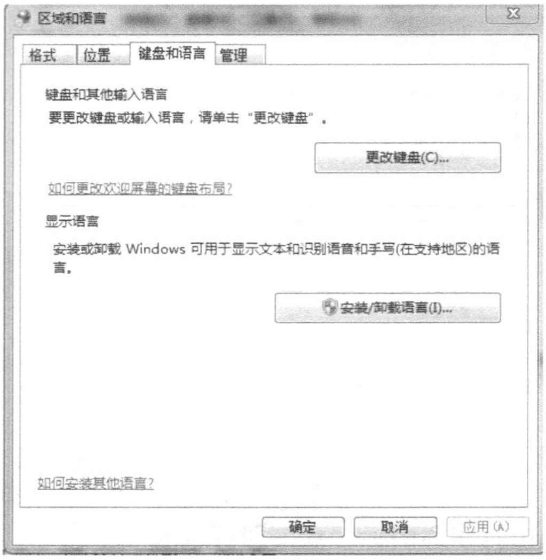

图 2-68 “区域和语言”对话框

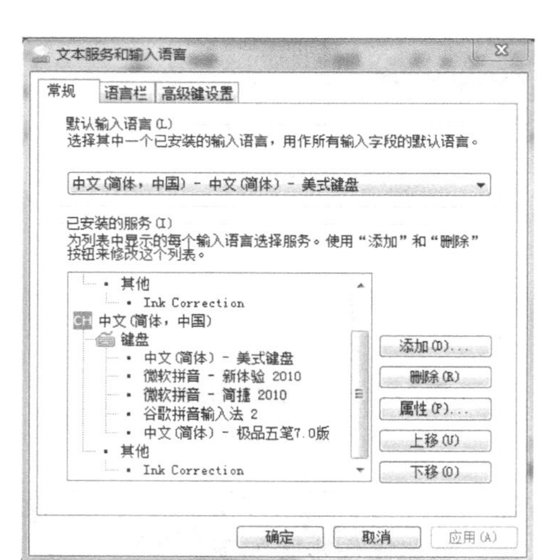

图 2-69 “文本服务和输入语言”对话框 1

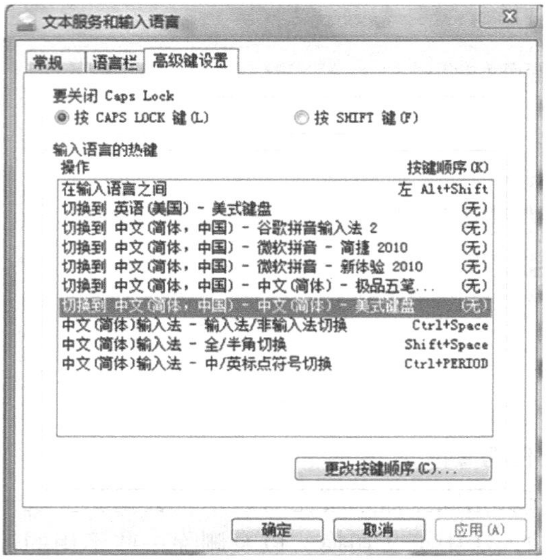

图 2-70 “文本服务和输入语言”对话框 2

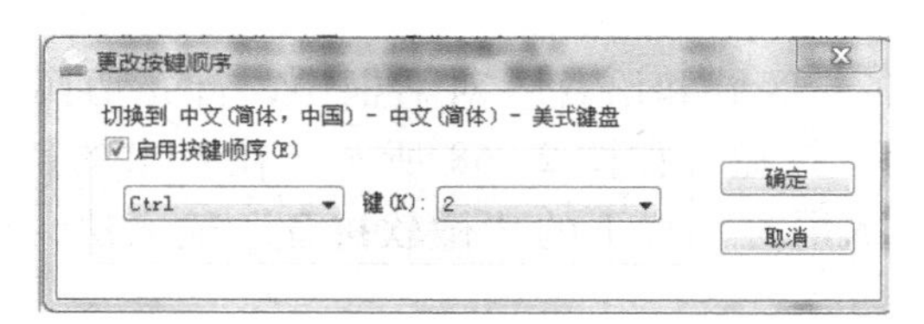

图 2-71 “更改按键顺序”对话框

3）设置让“输入法”不显示在任务栏上，即关闭任务栏上的指示器。在“区域和语言”设置对话框中，选择“语言栏”选项卡，单击隐藏按钮，如图 2-72 所示。

4）设置“中文（简体，中国）-中文（简体）-美式键盘”为默认输入法。在“区域和语言”对话框的“常规”选项卡中，在“默认输入语言”栏里单击“中文（简体）-中文（简体，中国）-中文（简体）-美式键盘”，将其作为默认输入法，如图2-73所示。

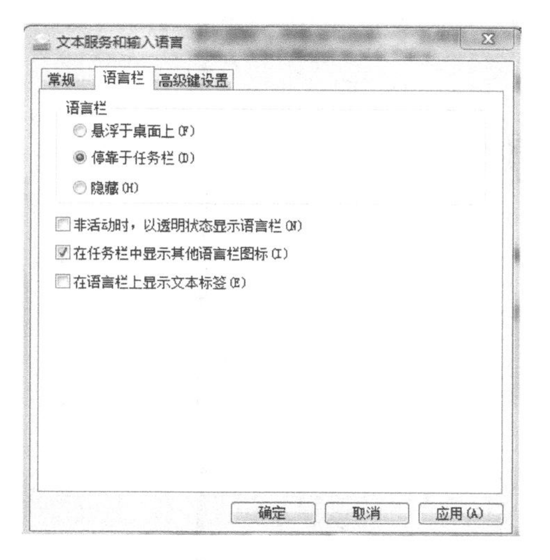

图2-72　“文本服务和输入语言”对话框3

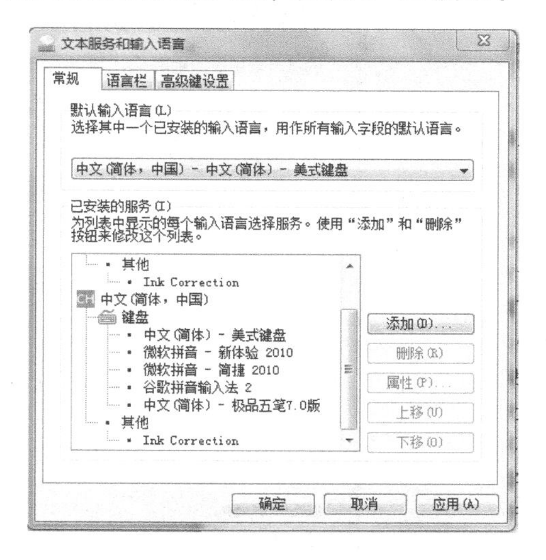

图2-73　“文本服务和输入语言”对话框4

2.5　账号管理

用户账号可以方便多个用户共享一台计算机。每个人都可以单独创建自己的个人账户，从而保留个人的设置和首选项（如桌面背景或屏幕保护程序）。

2.5.1　新建账号

新建账户的具体操作步骤如下。

1）打开控制面板，单击“添加或删除用户账户”链接，如图2-74所示。

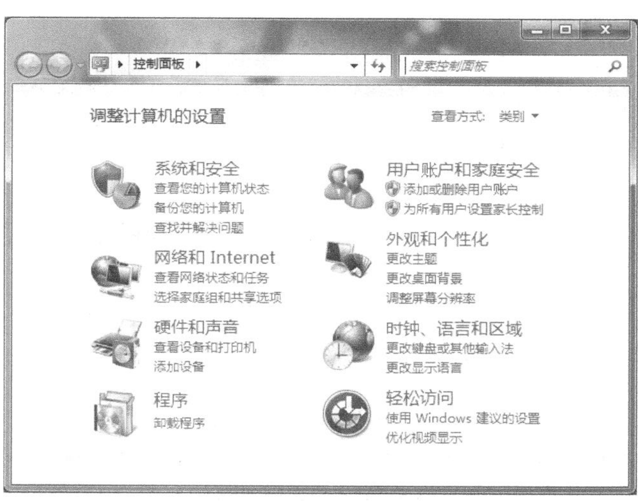

图2-74　控制面板

2）打开“管理账户”窗口，单击“创建一个新账户”链接，如图2-75所示。

图2-75 “管理账户”窗口

3）在文本框中输入账户名称，选择账户类型，单击“创建账户”按钮，如图2-76所示。这时，即可在“管理账户”页面查看新创建的账户。

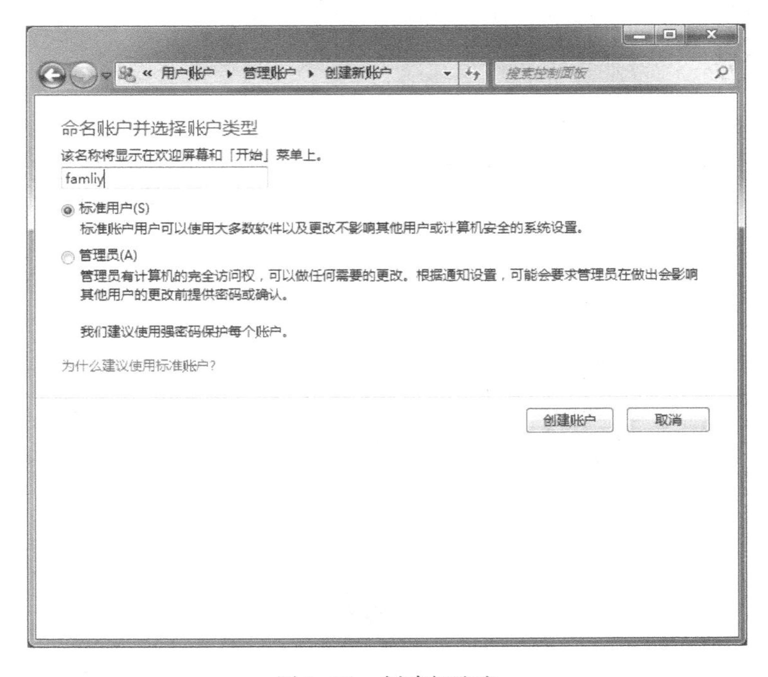

图2-76 创建新账户

2.5.2 管理账户

用户可以通过如下方法对已创建账户进行管理。具体操作步骤如下。

1）打开控制面板，单击“添加或删除用户账户”链接。

2）在“管理账户”窗口中，选择需要管理的账户，如图2-77所示。

图2-77 “管理账户”窗口

3）单击左侧的“更改账户名称”链接，如图2-78所示。

图2-78 “更改账户”窗口

4）在文本框中输入名称，单击“更改名称”按钮，即可更改账户名称，如图 2-79 所示。

图 2-79 更改名称

5）单击“创建密码”链接，在文本框中输入密码、确认密码以及密码提示，单击“创建密码”按钮，即可为账户创建密码，如图 2-80 所示。

图 2-80 创建密码

6）单击“更改图片”链接，可以为账户设置不同的图片，如图 2-81 所示。

图 2-81　更改图片

7）单击“更改账户类型”链接，可以为账户选择新的账户类型，如图 2-82 所示。

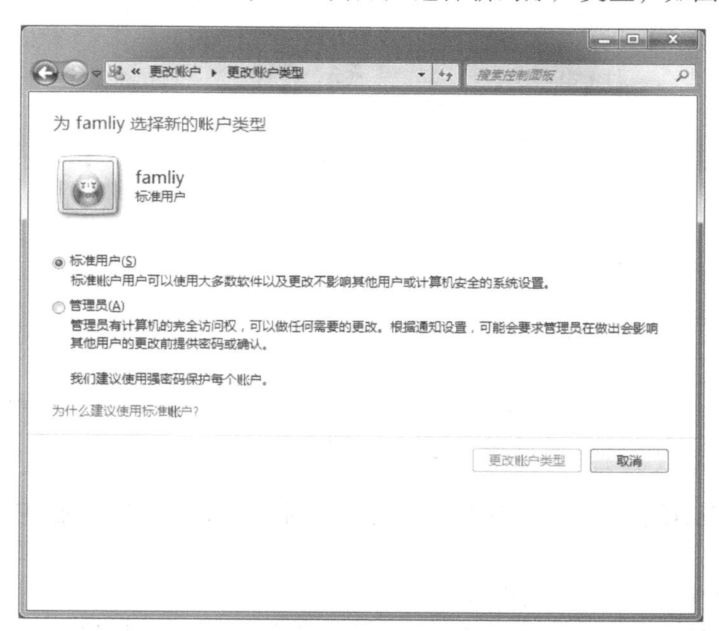

图 2-82　更改账户类型

8）单击“删除账户”链接，即可删除指定账户。在删除账户时，可选择是否保留相关文件，如图 2-83 所示。

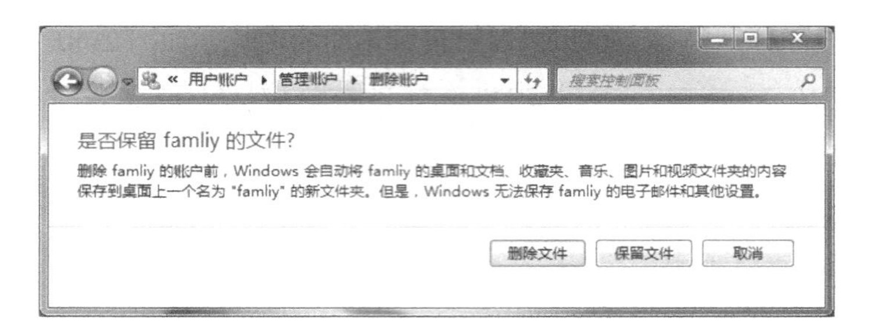

图 2-83　删除账户

2.5.3　家长控制功能

家长控制功能用于限制和管理儿童对计算机的使用。例如，用户可以通过家长控制功能限制儿童使用计算机的时段、可以玩的游戏类型以及可以运行的程序。具体操作步骤如下。

1）打开控制面板，单击“为所有用户设置家长控制”链接，如图 2-84 所示。

图 2-84　控制面板

2）进入“家长控制”窗口，在其右侧列出了当前系统所创建的用户账户，如图 2-85 所示。

3）选择需要设置家长控制的账号。

4）在“用户控制”窗口中选中“启用，应用当前设置”单选按钮，启用家长控制，如图 2-86 所示。

5）单击“时间限制”链接，打开“时间限制”窗口，通过拖动鼠标，设置限制使用计算机的时间，如图 2-87 所示。

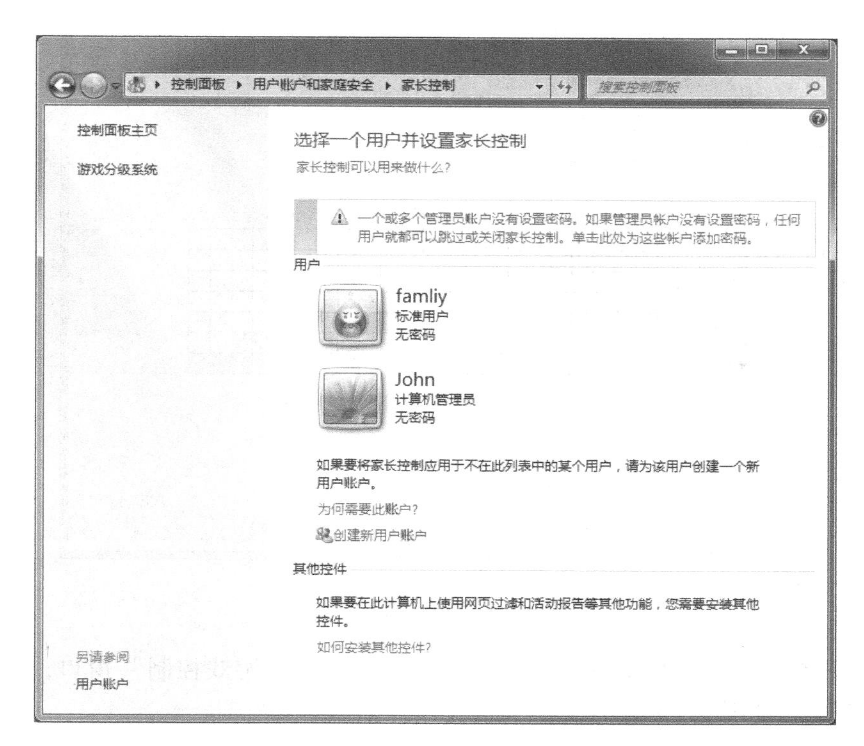

图 2-85 “家长控制”窗口

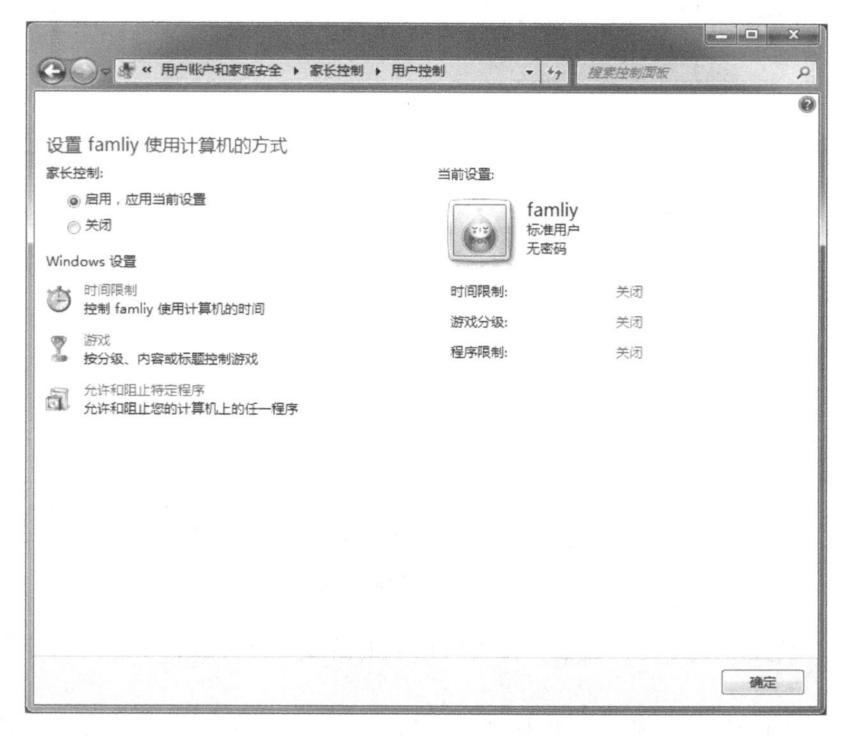

图 2-86 “用户控制”窗口

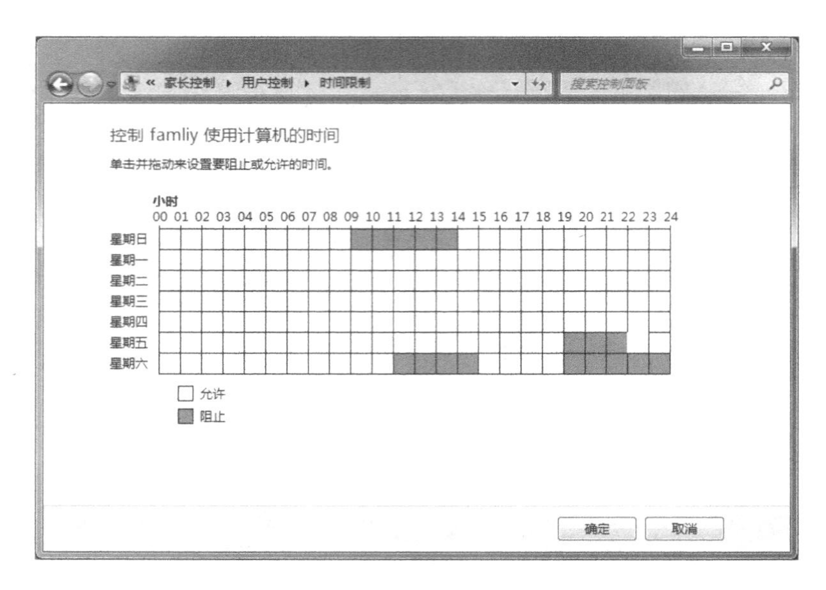

图 2-87 “时间限制”窗口

6）在“用户控制”窗口中单击“游戏”链接，打开“游戏控制”窗口，选择是否允许该账户玩游戏，如图 2-88 所示。

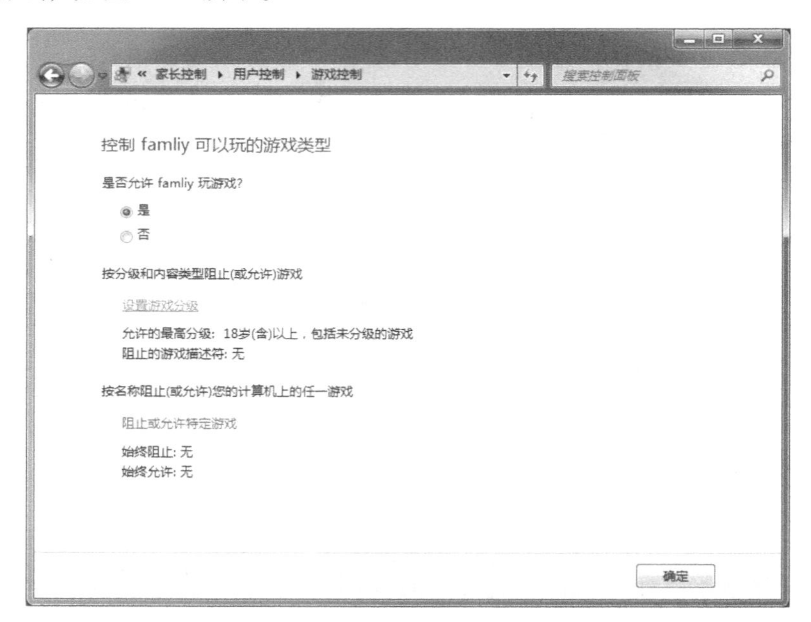

图 2-88 “游戏控制”窗口

7）单击“设置游戏分类”链接，设置可以玩的游戏类型分级，单击“确定”按钮，如图 2-89 所示。

8）返回“用户控制”窗口，单击“允许和阻止特定程序”链接，打开“应用程序控制”窗口，如图 2-90 所示。

9）选中“只能使用允许的程序”单选按钮，等待系统准备程序列表。

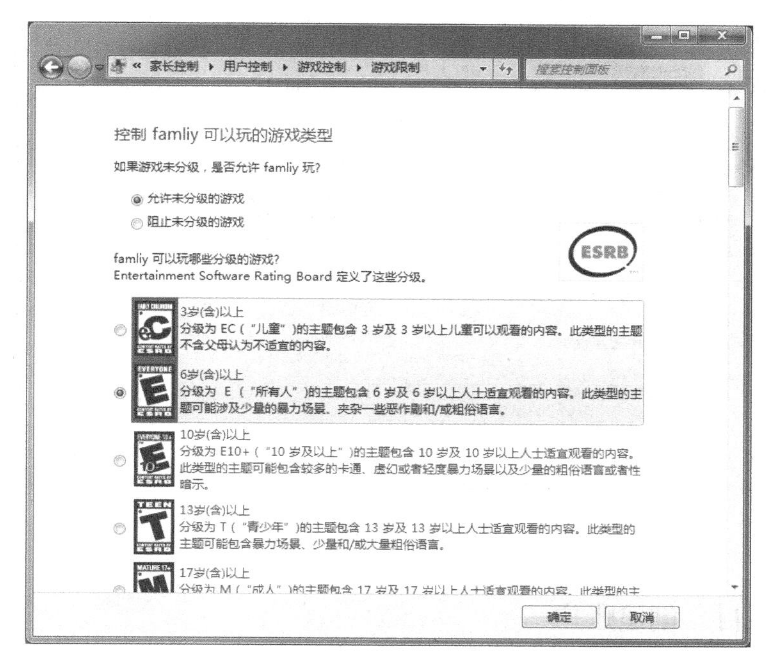

图 2-89 “游戏限制”窗口

图 2-90 系统准备程序列表对话框

10）在列表框中选中可以使用的程序前的复选框，单击“确定”按钮即可。

最后，完成家长控制的设置之后，看到的界面如图 2-91 所示。其中，当前设置中的时间限制、游戏分级程序限制均显示为启用状态。

图 2-91　家长控制设置效果

2.5.4　实训项目　创建账户

创建一个账户，以自己的名字命名，设置账户密码，修改账户图片。

［操作步骤］

新建账户的具体操作步骤如下。

1）打开“控制面板”窗口，单击“添加或删除用户账户”链接。

2）打开“管理账户”页面，单击“创建一个新账户”链接，如图 2-92 所示。

3）创建账户，在文本框中输入账户名称，选择账户类型，单击“创建账户”按钮。

4）单击“创建密码”链接，在文本框中输入密码、确认密码以及密码提示，单击“创建密码”按钮，即可为账户创建密码，如图 2-93 所示。

图 2-92　“管理账户”窗口

图 2-93　“创建密码”窗口

5）单击“更改图片”链接，可以为账户设置不同的图片，如图 2-94 所示。

6）这时，即可在“管理账户”页面查看新创建的账户，如图 2-95 所示。

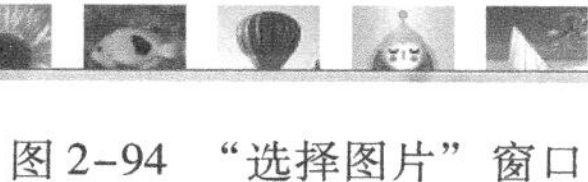

图 2-94 “选择图片”窗口

图 2-95 查看新创建账户

模块 3　Internet 基础与简单应用

本章要点

- 了解计算机网络的定义、特点、应用以及网络协议。
- 掌握 Internet 的应用和 IE 浏览器的使用。
- 能够连接网络、启动 IE 浏览器、能设置主页。
- 会利用 IE 浏览器进行网页的搜索、网页的保存、文件的上传与下载。
- 会组建家庭局域网。

3.1　计算机网络基础

3.1.1　计算机网络概述

1. 计算机网络的定义

计算机网络是计算机技术和通信技术紧密结合的产物，它是通过通信设施（通信网络），将地理上分散的具有自治功能的多个计算机系统互连起来，进行信息交换，实现资源共享、互操作和协同工作的系统。

可以从下面几个方面更好地理解计算机网络：

1）网络中的计算机具有独立的功能，它们在断开网络连接时仍可单机使用。

2）网络的目的是实现计算机硬件资源、软件资源及数据资源的共享，以克服单机的局限性。

3）计算机网络通过通信设备和线路把处于不同地理位置的计算机连接起来，以实现网络用户间的数据传输。

4）在计算机网络中，网络软件和网络协议是必不可少的。

2. 计算机网络的功能

计算机网络的使用扩大了计算机的应用范围，打破了空间和时间的限制，解决了大量信息和数据的传输、转接存储与高速处理的问题，使计算机的功能大大增强，提高了计算机的可靠性和可用性，使软、硬件资源得到充分利用。

具体来说，计算机网络的功能主要有以下几点。

（1）资源共享

充分利用计算机资源是组建计算机网络的重要目的之一。资源共享除共享硬件资源外，还包括共享数据和软件资源，它是计算机网络最基本的功能之一。

（2）数据通信

利用计算机网络可实现各计算机之间快速可靠地互相传送数据，进行信息处理，如传真、电子邮件（E-mail）、电子数据交换（EDI）、电子公告牌（BBS）、远程登录（Telnet）

与信息浏览等通信服务。数据通信能力也是计算机网络最基本的功能之一。

(3) 分布式处理

一方面，对于一些大型任务，可以通过网络分散到多个计算机上进行分布式处理，使各地的计算机通过网络资源共同协作，进行联合开发、研究等；另一方面，计算机网络促进了分布式数据处理和分布式数据库的发展。

(4) 均衡负载互相协作

在计算机网络中当某一台机器的处理负担过重时，可以将其作业转移到其他空闲的机器上去执行，这样，就可以减少用户信息在系统中的处理时间，均衡了网络中各个机器的负担，提高了系统的利用率，增加了整个系统的可用性。通过网络可以缓解用户资源缺乏的矛盾，使各种资源得到合理的调整。

(5) 提高计算机的可靠性

计算机网络系统能实现对差错信息的重发，网络中各计算机还可以通过网络成为彼此的后备机，从而增强了系统的可靠性。

3. 通信技术

数据通信是计算机网络的基础，没有数据通信技术的发展，就没有计算机网络的今天。

数据通信系统的技术指标主要从数据传输的质量和数量来体现。质量指信息传输的可靠性，一般用误码率来衡量。而数量包括两方面：一是信道的传输能力，用信道容量来衡量；另一方面指信道上传输信息的速度，相应的指标是数据传输速率。

3.1.2 计算机网络的分类

计算机网络的分类标准很多。例如，按计算机网络的拓扑结构分类、按网络的交换方式分类、按网络协议分类、按数据的传输方式分类等。不同的分类标准反映了计算机网络的不同特征。

按网络覆盖的地理范围（距离）进行分类，此时计算机网络可以划分为局域网（LAN）、广域网（WAN）和城域网（MAN）。

1. 局域网（LAN）

局域网（Local Area Network，LAN）是一种在小区域内使用的通信网络，其传送距离一般在几千米之内，最大距离不超过 10 km。它适合于一个部门或一个单位内部组建的网络，例如在一间办公室，一栋办公楼或校园内组建。局域网的传输速率较高，一般在 10 ~ 1000 Mbit/s之间。局域网具有误码率低、可靠性高、成本低，易组网、易管理、易维护和使用灵活方便等特点。

2. 广域网（WAN）

广域网（Wide Area Network，WAN）也称名远程网络，其覆盖的地理范围比局域网要大得多，能够在几十到几千甚至几万千米之间进行通信。广域网可以覆盖一个地区、国家或横跨几个洲，包含很多个局域网和城域网，可以使用电话线、微波、卫星或者它们的组合信道进行通信。广域网的传输速率较低，一般在 96 kbit/s ~ 45 Mbit/s 左右。Internet 是世界范围的典型的广域网。

3. 城域网（MAN）

城域网（Metropolitan Area Network，MAN）也称为都市网，是一种介于局域网和广域网之间的高速网络。其覆盖范围也介于局域网和广域网之间，一般为几千米到几十千米，传输速率一般在 50 Mbit/s 左右。

3.1.3 网络的拓扑结构

通常，把计算机网络上的服务器及其连接的计算机统称为网络工作站或网络节点，而把网络节点的位置及其互联的几何布局称为计算机网络的拓扑结构。网络的拓扑结构主要有星形、环形和总线型等几种。

1. 星形结构

星形结构是最常见的网络拓扑结构形式，如图 3-1 所示。

2. 环形结构

环形结构由计算机网络中各节点首尾相连形成一个闭合环形线路，如图 3-2 所示。

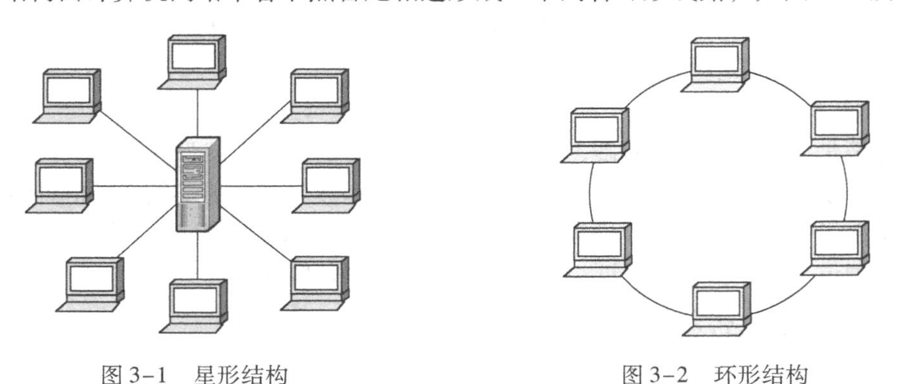

图 3-1 星形结构　　图 3-2 环形结构

3. 总线型结构

总线型结构是网段内的所有主机通过一条线路连接起来，结构简单，但性能较差，如图 3-3所示。

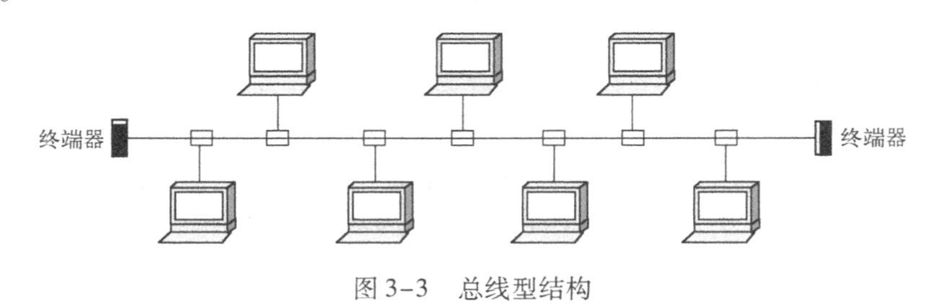

图 3-3 总线型结构

3.1.4 网络硬件设备

与计算机系统类似，计算机网络系统也由网络软件和硬件设备两部分组成，由网络操作系统对网络进行控制和管理。下面主要介绍常见的网络硬件设备。

1. 传输介质

网络传输介质是网络中发送方与接收方之间的物理通路，它对网络的数据通信具有一定的影响。常用的传输介质有双绞线、同轴电缆、光纤、无线传输媒介等。

2. 网络接口卡

网络接口卡俗称网卡，它是连接计算机与网络的硬件设备，是局域网最基本的组成部分之一。网卡的主要功能是处理网络传输介质上的信号，并在网络媒介和计算机之间进行数据交换。

3. 集线器

集线器的英文名称就是我们通常所说的“HUB”。集线器的主要功能是对信号进行增强放大，延长网络的传输距离，同时把所有节点集中在以它为中心的节点上。

4. 交换机

交换机在外形上看起来跟集线器很相近，除了集线器的标识是“HUB”，交换机的标识是“Switch”外，几乎可以说没有什么差别。但相对于集线器来说，交换机是一种智能化的网络传输设备，它除了具有集线器的功能之外，还可以对所经过的数据包进行存储转发。

5. 路由器

路由器用于连接不同的网络，主要用于选择路由，将数据包从一个网络发送到另外一个网络。

3.1.5 Internet 发展概况

Internet（因特网）是世界上规模最大的计算机网络系统，又称国际互联网，是一个全球性的信息系统。它以 TCP/IP（传输控制协议/网际协议）为通信协议，把世界各地的计算机网络连接在一起，进行信息交换和资源共享。

1. Internet 的发展历史

1969 年，为了能在爆发核战争时保障通信联络，美国国防部高级研究计划署（Advance Research Projects Agency，ARPA）资助建立了世界上第一个分组交换试验网 ARPANET。ARPANET 将位于美国不同地方的几个军事及研究机构的计算机主机连接起来，它的建成和不断发展标志着计算机网络发展的新纪元。

1980 年，TCP/IP 研制成功，ARPA 开始把 ARPANET 上运行的计算机转向采用新 TCP/IP。1983 年起，开始逐步进入 Internet 的实用阶段，在美国和一部分发达国家的大学和军事部门中 Internet 作为教学、研究和通信的学术网络，得到了广泛使用。

Internet 真正的发展是从 NSFNET 的建立开始的。1986 年美国国家科学基金会（NSF）资助建成了基于 TCP/IP 技术的主干网 NSFNET，连接美国的若干超级计算中心、主要大学和研究机构，并以此作为 Internet 的基础。后来，其他联邦部门的计算机网相继并入 Internet。NSFNET 最终将 Internet 向全社会开放，成为 Internet 的主干网。NSFNET 停止运营之后，在美国各 Internet 服务提供商（Internet Service Provider，ISP）之间的高速链路成了美国 Internet 的骨干网。根据联合国下属机构国际电信联盟（以下简称“ITU”）统计，2013 年全球网民达 27 亿，移动互联网连接数达 68 亿。2013 年初，全球近 80% 的家庭拥有电视机，而拥有计算机和互联网接入的家庭比例分别为 41% 和 37%，发展中国家接入互联网的家庭比例从 2008 年的 12% 上升至 2013 年的 28%。ITU 秘书长哈玛登·图尔表示，各国政府已将信息与计算技术领域的发展视为优先任务，这推动了互联网接入的普及和价格的下降。

2. Internet 在中国的发展

在大力发展自身数字通信网络的同时，我国也积极加入了 Internet 国际互联网络。虽然中国Internet起步较晚，但自从1994年接入Internet后，我国的网上市场也得到了快速发展，并且形成了一定的网上市场规模，促进了我国经济的发展。Internet也为国内企业提供了让世界了解自己产品、增加国际贸易的商机。到目前为止，我国与Internet互联的四个主干网络如下：中国科学技术计算机网（CSTNET）、中国教育和科研计算机网（CERNET）、中国公用计算机互联网（CHINANET）、中国公用经济信息网通信网（GBNET）。它们在我国的Internet中分别扮演不同领域的主要角色，为我国经济、文化、教育和科学的发展走向世界起着重要作用。

3.1.6 TCP/IP

TCP/IP（Transmission Control Protocol/Internet Protocol，传输控制协议/互联网络协议）使得不同厂牌、规格的计算机系统可以在互联网上无差别地传递信息。TCP/IP有如下特点：

- 开放的协议标准，可以免费使用，并且独立于特定的计算机硬件与操作系统。
- 独立于特定的网络硬件，可以运行在局域网、广域网，更适用于互联网中。
- 统一的网络地址分配方案，使得每个TCP/IP设备在网络中具有唯一的地址。
- 标准化的高层协议，可以提供多种可靠的用户服务。

与OSI参考模型相比，TCP/IP参考模型更为简单，只有4层，即网络接口层、互联网层、传输层和应用层。TCP/IP与OSI层次结构的对照关系如图3-4所示。各层的功能如下：

1. 网络接口层

网络接口层位于TCP/IP的最底层，它包括所有使得主机与网络可以通信的协议。TCP/IP参考模型没有为这一层定义具体的接入协议，以适应各种网络类型。它的主要功能是为通信提供了物理连接，屏蔽了物理传输介质的差异，在发送方将来自互联网层的分组透明地转换成了在物理传输介质上传送的比特流，在接收方将来自物理层介质的比特流透明地转换成分组。

OSI参考模型

应用层
表示层
会话层
传输层
网络层
数据链路层
物理层

图3-4　TCP/IP与OSI层次结构模型的对照

2. 互联网层

互联网层所执行的主要功能是处理来自传输层的分组，将分组形成数据包（IP数据包），并为数据包进行路径选择，最终将数据包从源主机发送到目的主机。在此层中，最常用的协议是IP，其他一些协议用来协助IP的操作。

3. 传输层

传输层的主要任务是提供应用程序的通信，为数据提供可靠的传输服务。传输层定义了两个主要的协议：TCP 和 UDP（用户数据包协议）。TCP 被用来在一个不可靠的网络中为应用程序提供可靠的端点间的字节流服务。UDP 是一种简单的面向数据包的传输协议，它提供的是无连接的、不可靠的数据包服务。

4. 应用层

应用层是 TCP/IP 的最高层，该层定义了大量的应用协议，常用的有提供远程登录的 Telnet 协议、超文本传输协议（HTTP）、提供域名服务的 DNS 协议、邮件传输协议（SMTP）等。

3.1.7 Internet 的接入

从终端用户计算机接入到 Internet 的方式有多种，常用的主要是通过 ADSL、LAN、DDN 专线、光纤，早期还采用 ISDN 接入、拨号接入等。

1. ADSL 接入

ADSL 技术即非对称数字用户环路技术。是一种充分利用现有的电话铜质双绞线（即普通电话线）来开发宽带业务的非对称传输模式的 Internet 接入技术，为用户提供上、下行非对称的传输速率（带宽）。非对称主要体现在上行速率（最高 640 kbit/s）和下行速率（最高 8 Mbit/s）的非对称性上，有效传输距离在 3 ~ 5 km 范围以内。这种接入方式的特点是：上网与打电话互不干扰；电话线虽然同时传递语音和数据，但其数据并不通过电话交换机，因此用户不用拨号一直在线，不需交纳拨号上网的电话费用；能为用户提供上、下行不对称的宽带传输。ADSL 接入方式是当前普通家庭用户接入的主流方式。

2. LAN 接入

如果本地的微机较多而且有很多人同时需要使用 Internet，可以考虑把这些微机连成一个以太网（如常用的 Novell 网），再把网络服务器连接到主机上。以太网技术是当前具有以太网布线的小区、小型企业、校园中用户实现 Internet 接入的首选技术。LAN 接入技术目前已比较成熟，这种方式是一种比较经济的多用户系统，而且局域网上的多个用户可以共享一个 IP 地址。

3. DDN 专线接入

DDN（Digital Data Network，数字数据网）是利用光纤、数字微波、卫星等数字信道，以传输数据信号为主的数字通信网络，它利用数字信道提供永久性连接电路，可以提供传输速率为 2 Mbit/s 及 2 Mbit/s 以内的全透明的数据专线，并承载语音、传真、视频等多种业务。它的特点是传输速率高，在 DDN 网内的数字交叉连接复用设备能提供 2 Mbit/s 或 N × 64 kbit/s（≤2 Mbit/s）速率的数字传输信道；传输质量较高，数字中继大量采用光纤传输系统，用户之间专有固定连接，网络延时小；协议简单，采用交叉连接技术和时分复用技术，由智能化程度较高的用户端设备来完成协议灵活的连接方式，可以支持数据、语音、图像传输等多种业务，它不仅可以和用户终端设备进行连接，也可以和用户网络连接，为用户提供灵活的组网环境。

4. 光纤接入

光纤接入是指局端与用户之间完全以光纤作为传输媒体的接入方式，这种方式传输带宽高、延迟少。

5. ISDN 接入方式

ISDN（Integrated Service Digital Network，窄带综合数字业务数字网）俗称"一线通"，也是早期的一种接入 Internet 的方式，现在国内已很少使用这种业务。

6. 拨号接入方式

拨号接入方式是早期接入 Internet 的方式，是通过已有电话线路，并通过安装在计算机上的 Modem（调制解调器）拨号连接到网络供应服务商（ISP）的主机，从而享受互联网服务的一种上网接入方式。

3.1.8 Internet 提供的服务

1. WWW 服务

WWW（World Wide Web，环球信息网）是一个基于超文本方式的信息检索服务。WWW 是由欧洲粒子物理研究中心（CERN）研制的。WWW 将位于全世界 Internet 上不同网址的相关数据信息有机地编织在一起，是当前 Internet 上最受欢迎、最为流行、最直接的信息检索服务系统。

2. 文件传输服务

文件传输服务解决了远程传输文件的问题，Internet 网上的两台计算机在地理位置上无论相距多远，只要两台计算机都加入互联网并且都支持 FTP（File Transfer Protocol，文件传输协议），它们之间就可以进行文件传送，用户既可以把服务器上的文件传输到自己的计算机上（即下载），也可以把自己计算机上的信息发送到远程服务器上（即上传）。

3. 电子邮件服务（E - mail）

电子邮件（Electronic Mail）亦称 E - mail，是 Internet 上使用最广泛和最受欢迎的服务，它是网络用户之间进行快速、简便、可靠且低成本联络的现代通信手段。

4. 远程登录服务（Telnet）

远程登录（Remote - login）是 Internet 提供的最基本的信息服务之一，它是指允许一个地点的用户与另一个地点的计算机上运行的应用程序进行交互对话，可远距离操纵别的机器，实现自己的需要。

Internet 还提供其他如电子公告板、网络新闻等服务，为用户提供更多的服务和资讯。

3.1.9 IP 地址和域名

1. IP 地址

众所周知，Internet 是由上亿台主机互相连接而成的。要确认网络上的每台主机，靠的就是能唯一标识该主机的网络地址，这个地址被称为 IP 地址。也就是说，IP 地址用来唯一地标识 Internet 上的网络实体。

（1）IP 地址的组成

IP 地址是一种 32 位的二进制地址。为了便于记忆，将它们分为 4 组，每组 8 位（相当于一个字节），每组的取值范围为 0 ~ 255，组与组之间用小数点分开。下面是一个 IP 地址分别以二进制形式和十进制形式表示的例子。

二进制形式：11000000. 10101000. 00001110. 00110110

十进制形式：192. 168. 14. 54

（2）IP 地址的分类

Internet 是一个互联网，它是由大大小小的各种网络组成的，每个网络中的主机数目是不同的。为了充分利用 IP 地址以适应主机数目不同的各种网络，对 IP 地址也进行了分类。

IP 地址通常可分为 A、B、C、D、E 共 5 类。

1）A 类地址：

第 1 字节 0 ～ 127	第 2 字节 0 ～ 255	第 3 字节 0 ～ 255	第 4 字节 0 ～ 255

A 类 IP 地址的最高位为 0，用 A 类地址组建的网络称为 A 类网络。

2）B 类地址：

第 1 字节 128 ～ 191	第 2 字节 0 ～ 255	第 3 字节 0 ～ 255	第 4 字节 0 ～ 255

B 类 IP 地址第 1 字节高两位规定为 10，最多容纳 65534 台主机，一般分配给中等规模网络使用。

3）C 类地址：

第 1 字节 192 ～ 223	第 2 字节 0 ～ 255	第 3 字节 0 ～ 255	第 4 字节 0 ～ 255

C 类 IP 地址第 1 字节高三位规定为 110，最多容纳 254 台主机，一般分配给小规模网络使用。

4）D 类地址：

第 1 字节 224 ～ 239	第 2 字节 0 ～ 255	第 3 字节 0 ～ 255	第 4 字节 0 ～ 255

D 类地址为组播地址。D 类 IP 地址与上面的 3 种类型地址不同，这类地址并不用于特定的局域网子网，也不用于某一台具体工作站，它主要是用来多点广播的。

5）E 类地址：

第 1 字节 240 ～ 255	第 2 字节 0 ～ 255	第 3 字节 0 ～ 255	第 4 字节 0 ～ 255

E 类地址为试验性地址。E 类 IP 地址其实也是一种比较特殊的网络地址，它既不表示特定的局域网子网，也不用于具体的工作站，这类网络地址中每个字节通常都为 255 或 0，简单地说，E 类 IP 地址其实就是“0.0.0.0”或“255.255.255.255”两个地址，而“255.255.255.255”地址一般用来表示当前网络的广播地址。

IP 地址是由各级 Internet 管理组织分配给网上计算机的。

2. 域名

IP 地址的定义严格且易于划分子网，因此非常有用，但记忆起来十分不便。因此，每台接入 Internet 的主机又可以取一个便于记忆的名字，这就是域名。简单地说，域名是 IP 地址人为化的代称。

在 Internet 上，使用的域名地址必须经域名服务器（简称 DNS）将域名翻译成 IP 地址，才能被网络识别。

一个域名地址由多个子域名组成，各子域名之间用圆点“.”分隔，每部分表示一定的含义，且从右至左各部分之间大致上是上层与下层的包含关系，域名的级数通常不超过 5，从右至左依次为第 1 级域名，第 2 级域名，直至主机名。即可表示为：

主机名……. 第 3 级域名 . 第 2 级域名 . 第 1 级域名

在国际上，第 1 级域名采用通用的标准代码，它分组织机构和地理模式两类。

（1）组织性顶级域名的标准

com 商业机构　　mil 军事机构　　edu 教育机构

net 网络机构　　gov 政府机构　　org 非盈利组织

国际顶级域名只有一个，即 int，要求在其下注册的二级域名应当是真正具有国际性的实体。

（2）地理性顶级域名的标准（部分）

cn 中国　　jp 日本　　fr 法国

us 美国　　uk 英国

根据《中国互联网络域名注册暂行管理办法》规定，我国的第 1 级域名是 cn，次级域名分类别域名和地区域名，共计 40 个。类别域名有 6 个：ac 表示科研院及科技管理部门，gov 表示国家政府部门，org 表示各社会团体及民间非盈利组织，net 表示互联网络、接入网络的信息和运行中心，com 表示工商和金融等企业，edu 表示教育单位。地区域名有 34 个“行政区域名”，如 bj（北京市）、sh（上海市）、tj（天津市）、ah（安徽省）、gs（甘肃省）等。

例如，pku. edu. cn 是北京大学的一个域名，其中 pku 是该大学的英文缩写，edu 表示是教育机构，cn 表示中国。

3.1.10　实训项目　Windows 7 系统网络配置

在 Windows 7 系统中，在未配置 DHCP 服务器的前提下，要实现多台主机连接上网，构建一个家庭局域网，需要手动配置 IP 地址，通过将多台主机设置在同一个网段下，搭建成一个局域网，实现多台主机之间的互联互通。具体操作步骤如下：

1）首先打开控制面板窗口，单击“网络和 Internet”链接，如图 3-5 所示。

图 3-5　控制面板

2）在“网络和 Internet”窗口中单击“网络和共享中心”链接，如图 3-6 所示。

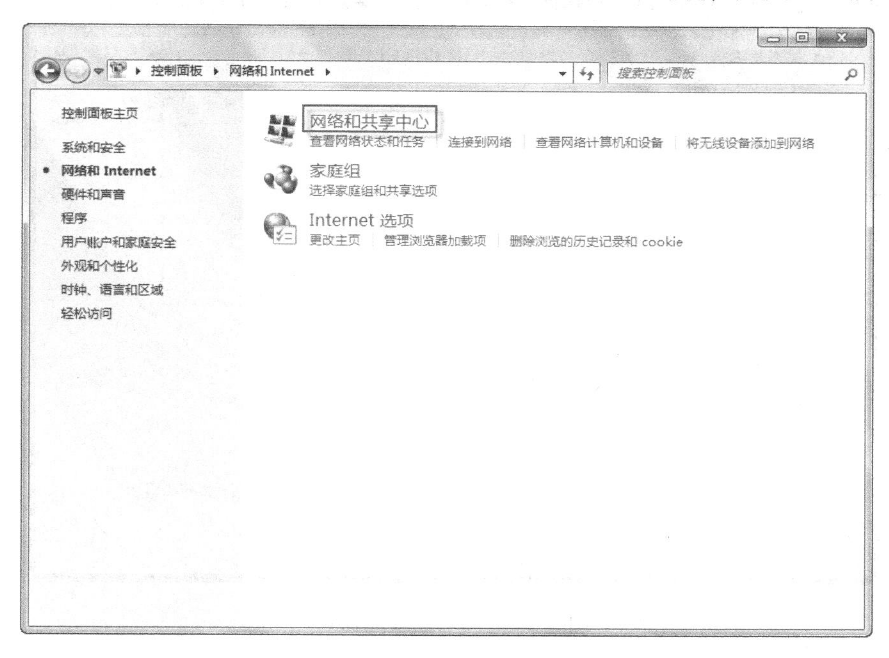

图 3-6　“网络和 Internet”窗口

3）在“网络和共享中心”窗口中单击“更改适配器设置”链接，如图 3-7 所示。

4）用户能看到熟悉的“网络连接”窗口了，右击“本地连接”修改配置的网络连接，选择“属性”命令，如图 3-8 所示。

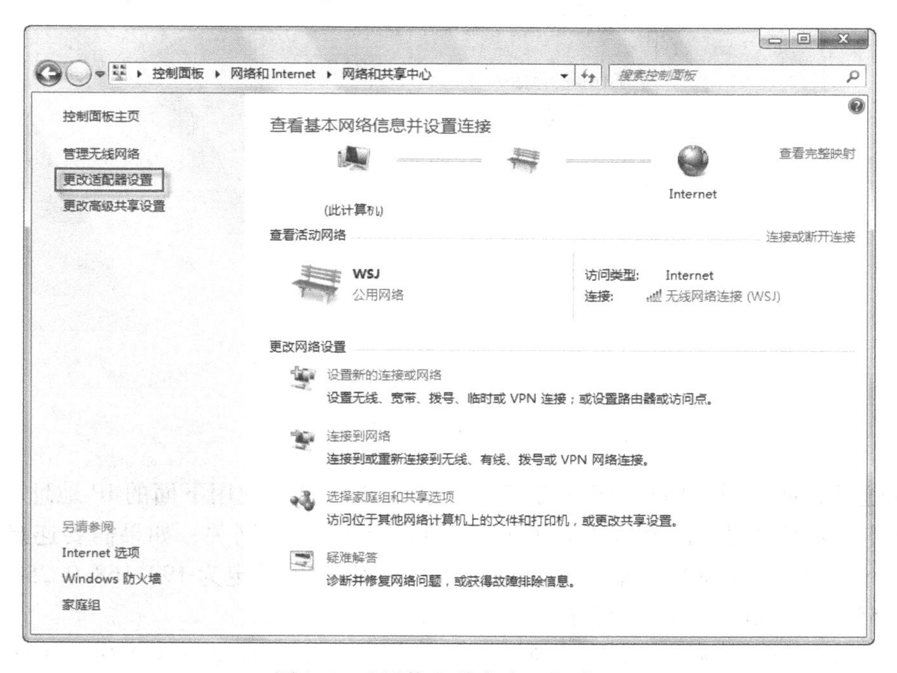

图 3-7　“网络和共享中心”窗口

图 3-8 “网络连接”窗口

5）在“本地连接属性”对话框中找到并双击“Internet 协议版本 4（TCP/IPv4）”，就可以按照需求来进行配置和修改了，如图 3-9 所示。

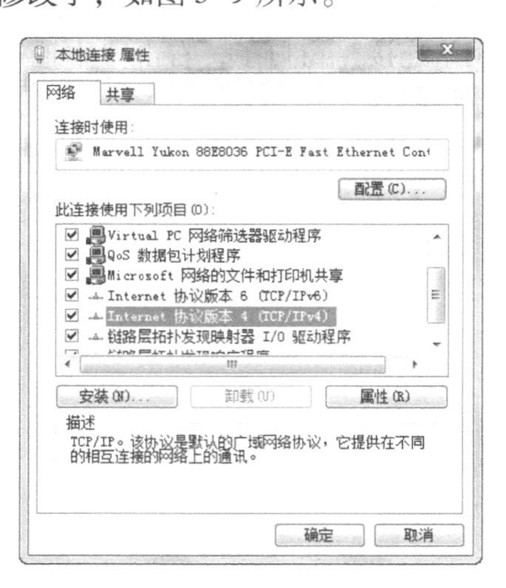

图 3-9 “本地连接属性”对话框

6）在这里，如果没有搭建 DHCP 服务器，就需要选择“使用下面的 IP 地址”，即手动设置 IP 地址。需要设置的内容包括 IP 地址、子网掩码、默认网关，如果需要连接 Internet，还需要手动设置 DNS 服务器地址。如图 3-10 所示，IP 地址设定为 192. 168. 0. 252，子网掩码设定为 255. 255. 255. 0 ，DNS 服务器设定为 202. 96. 128. 166。

FAQ： *在设定 IP 地址时，如果是同一个局域网，则 IP 地址与子网掩码必须对应，即多台主机必须处于同一个网段。另外，DNS 服务器地址可以通过 ISP 获取，万一无法获取，可*

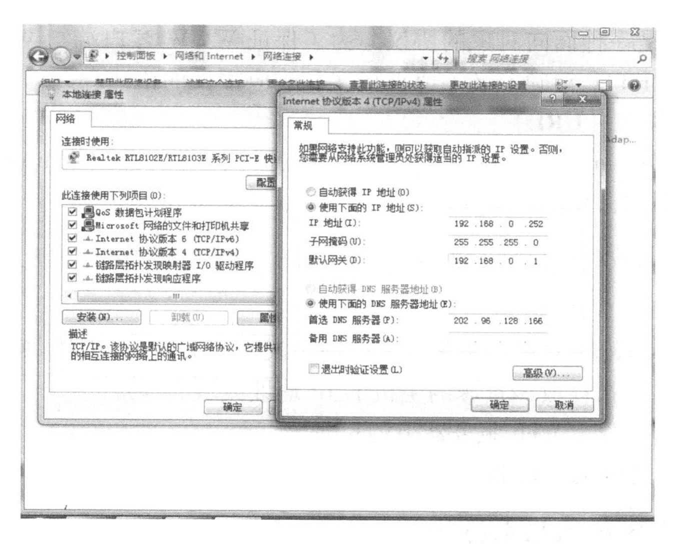

图 3-10 “Internet 协议版本 4（TCP/IPv4）属性”对话框

以采用 Google 公用的 DNS 服务器地址：8. 8. 8. 8。

3.2 浏览器操作

浏览器是一种用于搜索、查找、查看和管理网络上的信息的带图形交互界面的应用软件，浏览器软件很多，常用的有 Microsoft 公司的 Internet Explorer 浏览器（又称 IE）和 Netscape 公司开发的 Netscape Communicator，本书将介绍 Internet Explorer 浏览器。

3.2.1 浏览器的基本知识

1. 万维网（WWW）

WWW 是 Internet 的典型应用，用户可以用 Web 浏览器在网上实现对它的访问，在其上存放着 HTML 语言制作的各种信息资源文件（网页）。它的工作模式是客户端/服务器模式。

2. 网页（Web Page）

它是浏览 WWW 资源的基本单位。WWW 通过超文本传输协议向用户提供多媒体信息，提供信息的基本单位就是网页，网页的内容可以包含普通文字、图形、图像、声音、动画等多媒体信息，还包含指向其他网页的链接。

3. 主页（Home Page）

WWW 是通过相关信息的指针连接起来的信息网络，由提供信息服务的 Web 服务器组成。在 Web 系统中，这些服务信息以超文本文档的形式存储在 Web 服务器上。每个 Web 服务器上的第一个页面叫做主页。通过主页上的提示标题（链接）可以转到主页之下的各个层次的其他各个页面，如果用户从主页开始浏览，可以完整地获取这一服务器所提供的全部信息。

4. 超文本传输协议（HTTP）

HTTP（Hypertext Transfer Protocol，超文本传输协议）是 WWW 服务程序所用的网络传

输协议。HTTP 协议是一种面向对象的协议，为了保证 WWW 客户端与 WWW 服务器之间的通信不会产生歧义，HTTP 精确定义了请求报文和响应报文的格式。

5. 统一资源定位器（URL）

URL（Uniform Resource Locator，统一资源定位器），可以看做是 Internet 上某一资源的地址，它由 4 部分组成，其一般格式是：

协议://IP 地址或域名/路径/文件名

各部分含义如下。

- 协议：指数据的传输方式，通常称为传输协议，如 HTTP、FTP、Gopher。
- IP 地址或域名：指存放该资源的主机的 IP 地址或域名地址。
- 路径：指信息资源在 Web 服务器上的目录。
- 文件名：指要访问的文件名。

3.2.2 浏览器 IE 9.0 的基本操作

1. IE 9.0 的窗口组成

双击桌面上的 Internet Explorer 图标启动 IE 9.0，出现如图 3-11 所示的窗口。

图 3-11 IE 9.0 窗口

（1）标题栏

位于屏幕最上方，显示标题名称，由当前浏览的网页名称和最右面的“最大化”、“最小化”、“关闭”按钮组成。

（2）菜单栏

菜单栏提供了 IE 9.0 的若干命令，有文件、编辑、查看、收藏、工具和帮助等 6 个菜单项，通过菜单可以实现对 WWW 文档的保存、复制、收藏等操作。

（3）工具栏

位于菜单栏下方，包括一系列最常用的工具按钮。如后退、前进、停止、刷新、主页、搜索、收藏、历史、邮件、打印等常用菜单命令的功能按钮。

（4）地址栏

显示当前打开网页的 URL 地址。还可在地址栏输入要访问站点的网址，单击右侧的下拉式按钮，还可弹出以前访问过网络站点的地址清单，供用户选择。

（5）主窗口

主窗口用于显示和浏览当前打开的页面，网页中有超级链接项，单击可链接到相应的网页浏览其中的内容。

（6）状态栏

状态栏用于反映当前网页的运行状态的信息。

2. 设置浏览器主页

浏览器主页是指每次启动 IE 9.0 时默认访问的页面，如果希望在每次启动 IE 9.0 时都进入“H3C”的页面，可以把该页设为主页。具体操作步骤如下：

1）在菜单中选择“工具”→“Internet 选项”，如图 3-12 所示。

2）在“常规”卡的“主页”地址中输入“http://www. h3c. me”，单击“确定”按钮，如图 3-13 所示。

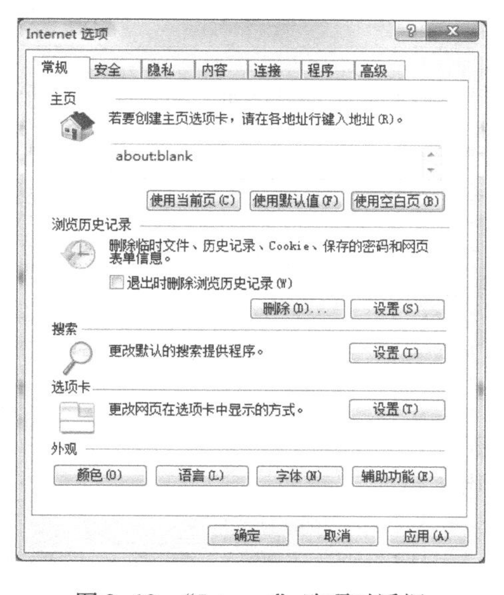

图 3-12 “Internet”选项对话框

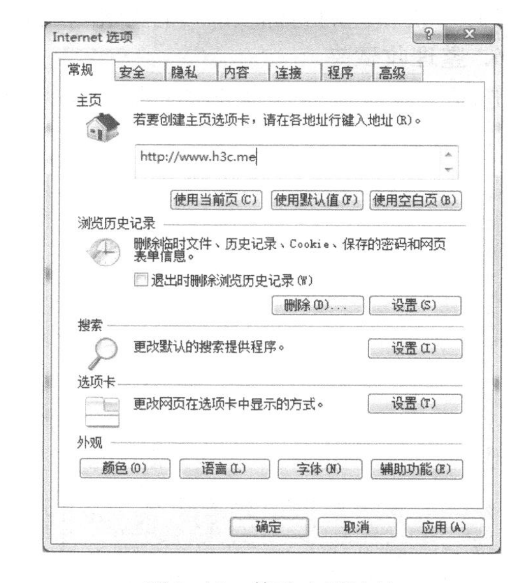

图 3-13 修改主页地址

3. 浏览网页

用鼠标单击 IE 浏览器图标，就可打开主页，地址栏是输入和显示网页地址的地方，如果用户在上网之前了解了一些网址，可以直接在浏览器的地址栏中输入已知的网址来访问该网页。当鼠标在网页上移动时，有许多手形指针，这就是超级链接，要通过超级链接浏览网页时可以用鼠标单击要浏览的链接，就可打开相应的链接内容。浏览网页时，当主页的内容超出一个页面，在一屏显示不下时，可用窗口右边的垂直滚动条来翻页。

4. 通过历史记录浏览网页

在IE浏览器的历史栏中，保存着用户最近浏览过的网站的地址。如果用户要访问曾经浏览过的网站，可以在历史记录栏中快速地选择地址。

在工具栏上，单击“历史”按钮，在浏览器中就会出现历史记录栏，其中包含了最近访问过的Web页和站点的链接。在此栏中，单击“查看”按钮选择日期、站点、记问次数或当天的访问次序，单击文件夹可显示各个Web页，再单击Web图标可显示该Web页。

5. 添加到收藏夹

用户在上网过程中经常会遇到十分喜欢的网站，为了方便以后能访问这个网站，通常采取记下该网站网址的方法，为此IE为用户提供了一个保存网址的工具——收藏夹。

添加到收藏夹的具体操作步骤如下。

1）打开一个需要保存的网页。

2）在菜单中选择“收藏”→“添加到收藏夹”命令，弹出“添加收藏”对话框，如图3-14所示。

3）在“添加收藏”对话框中输入页面名称。浏览器默认把当前网页的标题作为收藏夹名称，单击“添加”按钮，所选择的页面已经保存在IE浏览器的收藏夹中。

打开收藏的网页具体操作步骤如下：

1）单击工具栏中的“收藏”按钮或菜单栏中的“收藏”命令。

2）单击相应的名称项即可打开相应的网页。

6. 整理收藏夹

选择“收藏”→“整理收藏夹”命令，弹出“整理收藏夹”对话框，如图3-15所示。

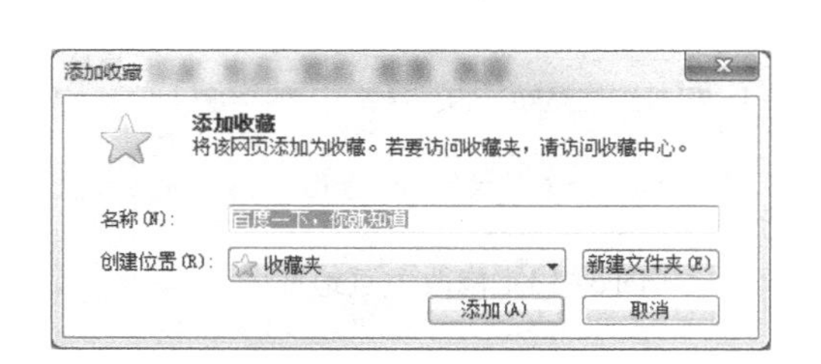

图3-14 “添加收藏”对话框

图3-15 “整理收藏夹”对话框

在此对话框中，可以进行创建文件夹、重命名文件夹、移至文件夹和删除操作。

3.2.3 网页搜索

Internet在不断扩大，它几乎有无尽的信息资源供查找和利用，这时，如何从大量的信息中迅速、准确地找到自己需要的信息就显得尤为重要，下面介绍一些网页的搜索方法。

1. 利用IE进行简单搜索

IE 9.0本身就提供了一些默认的搜索工具Bing，用IE浏览器上的搜索工具搜索信息是最简单的搜索方式，启动IE 9.0浏览器后，在地址栏中输入希望查询的关键字，然后按〈Enter〉键，页面上就会列出与输入的关键字或关键词相关的网页站点的列表，单击其中一个就会链接到相应的站点。

2. 使用搜索引擎进行搜索

在网络上搜索信息，除了使用IE进行简单的搜索以外，还可以利用搜索引擎进行搜索。搜索引擎实际上也是一个网站，是提供用于查询网上信息的专门站点。搜索引擎站点周期性地在Internet上收集新的信息，并将其分类储存，这样就建立了一个不断更新的“数据库”，用户在搜索信息时，实际上就是从这个库中查找。搜索引擎的服务方式有以下两种。

（1）目录搜索

目录搜索是将搜索引擎中的信息分成不同的若干大类，再将大类分为子类、子类的子类……最小的类中包含具体的网址，用户直到找到相关信息的网址，即按树形结构组成供用户搜索的类和子类，这种查找类似于在图书馆找一本书的方法，适用于按普通主题查找。

（2）关键字搜索

“关键字搜索”是搜索引擎向用户提供一个可以输入要搜索信息关键字的查询框窗口，用户按一定规则输入关键字后，单击查询框后的“搜索”按钮，搜索引擎即开始搜索相关信息，然后将结果返回给用户。

3. 如何使用搜索引擎

（1）简单查询

在搜索引擎中输入关键词，然后单击“搜索”即可，系统很快会返回查询结果，这是最简单的查询方法。这种方法使用方便，但是查询的结果却不准确，可能包含着许多无用的信息。

（2）使用双引号

给要查询的关键词加上双引号，可以实现精确的查询，这种方法要求查询结果要精确匹配，不包括演变形式。例如，在搜索引擎的文字框中输入“电传”，它就会返回网页中有“电传”这个关键字的网址，而不会返回诸如有“电话传真”等关键字的网页。

（3）使用加号（+）

在关键词的前面使用加号，也就等于告诉搜索引擎该单词必须出现在搜索结果中的网页上，例如，在搜索引擎中输入“计算机+电话+传真”就表示要查找的内容必须要同时包含“计算机、电话、传真”这3个关键词。

（4）使用减号（-）

在关键词的前面使用减号，也就意味着在查询结果中不能出现该关键词，例如，在搜索引擎中输入“电视台 -中央电视台”，它就表示最后的查询结果中一定不包含“中央电视台”。

(5）使用通配符

通配符包括星号（*）和问号（?)，前者表示匹配的数量不受限制，后者匹配的字符数要受到限制，主要用在英文搜索引擎中。例如输入“computer*”，就可以找到“computer”“computers”“computerised”“computerized”等单词，而输入“comp? ter”，则只能找到“computer、compater、competer”等单词。

(6）使用布尔检索

所谓布尔检索，是指通过标准的布尔逻辑关系来表达关键词与关键词之间逻辑关系的一种查询方法，这种查询方法允许我们输入多个关键词，各个关键词之间的关系可以用逻辑关系词来表示。and 称为逻辑“与”，用 and 进行连接，表示它所连接的两个词必须同时出现在查询结果中。例如，输入“computer and book”，它要求查询结果中必须同时包含“computer”和“book”。or 称为逻辑“或”，它表示所连接的两个关键词中任意一个出现在查询结果中就可以。例如，输入“computer or book”，就要求查询结果中可以只有“computer”，或只有“book”，或同时包含“computer”和“book”。not 称为逻辑“非”表示所连接的两个关键词中应从第 1 个关键词概念中排除第 2 个关键词。例如，输入“automobile not car”，就要求查询的结果中包含“automobile”（汽车），但同时不能包含“car”（小汽车）。near 表示两个关键词之间的词距不能超过 n 个单词。在实际使用过程中，可以将各种逻辑关系综合运用，灵活搭配，以便进行更加复杂的查询。

(7）使用括号

当两个关键词用另外一种操作符连在一起，而又想把它们列为一组时，就可以对这两个词加上圆括号。

(8）使用元词检索

大多数搜索引擎都支持“元词”（metawords）功能，依据这类功能用户把元词放在关键词的前面，这样就可以告诉搜索引擎想要检索的内容具有哪些明确的特征。例如，在搜索引擎中输入“title：清华大学”，就可以查到网页标题中带有清华大学的网页。在键入的关键词后加上“domainrg”，就可以查到所有以 org 为后缀的网站。其他元词还包括：image（用于检索图片），link（用于检索链接到某个选定网站的页面），URL（用于检索地址中带有某个关键词的网页）。

(9）区分大小写

这是检索英文信息时要注意的一个问题，许多英文搜索引擎可以让用户选择是否要求区分关键词的大小写，这一功能对查询专有名词有很大的帮助。例如，“Web”专指万维网或环球网，而“Web”则表示蜘蛛网。

3.2.4 网页保存

浏览网页时，经常会看到非常好的网页，希望把它保存下来，供以后参考使用，或在不连接 Internet 时浏览。

1. 保存整个网页

当需要将整个网页的信息完整地保存时，可以使用下面的方法：

1）打开要保存的网页，单击菜单栏中的“文件”→“另存为”命令，弹出“保存网页”对话框，如图 3-16 所示。

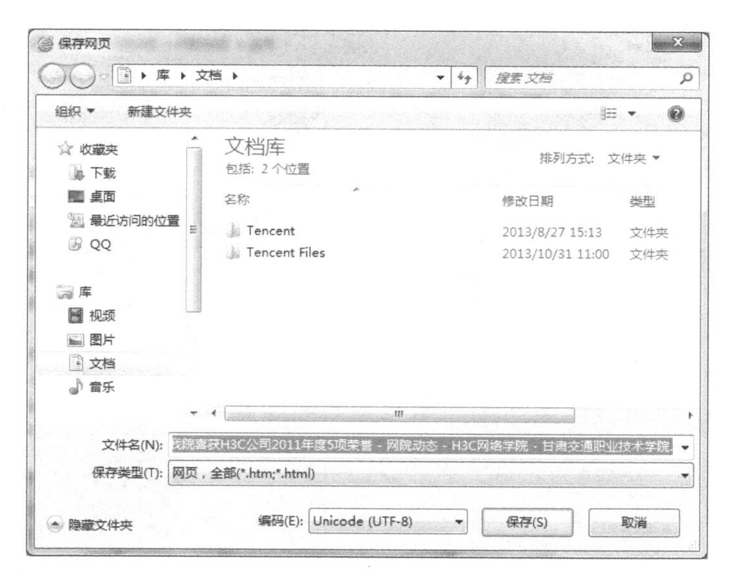

图 3-16 “保存网页”对话框

2）在打开的对话框中有如下 4 种保存类型，如图 3-17 所示。

- 网页，全部（*htm、*html）：用于保存包含动画、链接、图片等超文本的完整网页。
- Web 档案，单一文件（*mht）：将页面中所有可以收集的元素全部存放在一个页面里，就是把 html 和它相关的图片等打包成一个单独的文件。

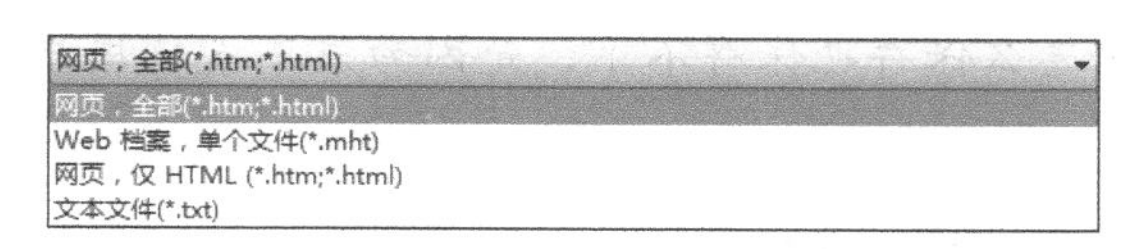

图 3-17 网页的保存类型

- 网页，仅 HTML（*.htm，*html）：用于保存只有文字及其格式的网页文件。
- 文本文件（*.txt）：用于保存无格式，只有文字的文本文件。

3）选择一种要保存的类型，最后选择存储的路径和文件名，单击“保存”按钮即可。

2. 保存页面中的部分信息

上面的操作可以将自己喜欢的整个页面保存下来，如只保存页面中的一部分内容，其操作步骤如下。

（1）保存页面中的文字

1）用鼠标选定要保存的常规文字内容。

2）在菜单栏中选择“编辑”→“复制”命令，或使用快捷键〈Ctrl＋C〉，将选定的文字内容复制到 Windows 的剪贴板中。再打开 Word，在菜单栏中选择“编辑”→“粘贴”命令或使用快捷键〈Ctrl＋V〉。

（2）保存页面中的图片

1）将鼠标移动到页面中希望保存的图片上。

2）单击鼠标右键，在快捷菜单中选择“图片另存为…”命令，弹出“保存图片”对话框，如图 3-18 所示。在“保存图片”对话框中，输入或选定文件名和保存位置。

图 3-18 “保存图片”对话框

（3）保存页面中的声音和影像

1）将鼠标移动到页面中希望保存的对象上。

2）单击鼠标右键，在快捷菜单中选择“目标另存为…”命令。

3）在“另存为”对话框中，输入或选定文件名和保存位置。

提示：有些网页无论怎么保存也保存不了，是因为该不支持用户下载信息，用户无法进行保存操作。

3.2.5 实训项目 组建家庭局域网

目前，局域网已成为现代企事业单位办公环境的重要组成部分，它将人们由繁琐的传统办公中解放出来，使工作更高效、联系更方便、沟通更快捷。局域网通常应用于学生宿舍、办公室、小型企业和网吧等。另外，家中有多台计算机的用户也可以组建小型局域网。本实训主要介绍局域网内资源共享的设置方法。

[操作步骤]

1. 设置网络位置

Windows 7 的“网络和共享中心”为用户设置了三种不同的网络位置——家庭网络、工作网络和公用网络设置家庭网络和工作网络，用户可以看到所处局域网中的其他计算机，同时也能被网络中的其他计算机看到；而设置为“公用网络”，则不能发现其他计算机。例如，在机场等公共场所上网，最好将网络位置设置为“公用网络”。

设置网络位置的具体操作步骤如下。

1）右击桌面上的“网络”图标，在弹出的快捷菜单中选择“属性”命令。

2）进入“网络和共享中心”窗口，计算机默认的网络位置为“家庭网络”。在家庭网络中，可以创建或加入家庭组，共享家庭组中的资源，如图 3-19 所示。

3）如果要更改网络位置，单击“家庭网络”超链接，打开“设置网络位置”窗口。如果设置为“工作网络”，则用户与网络上的其他计算机可以互相访问，如图 3-20 所示。

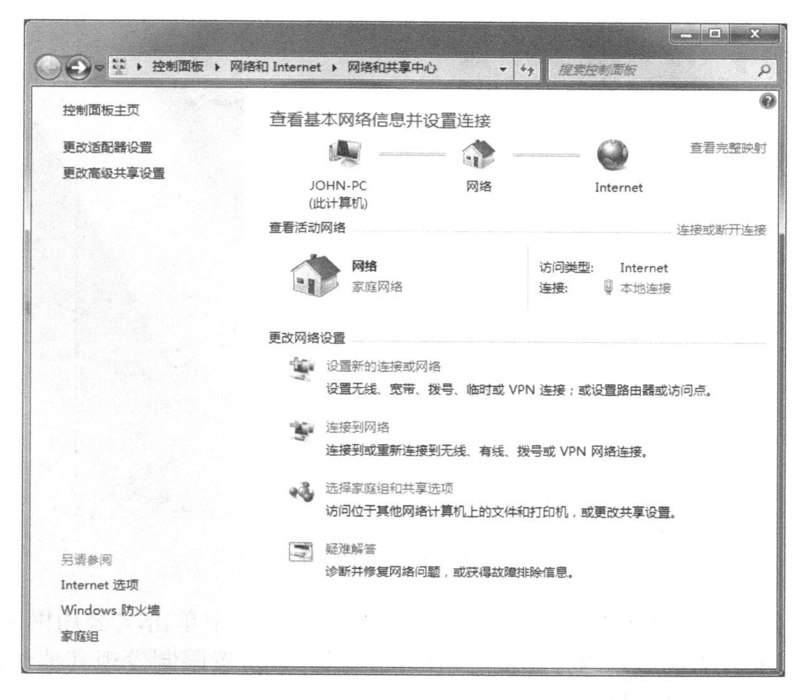

图 3-19 “网络和共享中心”窗口

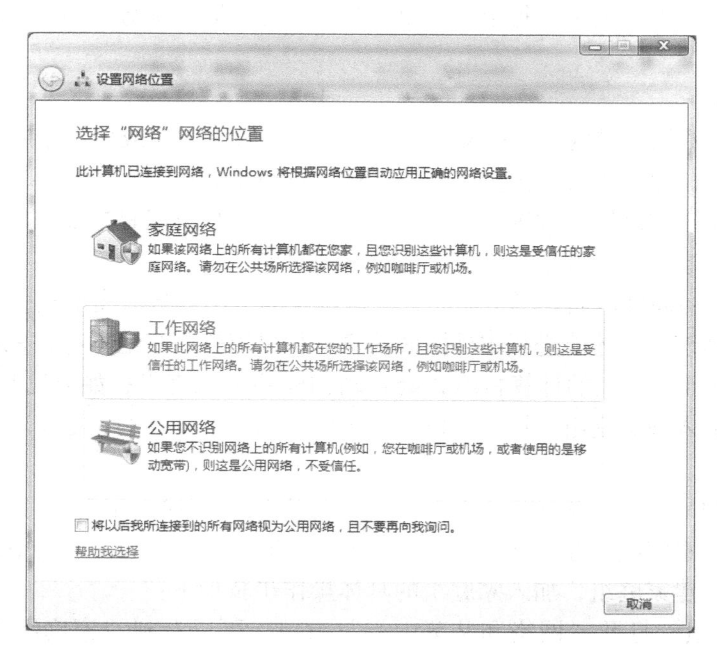

图 3-20 “设置网络位置”窗口

4）单击“工作网络”链接，进入工作网络设置完成窗口，如图 3-21 所示。

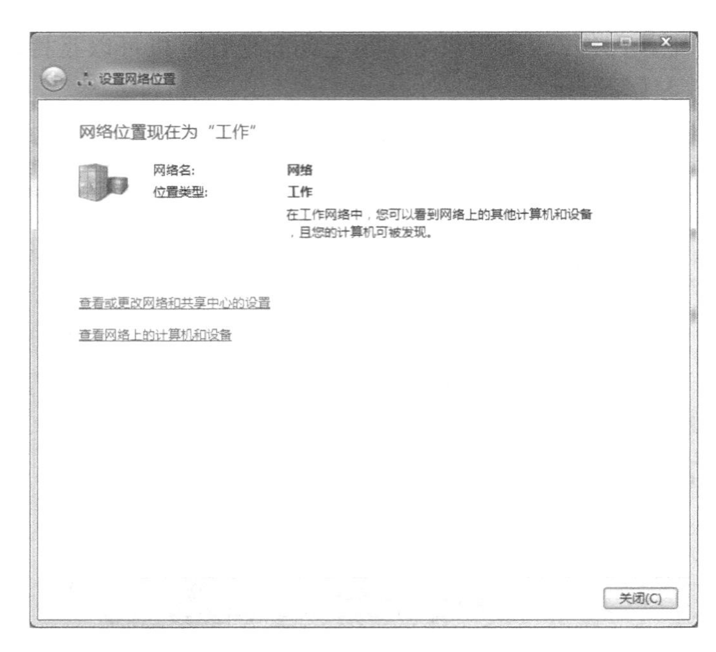

图 3-21　工作网络设置完成窗口

5）如要设置为“公用网络”，则在图 3-20 所示的窗口中单击“公用网络”链接。可以看到窗口中没有查看局域网内计算机的超链接，因为该位置限制发现其他计算机和设置，有利于在公共场合保护计算机。

在三种局域网设置模式中，每个设置模式都有自己不同的优势，用户可以根据具体情况进行相关设置。

2. 加入家庭组

在 Windows 7 的局域网内，共享文件的最简单方法就是创建或加入家庭组。那么，家庭组到底有什么用途，怎么来设置家庭组呢？下面进行简单介绍。

家庭组仅使用于家庭网络位置，通过组建家庭组，用户可以轻松地在家庭网络上与家庭组中的其他用户共享图片、音乐、视频、文档以及打印机。

在 Windows 7 的局域网内共享资源时，局域网中的一个成员首先要建立家庭组，并且其他网内用户加入到该组中才能进行本地资源共享。如果家庭网络上不存在家庭组，则在设置运行 Windows 7 专业版以上的计算机时，会自动创建一个家庭组；如果已存在一个家庭组，则用户可以申请加入该家庭组。用户可以使用密码帮助保护自己的家庭组，并可以随时更改该密码。

这里要注意的是：必须是运行 Windows 7 的计算机才能加入家庭组，所有版本的 Windows 7 都可以使用家庭组。在 Windows 7 简易版和 Windows 7 家庭普通版中，用户可以加入家庭组，但无法创建家庭组，加入家庭组的具体操作步骤如下：

1）查看家庭组，打开“网络和共享中心”窗口，可以看到“家庭组”后面显示“可加入”，表示已有局域网内成员创建了家庭组，如图 3-22 所示。

2）单击“可加入”超链接，进入到加入家庭组的提示对话框，如图 3-23 所示。

3）单击“立即加入”按钮，在打开的对话框中设置要共享的内容，如图 3-24 所示。

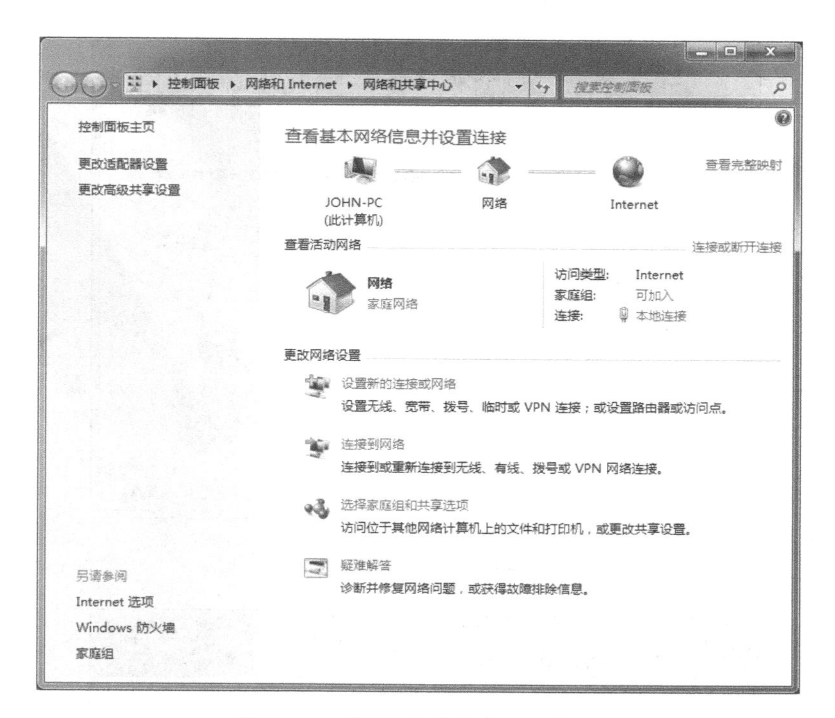

图 3-22 “网络和共享中心”窗口

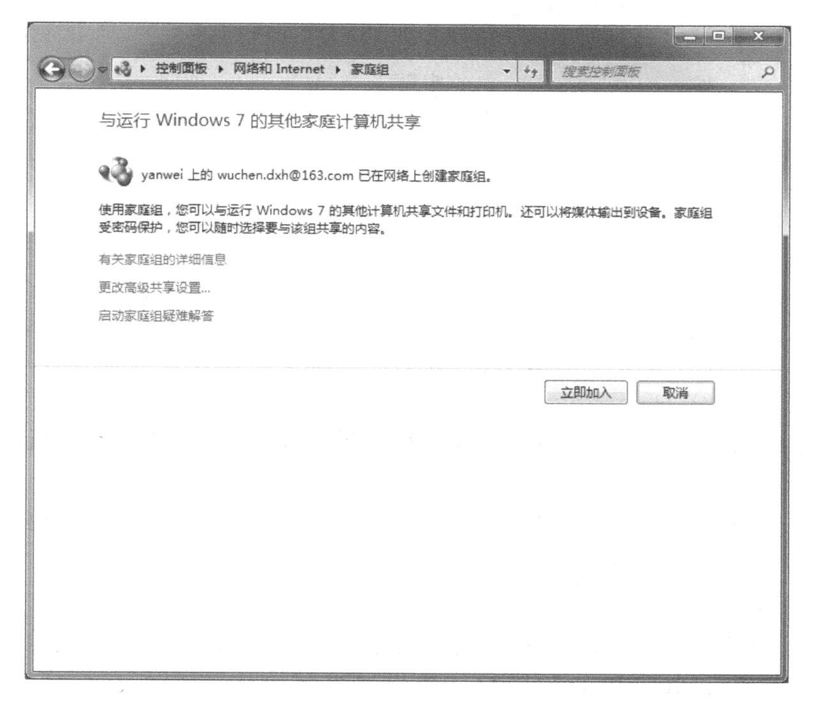

图 3-23 家庭组的提示对话框

4）单击“下一步”按钮，在对话框中输入该家庭组创建时系统设定的密码，如图 3-25所示。

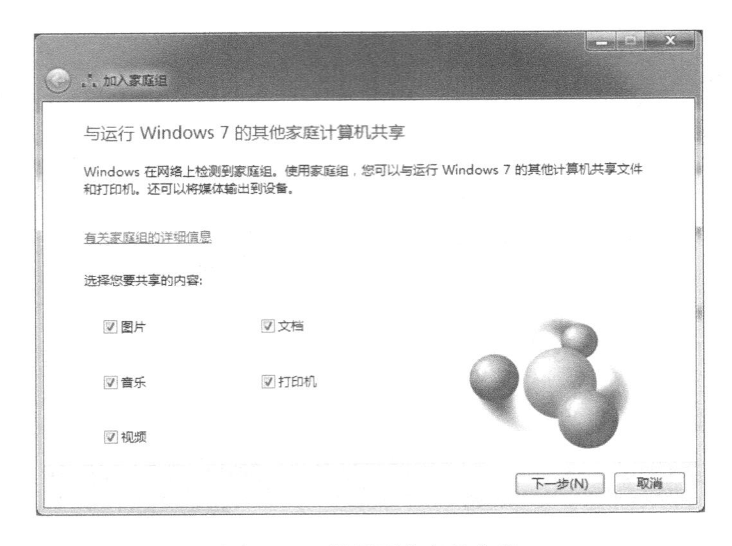

图 3-24　设置要共享的内容

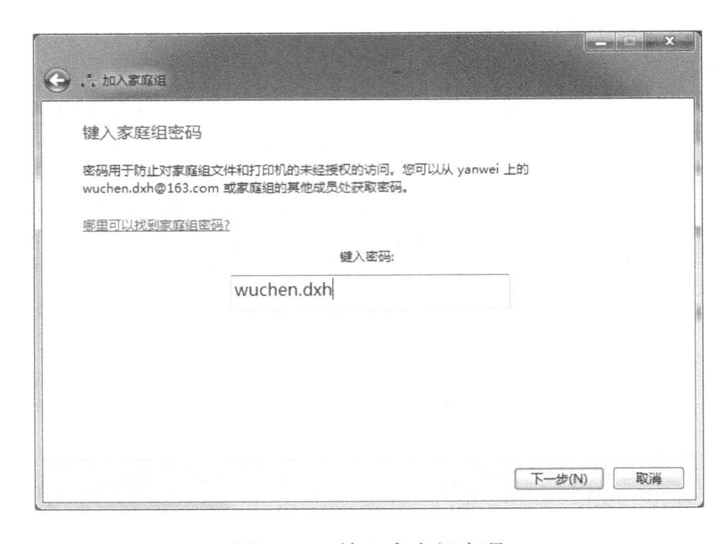

图 3-25　输入家庭组密码

5）加入家庭组，单击“下一步”按钮，在打开的窗口中显示本地计算机已经加入了家庭组。

6）单击“完成”按钮，返回到网络和共享中心，即可看到在“家庭组”后面显示“已加入”。

3. 离开家庭组

如果用户要离开家庭组，具体操作步骤如下：

1）打开“网络和共享中心”窗口，单击“选择家庭组和共享选项”超链接，如图 3-26所示。

2）打开“家庭组”窗口。用户可以执行更改密码、更改高级共享设置等操作，如图 3-27所示。

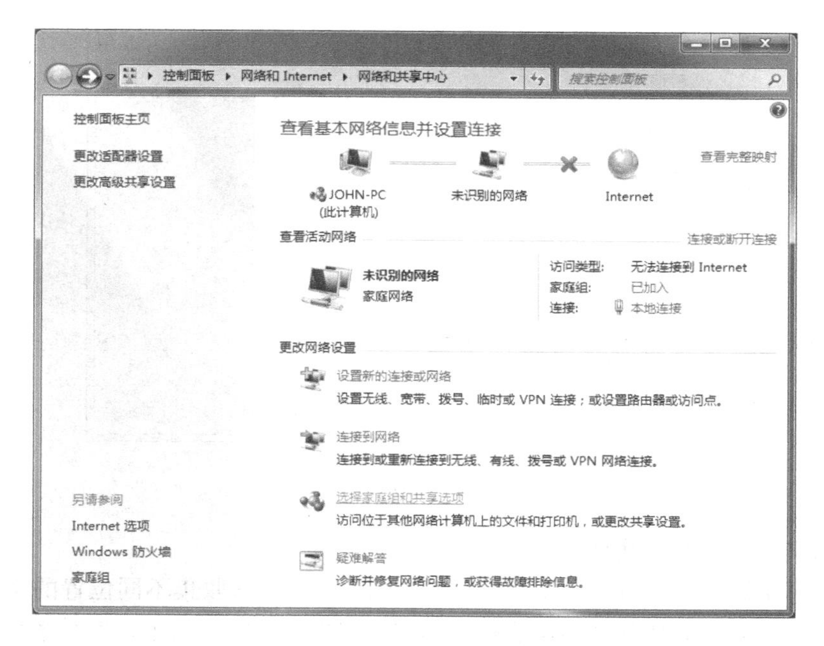

图 3-26 “网络和共享中心”窗口

图 3-27 “家庭组”窗口

3）单击“离开家庭组”超链接，进入“离开家庭组”窗口。单击“离开家庭组”选项，即可离开当前所在的家庭组，离开后则不能共享组内的资源，如图 3-28 所示。

4. 共享资源

当用户加入到家庭组后，可以访问组内其他计算机，查看对方共享的资源，也可以把自

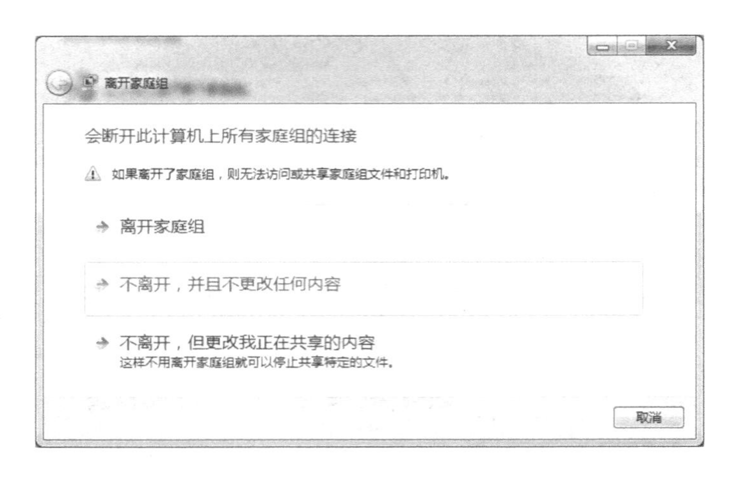

图 3-28　离开家庭组

己的东西拿出来和其他成员共享。

共享库是 Windows 7 不同于以前版本的新功能，可以用来收集不同位置的文件，并将其显示为一个集合，而无需从其存储位置移动到这些文件。在家庭组中，库是系统默认设为共享的。用户在家庭组中共享自己的资源时，可以把要共享的文件复制到相应的“库”中，也可以直接设置文件共享。添加文件到共享库的具体操作步骤如下：

1）打开“计算机”窗口，在左窗格中单击“库”选项，右窗格中便显示库中包含的 4 个文件夹。选中任一个文件夹，在下面的状态栏中可以看到其状态为“已共享”，如图 3-29 所示。

图 3-29　库

2）要把文件添加到共享库中，需要先找到要共享的文件或文件夹，并将其选中。

3）单击“包含到库中”按钮，在弹出的下拉菜单中选择相应的文件类型（如“文档”），如图 3-30 所示。

图 3-30 “包含到库中”下拉菜单

这时在左窗格中单击其文件类型，在右窗格中可以看到刚刚添加到其中的文件或文件夹。选中其中的任意一个文件，在下面的状态栏中可以看到其状态为“已共享”。

设置文件共享的方法与在 Windows XP 中设置的方法类似，具体操作步骤如下：

1）在“计算机”窗口中找到要共享的文件或文件夹，选中后在状态栏中可以看到当前处于不共享状态。

2）单击“共享”按钮，在弹出的下拉菜单中选择“家庭组（读取）”命令。如果选择“家庭组（读取/写入）”命令，则允许其他用户改写，如图 3-31 所示。

5. 访问共享资源

访问家庭网内其他 Windows 7 成员的操作方法非常简单，具体操作步骤如下：

1）在“计算机”窗口的左窗格中单击“家庭组”选项，即可在右窗口中显示该组中的其他成员。

2）双击该成员的头像，即可打开其共享的资源。

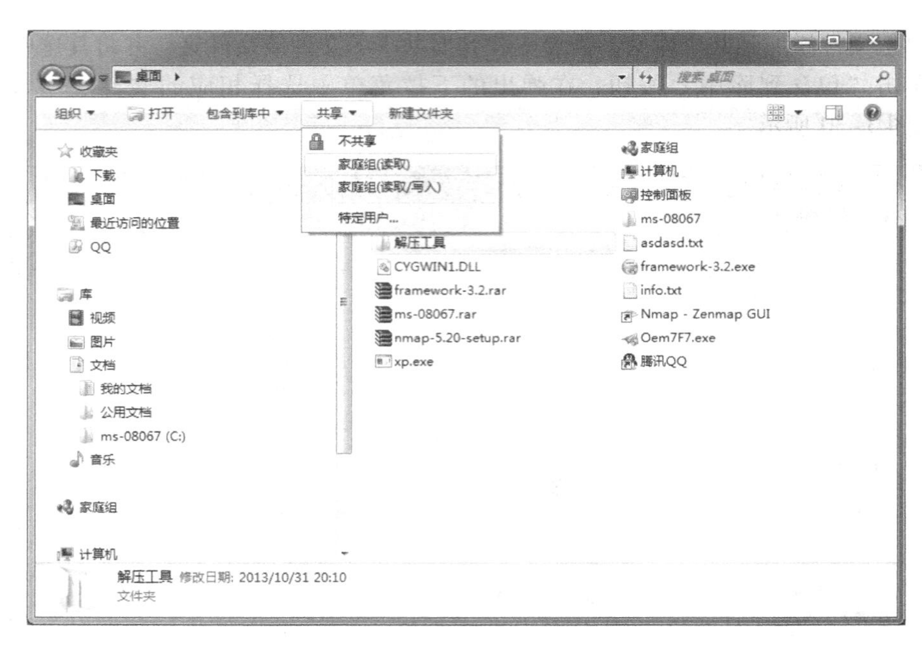

图 3-31　设置文件/文件夹共享

模块 4　Word 2010 办公实战

本章要点

- 了解 Word 2010 的界面和项目卡的功能。
- 掌握字体、段落、表格、图片的排版。
- 了解日常办公文书的基本格式。
- 掌握插入与编辑形状、艺术字。
- 掌握首字下沉、页面背景的设置。
- 了解长文档的特点。
- 掌握项目符号、多级编号、分节的作用与使用方法。
- 掌握目录、复杂页眉页脚的制作。
- 掌握邮件合并功能的使用方法。
- 了解利用信封向导制作信封的方法。

4.1　文字处理软件 Word 2010 简介

Word 2010 是 Microsoft 公司开发的 Office 2010 办公组件之一，主要用于文字处理工作。其完成的功能已经远远超过了纯文字处理，除了常用的文档制作和编辑之外，还能对表格、图形、图像、艺术字等进行处理。为节约篇幅，以下的 Word 均指 Word 2010。

4.1.1　Word 2010 的基本功能

随着版本的不断更新，Word 的功能也变得更加完善、更加全面，Word 的主要功能如下。

1. 直观式操作界面

Word 操作简单，利用鼠标就可以直接完成启动、退出、选择、排版等常用功能的操作。

2. 所见即所得

Word 拥有丰富的视图，对 Word 进行编辑后，其内容在屏幕显示和打印结果上是一致的。

3. 文字编辑排版

文字编辑排版是 Word 的基本功能，包括文本输入、修改、复制、移动、删除、恢复、撤销、替换、字符格式、段落格式、页面设置等操作。

4. 表格处理

表格处理包括表格的创建、编辑和转换等。

5. 图形处理

图形处理包括插入图片、绘制图形、插入文本框、艺术字、图形编辑等。

6. Word 2010 的新特性

从整体特点上看，Word 2010 丰富了人性化功能体验，改进了用来创建专业品质文档的功能，为协同办公提供了更加简便的途径；同时，云存储使得用户可以随时随地访问自己的文件。下面列出了 Word 2010 中的一些新特性：

- Word 2010 采用全新的 Fluent/Ribbon 界面。
- 更加强大的“文件”按钮和 Backstage 视图。
- 改进的搜索和导航窗格。
- 文本和图片的艺术效果。
- 新增的 SmartArt 图形图片布局。
- 插入屏幕截图功能。
- 翻译功能。
- 使用“共享”轻松实现云存储与协同办公。
- 在不同的设备和平台上访问工作信息。

4.1.2 Word 2010 的启动和退出

使用 Word，首先要启动 Word 进入它的工作窗口，然后在 Word 工作窗口中完成文档的编辑工作。使用完毕后应退出 Word，以释放占用的系统资源。

1. 启动 Word

启动 Word 有以下几种方法。

- “开始”菜单启动：单击“开始”→“所有程序”→“Microsoft Office”→“Microsoft Word 2010”，即可启动 Word 2010。
- 快捷方式启动：双击桌面上的 Word 快捷方式图标即可启动。
- 在资源管理器中启动：在资源管理器中，双击 Word 图标的文档，即可启动。
- 通过“最近使用程序”启动：如果 Word 是最近使用的程序，则在“文件”→“最近使用文件”中选择即可启动。

2. 退出 Word

退出 Word 有以下几种方法。

- 单击标题栏右侧的“关闭”按钮。
- 单击“文件”→“关闭”命令。
- 双击 Word 窗口左边角的控制按钮。
- 单击 Word 窗口左边角的控制按钮，选择“关闭”命令。
- 按〈Alt + F4〉组合键。

4.1.3 Word 2010 的工作界面

Word 2010 的工作界面由标题栏、菜单栏、功能区、文档编辑区和状态栏等组成，如图 4-1 所示。用户可以根据需要定制个性化的工作环境，包括操作界面、显示、校对、保存等设置。

1. Word 2010 工作界面的各组成部分

（1）快速访问工具栏

快速访问工具栏位于工作界面的顶部，用于快速执行某些操作。

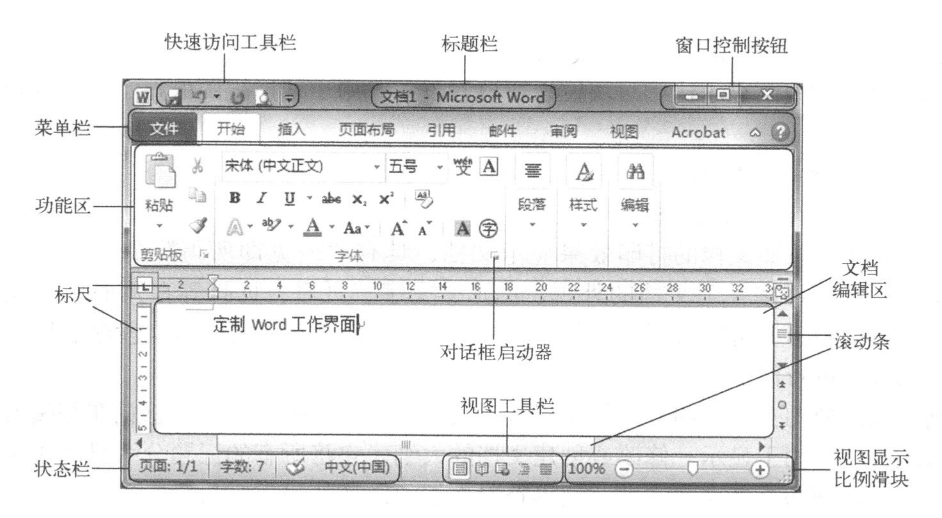

图 4-1　Word 2010 工作界面

(2) 标题栏和窗口控制按钮

标题栏位于快速访问工具栏右侧，用于显示文档和程序的名称；窗口控制按钮位于工作界面的右上角，单击窗口控制按钮，可以最小化、最大化/恢复或关闭 Word 窗口。

(3) 功能区

功能区位于标题栏下方，几乎包括了 Word 2010 所有的编辑功能，单击功能区上方的选择卡，下方显示与之对应的编辑工具。

(4) 文档编辑区

文档编辑区是用来输入和编辑文字的区域，在 Word 2010 中，不断闪烁的插入点光标"|"表示用户当前的编辑位置。要修改某个文本，就必须先移动插入点光标，具体操作如下：

- 按键〈↑〉、〈↓〉、〈←〉、〈→〉，可分别将光标上、下、左、右移一个字符。
- 按键〈PgUp〉、〈PgDn〉可分别将光标上移一页、下移一页。
- 按键〈Home〉、〈End〉可分别将光标移至当前行首、行末。
- 按组合键〈Ctrl + Home〉、〈Ctrl + End〉可分别将光标移至文件头和文件末尾。
- 按组合键〈Ctrl + →〉、〈Ctrl + ←〉、〈Ctrl + ↑〉、〈Ctrl + ↓〉可分别使光标右移、左移、上移、下移一个字或一个单词。

(5) 标尺

标尺包括水平标尺和垂直标尺两种，标尺上有刻度，用于对文本位置进行定位。

利用标尺可以设置页边距、字符缩进和制表位。标尺中部白色部分表示版面的实际宽度，两端浅蓝色的部分表示版面与页面四边的空白宽度。

在"显示"选项组中选中"标尺"复选框，可以将标尺显示在文档编辑区。

(6) 滚动条

滚动条可以对文档进行定位，文档窗口有水平滚动条和垂直滚动条。单击滚动条两端的三角按钮或用鼠标拖动滚动条可使文档上下滚动。

(7) 状态栏

状态栏位于窗口的左下角，用于显示文档页数、字数及校对信息等。

（8）视图工具栏和视图显示比例滑块

视图工具栏和视图显示比例滑块位于窗口右下角，用于切换视图的显示方式以及调整视图的显示比例。

2. Word 2010 的视图方式

Word 2010 有如下几种视图方式。

- 页面视图：按照文档的打印效果显示文档，具有“所见即所得”的效果，在页面视图中，可以直接看到文档的外观、图形、文字、页眉、页脚等在页面中的位置，这样，在屏幕上就可以看到文档打印在纸上的样子，常用于对文本、段落、版面或者文档的外观进行修改。
- 阅读版式视图：适合用户查阅文档，用模拟书本阅读的方式让人感觉在翻阅书籍。
- 大纲视图：用于显示、修改或创建文档的大纲，它将所有的标题分级显示出来，层次分明，特别适合多层次文档，使得查看文档的结构变得很容易。
- Web 版式视图：以网页的形式显示文档中的内容。
- 草稿视图：草稿视图类似之前的 Word 2007 中的普通视图，该视图只显示了字体、字号、字形、段落及行间距等最基本的格式，但是将页面的布局简化，适合于快速输入或编辑文字并编排文字的格式。

除此之外，还有一种导航窗格视图。该视图是一个独立的窗格，能显示文档的标题列表，使用导航窗格视图可以方便用户对文档结构进行快速浏览。选择“视图”菜单，在“显示”选项组中选中“导航窗格”复选框，将打开导航窗格视图。

4.1.4 Word 2010 的基本操作

熟悉了 Word 的工作界面，下面将进一步学习文档的创建、打开、保存、关闭及文本的输入等内容。

4.1.4.1 新建文档

用户启动 Word 时，在其窗口中会自动出现一个新的空白文档，并且标题栏上出现“文档 1”的标题，这时便可输入文本。当启用了 Word 后，用户可以随时新建文档，Word 会自动以“文档 2”、“文档 3”的顺序暂时命名新文档。

1. 新建空白文档

新建空白文档有以下几种方法。

- 选择“文件”→“新建”命令，选择“空白文档”，然后单击“创建”按钮。
- 单击快速访问工具栏上的“新建”按钮。
- 启动 Word 2010，自动创建空白文档“文档 1”。
- 按组合键〈Ctrl + N〉可创建一个空白文档。

2. 使用模板创建文档

Word 模板是指 Microsoft Word 中内置的包含固定格式设置和版式设置的模板文件，可以借助 Word 模板快速地创建信封、名片等特殊格式的文档，具体操作步骤如下。

1）选择“文件”→“新建”命令。

2）根据需要选择空白文档、博客文章、书法字帖、最近打开的模板、样本模板、我的模板，或者根据现有内容新建。

3）选择好模板后，单击“创建”按钮。

4）打开 Word 模板后，就可以在 Word 中快速地编辑内容了。

4.1.4.2 文本编辑

1. 文档录入

当在指定位置进行文字的插入、修改或删除等操作时，需要先将插入点移到该位置，确定插入点。当输入完一段文档后，按〈Enter〉键分段。

若要删除输入过程中错误的文字，需要先将插入点定位到文本处，然后按〈Delete〉键删除插入点右边的字符，按〈BackSpace〉键删除插入点左边的字符。

2. 文本的插入与改写

Word 2010 有插入和改写两种录入状态。在“插入”状态下，输入的文本将插入到当前光标所在的位置，光标后面的文字将按顺序后移；而“改写”状态下，输入的文本将把光标后的文字替换掉，其余的文字位置不改变。

在 Word 2010 文档窗口的状态栏中可以切换“插入”和“改写”两种状态。

3. 选择文本

选择文本有多种方法，常用的有鼠标拖动法、选择栏法和键盘选定法。

（1）鼠标拖动法

对于连续的文本，将光标定位在所选文本的起点并按住鼠标左键不放，然后拖动鼠标到所选文本的终点后释放文本即可。对于不连续的文本，按住〈Ctrl〉键的同时用鼠标左键选择文本即可。

（2）选择栏法

选择栏位于文本左边的空白区域，在选择栏中单击选中对应的一行文字，双击则选中对应的整个段落，三击则选中整篇文档。

（3）键盘选定法

按〈F8〉键可切换扩展选取模式，当处于该模式下，插入点的起始位置为选择的起始端，移动键盘的方向键可以选中它经过的字符；如按〈End〉键，插入点将移到当前行的末尾，同时把插入点原来所在的位置到行尾的文本选中。也可使用鼠标选择插入点，将选中起始端到鼠标选择的插入点之间的所有文本选中。按〈Esc〉键可关闭扩展选取模式。

4. 撤销、恢复和重复操作

Word 提供的撤销和恢复操作，可以对错误的操作进行撤销和恢复。

撤销的操作方法是：选择“编辑”→“撤销”命令，或者单击快速访问工具栏中的“撤销”按钮，也可使用组合键〈Ctrl + Z〉操作。

恢复的操作方法是：选择“编辑”→“恢复”命令，或者单击快速访问工具栏中的“恢复”按钮，也可使用组合键〈Ctrl + Y〉操作或者按〈F4〉键操作。

5. 自动更正

“自动更正”可以对用户输入的字词错误进行自动更正。例如，输入“再接再励”，利用该功能，Word 软件会自动更正为“再接再厉”。利用此功能，也可以将办公中经常需要输入的文字、词语、特殊符号用一个简单的符号代替，以后只需输入该简单符号，软件将会自动转换为对应的文字、词语、特殊符号。如将“oa”更正为“办公自动化”。具体操作步骤如下。

选择“文件”→“选项”命令，弹出“Word 选项”对话框，在“校对”中选择“自动更正”选项，弹出如图 4-2 所示的“自动更正”对话框，在“替换”文本框中输入“oa”，在“替换为”文本框中输入“办公自动化”，单击“添加”按钮添加到自动更正词库中，此时“添加”按钮变为“替换”按钮，单击“确定”按钮即设置完毕。以后在文档中输入“oa”时，会自动出现“办公自动化”。

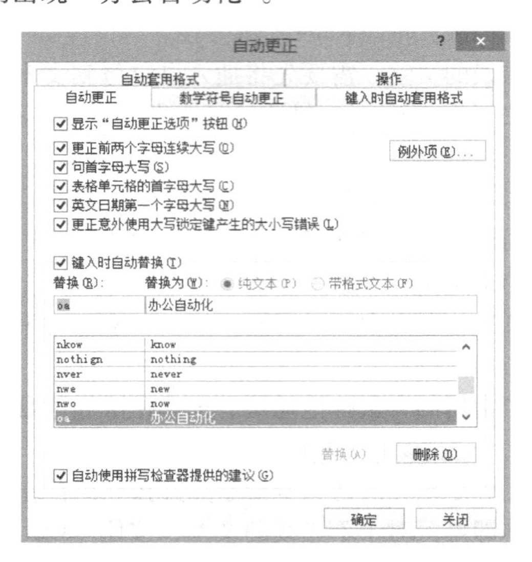

图 4-2 “自动更正”对话框

提示： 如果不想让文档录入时出现自动更正功能，则在“自动更正”对话框中取消勾选“键入时自动替换”复选框。

6. 拼写和语法

文本录入完成后，有时会出现一些不同颜色的波浪线，这是因为 Word 具有联机校对的功能。对于英文来说，拼写和语法功能可以发现一些很明显的单词、短语或语法错误。如果出现单词拼写错误，则英文单词下面自动加上红色波浪线；如果有语法错误，则英文句子下面会自动加上绿色波浪线。但是对于中文来说，此项功能不太准确，用户可以选择忽略。

7. 查找和替换

查找和替换是一种常用的编辑方法，可以对需要查找或替换的文字进行快速而准确的操作，从而提高编辑效率。

例如，把“MAYA 三维动画”替换为“MAYA 动画”，字体颜色为“红色”，带双下画线，操作步骤如下。

（1）查找文本

选择“开始”→“编辑”→“查找”命令，打开“导航”任务窗格，可以在文本框中输入需要查找的内容，查找后的内容会在文本中以黄色底纹显示。还可以选择“开始”→“编辑”→“查找”→“高级查找”命令，弹出“查找和替换”对话框，在“查找内容”文本框中输入“MAYA 三维动画”，如图 4-3 所示，重复单击“查找下一处”按钮即可详细定位到每一处“MAYA 三维动画”出现的地方。

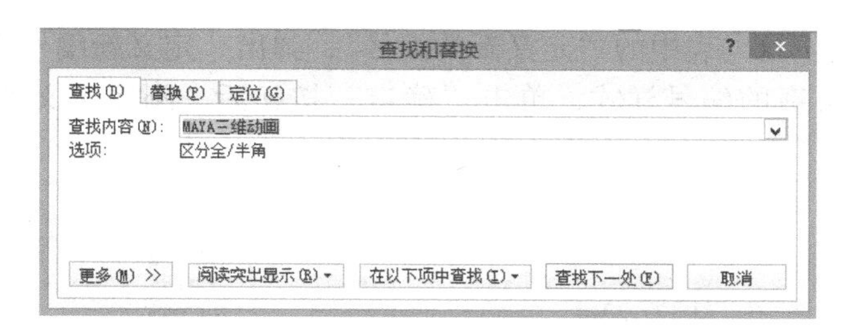

图 4-3 “查找和替换”对话框 1

（2）替换文本

对于一个比较长的文档来说，如果把文本用手动的方法逐个替换可能会漏掉一部分文本。但是利用替换功能就可以进行自动全部替换，选择“开始”→“编辑”→“替换”命令，弹出“查找和替换”对话框，选择“替换”选项卡，如图 4-4 所示，在“查找内容”文本框中输入“MAYA 三维动画”，在“替换内容”文本框中输入“MAYA 动画”，单击“全部替换”按钮，就会对文档中所有出现的“MAYA 三维动画”替换为“MAYA 动画”。若想同时替换字体颜色为红色，且带双下画线，则要单击“更多”按钮展开，再展开“替换”→“格式”下拉按钮，打开“字体”对话框进行设置。

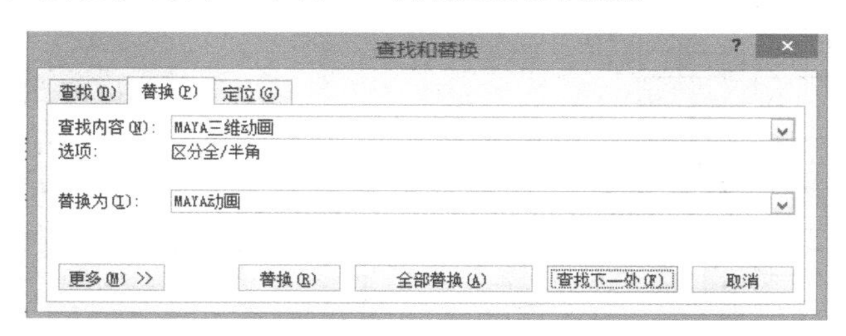

图 4-4 “查找和替换”对话框 2

8. 项目符号和编号

在文档中，相同级别的段落有时需要加一些符号或者编号。项目符号是在每个条例项目前加上点、勾、三角形等特殊符号，主要用于罗列项目，各个项目之间没有先后顺序。而编号则是在前面加上 1、2、3…或者 A、B、C…等，一般在各个项目有一定的先后顺序时使用“编号”。适当地使用项目符号或编号可以增加文件的可读性。

（1）添加项目符号

选中所需添加项目符号的文本内容，在“开始”→“段落”→“项目符号”下拉列表中选择合适的项目符号即可，如图 4-5 所示。选择过的项目符号就会出现在“最近使用过的项目符号”一栏中。如果觉得下拉列表中列出的样式都不理想，还可以单击“定义新项目符号”，此时弹出“定义新项目符号”对话框，如图 4-6 所示。单击“符号”或“图片”按钮即可选择新的项目符号样式，也可以单击“字体”按钮修改项目符号的字体，然后单击“确定”按钮即可定义新的项目符号。

（2）添加编号

选中所需要添加编号的文本内容，在“开始”→“段落”→“编号”下拉列表中选择合适的编号即可，如图 4-7 所示。如果觉得下拉列表中列出的样式都不理想，还可以选择定义新的编号。单击下拉列表中的“定义新的编号”，弹出“定义新编号格式”对话框，如图 4-8 所示，自定义新的编号样式，单击“确定”按钮后，刚才定义的新编号会出现在“编号库”中。

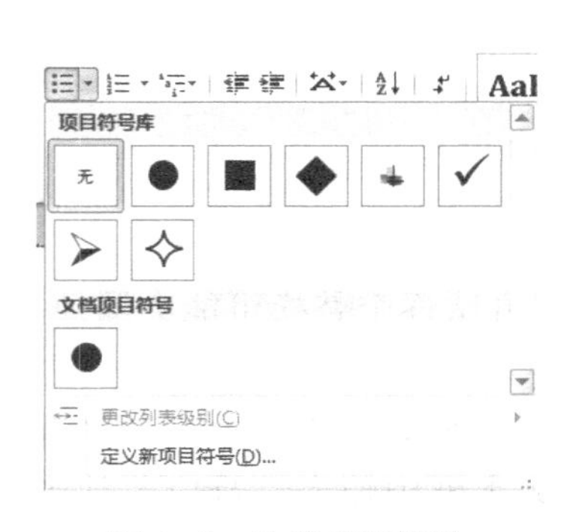

图 4-5　选择项目符号

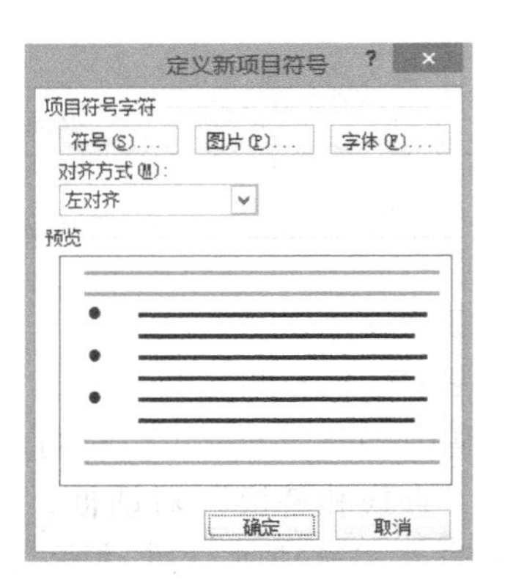

图 4-6　“定义新项目符号”对话框

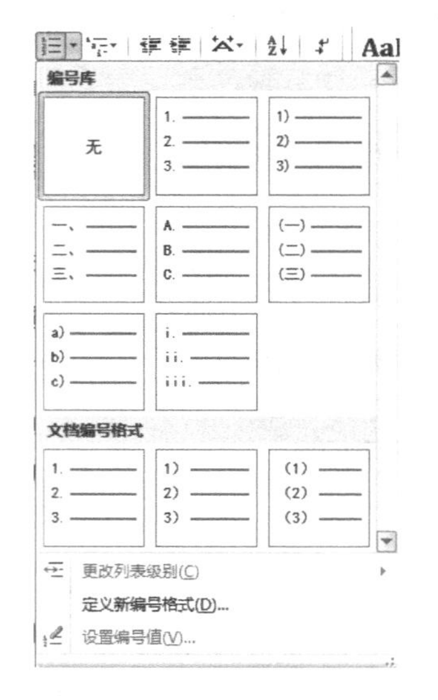

图 4-7　选择编号

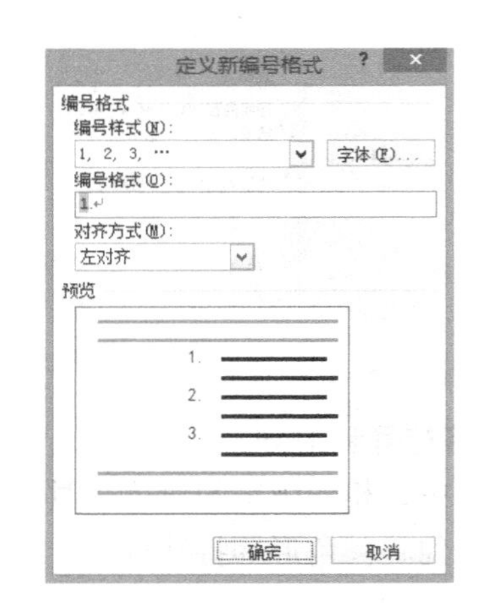

图 4-8　“定义新编号格式”对话框

9. 制表位

通常情况下，用段落可以设置文本的对齐方式，但在某些特殊的文档中，有时需要在一行中有多种对齐方式，Word 中的制表位就是可以在一行内实现多种对齐方式的工具。制表位的设置通常有标尺设置和精确设置两种方法。下面以标尺设置法为例进行讲解。

例如，试卷中有选择题和判断题，在制作试卷选择题答案选项时，往往需要对多个答案选项进行纵向对齐，如图 4-9 和图 4-10 所示为答案选项对齐前和对齐后的效果。

具体操作步骤如下。

1）选中所有的答案行，先将其设定为首行缩进 2 个字符，当标尺最左端出现左对齐制表符时，在标尺相应位置分别单击，这时会在标尺上出现 3 个左对齐的符号，如图 4-11 所示。

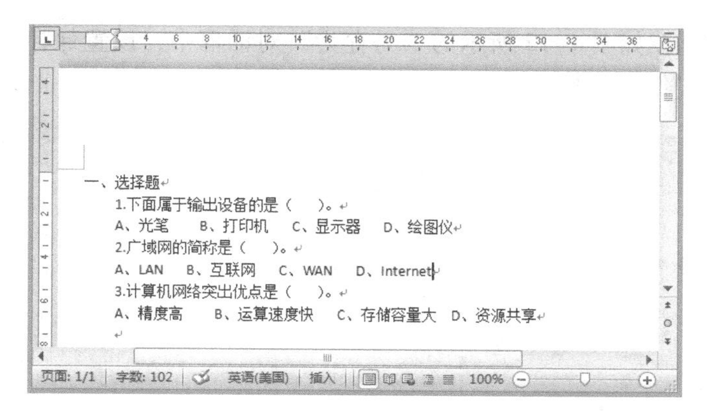

图 4-9　答案选项对齐前效果

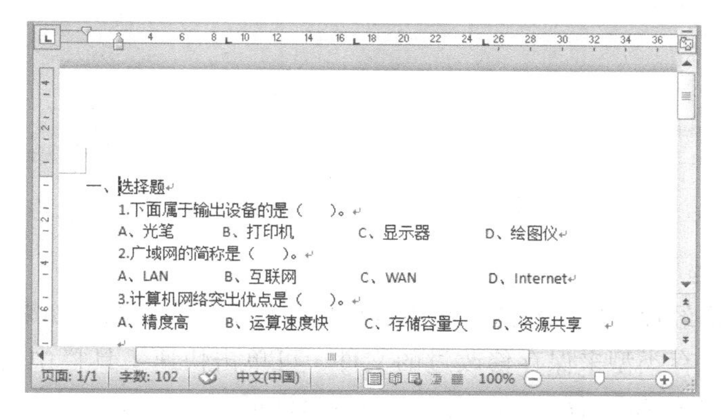

图 4-10　答案选项对齐后效果

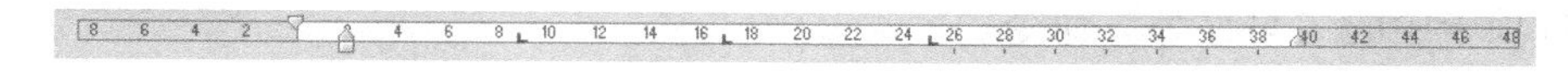

图 4-11　标尺设置方法

2）在答案的 B、C、D 符号前面分别按〈Tab〉键就能完成所要的效果了。

如要删除某一个制表符，可以直接在标尺上把对齐符号拖曳下来；也可以打开“制表位”对话框，选择需要删除的制表符，单击“清除”按钮。如要全部删除制表符，单击“全部清除”按钮即可。

提示： 制表符有很多种，如左对齐、右对齐、居中式、竖线式和小数点式等，在标尺的左端可以交替出现。

4.1.4.3　保存文档

保存文档就是将文档储存在磁盘中。Word 提供了两种保存文件的方式：“保存”与“另存为”。第一次存盘时，保存与另存为是同一种效果，以后再次存盘时，如果文件保存的三要素（保存位置、文件名、保存类型）中的任何一个需要改变，应该选择“另存为”，否则选择“保存”。

1. 保存新建文档

文档输入完毕后，单击快速访问工具栏中的“保存”按钮，或者直接按〈Ctrl + S〉组合键，即可保存文档。

若要另存文档，在如图4-12所示的“另存为”对话框中，设置保存位置、文件名、保存类型，然后单击“保存”按钮。

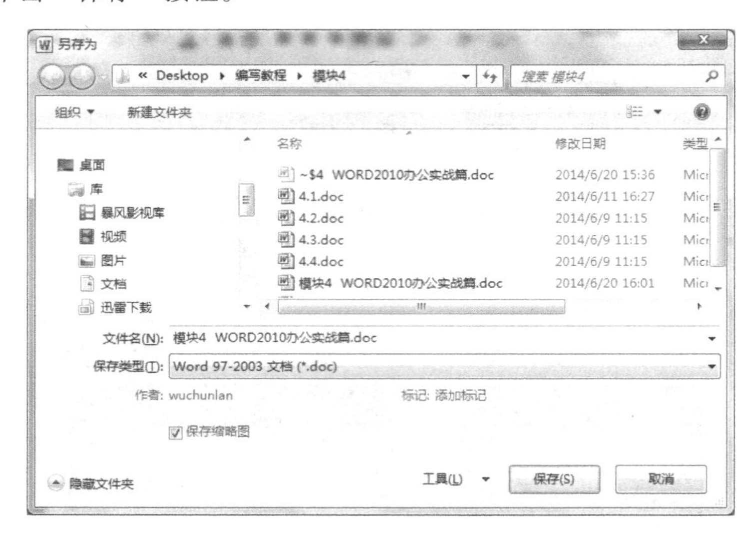

图4-12 “另存为”对话框

2. 保存已有文档

当用户对一个已经保存的文档进行编辑操作后需再次保存文档，如果要以现有文件的保存位置、文件名、保存类型来保存修改过的文件，可单击快速工具栏中的“保存”按钮或选择“文件”→“保存”命令，此操作不出现对话框。

对于已经保存过的文档，当用户要改变其保存位置、文件名或保存类型时，则使用“文件”选项卡中的“另存为”命令。

4.1.4.4 关闭文档

在文档编辑结束并保存后，应关闭文档。关闭文档的方法有如下几种。

- 单击标题栏中的“关闭”按钮。
- 选择“文件”→“关闭”命令。
- 单击快速访问工具栏中的图标，选择“关闭”命令。
- 按〈Alt + F4〉组合键。

4.1.5 Word 2010的文档排版

在Word中对文档排版是指对文本外观的一种处理和美化，在文档编辑后使文档更加美观、更具可视化特点。

4.1.5.1 字符格式化

在Word中，字符是指作为文本输入的汉字、字母、数字、标点符号和特殊符号等。字符格式化包括字体、字号、颜色、字符间距、缩放和文字效果等。

1. 利用“开始”菜单设置

利用“开始”菜单是Word中最常用的设置字体大小的方法之一，具体操作如下：

1）选中要设置的字符，切换至“开始”菜单。

2）在“字体”选项组中对字体、字号、颜色等进行设置。

2. 利用“字体”对话框设置

Word 的“字体”对话框专门用于设置 Word 文档中的字体、字号、字体效果等选项，用户在“字体”对话框中可以方便地对字体做各种设置，具体操作步骤如下：

1）打开 Word 文档，选中准备设置的字体和文本块，在“开始”菜单的“字体”选项组下单击“字体”对话框按钮，弹出“字体”对话框，如图 4-13 所示。

2）在打开的“字体”对话框中，分别在“中文字体”、“西文字体”和“字号”下拉列表中选择合适的字体和字号，或者在“字号”编辑框中输入字号数值。还可在“高级”选项卡中设置字符间距，如图 4-14 所示。

图 4-13 “字体”对话框

图 4-14 “高级”选项卡

3）设置完毕单击“确定”按钮即可。

3. 利用浮动工具栏设置

当 Word 文档中的文字处于选中状态时，如果用户将鼠标指针移到被选中文字的右侧位置，将会出现一个半透明状态的浮动工具栏。该工具栏中包含了常用的设置文字格式的命令，如设置字体、字号、颜色、居中对齐等，从而可以高效地设置文字格式。具体操作步骤如下：

1）选中要编辑的文字，将鼠标指针滑向文本块上方，出现如图 4-15所示的浮动工具栏。

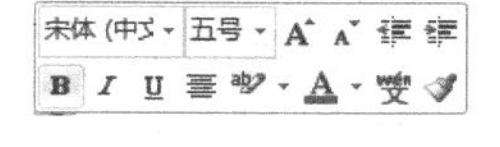

图 4-15 浮动工具栏

2）设置字体、字型、字号、颜色等。

3）在文档的其他位置单击鼠标即可完成设置。

4.1.5.2 段落格式化

段落是指两个段落标记之间的文本，回车符是段落的结束标记。段落格式化包括段落对齐方式的设置、段落的缩进、行间距和段落间距的设置等。设置段落的格式时，不需要选定整个段落，而只需要将插入点置于段落中的任意位置即可。

设置段落的操作方法有：一是利用“开始”菜单设置；二是利用“段落”对话框设置，

如图 4-16 所示。

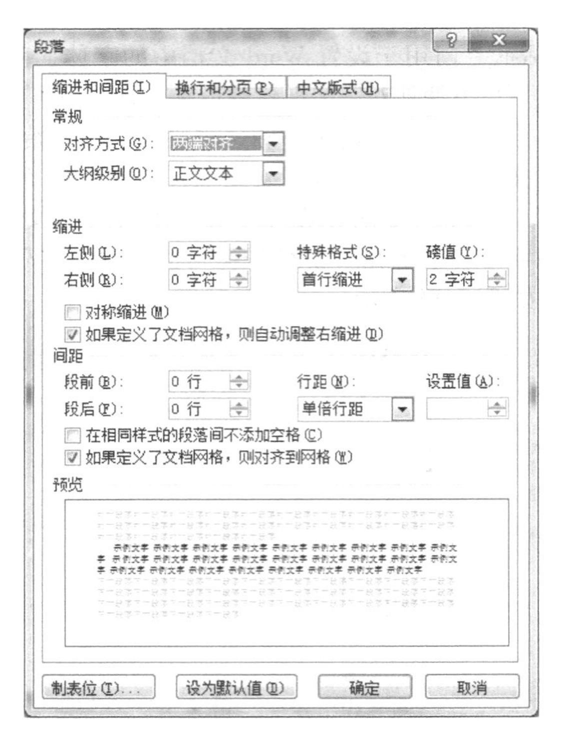

图 4-16 “段落”对话框

1. 设置段落的对齐方式

段落的对齐方式是指在水平方向上的对齐方式，在 Word 中段落的对齐方式有如下几个。

- 两端对齐：指除段落最后一行文本外，其余行的文本左右两端分别以文档的左右边界为基准向两端对齐，是系统默认的对齐方式。
- 居中对齐：所选段落的文字居中排列。
- 左对齐：选中的文字靠页面左边对齐，右边不对齐。
- 右对齐：选中的文字靠页面右边对齐，左边不对齐。
- 分散对齐：段落中的各行文本均沿左右边距对齐。

2. 段落的缩进

段落的缩进就是改变段落两侧与页边距的距离，一般每段开始的第一行要缩进两个字符。Word 提供了如下 4 种段落缩进的方式。

- 左缩进：是将段落的左侧整体缩进一定的距离。
- 右缩进：是将段落的右侧整体缩进一定的距离。
- 首行缩进：是将所选中段落的第一行从左向右缩进一定的距离。
- 悬挂缩进：与首行缩进相反，即首行文本不变，而除首行以外的其他行相对于左页边距缩进一定的距离。

段落缩进的设置方法有以下几种。

（1）利用标尺设置段落缩进

在打开的窗口中一般都用标尺，如果没有标尺，在“视图”菜单中勾选“标尺”或单击垂直滚动条最上方的图标即可。在水平标尺上有几个特殊的小滑块是用来调整段落的缩进量的，如图4–17所示。具体操作方法是：选中要对其进行缩进的段落，或将光标置于该段落的任意位置，用鼠标单击并拖动滑块。

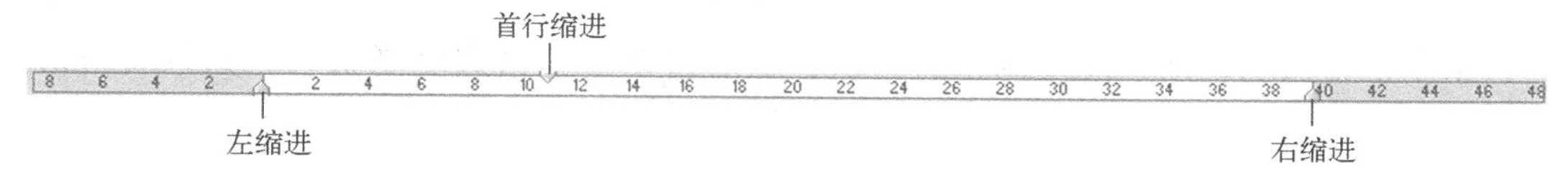

图4–17　水平标尺

（2）利用“段落”对话框设置段落缩进

单击“开始”菜单的“段落”选项组中的图标，或在“页面布局”菜单中单击“段落”图标，或选中要设置的段落单击鼠标右键，选择“段落”命令，出现“段落”对话框。

在“缩进和间距”选项卡中的“缩进”区域中，分别在“左”、“右”后边的文本框中输入数值就是所选段落的左右缩进量。

如果对所选段落需要设置首行缩进或悬挂缩进，可以单击“特殊格式”下拉按钮，从中选择一种格式，并在其后面的“磅值”文本框中输入合适的数值。

（3）利用“减少”、“增加”缩进量设置段落缩进

1）选中需要设置段落缩进的特定段落或全部文档内容。

2）单击“开始”→“段落”→“减少缩进量”按钮或“增加缩进量”按钮，以调整被选中段落的缩进量。

（4）使用“左缩进”、“右缩进”编辑框

1）选中需要设置缩进的段落或全部文档。

2）在“页面布局”菜单的“段落”选项组中调整“左缩进”和“右缩进”文本框的数值，以设置合适的段落缩进。

3. 设置行间距和段落间距

行间距是指文档中段落内部行与行之间的垂直距离，具体操作步骤如下。

1）选中要设置间距的段落，打开“段落”对话框。

2）在“缩进和间距”选项卡中设置段落间距。“段前”、“段后”是指该段落与前一段落或后一段落之间的距离。在“行距”下拉按钮中，选择需要设置的行间距，当列表框提供的行间距不合适时可以选中“最小值”或“固定值”选项，在其后的“设置值”中输入合适的数值。

3）设置完毕后单击“确定”按钮。

提示：在“开始”菜单的“段落”分组中单击旁边的下拉按钮，也可以调整行间距大小。

4. 格式刷

格式刷在Word排版中是一个非常实用的工具，它适合短距离、小批量的格式设置，尤其适合在同一页面内快速进行格式设置，其具体操作步骤如图4–18所示。

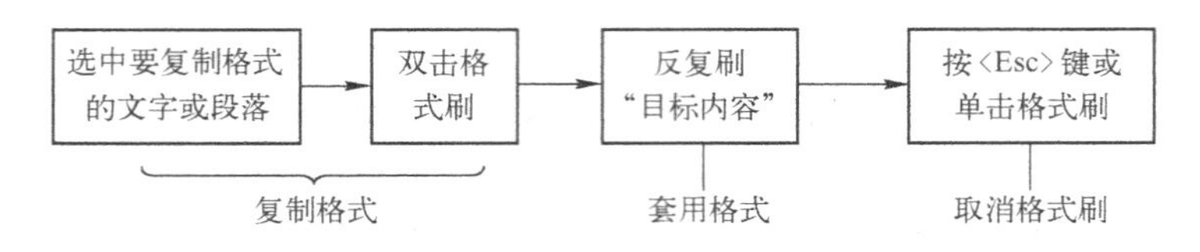

图 4-18　格式刷设置

如果单击格式刷，则只能复制格式一次，然后自动取消格式复制状态。如果双击格式刷，则可以复制格式多次，然后按〈Esc〉键取消格式刷状态。

4.1.6　添加边框和底纹

为文档中的某些重要文本或段落添加边框和底纹，可以使显示的内容更加突出和醒目或使文档的外观效果更加美观。在 Word 中可以为字符、段落或者整个页面设置边框或底纹。

1. 给文档添加边框

给文档添加边框的具体操作步骤如下。

1）选中要添加边框的文档，选择“页面布局”→“边框”命令，打开“边框”对话框，如图 4-19 所示。

图 4-19　“边框”对话框

2）在“边框”选项卡的“设置”区域中，用户可以根据需要选择所需边框的形式。

3）在“样式”、“颜色”和“宽度”下拉列表框中分别选择一种边框的线型、线条颜色和宽度。

4）在“预览”区域中，用户可设置边框的形式，也可以添加或取消某位置的边框线。

5）在“应用于”下拉列表框中，用户可选择当前设置的边框形式用于文字或段落。

6）设置完成后单击“确定”按钮。

提示： 选择“页面边框”选项卡，用户可以为整个文档添加页面边框或艺术效果。

2. 添加底纹

底纹是用图案或颜色去填充文本或段落的背景，它能够被打印出来。添加底纹的具体操作步骤如下。

1）选中文本，若没有选中则系统默认为整个文档。

2）在“边框和底纹”对话框中选择“底纹”选项卡，如图 4-20 所示。

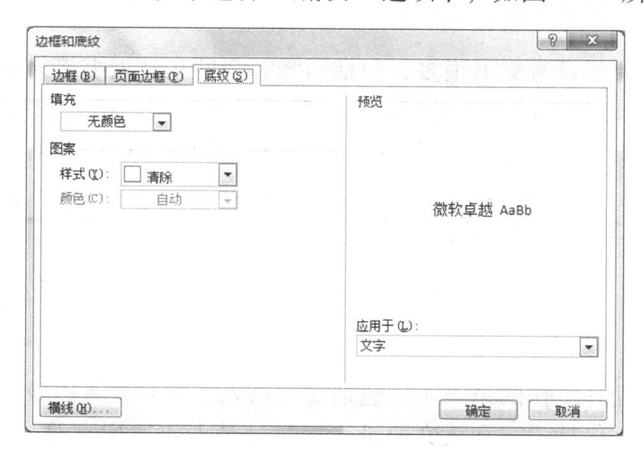

图 4-20 “底纹”选项卡

3）在“填充”下拉列表中为底纹选择填充色。

4）在“图案”区域的“样式”下拉列表框中选择底纹的样式。

5）在“应用于”下拉列表中选择相应用范围，设置完毕单击“确定”按钮。

4.1.7 分栏排版

分栏就是将一段文字分成并排的几栏，只有当填满第一栏后才移动到下一栏。使用分栏排版可以将较长的、格式单一的文本行变为较短的形式，这样便于阅读，版式也更美观。它被广泛应用于报纸、杂志等编排中，具体操作步骤如下。

1）在除阅读视图下的其他视图中，选中需要设置分栏的文本。如果针对整篇文档，则全选；如果只对部分文档分栏，则选中这部分文档。

2）单击“页面布局”菜单中的▥命令，展开分栏列表，若对现有分栏不满意，可单击“更多分栏”，打开如图 4-21 所示的“分栏”对话框。

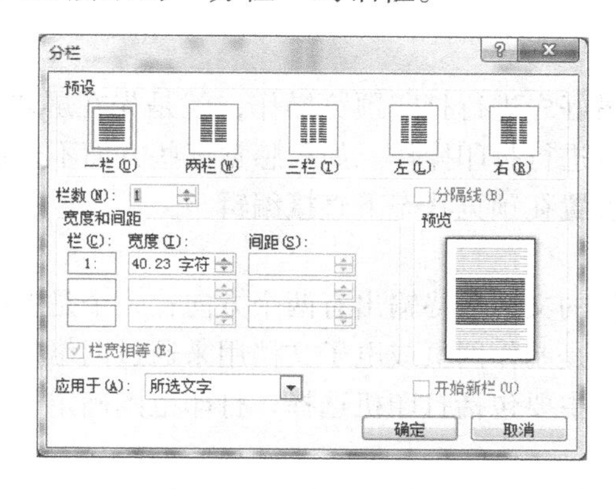

图 4-21 “分栏”对话框

3）在对话框中可以设置栏数、宽度、间距、有无分隔线以及应用范围等。

4）设置完毕后，单击“确定”按钮。

4.1.8 实训项目 文书的编辑处理

公司和企事业单位的日常文书很多，包括通知、合同和计划书等，想要高效地完成这类文档的制作，必须在掌握 Word 操作的基础上，熟悉各类文书的格式和写法。

在办公业务实践中，文档处理有规范的操作流程，如图 4-22 所示。

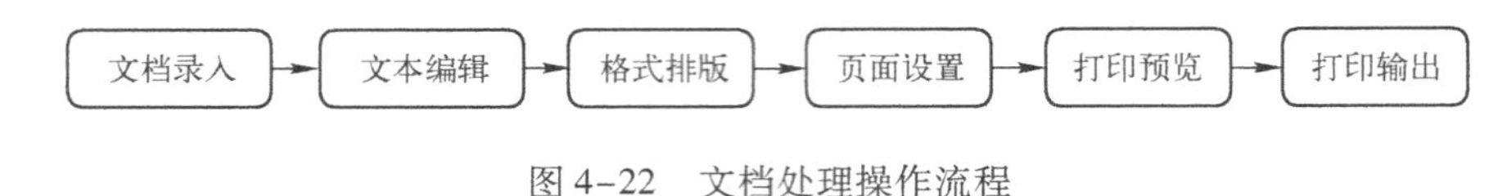

图 4-22 文档处理操作流程

1. 文档录入

文档录入是文字处理工作的第一步，包括文字录入、符号录入以及图片、声音等多媒体对象的导入。文字录入包括中文和英文的录入，符号录入包括标点符号、特殊符号的录入。文字主要通过键盘、鼠标录入，图片、声音等多媒体对象的获取则需要依靠素材库或通过专门的设备导入。

2. 文本编辑

文档内容录入完成后，出于排查错误、提高效率或其他目的，必须对文档内容进行编辑。对于文字内容来说，主要包括选取、复制、移动、添加、修改、删除、查找、替换、定位、校对等。对于多媒体对象，还将有专门的编辑方法。

3. 格式排版

文档经编辑后，如果内容无误，下一步就是排版，包括字体、段落格式设置，分页、分节、分栏排版，边框和底纹设置，文字方向，首字下沉，图文混排设置以及多媒体对象排版等。

4. 页面设置

文档排版完成后，在正式打印之前必须根据将来的打印需要进行页面设置，主要包括纸张大小的设置，页面边界的设置，装订线位置以及宽度设置，每页行数、每页字数的设置以及页眉页脚的设置等。

5. 打印预览

文档正式打印之前，最好先进行打印预览操作，就是先在屏幕上模拟文档的显示效果。如果效果符合要求，就可以进行打印操作。如果感觉某些方面不合适，可以回到编辑状态重新进行编辑，或通过有关设置在预览状态下直接编辑。

6. 打印输出

利用文字处理软件制作的文档最终输出有两个方向：一个是打印到纸张上，形成纸质文档进行传递或存档；另一个是制作网页或电子文档用来通过网络发布。如果是前一目的，必须进行打印操作这一环节，主要包括打印机选择、打印范围确定、打印份数设置以及文档的缩放打印设置等。

在日常工作中制作通知等文档时，撰写通知的内容尤为重要，有了内容，对文档的美化才能继续。因此，撰写通知内容要引起重视，通知文档不仅要简单明了，还应做到格式规范、主题明确。图 4-23 所示为要制作的“通知”文档的效果。通过对本例效果的预览，分析完成该任务的重点是对“通知”文档排版，主要包括字符和段落格式设置、添加底纹和边框等操作。

关于举办计算机专业教师培训班的通知

各高职高专院校：

为加强我省高职高专院校动画专业师资队伍建设，提高教师的实践操作技能，培养出符合行业需求的职业素质高、实战能力强的学生。×××教育厅高教处、×××省高职高专教育计算机类专业指导委员会与新科技有限公司联合举办“MAYA 动画技术”高级研修班，现将有关内容通知如下：

一、时间及地点

时间：2014 年 2 月 10 日—2014 年 2 月 22 日

地点：×××市×××路 9 号

二、研修内容

1. 面授：

MAYA 动画制作相关制作技术

2. 研讨：

MAYA 在动画片制作中的应用与制作技巧

三、参加人员条件

1 从事三维动画类及相关课程教学，在三维软件应用方面有一定基础的骨干教师

2 承担本校动画教学改革及三维软件类课程工作的骨干教师

四、培训费用

费用：980 元/人（含证书费），食宿费用自理

五、证书

经过研修并达到要求者，统一发放由电子教育与考试中心签章的《职业资格培训证书》

六、报名方式

请参加培训教师务必于 2014 年 1 月 10 日前将回执表及教师信息表传真至计算机类专业指导委员会。

联系人：李晓 电话：0451—86701234（办）

电子邮件：jsjlwyh@126.com

报到地点：新科技有限公司

计算机类专业指导委员会

2014 年 1 月 5 日

图 4-23 “通知”文档

［任务分析］

通知的应用极为广泛，如下达指示、布置工作、传达有关事项、传达领导意见、任免干部和决定具体问题等情况，都可使用通知。上级机关对下级机关，机关之间都可使用通知。

通知一般是由标题、发文字号、主送机关（称呼）、正文、落款、主题词和抄送等几部分组成。

提示：一般事务性通知，如对于企业的日常事务处理中比较简短的通知，其称呼、发文字号、主题词和抄送等均可根据需要省略。

［操作步骤］

（1）新建文档

启动 Word 2010 后，系统自动建立一个空白文档，为了方便文档打开和防止以后文档内容丢失，先将文档进行更名保存。选择“文件”→“保存”命令，此时会弹出一个“另存

为”对话框，如图 4-24 所示。在“文件名”文本框中输入文件名“通知”，单击“保存”按钮即新建了一个名为“通知 . docx”的文档。

图 4-24　文档保存窗口

提示：用 Word 2010 创建的文档，默认保存格式是 DOCX，这种格式只能在 Word 2007/2010 中打开，无法在 Word 2003 和更早版本中打开，如果想在低版本的 Word 软件中打开，则需在“另存为”对话框中的“保存类型”中选择“Word 97 - 2003 文档”格式，即可保存为一份兼容文档。

(2) 通知文本的录入与编辑

1) 设置输入法。

在文本录入之前，最好先设置好中文输入法，使用快捷键〈Ctrl + Shift〉来选择一种中文输入法，如文中需要交替录入英文和中文，使用快捷键〈Ctrl + Space〉可以快速进行中英文输入法的切换。

2) 录入通知的文本内容。

由于目前的办公软件都具有强大的排版功能，因此，在文字和符号的录入过程中，原则上首先应进行单纯录入，然后运用排版功能进行有效排版。如图 4-25 所示为通知内容单纯录入后的效果。

3) 录入特殊符号。

文档中除了文字外，有时还会根据内容需要输入各种标点和特殊符号。特殊符号的输入方法如下：选择“插入”→“符号”命令，会打开如图 4-26 所示的“符号”对话框，选择需要的符号，单击“确定”按钮即可。

如果需要插入多个相同的特殊符号，可以使用“复制”和“粘贴”命令来提高工作效率。

(3) 设置字体和段落格式

字体和段落格式的设置是本任务的重点内容。文档中的字体格式主要包括字体、字号、

关于举办计算机专业教师培训班的通知
各高职高专院校：
为加强我省高职高专院校动画专业师资队伍建设，提高教师的实践操作技能，培养出符合行业需求的职业素质高、实战能力强的学生。×××教育厅高教处、×××省高职高专教育计算机类专业指导委员会与新科技有限公司联合举办“MAYA 三维动画技术”高级研修班，现将有关内容通知如下：
一、时间及地点
时间：2009 年 2 月 10 日—2009 年 2 月 22 日
地点：×××市×××路 9 号
二、研修内容
1. 面授：
MAYA 三维动画制作相关制作技术
2. 研讨：
MAYA 在动画片制作中的应用与制作技巧
三、参加人员条件
1 从事三维动画类及相关课程教学，在三维软件应用方面有一定基础的骨干教师
2 承担本校动画教学改革及三维软件类课程工作的骨干教师
四、培训费用
费用：980 元/人（含证书费），食宿费用自理
五、证书
经过研修并达到要求者，统一发放由电子教育与考试中心签章的《职业资格培训证书》
六、报名方式
请参加培训教师务必于 2009 年 1 月 10 日前将回执表及教师信息表传真至计算机类专业指导委员会。
联系人：李晓 电话：0451－86701234（办）
电子邮件：jsjlwyh@126.com
报到地点：新科技有限公司
计算机类专业指导委员会
2009 年 1 月 5 日

图 4-25 通知内容单纯录入效果

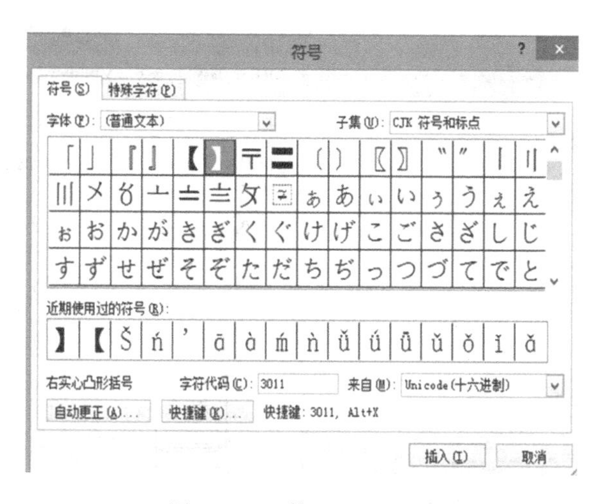

图 4-26 “符号”对话框

字形、文字效果、字间距等的设置；段落格式主要包括段落对齐、缩进、段间距、段前距、段后距等的设置。基本设置通过“开始”→“字体”命令和“段落”选项组中的命令可以实现，复杂设置分别通过“字体”和“段落”对话框的选项对字体和段落进行全面设置，最后单击“确定”按钮即可。

本例按照下面的要求对文本进行字体和段落的格式设置：

- 正文字体为“楷体－GB2312”，字号为“小四”，字体颜色为“黑色”，将一级标题“一、时间地点”至“六、报名方式”的字形设置为“加粗”。
- 设置标题“关于举办计算机专业教师培训班的通知”应用“标题一”样式，居中。
- 设置标题“关于举办计算机专业教师培训班的通知”字符间距为“加宽”，磅值为

"1 磅"。

● 设置正文最后两段右对齐，其他各段水平对齐方式为"两端对齐"，除一级标题外，所有段落"首行缩进 2 个字符"。

● 设置文章标题段后间距为 1 行，正文行与行之间的距离为"固定值 20 磅"。

(4) 查找和替换的设置

查找和替换是一种常用的编辑方法，可以对需要查找或替换的文字进行快速而准确的操作。选择"开始"→"编辑"→"查找"或"替换"命令，打开"查找和替换"对话框即可进行设置。本例按照下面的要求进行设置：将正文中所有"MAYA 三维动画"替换为"MAYA 动画"，字体颜色为"红色"，带双下画线。

至此，文本编辑和排版则已全部完成。

(5) 页面设置

在文档打印输出之前，必须进行页面设置，这样打印出来的文档才能正确美观。在"页面布局"→"页面设置"选项组中，可以对页面进行基本的设置，如纸张大小、纸张方向、页边距、文字方向等，如图 4-27 所示。还可以打开"页面设置"对话框，如图 4-28 所示，通过不同的选项卡，设置实现想要的排版效果。本例中按照下面的要求设置：文档的纸张大小为 A4，页边距为上、下、左、右各 2 厘米，装订线位置设置为左侧，装订线 0.5 厘米。

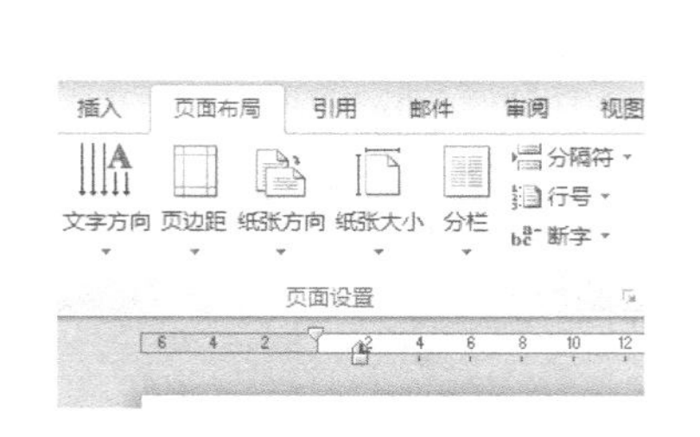

图 4-27 "页面设置"选项组

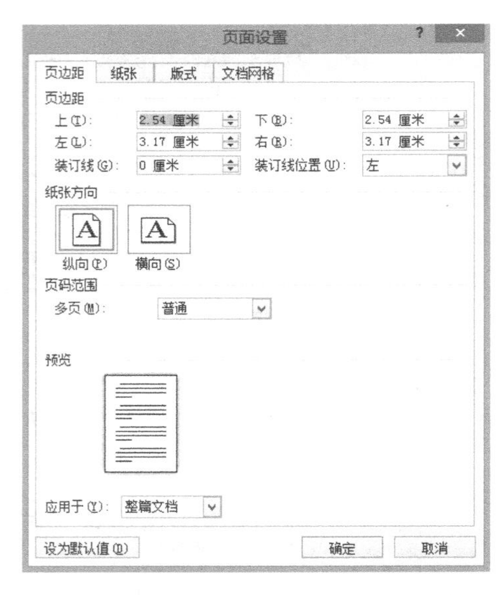

图 4-28 "页面设置"对话框

(6) 打印预览和打印

1) 打印预览。

在打印之前，可以使用 Word 提供的打印预览功能查看整体效果，如果对预览的效果不满意可以进行修改。打印预览是 Word "所见即所得"特点的体现。与页面视图相比，打印预览视图可以更真实地表现文档外观。在打印预览中，可任意缩放页面的显示比例，也可以同时显示多个页面，具体操作步骤如下：

选择"文件"→"打印"命令，屏幕立即出现"打印"和"打印预览"窗口，如

图 4-29所示，中间为“打印”窗口，右边为“打印预览”窗口，在“打印预览”窗口中可以通过调节下方的显示比例滑动条设置预览的页数。

图 4-29 “打印”和“打印预览”窗口

2）打印。

用户在“打印预览”窗口中看到文档符合要求后就可以直接打印了，在“打印”窗口中可以设置打印的份数、页数、文档打印的方向和纸型等。单击“打印”按钮即可打印。

4.1.9 拓展训练 “决定”文档的编辑处理

[文字素材]

金蝶科技有限公司金蝶办发［2013］16 号

金蝶科技有限公司关于表彰 2013 年度实施工作先进集体和先进个人的决定

各部门：

2013 年，我公司全面贯彻各项规章制度，坚持以人为本，落实科学发展观，不断完善工作场所服务体系和员工的个人约束。在促进公司成本控制和员工效率控制等方面取得了较好的成绩，特别是在创建基层制度与示范教育过程中涌现出了一批先进典型。为发扬成绩、表彰先进，经公司研究，决定授予人力资源部门、客服部门等 4 个单位为 2013 年度工作先进集体，授予张华等 15 位同志为 2013 年度工作先进个人（具体名单见附件）。

希望受表彰的先进集体和个人珍惜荣誉、再接再厉，继续在制度规范工作中发挥模范表率作用，为保障公司降低成本、提高工作效率方面作出新的贡献。

附件：金蝶科技有限公司 2013 年度工作先进集体和个人

二零一四年一月六日

附件：金蝶科技有限公司 2013 年度工作先进集体和个人

人力资源部：张华、杨怡、谭玉明、吴海峰

客服部：李林、闫亚楠、冯向媛、郭辉、蒋明丽

市场部：谢天明、张天杰、李明

办公综合部：李敏、李正明、张晓

主题词：卫生　2013 年度　表彰先进　决定

抄送：区委，区人大，区政协，区纪委，区法院

共印 90 份

西宁区卫生局办公室 2014 年 1 月 6 日印发

[操作要求]

1）创建新文档，录入文字。

2）进行页面设置。设置文档的纸张大小为 A4，页边距为上、下、左、右各 2.5 厘米，装订线位置设置为左侧，装订线 0 厘米。

3）设置文件头“金蝶科技有限公司”的文本字体为“华文仿宋”，字号为“初号”，颜色为“红色”，并设置为“居中对齐”。标题“金蝶科技有限公司关于表彰 2013 年度实施工作先进集体和先进个人的决定”文本字体“华文仿宋”，字号为“三号”，加粗。

4）设置除标题外文本字体为“宋体”，字号为“小四”。

5）设置标题与正文字体段落格式为段前、段后各 1 行。

6）设置正文各段首行缩进 2 个字符。

7）插入直线到“各部门”上方并设置直线的格式：红色，1.5 磅。

8）设置全文行间距为“单倍行距”。

9）将日期等内容设置为右对齐。

10）文档编辑排版完毕，对打印预览满意后打印文档，设置打印份数为 10 份。

11）说明不详之处，可参看样文，如图 4-30 所示。

[样文]

金蝶科技有限公司

金蝶办发[2013]　16 号

金蝶科技有限公司

关于表彰 2013 年度实施工作先进集体和先进个人的决定

各部门：

2013 年，我公司全面贯彻各项规章制度，坚持以人为本，落实科学发展观，不断完善工作场所服务体系和员工的个人约束，在促进公司成本控制和员工效率控制等方面取得了较好的成绩，特别是在创建基层制度与示范教育过程中涌现出了一批先进典型。为发扬成绩、表彰先进，经公司研究，决定授予人力资源部门、客服部门等 4 个单位为 2013 年度工作先进集体，授予张华等15位同志为 2013 年度工作先进个人（具体名单见附件）。

希望受表彰的先进集体和个人珍惜荣誉、再接再励，继续在制度规范工作中发挥模范表率作用，为保障公司降低成本、提高工作效率方面作出新的贡献。

附件：金蝶科技有限公司 2013 年度工作先进集体和个人

二零一四年一月六日

附件：

金蝶科技有限公司 2013 年度工作先进集体和个人

人力资源部：张华、杨怡、谭玉明、吴海峰

客服部：李林、闫亚楠、冯向媛、郭辉、蒋明丽

市场部：谢天明、张天杰、李明

办公综合部：李敏、李正明、张晓

主题词：卫生　2013 年度　表彰先进　决定

抄送：区委，区人大，区政协，区纪委，区法院

共印 90 份

西宁区卫生局办公室　2014 年 1 月 6 日印发

图 4-30　样文

4.2 Word 2010 的表格制作

在日常工作中进行文字处理时经常会用到表格，恰到好处地使用表格可以使文档结构更加严谨。Word 具有很强的表格制作和处理能力，它能制作出日常工作中使用到的各种表格。

4.2.1 创建表格

Word 2010 提供更加便捷多样的创建表格的方法：一是利用“表格”按钮，拖动鼠标创建表格；二是利用“插入表格”对话框，按指定行列数创建表格；三是手动绘制表格；四是利用模板快速生成表格。

1. 拖动鼠标创建表格

将光标插入点定位到需要创建表格的位置，选择“插入”→“表格”命令，在弹出的下拉菜单中选择所需的行列数，快速在文档中插入任意行数和列数的表格，如图 4-31 所示。

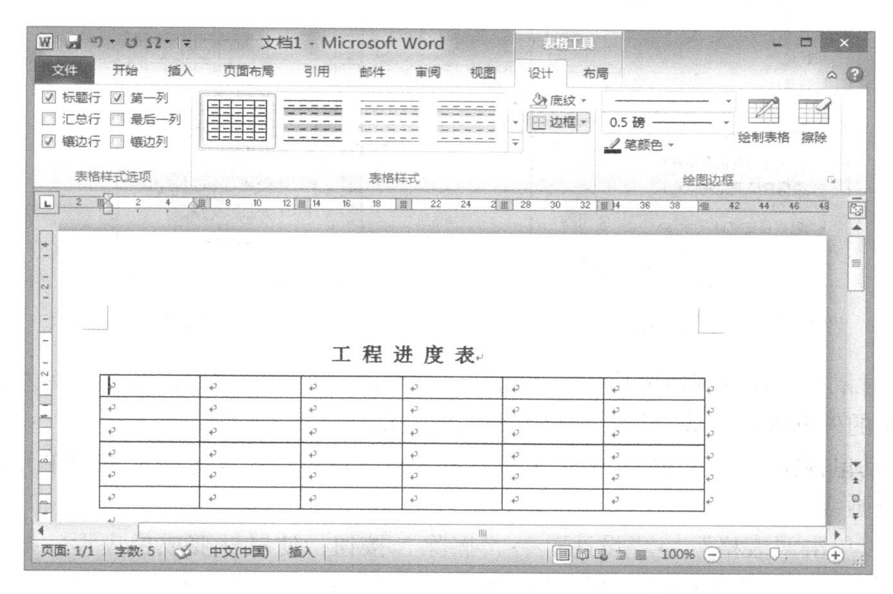

图 4-31　拖动鼠标创建表格

2. 利用“插入表格”对话框创建

利用“插入表格”对话框创建表格，不仅可以不受窗口的限制，还可以设置表格的格式，具体操作步骤如下。

1）将光标定位于需要创建表格的位置。

2）选择“插入”→“表格”命令，在下拉菜单中选择“插入表格”命令，打开如图 4-32所示的对话框。

3）在“表格尺寸”区域，用户可在“列数”和“行数”文本框中输入数据，也可通过微调按钮设定需要的列数和行数。

4）在“自动调整操作”区域内，用户可以设置表格列宽的调整方式。

- 固定列宽：表格的列始终保持指定的大小。
- 根据内容调整表格：根据输入内容的多少，自动调整表格的列宽。
- 根据窗口调整表格：表格大小随着浏览窗口的大小自动调整。

5）选中“新表格记忆此尺寸”复选框，可以把对话框中的设置变成以后新建表格的默认值。

6）单击“确定”按钮，则完成表格制作。

3. 手动绘制表格

在 Word 2010 中，用户还可以通过绘制表格功能自定义插入需要的表格，具体操作步骤如下：

1）选择“插入”→“表格”命令，在下拉菜单中选择“绘制表格”命令，如图 4-33 所示。

图 4-32 “插入表格”对话框

图 4-33 选择“绘制表格”命令

2）此时鼠标指针呈现铅笔形状，将鼠标移到要绘制表格的位置，按住鼠标左键拖动鼠标绘出表格的外框虚线；放开鼠标左键，则完成表格外框线的绘制。

3）拖动鼠标指针，在表格中绘制水平或垂直线，也可以将鼠标指针移到单元格的一角向其对角线画线。

4）可以单击“表格”→“设计”→“擦除”按钮，使鼠标变成橡皮形，把橡皮形鼠标指针移到要擦除线条的一端，并按住鼠标左键拖至另一端，可擦除选定的线条。

提示：可利用工具栏中的“线性”和“粗细”列表框选定线型和粗细；利用“边框”、“底纹”和“笔颜色”等按钮设置表格外围线或单元格线的颜色和类型，给单元格填充颜色，使表格变得丰富多彩。

4. 利用模板快速生成表格

Word 2010 内置有多种用途、多种样式的表格模板供用户快速创建表格。使用表格模板创建的表格只需编辑表格的文字内容，并对表格行列进行简单设置即可满足用户的需求。具体操作步骤如下。

1）将光标定位至要放置表格的位置。

2）选择“插入”→“表格”命令，在下拉菜单中选择“快速表格”命令。

3）在打开的表格列表中，选择合适的表格模板即可创建表格。

4.2.2 编辑表格

创建好表格后，即可向表格中添加内容，还可以对表格进行插入或删除行或列、合并或拆除单元格、拆分表格等各种编辑操作，使其符合用户需要。

1. 选定表格中的内容

（1）选定单元格

将鼠标定位在要选定的单元格左侧，当鼠标变成白色箭头形状时，单击鼠标左键。另外，通过拖动鼠标可选中多个连续的单元格，而按住〈Ctrl〉键可选定不连续的单元格。

（2）选定表格中的行

将鼠标定位到要选定行的左边，当鼠标指针变成白色箭头形状时，单击鼠标左键。通过拖动鼠标可选择多行。

（3）选定表格中的列

将鼠标定位到要选定的列边上，当鼠标变成白色箭头形状时，单击鼠标左键。通过拖动鼠标可选中多列。

（4）选定整个表格

将鼠标定位到表格左上角的控制点上时，单击鼠标左键，则选中整个表格。

2. 插入和删除表格对象

在表格中插入行的操作步骤如下。

1）将光标定位在要插入行的单元格中。

2）单击鼠标右键，选择“插入”命令。此时，如果要在光标所在行的上方插入行，则选择“在上方插入行”；如果要在光标所在行的下方插入行，则选择“在下方插入行”。

也可在“布局”菜单的“行和列”选项组中选择相应命令进行操作。在表格中插入列跟插入行操作类似。

在表格中插入单元格的操作步骤如下。

1）将光标定位于需要插入单元格的相邻的某个单元格中。

2）单击鼠标右键，选择“插入”→“单元格”命令，打开如图 4-34 所示的对话框，用户根据实际情况选择合适的插入方式。

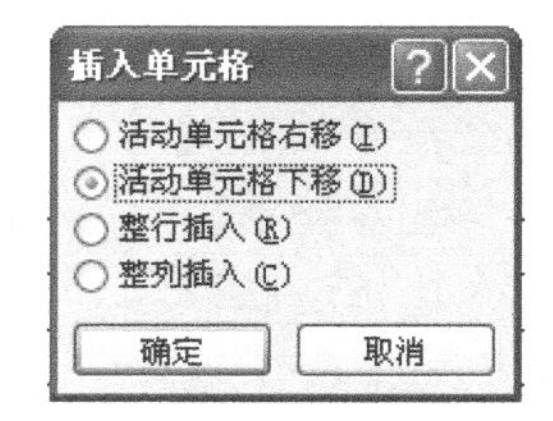

图 4-34 “插入单元格”对话框

在表格中删除行、列及单元格的操作步骤如下。

1）将光标定位于需要删除的单元格内。

2）选择“布局”→“删除”命令，从弹出的对话框中选择行、列或单元格即可。

3. 合并与拆分单元格

合并单元格是将几个单元格合并为一个大的单元格。而拆分单元格则是将一个单元格拆分为几个小单元格。

合并单元格的具体操作步骤如下。

1）选中表格中多个需合并的单元格。

2）选择“布局”→“合并单元格”命令；或单击鼠标右键，选择“合并单元格”命令。

拆分单元格的具体操作步骤如下：

1）将光标定位在要拆分的单元格内。

2）选择“布局”→“拆分单元格”命令；或单击鼠标右键，选择“拆分单元格”命令。

3）单击“确定”按钮。

4. 移动和调整表格大小

在 Word 中，用户可以直接使用鼠标来移动和缩放表格，具体操作步骤如下。

1）将光标置于表格中的任意位置，表格的左上角将出现一个移动控制点，右下角将出现一个调整控制点。

2）将鼠标指针指向移动控制点，当鼠标指针变成上下黑箭头形状时，按住鼠标左键拖动可移动表格。

3）将鼠标指针指向调整控制点，鼠标指针变成黑色十字箭头形状时，按住鼠标左键拖动可以缩放表格。

4.2.3 设置表格对齐方式

表格的对齐方式包括表格在文档中的对齐方式和表格中内容的对齐方式。

1. 表格在文档中的对齐方式

表格在文档中的对齐方式是在“表格属性”对话框中设置的，将光标插入点定位在表格中，单击鼠标右键，选择“表格属性”命令，打开如图 4-35 所示的对话框，选择“表格”选项卡，在“对齐方式”中选择相应的对齐方式后单击“确定”按钮，即可设置表格的对齐方式。

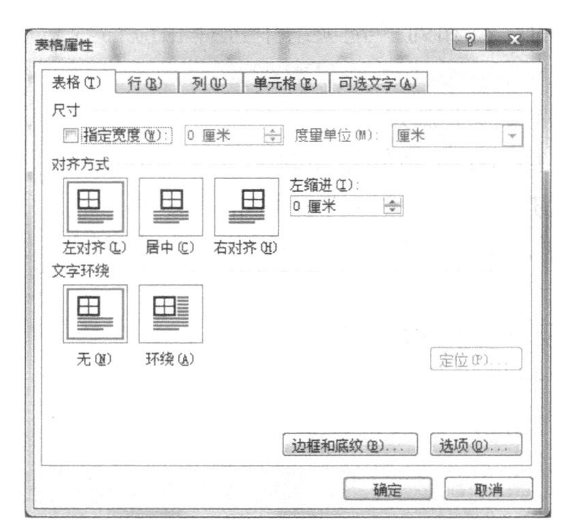

图 4-35 “表格属性”对话框

2. 表格中内容的对齐方式

表格中的内容可以设置 9 种对齐方式。选择需要设置对齐方式的单元格后，选择“布局”→“对齐方式”命令，单击相应的对齐按钮即可快速设置单元格中内容的对齐方式，如图 4-36 所示。

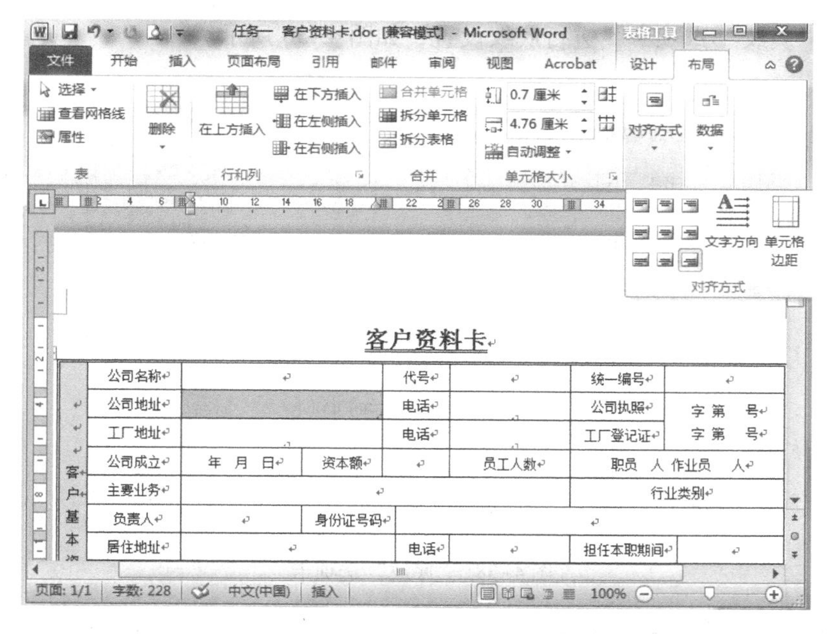

图 4-36 设置表格中内容的对齐方式

4.2.4 设置表格格式

1. 给表格添加边框和底纹

给表格添加边框和底纹，可使表格中的内容更加突出和醒目，文档更加美观。添加表格边框和底纹的具体操作步骤如下。

1）选择要添加边框的单元格、行、列或整个表格。

2）单击鼠标右键，选择“边框和底纹”命令，打开“边框和底纹”对话框。

3）单击“边框”选项卡，进行表格边框设置，如图 4-37 所示。

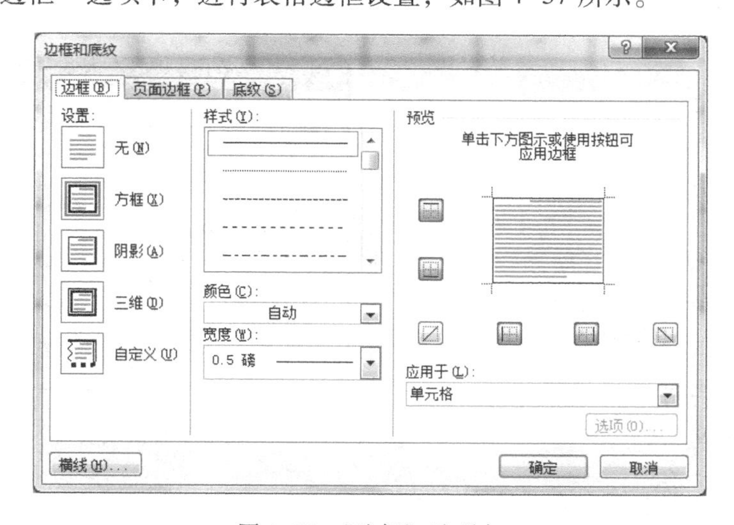

图 4-37 “边框”选项卡

4）单击“底纹”选项卡，进行底纹设置，如图 4-38 所示。

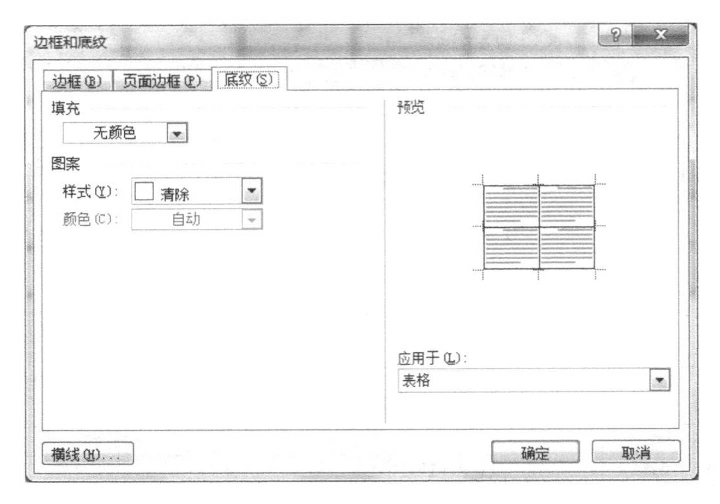

图 4-38 “底纹”选项卡

提示：单击“设计”→“表格样式”→“底纹”命令，选择想要设置的表格底纹颜色。若要更丰富的颜色，可单击“其他颜色”按钮。

2. 文本和表格的转换

在 Word 中，用户还可以将某些类型的文本转换成表格，或者将表格转换成文本。

（1）将文本转换成表格

在 Word 中，可以将段落标记、逗号、制表符、空格或其他特定符号隔开的文本转换成表格，具体操作步骤如下。

1）选定用空格分隔的表格文本，如图 4-39 所示。

2）选择“插入”→“表格”命令，在下拉菜单中选择“文本转换成表格”命令，打开如图 4-40 所示的对话框。

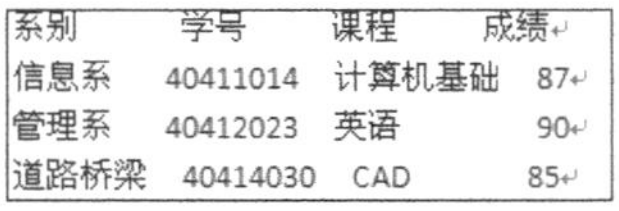

系别 学号 课程 成绩
信息系 40411014 计算机基础 87
管理系 40412023 英语 90
道路桥梁 40414030 CAD 85

图 4-39 文本

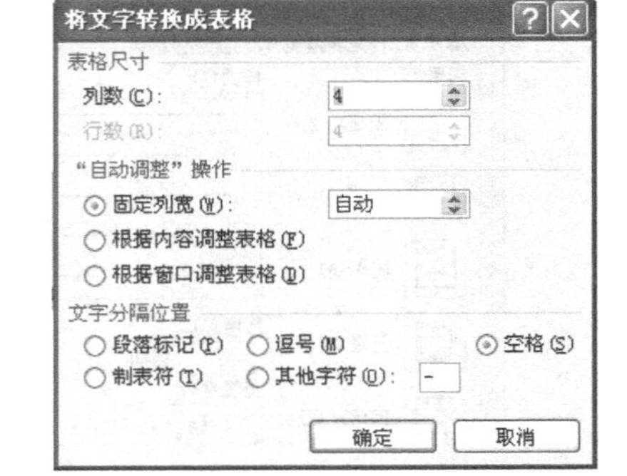

图 4-40 “将文字转换成表格”对话框

3）在“列数”文本框中输入具体的列数。

4）在“文字分隔位置”区域中，选定“空格”单选项。

5）单击“确定”按钮，就转换成如图 4-41 所示的表格。

系别	学号	课程	成绩
信息系	40411014	计算机基础	87
管理系	40412023	英语	90
道路桥梁	40414030	CAD	85

图 4-41　转换后的表格

（2）将表格转换成文字

在 Word 中允许将表格转换成文本，具体操作步骤如下。

1）选定要转换为文本的行或整个表格。

2）选择“布局”→“数据”→“转换为文本”命令，打开如图 4-42 所示的对话框。

3）在“文字分隔符”区域中选择适当的文字分隔符，单击“确定”按钮。

图 4-42　“表格转换成文本”对话框

4.2.5　表格的跨页操作

在 Word 中处理大型表格或多页表格时，表格会在分页符处被自动分割，但是分割后的表格在第 2 页以后没有标题行，用户可根据需要设置后续页的表格中出现标题行，并使表格在后面的每页中都能显示表头，具体操作步骤如下。

1）将光标插入点定位到分割后表格第 1 行的任意单元格中。

2）选择“布局”→“数据”→“重复标题行”按钮，后续页的表格中将会显示标题行的内容。

4.2.6　表格数据处理

表格的计算和排序在实际工作中经常遇到，Word 提供的表格的计算和排序功能，使用户可以方便地对数据进行一些简单的处理。

1. 排序

在 Word 中可将表格中文本、数字、日期等数据按升序或降序的顺序进行排序。下面以如表 4-1 所示的“公司销售业绩表”为例，介绍排序的具体操作。

表 4-1　公司销售业绩表

员工姓名	部　门	销　售　额	差旅费用	其他费用	总　金　额
党小炒	销售部	17400.00	1214.00	254.30	
葛佳明	市场部	17400.00	2541.00	254.30	
郭生贵	销售部	23240.00	1775.00	254.30	
黄小茂	生产部	32700.00	1768.00	254.30	

这里，按销售额成绩进行递减排序；当两位员工的销售额相同时，再按差旅费用递减排序。具体操作步骤如下。

1）将插入点置于要排序的“公司销售业绩表”中。

2）选择“布局”→“数据”→“排序”命令，或者选择“开始”→“段落”→“A↓Z”命令，弹出“排序”对话框，如图 4-43 所示。

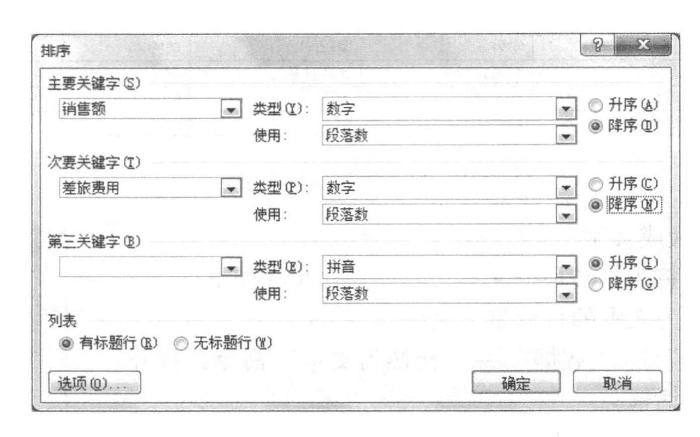

图 4-43 “排序”对话框

3）在“主要关键字”列表框中选择“销售额”，在其最右边单击“降序”单选项。

4）在“次要关键字”列表框中选择“差旅费用”，在其最右边单击“降序”单选项。

5）在“列表”区域中，单击“有标题行”单选项。

6）单击“确定”按钮。

提示：选择“有标题行”，标题行不参加排序；选择“无标题行”，标题行参加排序。

2. 计算

Word 既可以对表格中的数据进行简单的求和运算，也可以进行复杂的函数计算。下面以“公司销售业绩表”为例，介绍计算的具体操作，如图 4-44 所示。

1）将插入点移到存放总金额的单元格中。

2）选择“布局”→“表格”→“公式”命令，打开“公式”对话框，如图 4-44 所示。

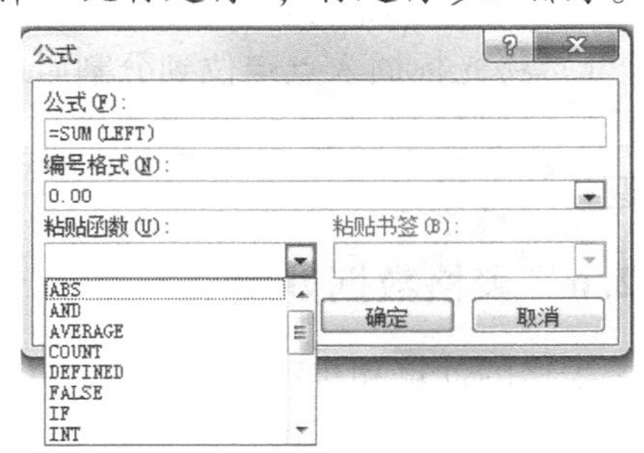

图 4-44 “公式”对话框

3）在“公式”列表框中显示“=SUM(LEFT)”，

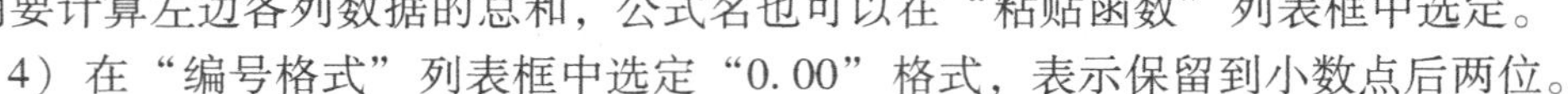
表明要计算左边各列数据的总和，公式名也可以在“粘贴函数”列表框中选定。

4）在“编号格式”列表框中选定“0.00”格式，表示保留到小数点后两位。

5）单击“确定”按钮，得出计算结果。

6）用同样的操作可以求得其他各行的总金额。

提示：如果计算上边各行的数据总和，参数为 ABOVE；如果计算下边各行的数据总和，参数为 BELOW；如果计算右边各行的数据总和，参数为 RIGHT。

4.2.7 实训项目 单据表格的制作

在现代化办公过程中，经常需要使用表格来管理信息。表格是一种简明、概要的表意方式，其结构严谨、效果直观，一张表格可以代替很多的文字和图形内容。表格可以处理复杂的、有规律的文字排列，利用它可以进行数字、文本、图形混合排列，创建简洁、明了的页面版本。图 4-45 所示为要制作的“客户资料卡”的效果。通过对本例效果的预览，分析完成该任务的重点是合并与拆分单元格、设置表格的边框和底纹、调整单元格的宽度或高度、设置单元格的对齐方式等。

客户资料卡

客户基本资料	公司名称		代号		统一编号	
	公司地址		电话		公司执照	字 第 号
	工厂地址		电话		工厂登记证	字 第 号
	公司成立	年 月 日	资本额		员工人数	职员 人 作业员 人
	主要业务				行业类别	
	负责人		身份证号码			
	居住地址		电话		担任本职期间	
	执行业务者		身份证号码			
	转投资企业		转投资效益		□良好□尚可□亏损	
营运资料	产品种类					
	主要销售对象					
	年营业额		纯益率		资产总额	
	负债总额		负债比率		权益净值	
	最近三年每股盈余		流动比率		固定资产	
银行往来情形	金融机构名称	类别	账号	开户日期	退票及注销记录	金融机构评语
补充说明						
	审查	(副)经理	科长	业务员		

图 4–45　客户资料卡

[操作步骤]

1. 新建文档

启动 Word 2010，新建一个空白文档，单击工具栏中的“保存”按钮，打开“另存为”对话框，单击“保存位置”下拉按钮，选择文件将要保存的位置，然后在“文件名”文本框中输入文件名称“客户资料卡”，单击“保存”按钮。

2. 设置页面格式

选择“文件”→“页面设置”命令，打开“页面设置”对话框。在对话框中设置“页边距”的上、下、左、右边距各为 2 cm，然后单击“纸张”选项卡，设置“纸张大小”为 A4。

3. 设置表格标题

1）在光标所在位置输入表格标题“客户资料卡”，选择标题文字，单击“开始”菜单下“字体”选项组的下拉按钮，打开“字体”对话框。设置“字体”为“宋体”、“字号”为“小二”、“加粗”，选择下画线类型为双线。

2）将光标置于标题行，单击“开始”菜单下“段落”选项组的下拉按钮，打开“段落”对话框。在“段落”对话框中设置标题行的“段前间距”和“段后间距”均为“0.5行”，“对齐方式”为“居中对齐”。

4. 清除格式

1）在说明文字段落的结束处按下〈Enter〉键，产生一个新的段落。

2）将光标置于新的段落，选择“开始”→“样式”→“清除格式”命令，如图 4-46 所示。

5. 创建表格

选择“插入”→“表格”命令，在下拉菜单中选择“插入表格”命令，打开“插入表格”对话框。设置表格大小为 5 行 8 列，单击“确定”按钮。

6. 拆分单元格

选中表格第 1 行，在选择区单击鼠标右键，在弹出的快捷菜单中选择“拆分单元格”命令，弹出“拆分单元格”对话框，如图 4-47 所示。将第 1 行拆分为 9 行 8 列；用同样的方法将第 2 行拆分为 5 行 7 列，第 3 行拆分为 8 行 7 列，第 4 行拆分为 1 行 2 列，第 5 行拆分为 1 行 6 列，第 6 行拆分为 1 行 2 列。

图 4-46 清除格式

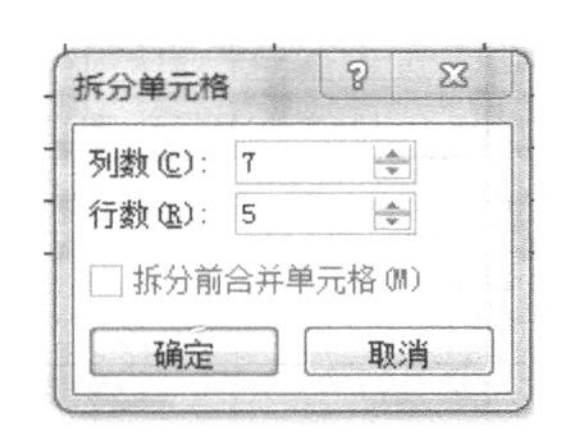

图 4-47 “拆分单元格”对话框

7. 设置表格行高

1）将光标移动到表格第 1 行的左边界，当光标变成空心箭头时，按住鼠标左键不放，移动鼠标选择表格的前 7 行，这时选中的前 7 行呈反白显示。

2）右击表格的反白显示区域，选择“表格属性”命令，打开“表格属性”对话框，在对话框中选择“行”选项卡，指定“行高”固定值为 7 mm。用同样的方法设置其他行高值。

8. 合并单元格

选择要合并的第 4 行的第 6 列和第 7 列单元格，单击鼠标右键，选择“合并单元格”命令，将这些单元格合并为一个单元格。用同样的方法完成其他单元格的合并。

9. 设置单元格的文字方向

选择表格第 1 列，单击鼠标右键，选择“文字方向”命令，打开“文字方向 - 表格单元格”对话框，如图 4-48 所示，在对话框中选择文字方向。

10. 设置单元格的对齐方式

选择所有的单元格，单击鼠标右键，选择“单元格对齐方式”命令，打开单元格对齐方式列表，如图 4-49 所示，将对齐方式设置为居中对齐。

图 4-48 “文字方向 - 表格单元格”对话框

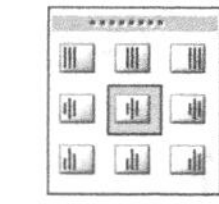

图 4-49 设置单元格的对齐方式

11. 设置表格中字体格式

选择整个表格，设置“字体”为“宋体”、“五号”。

12. 设置单元格底纹

选择所有输入文字的单元格，单击鼠标右键，选择“边框和底纹”命令，打开“边框和底纹”对话框，选择“底纹”选项卡，设置底纹填充颜色为“灰色 - 30%”，单击“确定”按钮。

13. 设置表格边框

1）选择整个表格，单击鼠标右键，选择“边框和底纹”命令，打开“边框和底纹”对话框，选择“边框”选项卡。

2）选择“设置”下方的虚框，并选择边框样式，再单击“确定”按钮，这样就为表格设置了边框线。

14. 保存文件

打开“文件”→“保存”命令，或使用快速访问工具栏中的“保存”按钮，就可以将文件以原文件名保存到原指定位置。

4.2.8 拓展训练　个人简历的制作

[操作要求]

在信息化高速发展的现代社会，应聘的渠道很多，如网上应聘、网络投递简历、人才招聘会、亲临招聘单位等，不管是哪种方式，都离不开个人简历。个人简历制作的优劣，直接影响招聘单位对应聘人员的第一印象。从某种意义上说，个人简历就是求职的入场券。

下面来练习制作个人简历，其要求如下：

1）新建一个空白文档，并命名为“个人简历”。

2）将文档的纸张大小设置为 A4，将页边距的上、下、左、右边距均设置为 2 cm，将装订线位置设置为左侧，0.5 cm。

3）插入自选图形、图片、艺术字等，以美化页面。

4）设置自荐书的字体和段落格式。

5）在表格中制作个人简历内容。

6）为了使自己的简历图文并茂、生动活泼、美观淡雅、个性独特，可以用“个人简历”为关键字，在百度上查找有关资料，或参考微软 office. com 上的模板进行设计。

4.3 Word 2010 的图形功能

在文档的编辑过程中，除了可以对文字表格进行操作外，还可以在文档中插入各种图形对象，包括插入剪切画和图片、用各种绘图工具绘制出图形以及艺术字等。用户可以对文档内容进行图文混排，使文档图文并茂、生动活泼、引人入胜。

4.3.1 插入图片

1. 插入剪切画

Word 附带了一个非常丰富的剪贴画库，这些剪贴画都是经过专业设计的，其内容几乎涵盖了制作文档所需的各个方面，从地图到人物、从建筑到风景名胜，应有尽有，用户可以利用这些剪切画增强文档的美观效果。在文档中插入剪贴画的具体操作步骤如下。

1）将光标定位到要插入剪贴画的位置。

2）选择“插入”→“插图”→“剪贴画”命令，打开“插入剪贴画”对话框。

3）在“搜索文字”文本框中输入要搜索剪贴画的关键字，在“搜索范围”下拉列表中选择搜索范围，在“结果类型”下拉列表中选择剪切画的类型。

4）单击“搜索”按钮进行搜索，搜索的结果显示在“插入剪贴画”对话框中。

5）单击需要的剪贴画，即可将其插入到文档中。

2. 插入图片

1）将光标定位在需要插入图片的位置。

2）选择“插入”→“插图”→“图片”命令，打开“插入图片”对话框。

3）在“查找范围”下拉列表框中选择保存图形文件的文件夹，然后选择需要的图片文件，单击“插入”按钮。

3. 插入 SmartArt 实例图表

Word 的 SmartArt 图形中，具有多种设计精美的图形，如流程图、组织图、矩阵图、金字塔图等，能帮用户快速建立专业的图表，可修改阶层、变更文字样式等。例如要在插入一个“均衡饮食 + 适度运动 = 健康身体”的标语，用 SmartArt 图表来制作的具体操作步骤如下。

1）将光标置于要插入图表的位置。

2）选择“插入”→“SmartArt”命令，打开如图 4-50 所示的对话框。

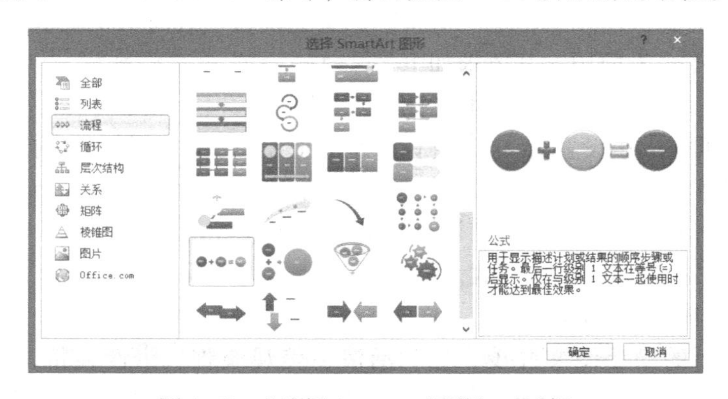

图 4-50 “选择 SmartArt 图形”对话框

3）在左窗格中选择“流程”类别，选取需要的图形。

4）图表插入后，用户单击“文字”输入框，或单击边框左边的按钮，输入相关文字，标语效果如图4-51所示。

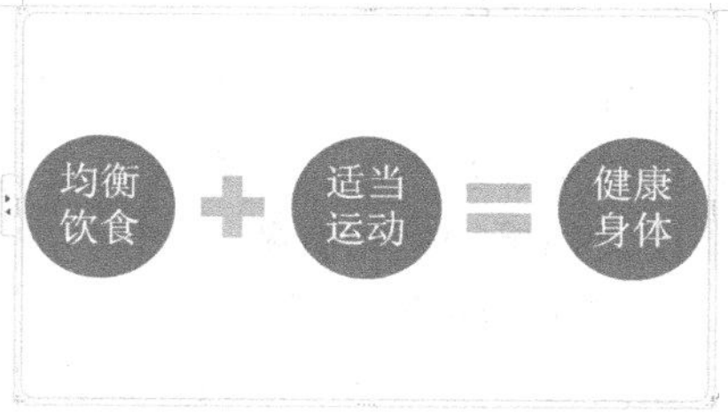

5）若用户对插入图形不满意，可以选中SmartArt图形，在“设计”菜单中对图形的颜色、布局等进行编辑。

图4-51　SmartArt图形案例

4. 编辑图片

当插入到文档中的图片不能满足要求时，用户可以对其进行编辑，如调整图片大小、位置和环绕方式，裁剪图片、调整高度和对比度等。

（1）利用“格式”菜单

在文档中插入剪贴画或图片后会自动添加“格式”菜单，如果“格式”菜单在功能区未显示，则单击图片即可，如图4-52所示。

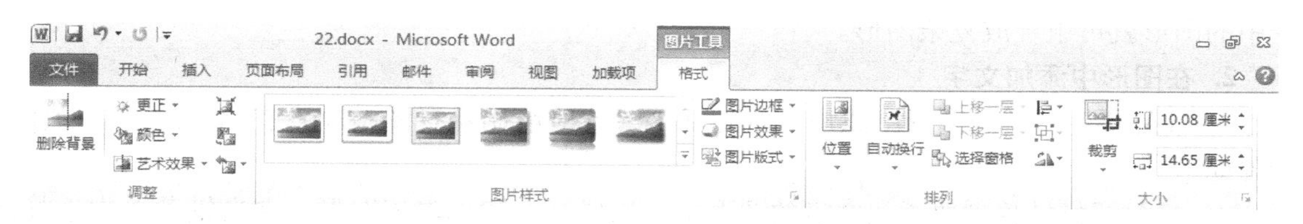

图4-52　“格式”菜单

“格式”菜单为Word提供了编辑图片的多个选项组，用户可以对图片进行诸如裁剪、增加对比度、旋转、设置线型以及文字环绕方式等的编辑。

（2）利用“设置图片格式”对话框

在选定的图片上单击鼠标右键，在右键菜单中单击“设置图片格式”命令，打开“设置图片格式”对话框，如图4-53所示。

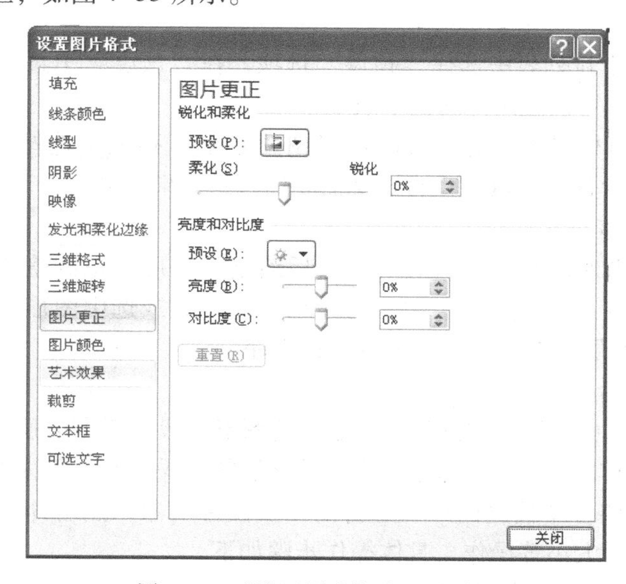

图4-53　“设置图片格式”对话框

4.3.2 绘制图形

选择“插入”→“插图”→“形状”命令，可以绘制出各种各样的图形，主要包括线条、连接符、基本形状、箭头总汇、星与旗帜、标注等，并可为绘制的图形设置所需的格式，使文档更加生动有趣。

1. 在文档中绘制图形

在文档中绘制图形的具体操作步骤如下。

1）选择“插入”→“形状”命令，在弹出的子菜单中选择相应的图形，当鼠标变为“+”，形状时，按住鼠标左键并拖动至适当的位置释放鼠标，即可在文档中绘制出所需的图形。

2）选中绘制的图形，单击鼠标右键，从右键菜单中选择“设置形状格式”命令，可对图形的格式进行设置。

任何一个复杂的图形总是由一些简单的几何图形组合而成，所以只要使用“形状”命令中的图形就可组合成复杂图形。

2. 在图形中添加文字

Word 提供在封闭的图形中添加文字的功能，这对绘制示意图是非常有用的。具体操作步骤如下。

1）将鼠标指针移到要添加文字的图形中，用鼠标右键单击该图形，在右键菜单中选择“添加文字”命令。

2）此时插入点移到图形内部，在插入点之后输入文字即可。

图形中添加的文字将与图形一起移动。同样，可以用前面所述的方法对文字格式进行编辑和排版。

3. 设置图形的颜色、线条、三维效果

选择图片，在“格式”菜单的“图片样式”选项组中对线条的颜色、线条、三维效果进行设置。

在“图片效果”下拉列表中选择“预设”选项，在“预设”子菜单中选择需要的三维样式。执行操作后，即可设置图片的三维效果。

如果对列出的三维效果不满意，可以在“图片效果”列表中选择“三维设置”选项，然后在弹出的“三维设置”工具栏中自定义需要的三维效果参数。

4. 图形的叠放次序

当两个或多个图形对象重叠在一起时，最后绘制的图形总是覆盖其他的图形。可选择“格式”→“排列”→“上移一层”、“下移一层”命令；或选中图形单击鼠标右键，选择“置于顶层”、“置于底层”命令设置图形的叠放次序。

5. 多个图形的组合

在 Word 2010 文档中使用自选图形工具绘制的图形一般包括多个独立的形状，当需要选中、移动和修改大小时，往往需要选中所有的独立形状，操作起来不太方便。这时，用户可以借助“组合”命令将多个独立的形状组合的一个图形对象，然后即可对这个组合后的图形对象进行移动、修改大小等操作，具体操作步骤如下。

1）选择“开始”→“编辑”→“选择”→“选择对象”命令。

2）将鼠标指针移动到 Word 文档中，鼠标指针呈白色鼠标箭头形状。在按住〈Ctrl〉键的同时，单击鼠标左键选中所有的独立形状。

3）右击被选中的所有独立形状，在右键菜单中选择“组合”→“组合”命令。

通过上述设置，被选中的独立形状将组合成一个图形对象，可以进行整体操作。如果希望对组合对象中的某个形状进行单独操作，可以右击组合对象，在右键菜单中选择“组合”→“取消组合”命令。

4.3.3 插入和链接文本框

文本框是一种图形对象，它作为存放文字的容器，可以定位在页面上的任何位置，并可随意调整其大小。用户可以在文档中绘制文本框，并将它们链接起来。文本框可分为横排文本框和竖排文本框。

1. 插入文本框

插入文本框的具体操作步骤如下。

1）打开 Word 文档，切换到“插入”菜单，在“文本”选项组中单击“文本框”按钮，如图 4-54 所示。

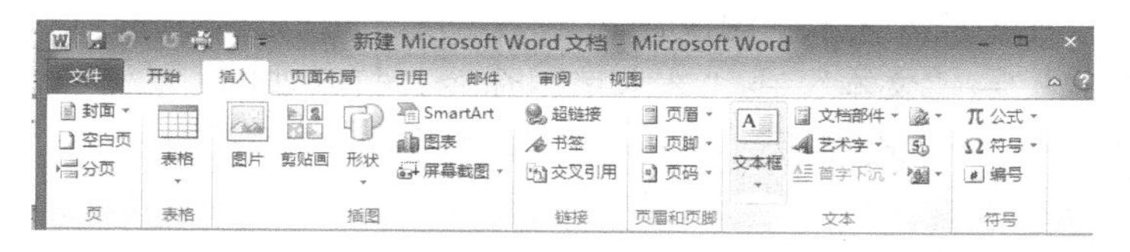

图 4-54 “插入”菜单

2）在打开的“内置”文本框面板中选择合适的文本框类型，如图 4-55 所示。

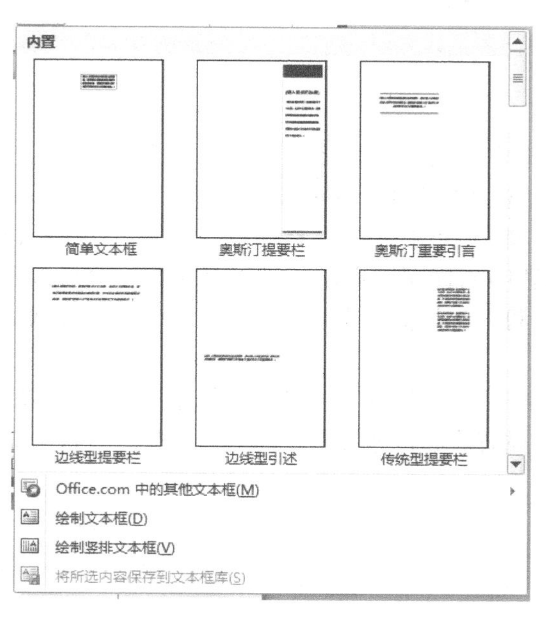

图 4-55 “内置”文本框面板

3）返回 Word 文档，所插入的文本框处于编辑状态，直接输入文本内容即可。

提示： 文本框内的文字格式设置与一般文字相同，即利用“开始”菜单就能设定文字的各种格式了。

2. 链接文本框

在使用 Word 制作手抄报、宣传册等文档时，往往会利用多个文本框进行版式设计。通过在多个 Word 文本框之间创建链接，可以在当前文本框中充满文字后自动转入所链接的下一个文本框中继续输入文字。在 Word 中链接多个文本框的具体操作步骤如下。

1）打开 Word 文档，插入多个文本框。调整文本框的位置和尺寸，并选中第 1 个文本框。

2）选择“格式”→“文本”→“创建链接”命令。

3）鼠标指针变成水杯形状，将水杯状的鼠标指针移动到准备链接的下一个文本框内部，鼠标指针变成倾斜的水杯形状，此时单击鼠标左键即可创建链接。

4.3.4 插入艺术字

艺术字是一种特殊的图形，它以艺术的方式来表现文字，使文字更富艺术魅力。艺术字通常用在文档的标题中，可以达到引人注意的效果。在文档中插入艺术字的具体操作如下。

1）将光标定位在要插入艺术字的位置。

2）选择“插入”→“文本”→“艺术字”命令，打开如图 4-56 所示的艺术字预设样式面板，在其中选择合适的艺术字样式。

3）打开艺术字文字编辑框，直接输入文本即可。用户可以对输入的艺术字设置字体和字号。

提示： 选中插入的艺术字，用户可在“格式”菜单中设置形状样式和艺术字样式。

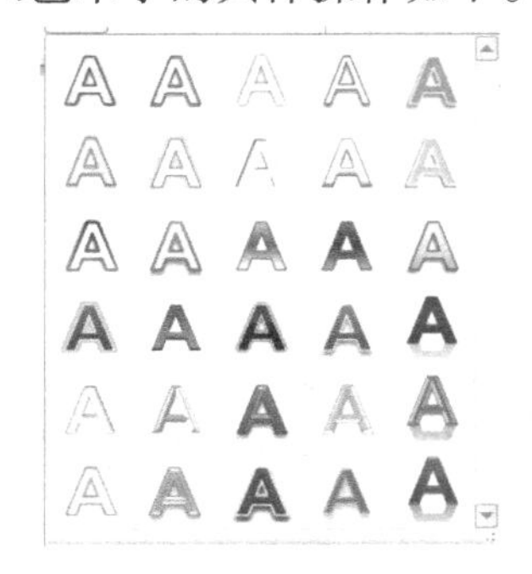

图 4-56 艺术字预设样式面板

4.3.5 设置水印

Word 制作的水印是指作为文档背景图案的文字或图像，它不但能美化文档，而且能向读者传递某种特殊的信息。例如，一份绝密文件的页面上添加“绝密”字样的水印后，能够随时提醒读者这是一份绝密文件。通过插入水印，可以在 Word 文档背景中显示半透明的标识。水印既可以是图片，也可以是文字，Word 2010 中内置了多种水印样式，用户可以根据需要自定义水印，具体操作步骤如下。

（1）添加内置水印

打开 Word 文档，选择“页面布局”→“页面背景”→“水印”命令，打开如图 4-57 所示的水印面板，在其中选择合适的水印。

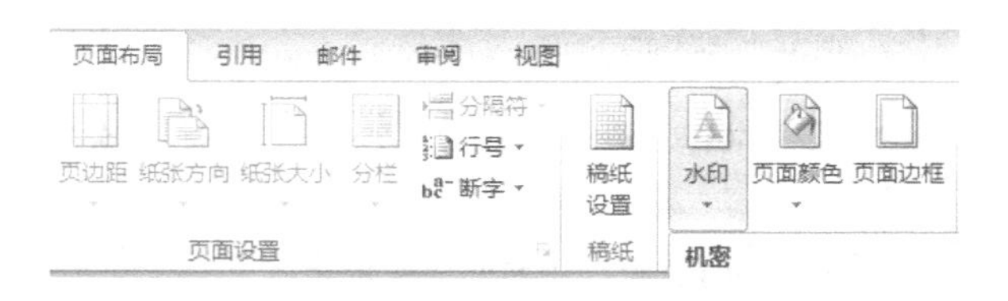

图 4-57 “水印”命令

（2）自定义水印

打开 Word 文档，选择“页面布局”→“页面背景”→“水印”命令，单击“自定义水印”，打开如图 4-58 所示的对话框。用户根据需要选择“图片水印”或“文字水印”，设置图片或者文字水印的格式，然后单击“确定”按钮。

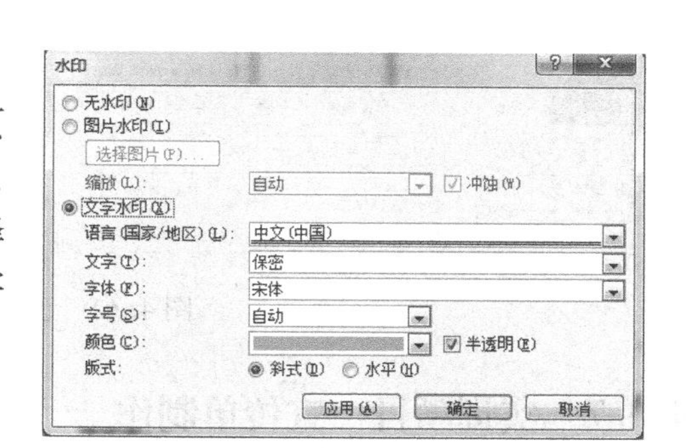

图 4-58 “水印”对话框

4.3.6 插入公式

文档中有时需要建立数学公式，Word 提供了公式编辑器，可以方便地完成插入数学公式的操作。

插入公式的具体操作步骤如下。

（1）插入内置公式

打开 Word 文档，选择“插入”→“符号”→“公式”命令的下拉按钮，在打开的“内置”公式列表中选择需要的公式，如图 4-59 所示。

（2）创建自定义公式

将光标置于要插入公式的位置。选择“符号”→“公式”命令的下拉按钮，单击“插入新公式”。在文档编辑区中显示如图 4-60 所示的“在此处键入公式”控件。利用公式工具的“设计”菜单，可定义各种复杂公式，如图 4-61 所示。以后再插入公式时，即可在“公式”下拉列表中直接插入。

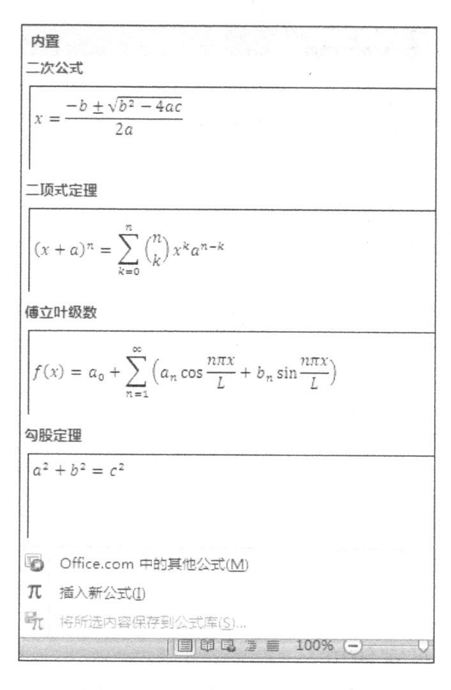

图 4-59 “内置”公式列表

图 4-60 “在此处键入公式”控件

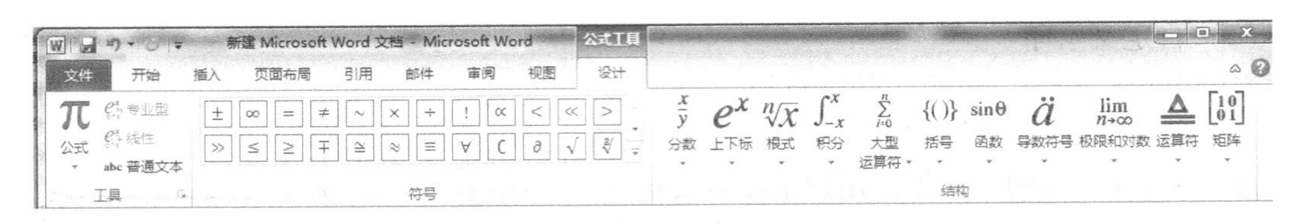

图 4-61　公式工具的“设计”菜单

4.3.7　实训项目　宣传单制作

在日常生活或者学习过程中，有时会需要为某单位制作产品宣传单，为某一活动或项目制作宣传海报，为某文艺活动制作节目单等，这时就需要注意版面的整体规划、艺术效果和个性化创意。要增强页面的美感，吸引人的眼球，就需要灵活运用图文混排操作。

本实训项目以“全国爱眼日”为题材，制作宣传单。制作的宣传单效果如图 4-62 所示。本实训项目的重点内容包括设置文档、编辑文档、页面分栏、绘制图形和设置文档版面插入。

图 4-62　全国爱眼日宣传单

[操作步骤]

1）新建一个 Word 文件，保存为“全国爱眼日宣传单”。

2）设置纸张大小为 A4，页边距上、下、左、右均为 2.5 cm。

3）设置图片水印。单击“页面布局”→“水印”→“自定义水印”命令，打开“水印”对话框，如图 4-63 所示，选中“图片水印”单选项，选择水印图片所在的位置，设置

“缩放”为“自动”，并选中“冲蚀”复选框，这样就插入水印图片了。

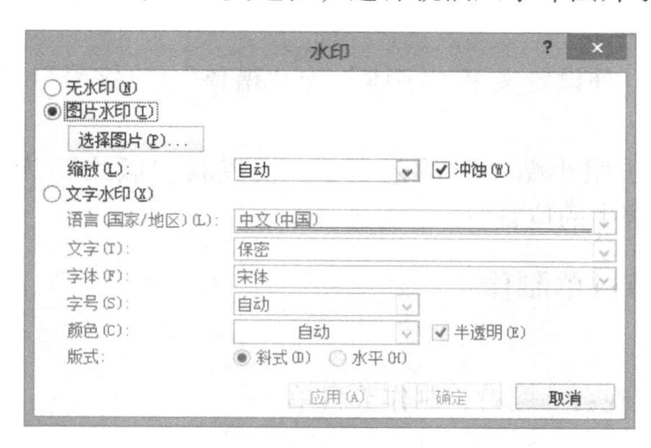

图 4-63 “水印”对话框

4）选择刚才插入的水印图片，适当调整其大小，使图片正好充满一张版面的纸张。

5）选择“页面布局”→“分栏”命令，在下拉菜单中选择“两栏”，将页面分为两栏。

6）选择“插入”→“艺术字”命令，选择艺术字形状后输入“爱 EYE 总动员”，设置艺术字的“样式”为“艺术字样式 12”，“字体”为“黑体”、“字号”为“40”、“加粗”，艺术字的“形状”为“正 A 形”、“填充颜色”为“蓝色”，设置“版式”为“浮于文字的下方”。

7）插入图片“世界爱眼日”，设置“版式”为“浮于文字的上方”，并适当调整图片在文档中的位置，如图 4-64 所示。

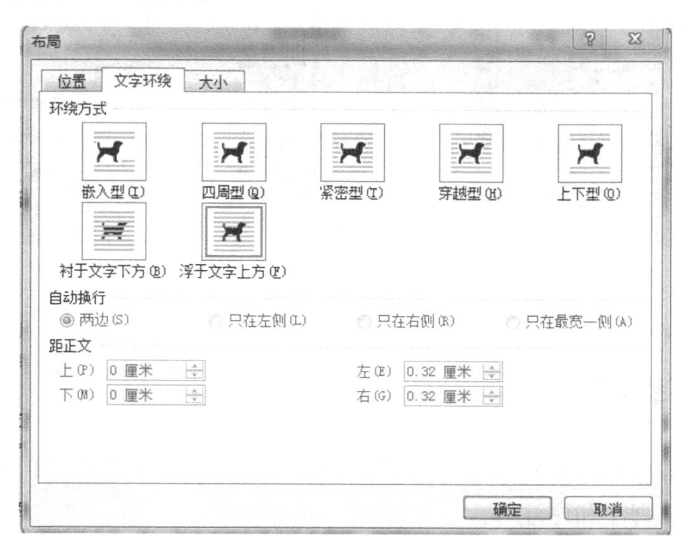

图 4-64 图片的“布局”对话框

8）用同样的方法插入“电脑时代”，设置版式为“浮于文字的上方”。

9）利用绘图工具插入一个心形的自选图形，设置自选图形的“填充颜色”为“紫罗兰”，且无线条颜色，并设置“版式”为“浮于文字的下方”。

10）在自选图形上填充文字“6.6”，设置文字“字体”为“楷体”，“字号”为“小初”，“颜色”为“橙黄色”。

11）输入文字内容，并设置文字“字体”为“楷体”、“字号”为“小四”，段落“首行缩进”2 个字符。

12）插入内容为“护眼小贴士”的艺术字，设置其“版式”为“浮于文字的上方”，并适当调整艺术字在文档中的位置。

4.3.8　拓展训练　节目单制作

[操作要求]

1）以某学院迎新生晚会为题材，制作节目单。

说明：本例提供的素材有局限性，读者可以自行上网搜集相关素材。

2）新建一个名为“节目单”的文档，设置页面大小为 A4 纸张，横向打印，页面边距上下各为 2 cm，左右各为 2.5 cm。

3）必须插入图片。

4）使用艺术字设置题目。

5）使用文本框，并绘制自选图形。

6）使用分栏和水印。

7）节目单的效果可以设计成多种风格，如图 4-65 所示是给出的参考样文。

图 4-65　参考样文

4.4　文档的高级编排

文档的高级编排包括在文档中插入页眉页脚、使用样式、使用模板、添加项目符号和编号、创建目录、添加脚注和尾注等。

4.4.1　设置页眉和页脚

页眉和页脚通常显示文档的附加信息，常用来插入时间、日期、页码和单位名称等。其中，页眉在页面的顶部，页脚在页面的底部。

通常页眉也可以添加文档注释等内容。页眉和页脚也用做提示信息，特别是其中插入的页码，通过页码能够快速定位所要查找的页面，具体操作步骤如下。

1）打开 Word 文档，选择“插入”菜单，在“页眉和页脚”选项组中单击“页眉”或“页脚”按钮。

2）在打开的“页眉”面板中单击“编辑页眉”按钮。

3）用户可以在“页眉”或“页脚”区域中输入文本内容，还可以在“设计”菜单中选择插入页码、日期和时间等对象，完成编辑后单击“关闭页眉和页脚”按钮即可。

提示： 在页眉或页脚处双击鼠标左键，即可进入页眉或页脚编辑区；在页眉或页脚外其他地方双击鼠标左键，即可返回文档窗口。

在长文档中，文前、正文、文后部分的页眉和页脚通常是不相同的，用户可通过插入“分节符”，使长文档的各个部分相对独立，从而制作出具有不同页眉和页脚的文档，其制作流程如图 4–66 所示。

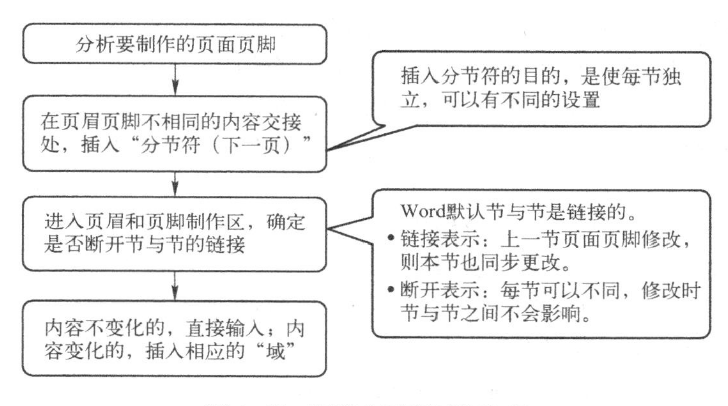

图 4–66　页眉和页脚制作流程

4.4.2　插入页码

当用户创建的文档有多页时，就需要在文档中插入页码，以便于用户在阅读文档的过程中更好地定位。默认情况下，页码一般位于页眉或页脚位置，在 Word 文档中插入页码的具体操作步骤如下。

1）打开 Word 文档，选择“插入”菜单，在“页眉和页脚”选项组中单击“页码”按钮。

2）在打开的“页码”面板中选择页码的插入位置，如“页面顶端”、“页面底端”、“页边距”或“当前位置”。

3）单击“设置页码格式”按钮，在打开的“页码格式”对话框中选择合适的页码编号格式，如图 4–67 所示。

图 4–67　“页码格式”对话框

4.4.3　插入分页符

分页符是分页的一种符号，即上一页结束以及下一页开始的位置。Word 可插入一个“自动”分页符（或软分页符），或者通过插入“手动”分页符（或硬分页符）在指定位置强制分页。

在普通视图下，分页符是一条虚线，又称为自动分页符；在页面视图下，分页符是一条黑灰色宽线，鼠标指向单击后，变成一条黑线。插入方法有如下 3 种。

方法一：将插入点定位到需要分页的位置，选择“页面布局”→“页面设置”→“分隔符”命令，在其下拉菜单中选择“分页符”。

方法二：将插入点定位到需要分页的位置，选择“插入”→“页”→“分页”命令。

方法三：将插入点定位到需要分页的位置，按下〈Ctrl + Enter〉组合键插入分页。

4.4.4 使用样式

1. 新建样式

在 Word 的空白文档中，用户可以新建一种全新的样式，如新的表格样式、新的列表样式等，具体操作步骤如下。

1）打开 Word 文档，单击“开始”→“样式”选项组的下拉按钮。

2）在打开的“样式”面板中单击“新建样式”按钮。

3）打开“根据格式设置创建新样式”对话框，在“名称”文本框中输入新建样式的名称。然后在“样式类型”中选择一种样式类型。在“样式类型”下拉列表中包含以下 5 种类型。

- 段落：新建的样式将仅用于段落级别。
- 字符：新建的样式将仅用于字符级别。
- 链接段落和字符：新建的样式将用于段落和字符两种级别。
- 表格：新建的样式主要用于表格。
- 列表：新建的样式主要用于项目符号和编号列表。

4）在“样式基准”下拉列表中选择 Word 2010 中的某一种内置样式作为新建样式的基准样式。

5）在“后续段落样式”下拉列表中选择新建样式的后续样式。

6）在“格式”区域，根据实际需要设置字体、字号、颜色、段落间距、对齐方式等段落格式和字符格式。如果希望该样式应用于所有文档，则需要选中“基于该模板的新文档”单选项，设置完毕单击“确定”按钮。

提示：如果用户在选择“样式类型”的时候选择了“表格”选项，则“样式基准”中仅列出表格相关的样式，且无法设置段落间距等段落格式。

2. 使用样式

为了简化用户应用样式的操作步骤，Word 在“开始”菜单下的“样式”选项组中提供了“快速样式”库。用户可以从“快速样式”库中选择常用的样式，具体操作步骤如下。

1）打开 Word 文档，选中需要应用样式的段落或文本块。选择“开始”→“样式”→“其他”命令。

2）在打开的“快速样式”库中指向合适的快速样式，在 Word 文档正文中可以预览应用该样式后的效果，单击选定的快速样式即可应用该样式。

3. 修改样式

无论是 Word 的内置样式，还是自定义样式，用户随时可以对其进行修改。在 Word 中修改样式的具体操作步骤如下。

1）单击“开始”→“样式”选项组的下拉按钮。

2）在打开的“样式”面板中，右击准备修改的样式，在打开的快捷菜单中选择“修改”命令。

3）打开“修改样式”对话框，用户可以在该对话框中重新设置样式定义。

4.4.5 首字下沉

首字下沉功能是设置段落的第 1 行的第 1 个字体变大，并且向下一定的距离，与后面的段落对齐，段落的其他部分保持原样。首字下沉主要是针对字数较多的文章用来标识章节所用的，是一种西文的使用习惯。

具体操作步骤为：将插入点光标定位到需要设置首字下沉的段落中。然后选择“插入”→“文本”→“首字下沉”命令，在其下拉菜单中选择“下沉”，设置首字下沉效果。

如果需要设置下沉文字的字体或下沉行数等选项，可以在“下沉”下拉菜单中选择“首字下沉选项”，打开“首字下沉”对话框，在其中选择字体或设置下沉行数，完成设置后单击“确定”按钮。

4.4.6 创建目录

当用户浏览一篇长文档时，如果有一个目录，将会很快知道自己要找的内容在哪里，从而节省查找时间。目录的功能就是列出文档中的各级标题以及标题所在的页码，通过目录用户可以对文章的大纲有所了解。

提示：在编辑目录之前，必须要编辑好目录级别，可在“开始”菜单下的“样式”选项组中，设置“标题 1”、“标题 2”、“标题 3”为目录编辑级别。

编辑目录的具体操作步骤如下。

1）将光标定位在要插入目录的位置。

2）选择“引用”→“目录”→“目录”命令，打开如图 4-68 所示的“内置”目录面板，用户可根据需要在其中选择一种样式。

3）选择“插入目录”选项可弹出如图 4-69 所示的对话框，用户在预览区可查看目录设置效果。

4）选中“显示页码”复选框，可以在目录中的每一个标题后面显示页码。

5）选中“页码右对齐”复选框，表示目录中的页码呈右对齐。

6）在“制表符前导符”下拉列表中选择一种标题与页码之间的分隔符。

7）在“显示级别”文本框中选择或输入在目录中要到哪一级。

8）单击“确定”按钮。

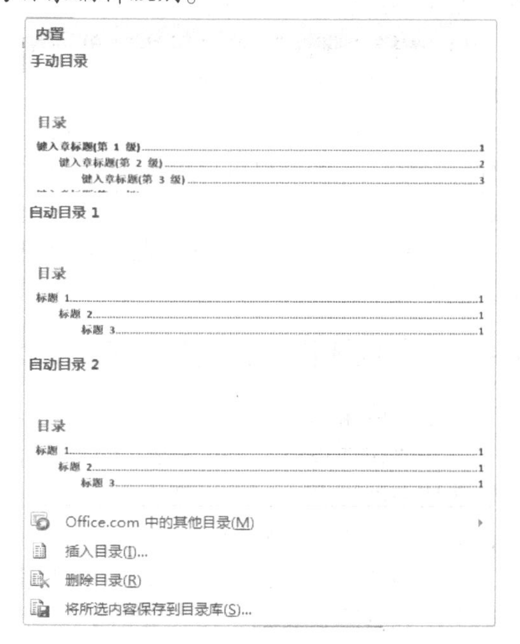

图 4-68 “内置”目录面板

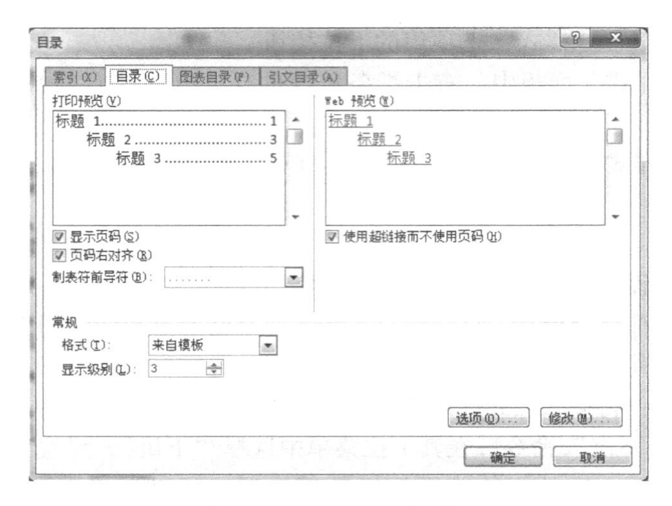

图 4-69 “目录”对话框

4.4.7 脚注和尾注

在文档和书籍中，脚注和尾注用来显示说明性或补充性的信息。脚注位于页面的底部，尾注位于文档的结尾处。

插入脚注和尾注的具体操作步骤如下。

1）将光标定位于添加注释的文本之后。

2）选择“引用”→“脚注”选项组的下拉按钮，打开如图 4-70 所示的对话框。

3）选择“脚注”或“尾注”单选按钮，并在其后的下拉列表中选择添加的位置。

4）在“格式”区域的“编号格式”下拉列表中选择一种编号格式，用户也可以单击“符号”按钮自定义编号标记。

5）单击“插入”按钮，光标自动跳至注释编辑区，输入注释文本，在文本其他处单击，则返回到文档编辑区。

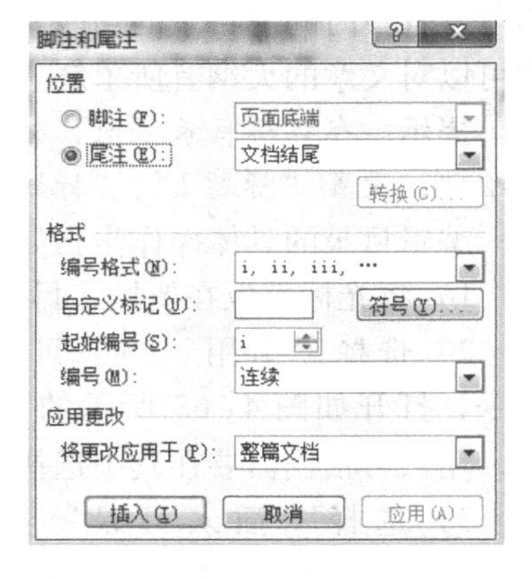

图 4-70 “脚注和尾注”对话框

4.4.8 实训项目 长文档处理

在创建或编辑一个包含多个章节的市场策划书、购销合同、产品说明书或者撰写毕业论文时，需要快速设置文档的格式，为文档添加页眉和页脚，自动为文档生成目录等，这时需要对文档中的标题与正文设置大纲级别、应用样文，然后在文档中合理地插入分节符、页码等，这些都属于长文档的处理。

Word 为用户提供了一系列编辑和管理长文档的功能，正确使用这些功能，可以方便快捷地组织和管理长文档，使长文档变得非常有条理。本实训项目主要编辑论文等长文档，其中包括字体、段落、格式等的设置，页眉和页脚的插入编辑、自动生成目录、制作图表等操作。素材和样文请参见本书配套资源。

[操作步骤]

本实训项目的“任务要求”见图4-71所示的文档。

任务要求：

(1) 纸型：A4，页边距：上、下、左、右2.5cm，左侧装订：0.5cm，页眉：2.5cm、页脚：2cm。

(2) 行距：单倍行距，段前、段后均为0，取消网格对齐选项。

(3) 封面文字中，题目：宋体、小初，其他：宋体、小二。

(4) 正文中，题目：二号、宋体，作者：宋体、小四、段前0.5行、段后1行，摘要、关键字：黑体、小四、加粗，正文：宋体、小四，首行缩进2字符，一级标题：黑体、小三、段前和段后0.5行，二级标题：宋体、四号、段前和段后0.5行，脚注、尾注：宋体、五号，参考文献：宋体、五号。

(5) 表及图片名称采用五号宋体，居中对齐，不得出现断页换行情况。

(6) 文中图1、表1使用Word工具自行制作。

(7) 文中图2、图3使用提供的数据生成图表，并插入文中。

(8) 注意页眉和页脚的位置及内容变化，封面没有页码，目录页码为罗马文字，正文页码为数字，页眉字体：宋体、五号，插入图片大小：高度0.79cm、宽度0.49cm。

(9) 目录自动生成，目录字体：黑体、一号，其他：宋体、四号。

图4-71 “任务要求”文档

1）选择“页面布局”→“页边距”命令，在其下拉菜单中选择“自定义边距”。

2）打开“页面设置”对话框，设置“纸张大小”为A4，上、下、左、右页边距均为2.5 cm，“装订线位置”为左侧，数值为0.5 cm。

3）设置论文题目“计算机教学管理系统标准简介”的“字体”为“宋体”，“字号”为“二号”，并将其居中显示；将作者名字设置成宋体小四、居中。在第一作者名字后面输入数字1，选中数字后单击鼠标右键，选择“字体”命令，打开“字体”对话框，勾选“效果”区域的“上标”复选框。同样在第二作者后面输入数字2，设置为上标。

4）设置摘要和关键字“字体”为“黑体”，“字号”为“小四”、“样式”为“加粗”；将摘要的正文字体和字号设置为“宋体”“小四”，段落首行缩进2字符。

5）选中正文，单击鼠标右键，选择“段落”命令，打开“段落”对话框，设置“段前”“段后”均为0行，单倍行距，并取消“网格对齐”选项。

6）在对“毕业论文说明书”自动生成目录前，要将首页与摘要、摘要与第1章，以及各章之间使用分节符分隔，以便对这几部分进行不同格式的页码设置，具体操作步骤如下。

① 在论文题目“计算机教学管理系统标准简介”前单击鼠标。

② 选择“页面布局”→“分隔符”命令，在其下拉菜单的“分节符类型”区域中选择“下一页”。

③ 在“背景”前单击鼠标，选择“页面布局”→“分隔符”命令，在其下拉菜单的“分节符”区域中选择“下一页”。

④ 用上述方法给“关键词”后面添加分节符。

7）选择“插入”→“页眉”或“页脚”命令，打开“设计”菜单。设置“页眉顶端距离”和“页脚底端距离”分别为2.5厘米和2厘米，如图4-72所示，然后单击“关闭页眉和页脚”按钮。选择“页眉”→“编辑页眉”，输入“计算机教学管理系统”，设置其

“字体”为“宋体”、“字号”为“五号”。选择“插入”→“图片”命令，选择图片后用鼠标右键单击“位置和大小”，设置其“高度”为0.79厘米、“宽度”为0.49厘米。

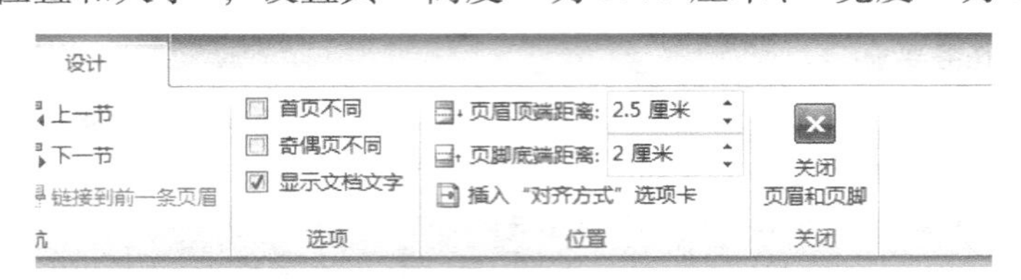

图4-72　设置页眉和页脚

8）设置每章题目为一级标题，在“开始”→“样式”选项组中单击“标题1”，如图4-73所示，设置“字体”为“黑体”“小三”，“段前”“段后”均为0.5行。选择每章下的部分标题，用上述方法将其设置为二级标题，“字体”为“宋体”“四号”，“段前”“段后”均为0.5行。

图4-73　设置一级标题

9）选择“视图”→“文档视图”→“大纲视图”，在“大纲”菜单设置需要生成的目录对应级别，目录级别依次设为1，2，3…，正文部分设为“正文文本”，如图4-74所示。

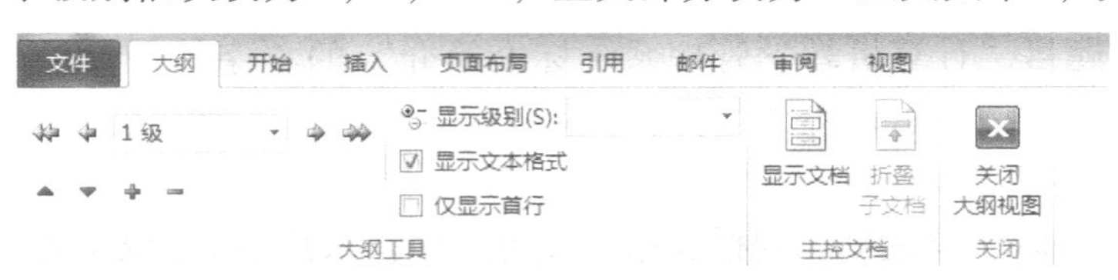

图4-74　设置目录对应级别

单击“视图”→“文档结构图”按钮，在当前图框中显示的目录即为要生成的目录，单击文档结构图中的目录内容可以快速定位到文档中，以便自己查看、调整、修改目录。

10）将插入点定位在目录页，选择“插入”→“页码”命令，打开“页码格式”对话框，在“编号格式”下拉列表中选择页码格式，如“1，2，3…”，在“页码编号”区域单击“起始页码”单选项，设置起始编号为“1”，如图4-75所示。如目录前后未分节，则对其进行分节。

11）设置目录页格式，进行如下操作。

① 在目录的“背景”前增加空行。

② 在空行中输入“目录”两字，设置字体为黑体。

③ 在页面底部双击页码，打开页眉和页脚工具。

④ 单击“设置页码格式”按钮，打开“页码格式”对话框，在“编号格式”下拉列表中选择“Ⅰ，Ⅱ，Ⅲ，…”。

12）右击要更新的目录，选择“引用”→“更新目录”，打开“更新目录”对话框，单击“只更新页码”单选项，然后单击“确定”按钮，如图4-76所示。

图 4-75 “页码格式”对话框

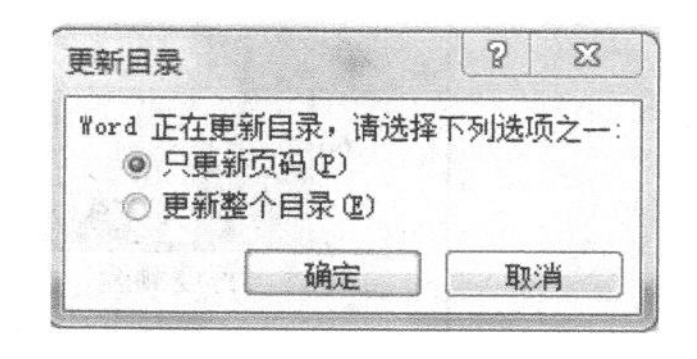

图 4-76 “更新目录”对话框

13）在第 1 页空白页分别输入论文题目、作者、单位、电子邮件等内容。选中题目，设置“字体”为“宋体”，“字号”为“小初”。其他文字为“宋体”“小二”。

14）制作文中如图 4-77 所示的流程图，具体操作步骤如下。

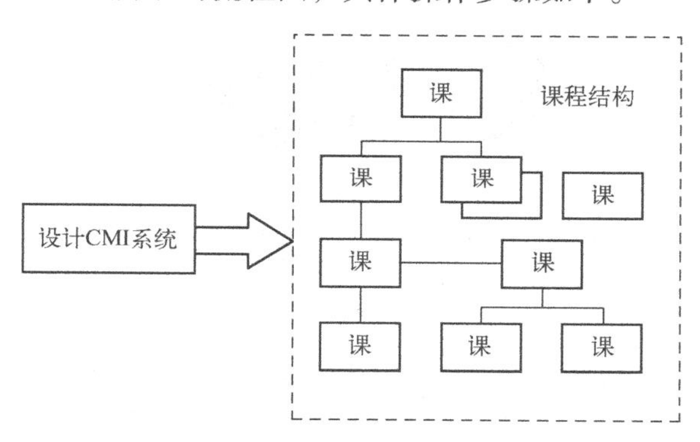

图 4-77 论文中图 1

① 选择“插入”→“形状”命令，从下拉菜单中选择矩形，用鼠标拖曳至适当的位置，调整其大小及边框。

② 在形状里面选择合适的线条，拖曳成需要的形状，连接各个矩形。

③ 插入箭头，在适当位置进行连接。

④ 再插入矩形，调整大小后单击鼠标右键，选择“设置自选图形格式”命令，在“设置自选图形格式”中选择虚线线型，单击“关闭”按钮。

15）插入如图 4-78 所示的 Excel 图表，具体操作步骤如下。

① 选择“插入”→“图表”命令，打开选择一种柱形图，插入完毕后 Word 文档中会出现一个默认的柱状图。同时，会自动打开一个 Excel 工作簿，其图表就是依据这些数据生成的。

② 将原始数据更新成自己想要的数据，或者从其他表格直接粘贴过来。再回到 Word 里，可以看到柱形图已经更新成自己的数据了。

16）插入文中如图 4-79 所示的 Excel 图表，具体操作步骤如下。

① 打开“插入图表”对话框，如图 4-80 所示，选择饼图，插入完毕后 Word 中会出现一个默认的饼状图。同时，会自动打开一个 Excel 工作簿，上面的图表就是依据这些数据生成的。

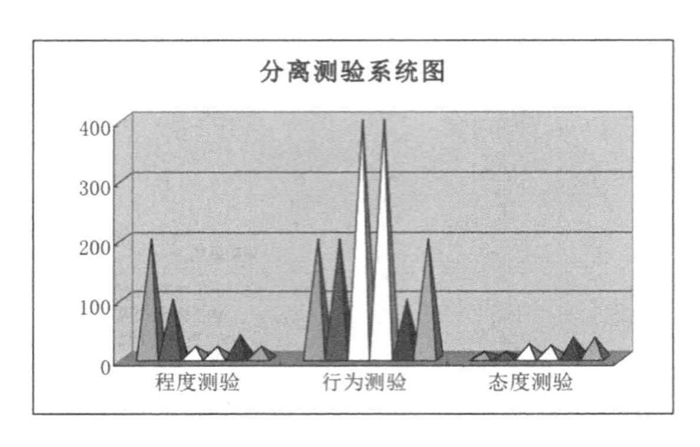

图 4-78　论文中图 2

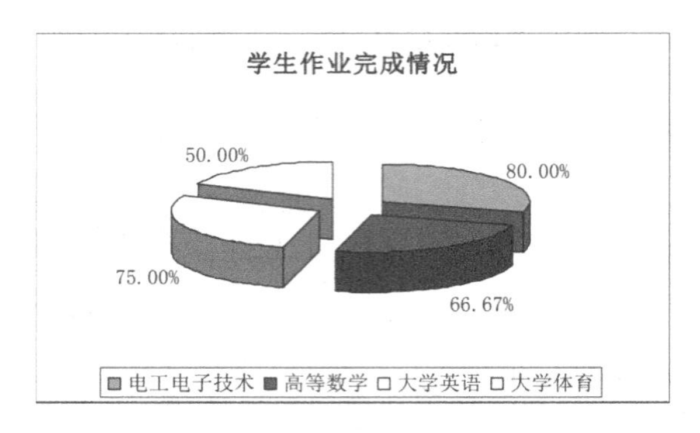

图 4-79　论文中图 3

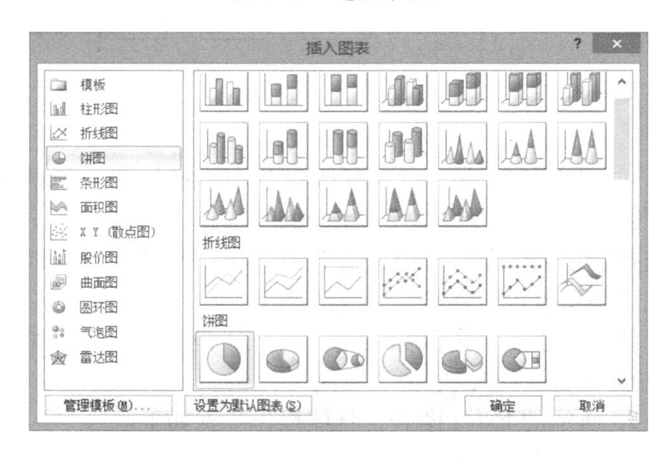

图 4-80　插入 Excel 图表

② 将原始数据更新成自己想要的数据，或者从其他表格直接粘贴过来。再回到 Word 里，可以看到饼形图就已经更新成自己的数据了。

③ 右击饼图侧面的说明图框，选择设置图例格式，单击“底部”，将说明图框移动到饼图底部。

4.4.9　拓展训练　技术文档排版

在当前的信息社会，任何项目、工程设计、建设和竣工验收等过程都会产生各类技术文档。一份精美的技术文档，是整个项目必不可少的，用户根据从事行业的不同，进行针对性的技术文档排版练习。拓展训练以制作具体项目标书为内容，图 4-81 所示简单介绍了标书的制作流程，以方便读者在制作过程中参考。

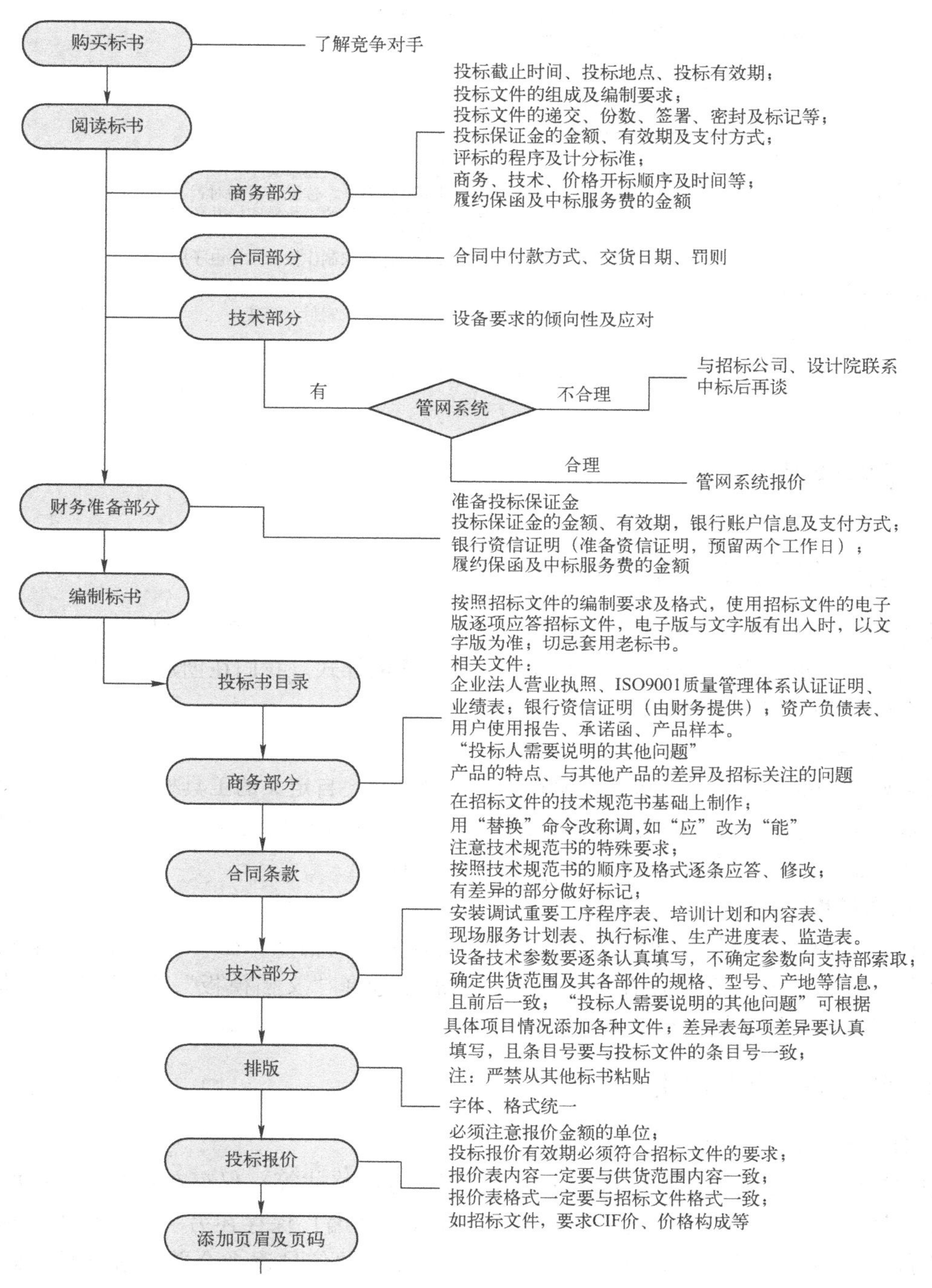

图 4-81　标书制作流程

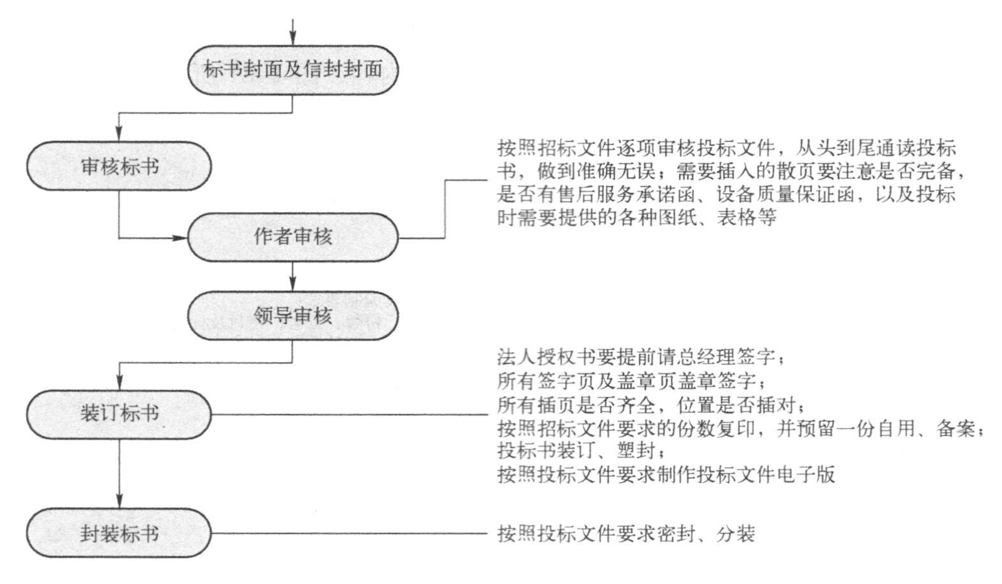

图 4-81　标书制作流程（续）

4.5　邮件合并

4.5.1　模板的概念及应用

任何 Word 文档都是以模板为基础进行创建的，模板决定了文档的基本样式。所谓模板，是指包含段落结构、字体样式和页面布局等元素的样式。我们在创建新文档时实际上打开了一个名为 Normal. doc 的文件。

1. 制作模板

设置好文档的各个元素，包含页面布局、各种样式、自定义的工具栏和菜单等，然后将该文件保存为“模板文件 . dot”，这样在编辑其他文档时加载该模板文件，就可以使用模板文件中的页面布局、创建的样式、自定义的工具栏了。

2. 保存模板

选择“文件”→“另存为”命令，打开“另存为”对话框，在“文件名”文本框中输入创建好的模板名称，在“保存类型”下拉列表中选择“文档模板”，然后单击“保存”按钮，即可完成利用文档创建模板的操作。

4.5.2　邮件的合并及应用

1. 什么是“邮件合并”

通常情况下，把文档中相同的部分（如会议内容和格式等）保存在一个 Word 文档中，成为主文档。把文档中那些变化的信息（如收件人、邮编）保存在另一个文档中，称为数据源文件。然后，让计算机依次把主文档和数据源中的信息逐个合并，这就是“邮件合并”。利用“邮件合并”可以制作信函、名片、证件和奖状等。

2. 数据源文件类型

能作为主文档的数据源文件有很多种类型，如 Word 文档、Excel 表格、数据库文件等。

3. 邮件合并的基本过程

邮件合并一般是按照“设置文档类型”→“打开文档类型”→“插入合并域”→“合并到新文档”或“合并到打印机”的基本步骤进行的。其中，在“插入合并域”后，可以单击“预览结果”按钮，通过“上一记录”和“下一记录”进行核对。正确无误后再合并到新文档或打印机。

4. 使用“邮件合并”向导

选择“邮件”→“开始邮件合并”命令，在下拉菜单中选择“邮件合并分步向导”，弹出“邮件合并”窗口，实际上是打开了一个步骤为 6 步的向导。

根据向导的提示，选择自己需要的文档类型、数据源、插入的域和合并到新文档或打印机，最后制作完成。但是，使用“邮件合并”向导只能制作一些简单的不需要格式排版的文档。如果需要进一步排版或者需要插入 Word 域，还要借助于“邮件”菜单。邮件合并的基本流程如图 4-82 所示。

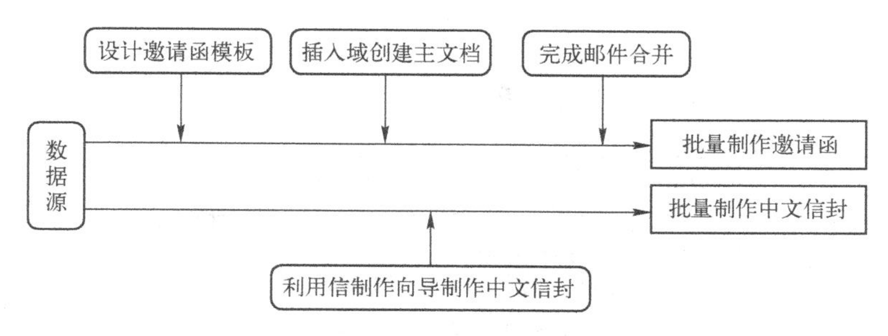

图 4-82　邮件合并的基本流程

4.5.3　实训项目　邮件合并的应用

在实际工作中，经常需要处理一些主要内容基本相同、只是具体数据有变化的文件，如学生的毕业证书、获奖证书、成绩单、信用卡对账单、税务部门的完税证明等。如果是一份一份地编辑，则工作量大、重复率高，而且还容易出错，这时若采用 Word 的邮件合并功能就可以方便、快捷地解决这些问题。

邮件合并，具体地说就是在邮件文档（主文档）的固定内容中，合并与发送信息相关的一组通信资料（如客户信息表、成绩表等），从而批量生成需要的邮件文档，可大大提高工作效率。

本实训项目以制作某公司员工的工作证为例，制作出的效果如图 4-83 所示。

1. 素材的准备

这里的素材主要是每个职工的照片，并按一定的顺序进行编号，照片的编号顺序可以根据单位的数据库里的职工姓名、组别顺序来编排。然后可以把照片存放在指定磁盘的文件夹内，比如“E:\职工信息”。

2. 建立职工信息数据库

使用 Excel 表格建立“职工信息表”，在表中要包括职工的姓名、组别、编号和照片，

工 作 证		
姓名：	周红	
组别：	办公室	
编号：	1	

图 4-83　工作证效果预览

姓名、组别可以直接从单位数据库里导入，姓名、编号的排列顺序要和前面照片的编号顺序一致，照片一栏并不需要插入真实的图片，而是要输入此照片的磁盘地址，比如“E:\\职工信息\\001. jpg”，注意这里是双反斜杠。制作完成后把该工作簿重命名为“职工信息”，如图 4-84 所示。

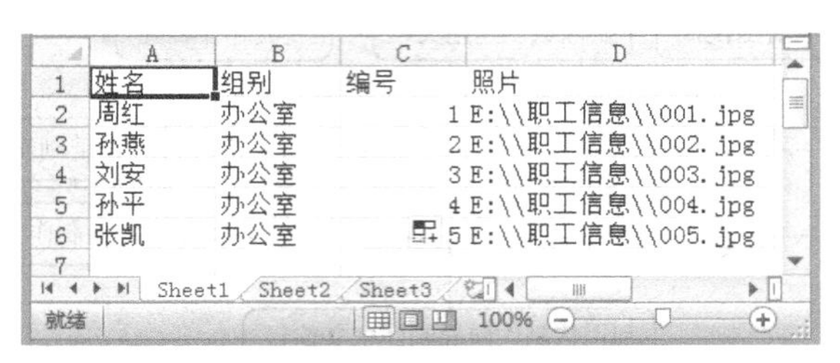

	A	B	C	D
1	姓名	组别	编号	照片
2	周红	办公室	1	E:\\职工信息\\001.jpg
3	孙燕	办公室	2	E:\\职工信息\\002.jpg
4	刘安	办公室	3	E:\\职工信息\\003.jpg
5	孙平	办公室	4	E:\\职工信息\\004.jpg
6	张凯	办公室	5	E:\\职工信息\\005.jpg
7				

Sheet1　Sheet2　Sheet3

就绪　100%

图 4-84　职工信息表

3. 创建工作证模板

启动 Word 2010，先建立一个主文档，按照前面章节的方法将文档设计成一个如图 4-85 所示的表格，这些内容也是工作证中不会变动的部分。将文档命名为“工作证制作”。

工作证		
姓名：		照片
组别：		
编号：		

图 4-85　工作证模板

4. 添加域

1）在“工作证制作”Word 文档中，打开“邮件”菜单。此时，“编写和插入域”选项组中的按钮呈现灰色，需要激活才能邮件合并，如图 4-86 所示。

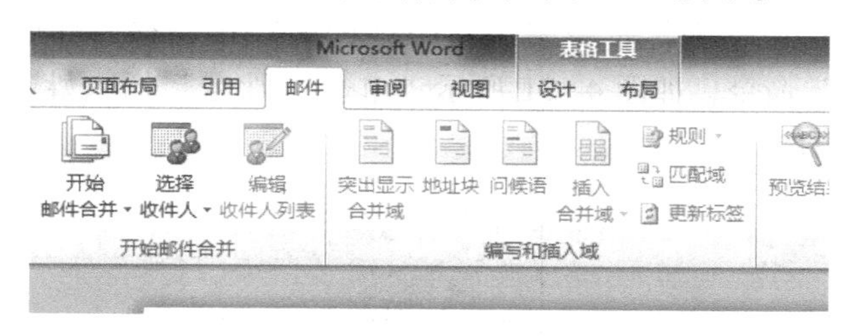

图 4-86 “邮件”菜单

2）在“开始邮件合并”选项组中，单击“开始邮件合并”右侧的下拉按钮，从下拉菜单中选择“信函”命令，如图 4-76 所示。

3）在“开始邮件合并”选项组中，单击“选择联系人”右侧的下拉按钮，从下拉菜单中选择“使用现有列表”命令，如图 4-88 所示。

图 4-87 “开始邮件合并”下拉菜单

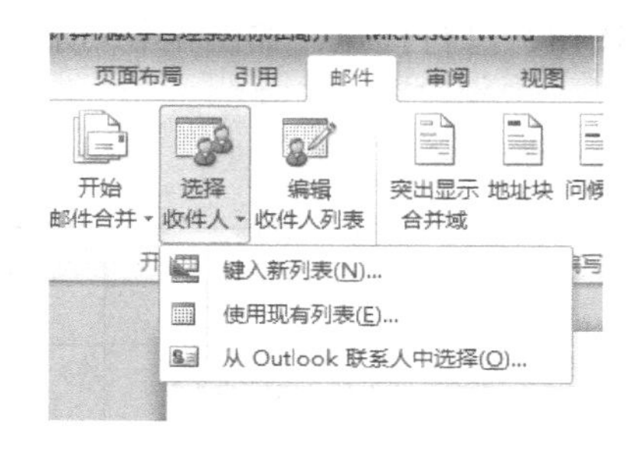

图 4-88 “选择收件人”下拉菜单

4）在弹出的“选取数据源”对话框中选择数据源文件，也就是前面创建的“职工信息”Excel 工作簿，如图 4-89 所示。单击“打开”按钮，弹出“选择表格”对话框，从中选择“职工信息”，如图 4-90 所示。

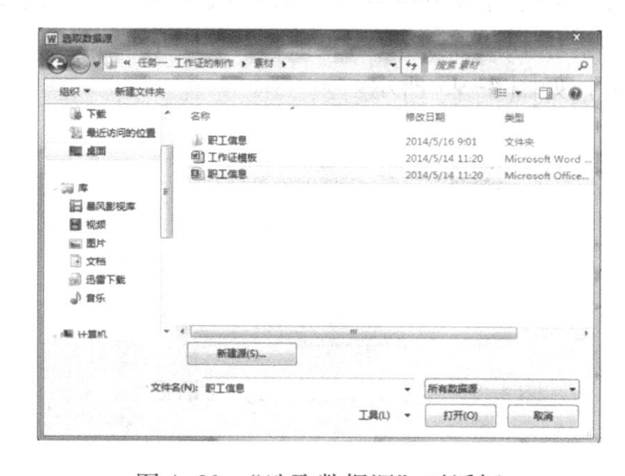

图 4-89 “选取数据源”对话框

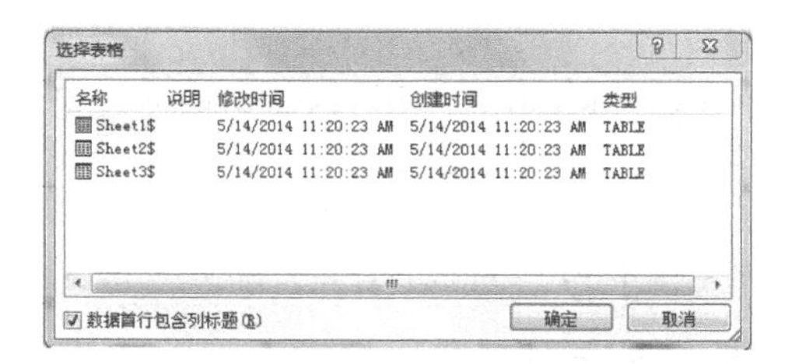

图 4-90 “选择表格”对话框

5. 设置邮件合并

1）在 Word 文档中，将光标定位于表格中“姓名”单元格右侧的空白处，选择“邮件”→“插入合并域”命令，如图 4-91 所示，单击“姓名”插入姓名项，并依次插入其他项。完成后如图 4-92 所示。

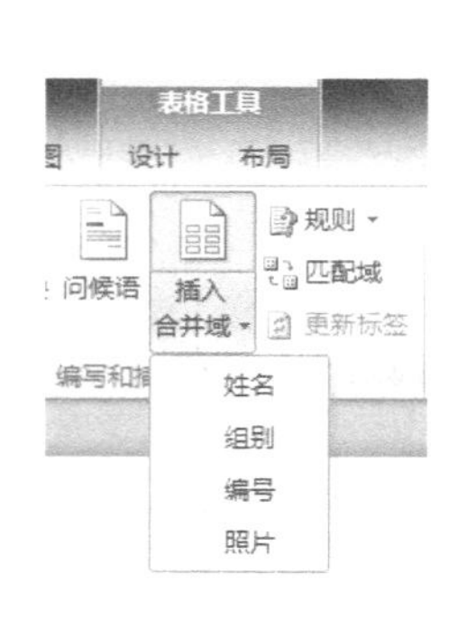

图 4-91 “插入合并域”命令

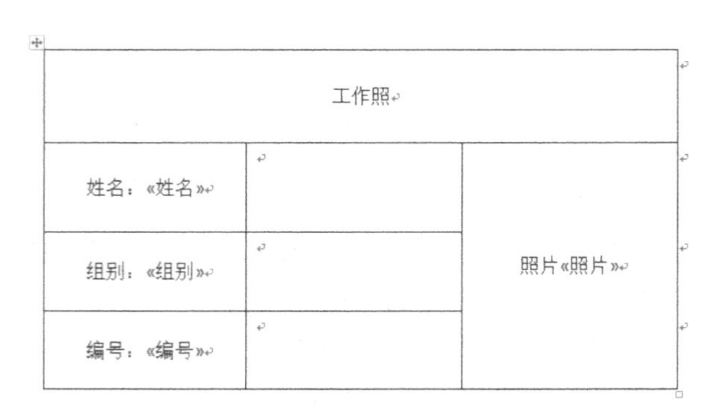

工作照		
姓名：«姓名»		照片«照片»
组别：«组别»		
编号：«编号»		

图 4-92 插入合并域后的效果

2）设置好邮件合并后，用户可以在“邮件”菜单下“预览结果”选项组中单击“预览结果”按钮，进行预览，如图 4-93 所示。

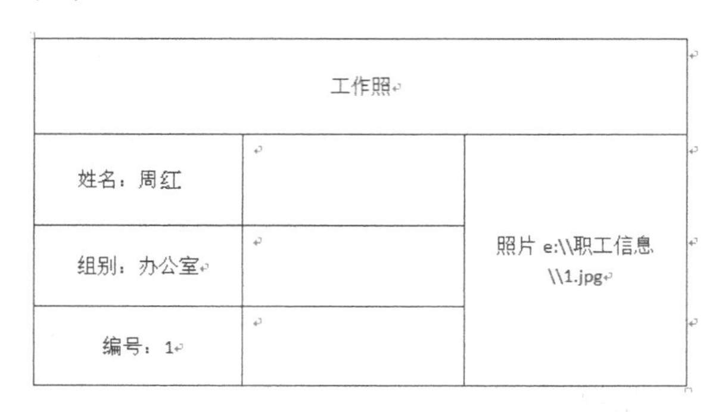

工作照		
姓名：周红		照片 e:\\职工信息\\1.jpg
组别：办公室		
编号：1		

图 4-93 预览结果

如果对预览合并后的效果满意，就可以完成邮件合并的操作了。在“完成”选项组中，单击“完成并合并”按钮，在下拉菜单中选择“编辑单个文档”，如图 4-94 所示。在弹出的“合并到新文档”对话框中设置合并的范围，如图 4-95 所示。

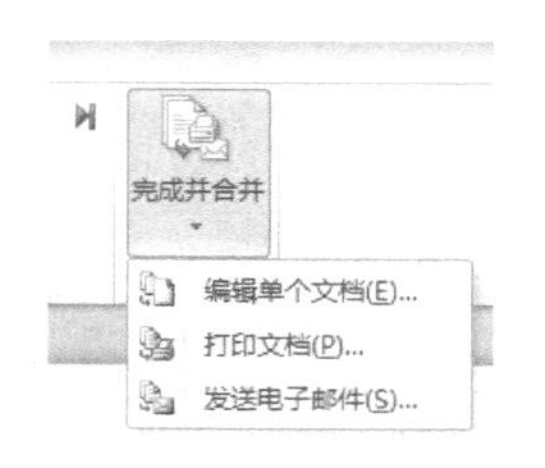

图 4-94 “完成并合并”命令

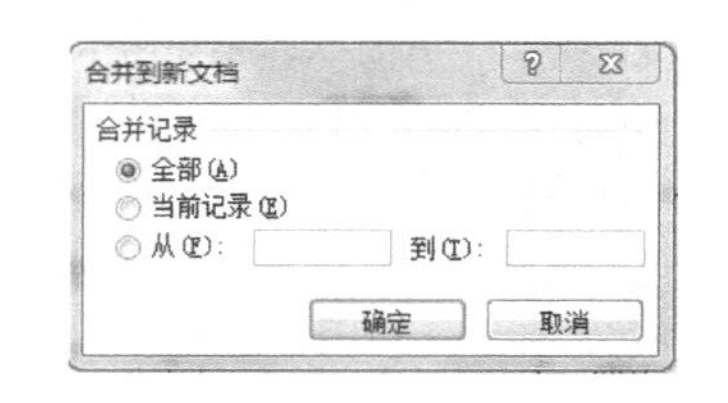

图 4-95 “合并到新文档”对话框

6. 编辑与处理照片

1）在 Word 文档的“照片”区域中选择“插入”→“文档部件”→“域”命令，打开“域”对话框，在其中选择“域名”为“IncludePicture”，并将其命名为“照片”。

2）选中“职工信息”工作簿表中的“照片”（按〈Alt + F9〉组合键可切换成源代码方式），再选择“邮件”→“插入合并域”→“照片”命令建立联系。

提示：如果新生成的文档中没有显示图片或所有的图片显示的是一个人，则可以按〈Ctrl + A〉组合键进行全选，然后按〈F9〉键对文档进行刷新。如果还有问题，则先把这个文档保存并关闭，然后再打开文档并全选，按〈Shift + F9〉组合键对文档进行刷新。

4.5.4 拓展训练　信封的制作

中文信封是 Word 2010 提供的一个特殊模板，既有标准中文信封格式，又内置了常用的合并域。通过“信封制作向导”工具，选择信封样式和数量、打开地址簿、匹配合并域、输入寄信人信息即可自动批量生成中文信封，非常快捷和方便。

利用“信封制作向导”制作中文信封，地址簿文件必须是 Excel 工作表，或者是用〈Tab〉键分隔的文本文件，并且都要带有标题行。同时，不能删除收件人，一般在结果文件中可删除不需要的信封。用户也可先将数据源备份一份，在数据源的备份文件中直接删除不需要制作信封的记录，再以修改后的数据源备份作为地址簿制作“中文信封”。要在标准“中文信封”的基础上添加修改内容，可先通过向导生成单个信封，然后再修改设计、插入域，最后完成合并，或者从 Word 文档开始定制具有完全不同风格的模板。在 Word 2010 邮件合并中，在“邮件”菜单的“创建”选项组中，还提供了“信封”和“标签”两个按钮，以方便创建并打印单页信封和标签，但不适合完成批量任务。

除了利用信封制作向导制作信封外，一般邮件合并都要涉及 3 个文件。

- 数据源文件：可以是 Excel 文件、Word 文档、文本文件或 Access 数据库等。
- 主文档：既有不变的内容，也有可变内容的占位符（域），和数据源文件相关联。
- 批量文档：是根据主文档完成合并后生成的新文档，即需要的最后结果。

模块5　Excel 2010 办公应用

本章要点

- 熟悉 Excel 的基础操作，包括数据输入、单元格操作等。
- 掌握 Excel 公式和函数的简单应用。
- 了解 Excel 公式和函数高级应用。
- 掌握图表的制作方法。
- 掌握自定义筛选、高级筛选、分类汇总、数据透视表、数据透视图的使用方法。

5.1　Excel 2010 概述

Excel 是 Office 中的一个重要组成部分，是一个强大的数据处理软件。使用 Excel 不仅可以保存数据，还可以通过公式和函数对数据进行运算和统计；使用 Excel 中的排序、筛选、分类汇总功能可实现对数据的分析；为了直观地表达数据之间的关系以及数据变化的趋势，可以将数据以图表的形式呈现出来。数据图表可极大地增强数据的表现力，并为用户进一步分析数据和进行决策分析提供依据。

对于不同的用户，可以对函数部分进行有针对性的学习。

5.1.1　Excel 的启动和退出

启动和退出 Excel 是使用该软件的第一步，在正确安装 Excel 中文版之后，便可以启动它了。启动与退出的方法与 Word 相同，在此不再赘述。

5.1.2　Excel 的工作窗口

启动 Excel 时，如果只是启动该应用程序而未打开任何 Excel 文件，系统将自动建立一个名为 Book1 的空白工作簿，显示出 Excel 的工作窗口，如图 5-1 所示。

Excel 的工作窗口主要由标题栏、选项卡、选项组、名称框、数据编辑区、工作区、工作表标签和状态栏组成。下面将它与 Word 软件不同的几项进行重点说明。

Excel 具有与 Word 风格相似的窗口界面。两者的标题栏、选项卡、选项组等在功能和使用方法上都是相似的，不同的是标题栏、选项卡和选项组中的具体命令。

1. 数据编辑区和名称框

数据栏是 Excel 中特有的组件，包括名称框、3 个数据按钮和编辑区，如图 5-2 所示。

最左侧的是名称框，用于显示活动单元格的地址。

中间是确认区，在非编辑状态下，只出现一个 fx 按钮。在编辑状态下，出现三个按钮 × ✓ fx，这 3 个按钮的作用如下。

×：取消按钮。单击该按钮，取消本次的输入或修改。

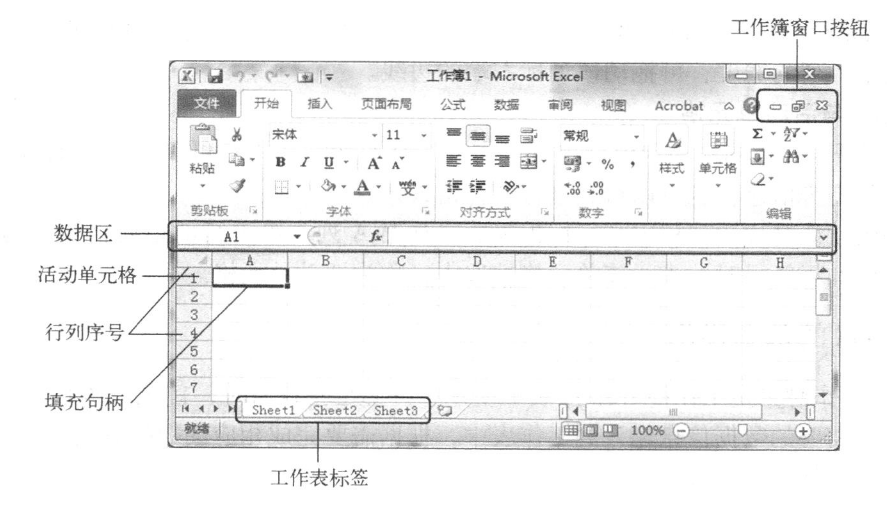

图 5-1 Excel 的工作窗口

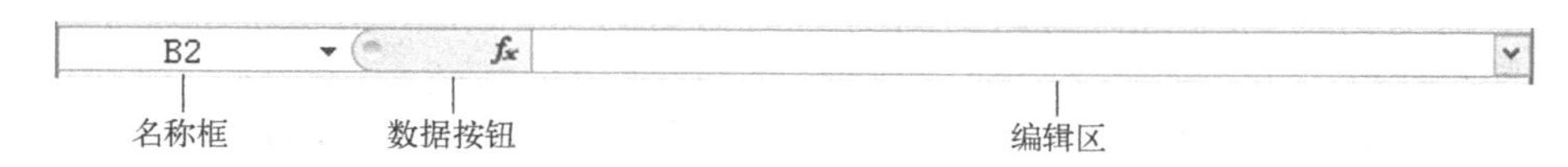

图 5-2 Excel 的数据编辑区

✔：输入按钮。单击该按钮，接受本次的输入或修改。

fx：输入函数按钮。单击该按钮，进行输入公式操作。

右端是编辑区，可以用来输入、显示、编辑活动单元格的内容。当单元格的内容为公式时，在编辑栏中可以显示单元格中的公式。

2. 工作区

工作区即工作表的编辑区域，由一个个单元格组成，它用于记录数据，并对输入的各种数据进行运算、制作表格等操作。

3. 工作表标签栏

工作表标签栏位于工作区的左下端，显示工作表的名称，单击某一工作表标签名即可切换到该标签所对应的工作表。

4. 工作簿和工作表

工作簿是指 Excel 中用来储存并处理数据的文件。它包含一个或多个工作表，默认状态下为 3 个，分别为 Sheet1、Sheet2 和 Sheet3，最多为 255 个。工作表的名字可以修改，工作表的个数也可以增减。工作簿就像一个大活页夹，工作表就像一个大活页夹中的一张张活页纸。启动 Excel 时，系统将自动打开一个新的工作簿。

工作表是存放数据的表格，俗称电子表格，由众多排列整齐的单元格一起构成。一张工作表由 65536 行和 256 列组成。

位于各行左侧的灰色编号区 1、2、3、…，是行号，最多有 65536 行。单击某行行号可选择该行，如果在行号上单击鼠标右键，则将弹出相应的快捷菜单；如果要改变某一行的高度，可拖动该行号下端的边线。

位于各列上方的灰色字母区 A、B、C、…Z、AA、…AZ、BA、…IV 是列标，最多有

256 列。单击某个列标可选择该列，如果在列标上单击鼠标右键，将弹出相应的快捷菜单；如果要改变某一列的宽度，可拖动该列标右端的边线。

5. 单元格与活动单元格

单元格是 Excel 中的最小单位，也是工作表的基本元素，用户可以在其中输入文字、数据、公式、日期等信息，也可以对其进行各种格式设置。

单元格的默认名称用列标识与行标识表示，如第 A 列与第 1 行的单元格名称为“A1”。单元格的边框加粗显示时，表示该单元格被选中，称为活动单元格。

5.1.3 Excel 的基本操作

Excel 的操作对象是工作簿和工作表。使用 Excel 处理数据时，首先应该创建或打开工作簿，然后将需要的数据信息输入到工作表中，根据需要完成相应的数据分析、格式化等操作，最后保存创建的工作簿。

5.1.3.1 工作簿的基本操作

工作簿的基本操作包括创建、打开、保存和关闭等内容。

1. 创建工作簿

创建工作簿主要有两种方法：创建新的工作簿和根据模板创建工作簿。

(1) 创建新的工作簿

1) 单击“文件”→“新建”命令，打开“可用模板”窗口，如图 5-3 所示。在该任务窗格中选中“空白工作簿”，在右侧预览区可以查看演示效果，在预览区下有创建按钮，单击该按钮即可创建一个空白工作簿。

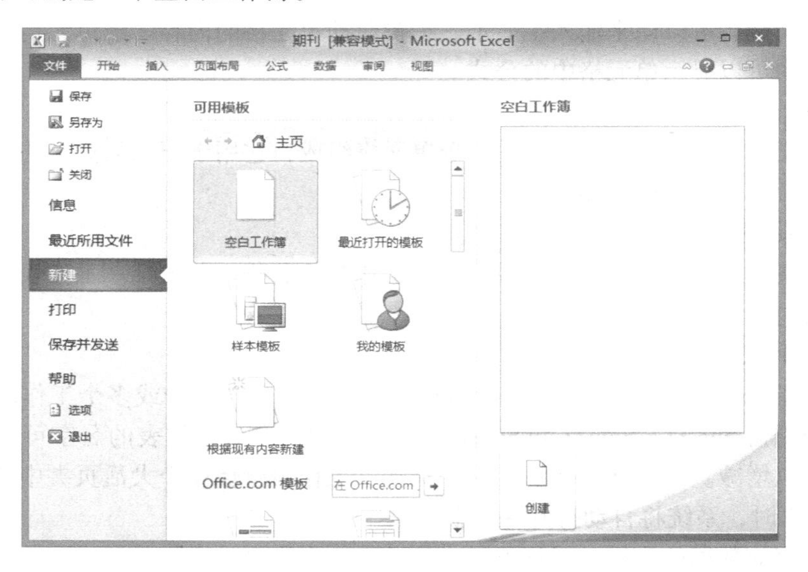

图 5-3 “可用模板”窗口

2) 单击“快速访问”工具栏上的“新建”按钮，也可创建一个工作簿。

(2) 根据模板创建工作簿

使用模板创建工作簿的步骤如下：

1) 单击“文件”→“新建”命令，打开“可用模板”任务窗格。

2）在该任务窗格中的“模板”选区中单击“样本模板”超链接，会跳转到样本模板备选区，选中需要的模板在预览区下单击创建，即可创建符合模板样式的新工作簿。

3）在该选项卡中还可以创建最近使用过的模板工作簿或者在 office. com 上搜索更多模板类型。

2. 打开工作簿

打开保存在磁盘上的工作簿文件的方法与打开 Word 文档类似，不再赘述。

3. 保存工作簿

（1）常规保存

工作簿在编辑完成后，就要进行保存，然后关闭工作簿，具体的操作步骤同 Word 类似，只是在“保存类型”下拉列表中选择要保存工作簿的文件类型时，Excel 2010 默认的文件类型为 Microsoft Office Excel 工作簿，文件的扩展名为 . xlsx。

（2）自动保存

在进行文档编辑时可能会忘记保存，当计算机出现故障或断电时，Excel 提供了自动保存功能，即每隔一段时间系统会自动保存文档，具体设置方法如下：

1）单击“文件”→“选项”命令，在弹出的“Excel 选项”对话框中选择“保存”选项组。

2）在选项组中勾选“保存自动恢复信息时间间隔”前面的复选框，然后在“分钟”微调框中设置两次自动保存之间的间隔时间，如图 5-4 所示。

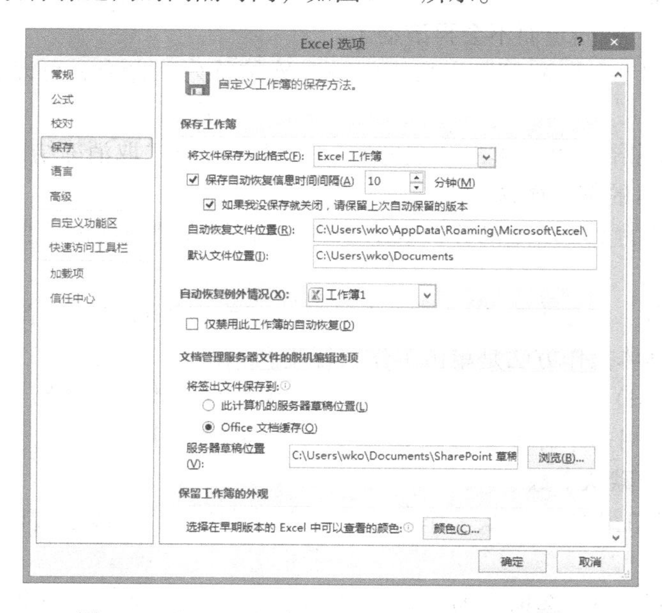

图 5-4 “Excel 选项”对话框的“保存”选项组

4. 关闭工作簿

编辑、保存一个工作簿后，需要将其关闭，具体方法同 Word 操作方法相同。

5. 工作簿窗口的拆分

对于较大的工作表，由于屏幕的限制，看不到全部的内容。若要在同一屏幕上查看或编辑相距较远的两个单元格区域的内容，可以考虑对工作簿窗口进行横向或纵向拆分。

（1）水平拆分工作簿窗口

在工作簿窗口的垂直滚动条上方有“水平分割条”，当鼠标指针移到此处时，指针形状变为÷。将鼠标指针移到“水平分割条”，按住左键上下拖动“水平分割条”到合适位置，则把原工作簿窗口分成上下两个窗口。每个窗口有各自的滚动条，通过移动滚动条，两个窗口在“行”的方向可以显示同一工作表的不同部分。

（2）垂直拆分工作簿窗口

在工作簿窗口水平滚动条的右端有“垂直分割条”，当鼠标指针移到此处时，指针形状变为╬。将鼠标指针移到“垂直分割条”，按住左键左右拖动“垂直分割条”到合适位置，则把原工作簿窗口分成左右两个窗口。两个窗口在“列”的方向可以显示同一工作表的不同部分。

6. 冻结窗格的使用

对于较大的表格，除了使用上述方法对工作簿窗口进行拆分外，还可以使用“冻结窗格”的功能，使表格的选定部分始终都固定显示在表格的最上方或最左边。具体操作步骤如下：

1）选定需固定显示行的下方行的第一个单元格（或固定显示列右侧的第一个单元格）。

2）单击“视图”→“窗口”→“冻结窗格”命令，在下拉列表中选择“冻结拆分窗格”命令，此时会在固定显示行下方（或固定显示列右侧）出现一条黑线作为冻结窗格的标识，拖动工作簿窗口的垂直滚动条（或水平滚动条），可以看到表格的固定显示行部分（或固定显示列部分）被固定而不会再滚动了。

3）单击“视图”→“窗口”→“冻结首行/冻结首列”命令，可以直接完成对首行和首列的冻结拆分。

4）要取消窗口冻结，可以单击“视图”→“窗口”→“取消冻结窗格”命令。

5.1.3.2　工作表的基本操作

工作表是工作簿的主要组成部分，也是 Excel 中存储和处理数据的主要文档。

1. 选取工作表

在一个工作簿中，有多张工作表，若要对某一工作表进行操作，首先要选取这张工作表。选取工作表的具体操作方法是单击工作表标签。

提示：按住〈Ctrl〉键，可以同时选择多张不连续的工作表，按住〈Shift〉键，分别单击两个工作表标签，则两个标签之间的全部工作表都将被选中。

2. 改变工作表的默认个数

默认情况下一个工作簿有 3 张工作表，如有特别的需要，可以通过以下操作来改变工作表的默认个数。

1）单击“文件”→“选项”命令，在弹出的“Excel 选项”对话框中选择“常规”选项组。

2）在“新建工作簿时包含的工作表数”微调框中设置默认新工作表的个数，如图 5-5 所示。

3）设置完成后，单击对话框中的“确定”按钮，退出“选项”对话框。

4）单击快速访问工具栏中的“新建”按钮，新建一个工作簿，此时会发现，工作簿底部的默认工作表数为设置的个数。

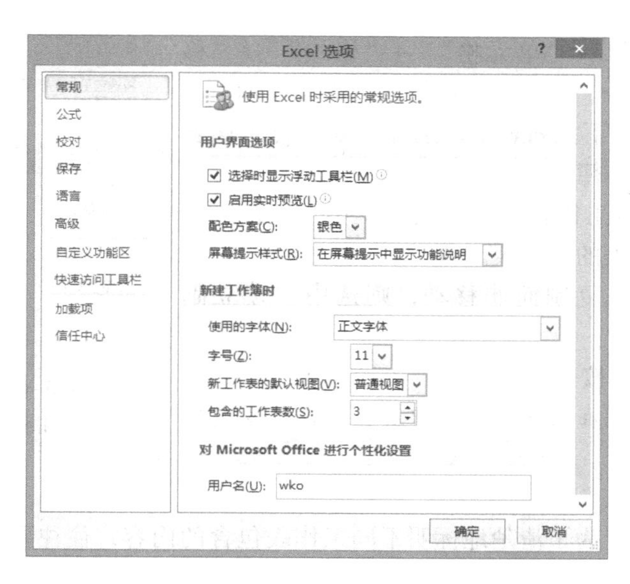

图 5-5 “Excel 选项”对话框

3. 插入、删除工作表

在实际工作中，用户可根据需要对工作簿中的工作表进行插入或删除操作，具体操作步骤如下。

（1）插入工作表

1）单击要插入新工作表处的工作表标签。

2）在“开始”菜单的“单元格”选项组中，单击“插入”下拉按钮，在下拉菜单中选择插入工作表命令，一张新的工作表被插入到当前工作表的前面。

还有一种方法是在要插入新工作表处的工作表标签上单击鼠标右键，从弹出的快捷菜单中选择“插入”命令，会弹出“插入”对话框，在其中选择工作表插入即可。

提示：在 Excel 中一次可以插入多个工作表。方法是：在工作簿中选择与要添加工作表数目相同的工作表。单击“插入”，选择“工作表”命令。

（2）删除工作表

1）单击要删除工作表的标签。

2）在“开始”菜单的“单元格”选项组中，单击“删除”下拉按钮，在下拉菜单里选择“删除工作表”命令；或者右击要删除的工作表标签，在弹出的快捷菜单中选择“删除”命令，即可删除该工作表。

4. 复制、移动工作表

在 Excel 中复制和移动工作表的方法有两种，具体操作步骤如下。

方法一：拖动法

1）选择要移动或复制的工作表标签。

2）按住鼠标左键，将标签拖到移动的目标位置，释放鼠标。若要复制工作表则加按〈Ctrl〉键。

方法二：菜单法

1）单击要移动或复制的工作表标签。

2）选择“开始”→“单元格”→“格式”→“移动或复制工作表”命令，弹出的对话框如图 5-6 所示。

3）在“工作簿”下拉列表中，选择需要进行工作表移动或复制操作的工作簿。

4）在“下列选定工作表之前”列表框中，选择要在前面移动或复制工作表的工作表。

5）若工作表是被复制而非移动，则选中“建立副本”复选框。

6）单击“确定”按钮。

提示： *工作表复制在同一工作簿中后，还需修改复制后的工作表名称。*

移动或复制工作表

将选定工作表移至

工作簿(T)：

工作簿1

下列选定工作表之前(B)：

Sheet1

Sheet2

Sheet3

(移至最后)

建立副本(C)

确定 取消

图 5-6 “移动或复制工作表”对话框

5. 重命名工作表

在编辑工作表时，为了清楚地标明不同工作表包含的内容，往往要对工作表重新命名，具体操作步骤如下。

1）单击要重命名的工作表标签。

2）选择“开始”→“单元格”→“格式”→“重命名工作表”命令，在工作表标签中输入新的工作表名称。

3）按〈Enter〉键或在其他地方单击鼠标。

提示： *在需要命名的工作表标签处双击鼠标，也可以为工作表进行命名；或者在工作表标签上单击鼠标右键，在快捷菜单里选择“重命名”命令。*

有时候可能会出现无法命名工作表的现象，即工作簿中的工作表标签未被显示出来，此时可执行以下操作。

1）选择“文件”→“选项”命令，打开“Excel 选项”对话框。

2）在对话框中选择“高级”选择卡，然后勾选“显示工作表标签”复选框，如图 5-7 所示。

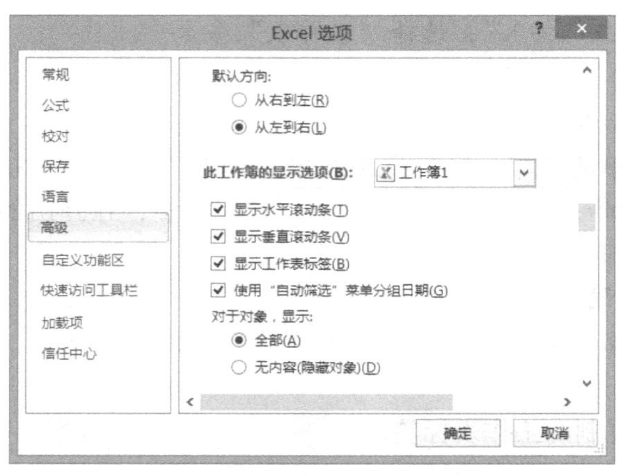

图 5-7 “Excel 选项”对话框

3）单击“确定”按钮，则工作表中将显示工作表标签。

6. 隐藏工作表

在某些情况下，需要隐藏工作表以保护某些重要的资料，具体步骤如下。

1）选择隐藏的单个或多个工作表。

2）选择“开始”→“单元格”→“格式”命令，在下拉列表的可见性分组里可隐藏工作表。

如果要显示隐藏的工作表，具体步骤如下。

选择“开始”→“单元格”→“格式”命令，在可见性分组里选择“取消隐藏工作表”，弹出的对话框如图5-8所示。在该对话框中选取要取消隐藏的工作表，然后单击“确定”按钮，即可恢复隐藏的工作表。

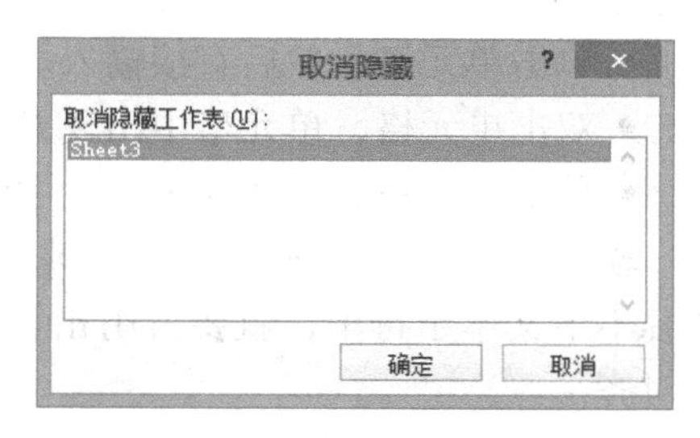

图5-8 “取消隐藏”对话框

5.1.3.3 单元格的基本操作

在编辑工作表的过程中，用户可以选定单元格，并在其中输入数据，设置单元格格式，调整行高和列宽，对单元格进行移动和复制、插入和删除等操作。

1. 选定单元格区域

在对单元格进行编辑和修改之前，首先要选定单元格，具体操作步骤如下。

1）选定一个单元格。直接用鼠标指针指向要选中的单元格并单击；或直接在名称框中输入单元格地址。

提示：如果工作表过大、数据过多，可以选择“开始”→“编辑”→“查找和选择”→“定位条件”命令。

2）选定一行或一列。将鼠标指针移到要选定的行或列的行标或列标处，当鼠标变为➡或⬇形状时，可单击选定的行号或列号，其他选定区域同Word。

2. 输入单元格数据

在工作表中选中单元格后，便可以在其中输入数据。在Excel中的数据是一个比较广泛的概念，包括文本、日期、公式等多种类型。在输入数据时，单元格中的数据会同时显示在编辑栏中，如图5-9所示。

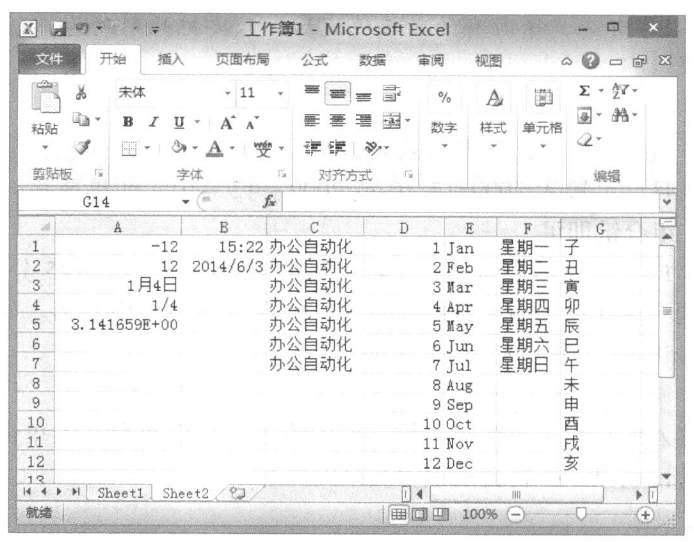

图5-9 输入单元格数据示例

（1）输入文本

在Excel中，文本可以是文字，也可以是数字与空格或其他非数字字符的组合。要向单元格中输入文本可选用以下方法之一：

- 单击单元格，然后直接输入。这种方法将覆盖掉单元格原有的数据。
- 双击单元格，单元格中出现光标，可输入文本。
- 单击单元格，然后在编辑栏中输入文本。

输入完内容后，按〈Enter〉键或单击编辑栏中的“输入”按钮“√”。如果单元格列宽容不下文本字符串，就要占用相邻的单元格。默认情况下，输入的文本型数据在单元格内左对齐。

（2）输入数值

数值是指能用来计算的数据，在Excel工作表中，数值为下列字符：

0 1 2 3 4 5 6 7 8 9 + - ( ), / ￥ $ %

其他的数字与非数字的组合将被视为文本。输入数值时要注意以下几点。

- 输入正数：直接输入，前面不必加“+”号。
- 输入负数：必须在数字前加“-”号，例如“-12”或给数字加上括号，如“（12）”。
- 输入分数：应先输入“0”和空格，再输入分数。例如，“1/4”的正确输入是“0 1/4”。
- 默认情况下，单元格中最多可显示11位数字，如果超出此范围，则自动改为科学计数法显示，如输入数值“123456789009”，则显示“1.23457E+11”。当单元格内显示一串“##”符号时，则表示列宽不够，如需显示此数字，可适当调整列宽。数值在单元格内默认右对齐。
- “,”表示千位分隔符，“.”表示小数点符号。
- 输入纯数字的文本时，输入数字前需要添加一个半角的单引号“'”。例如，输入邮政编码和电话号码。

提示：有些符号不必在输入时添加，可利用格式设置来帮助添加。如“货币”符号的输入，可以先填入数字部分，等所有的数值填完后，只要把此列改为“货币”格式，Excel就会自动添加“￥”符号。

（3）输入日期和时间

1）输入日期。在Excel中，日期格式可以为“年-月-日”或“年/月/日”。例如输入2009年12月10日，可输入2009/12/10或2009-12-10。如果要输入当前的日期，按〈Ctrl+；（分号）〉组合键即可。

2）输入时间。时、分、秒之间用：分隔，如8:45:30表示8点45分30秒。时间一般以24小时制。在同一单元格中输入日期和时间，则在中间用空格分离。如果要输入当前的时间，按〈Ctrl+Shift+；（分号）〉组合键即可。

（4）记忆输入

Excel有记忆输入的功能，当在同一数据列中输入一个已经存在的单词或词组时，只需输入单词或词组的开头，Excel将自动填写其余的内容。

（5）智能填充数据

当相邻单元格中要输入相同的数据或按某种规律变化的数据时，可以用Excel提供的智能填充功能实现快速输入。进行智能填充时，需要使用填充句柄（活动单元格右下角的小黑块）。

1）相同数据的填充。例如，在当前单元格 C1 中输入文本内容“计算机基础”，将鼠标指针移动到填充句柄处，此时指针形状变为“+”，按住鼠标左键向下拖动填充句柄到 C7 单元格，则从 C2 到 C7 均填充了相同内容“计算机基础”。

2）已定义序列数据的填充。例如，在单元格 G1 中输入“子”，向下拖动填充句柄到 G12 单元格，则从 G2 到 G12 依次填充了“丑”“寅”……“亥”（见图 5-9）。

Excel 中已定义的填充序列还有以下几种。

- Jan、Feb、Mar、Apr、May、Jun、Jul、Aug、Sep、Oct、Nov、Dec。
- Sun、Mon、Tue、Wed、Thu、Fri、Sat。
- 日、一、二、三、四、五、六。
- 第二季、第三季、第四季。
- 星期一、星期二、星期三、星期四、星期五、星期六、星期日。
- 甲、乙、丙、丁、戊、己、庚、辛、壬、癸。

（6）用户自定义填充序列

用户自定义填充序列的具体步骤如下：

1）选择“文件”→“选项”命令，弹出“Excel 选项”对话框。在“高级”选项组中找到“编辑自定义列表”并打开。

2）选择“自定义序列”选项卡，在“自定义序列”框中显示了已定义的各种填充序列。用户可在“输入序列”框中依次输入自定义填充序列，如大学语文、大学英语、计算机基础、思想政治。

提示： 用户自定义填充序列各字符间应为英文半角逗号，或各字符分别处在不同的行。

3）单击“添加”按钮，新定义的填充序列出现在“自定义序列”框中，如图 5-10 所示。

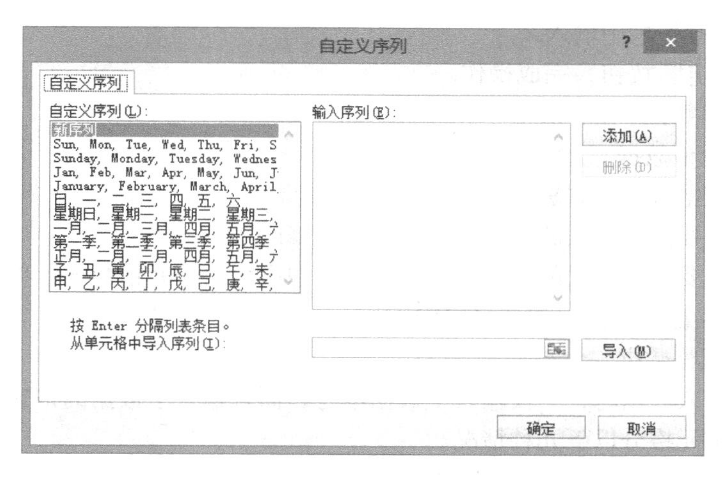

图 5-10 “自定义序列”对话框

完成自定义填充序列的添加工作后，用户以后就可以利用自定义填充序列在单元格中进行智能填充了。

（7）智能填充

除了利用已定义的序列进行自动填充外，还可以指定按照某种规律进行智能填充。例如，在D1单元格中输入1，在D2单元格中输入2，首先选定D1和D2两个单元格，然后向下拖动选择区域的填充句柄到D12单元格，则D3到D12的单元格内按照等差数列规律填充了3、4、…12，如图5-11所示。

还可以利用“填充”命令完成更为复杂的数据填充工作，如等比数列的智能填充。以在J1至J5单元格中依次按照等比数列填充2、4、8、16、32为例，具体操作步骤如下。

1）在单元格J1中输入起始值2。

2）选定要填充的单元格区域J1至J5（鼠标自J1一直拖动到J5）。

3）选择“开始”→“编辑”→“填充”命令，在下拉菜单中选择“系列”，会弹出“序列”对话框，如图5-12所示。

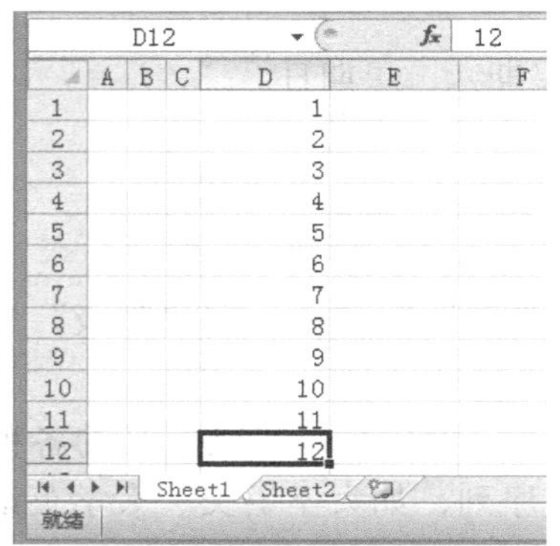

图5-11 设置智能填充

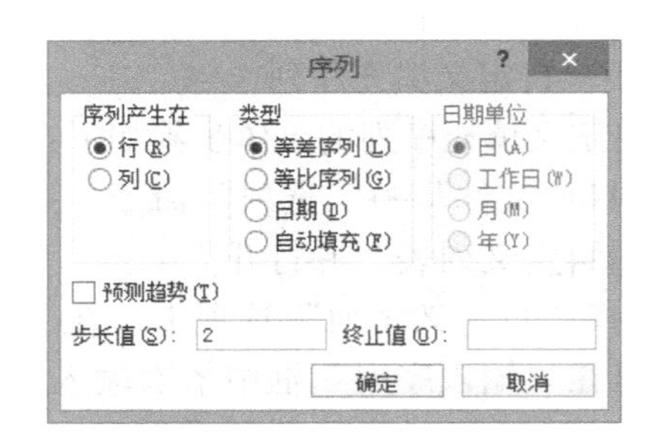

图5-12 “序列”对话框

4）在“序列产生在”栏中选定填充方式，本例选择按“列”填充。

5）在“类型”栏中选择填充规律，本例选择“等比数列”。

6）在“步长值”栏中输入2。

7）单击“确定”按钮，完成操作。

3. 编辑单元格数据

（1）修改单元格数据

修改单元格数据有两种方法：

方法一：双击要修改数据的单元格，直接进行修改。

方法二：单击要修改数据的单元格，在编辑栏中显示出单元格数据，单击编辑栏，进行修改。按〈Enter〉键或单击✓按钮确定输入。

（2）删除单元格数据

在单元格中输入数据时，不仅输入了数据本身，而且输入了数据的格式或批注等其他信息。因此，清除单元格分以下几种情况。

1）只清除内容，而保留其中的批注和单元格格式。

操作方法是：选定单元格后，按〈Del〉键或〈BackSpace〉键。

2）清除单元格的内容、批注或单元格格式。

操作方法是：选定要删除数据的单元格，单击“开始”→的“编辑”→“清除”命令，选择“全部清除”即可。

3）移动和复制单元格数据

若需要将某个单元格或某个区域的内容移动或复制到当前工作表的其他单元格或区域上，或者到其他工作表、工作簿上，可用如下方法：

1）选定要移动或复制的单元格区域。

2）将鼠标指向选取单元格或单元格区域的边框。

3）当鼠标指针变成✥形状时，拖动鼠标到粘贴区域的左上角单元格，松开鼠标，即可移动单元格数据。如复制，则加按〈Ctrl〉键。

（3）粘贴单元格数据

粘贴单元格数据的具体操作步骤如下。

1）选定要移动或复制的单元格区域。

2）选择“开始”→“剪贴板”→“复制”或“剪切”命令。

3）将光标定位到粘贴区域的左上角单元格，单击“开始”→“剪贴板”→“粘贴”命令。

对单元格数据进行粘贴，粘贴的往往不仅是数据，还有可能包括公式、格式、背景颜色等特定内容。若想对单元格中的特定内容进行复制和粘贴，可通过选择“开始”→“粘贴”→“选择性粘贴”命令，在如图5-13所示的对话框中选择一种粘贴方式，然后单击“确定”按钮即可。

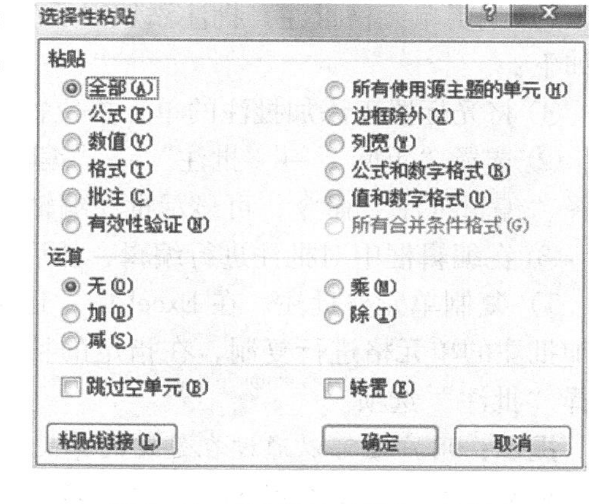

图5-13 “选择性粘贴”对话框

“选择性粘贴”对话框中常用的选项说明如下。

- “全部”选项：选择该选项，将粘贴原有单元格中的所有内容。
- “公式”选项：选择该选项，粘贴的将仅是原有单元格中的公式。
- “数值”选项：选择该选项，粘贴的仅是原有单元格中的数值或公式计算出来的结果。
- “格式”选项：选择该选项，将只是复制单元格的格式，如字体或填充颜色，而不复制单元格的内容。
- “批注”选项：选择该选项，将只粘贴原有单元格中的批注。
- “有效性验证”选项：选择该选项，将只粘贴有效数据。
- “边框除外”选项：选择该选项，将粘贴除边框以外的其他所有内容。
- “列宽”选项：选择该选项，将仅粘贴列宽。
- “公式和数字格式”选项：选择该选项，将仅粘贴原单元格中的公式和数字格式。
- “值和数字格式”选项：选择该选项，将仅粘贴原单元格中的内容和数字格式。
- “跳过空单元”复选项：勾选此项，则在复制单元格数据时，将防止用复制的空白单元格替换数据单元格。

- “粘贴链接”按钮：单击此按钮，则粘贴后的单元格将与源单元格中的数据产生链接关系，当源单元格中的数据发生变化时，则目标单元格中的数据也将发生变化。

（4）添加批注

批注是用户对单元格内容进行区分的注释。在输入数据的过程中，如果想对某个单元格的数据进行说明，可为其添加批注，批注可以隐藏，也可以编辑。

1）添加单元格批注。具体操作步骤如下。

① 选择要添加批注的单元。

② 选择“审阅”→“批注”→“新建批注”命令；或者单击鼠标右键，在弹出的快捷菜单中选择“插入批注”命令，弹出可编辑矩形框。

③ 在可编辑矩形框顶端会有一个添加者的姓名，不需要的情况下，可以像删除文本一样将其删除。

④ 在矩形框中输入内容，然后单击单元格其他位置即可完成批注的插入。

插入批注的单元格右上角会有一个小的红色三角形，当光标置于该单元格时会自动显示批注内容。

2）编辑单元格批注。批注添加以后，如果需要对批注进一步进行编辑，其具体操作步骤如下：

① 将光标置于添加批注的单元格位置。

② 选择“审阅”→“批注”→“编辑批注”命令；或者单击鼠标右键，在右键菜单中选择“编辑批注”命令，可显示批注编辑框。

③ 在编辑框中对批注进行编辑，然后单击批注外任意位置即可。

3）复制单元格批注。在 Excel 中，还可以在单元格之间复制批注，操作方法是：选择添加批注的单元格进行复制，在指定的粘贴批注的单元格打开“选择性粘贴”对话框，并选择“批注”选项。

提示：用户还可以通过在选定的单元格上单击鼠标右键，在右键菜单中选择“粘贴选项”命令，打开“选择性粘贴”进行操作。

4）隐藏或显示单元格批注

默认情况下，批注是隐藏的。将光标置于含有批注的单元格中时，会自动显示批注内容。

如果想显示批注内容，则在含有批注的单元格处单击鼠标右键，在右键菜单中选择“显示”→“显示/隐藏批注”命令即可，若想将批注再次隐藏，则执行右键菜单中的“隐藏批注”命令。

若想在工作表中显示全部隐藏的批注，可选择“审阅”选项卡中的“批注”→“显示所有批注”命令，此时，工作表中将显示全部的单元格批注。

4. 插入与删除单元格、行与列

在表格的编辑过程中，有时需要插入或删除单元格、行与列。

（1）插入单元格、行或列

选中要插入单元格的位置，单击“插入”→“单元格”命令，打开“插入”对话框，如图 5-14 所示。

在该对话框中有“活动单元格右移”、“活动单元格下移”、“整行”或“整列”4 个单选按钮，选中其中任意一个，即可在工作表中插入单元格、行、列，或在此单元格上面增加一行，或在此单元格左边增加一列。

（2）删除单元格

选中要删除单元格区域，单击“开始”→“单元格”→“删除”命令右侧的下拉列表按钮▾，弹出“删除”对话框，如图5-15所示。在该对话框中选中相应的单选按钮，即可删除相应的单元格、行、列，或删除相应的整行、整列。

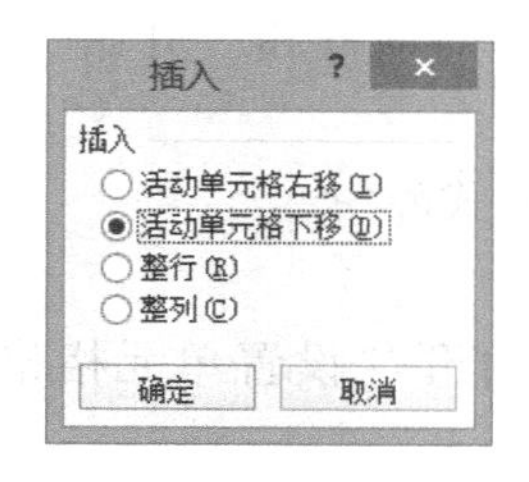

图5-14 “插入”对话框

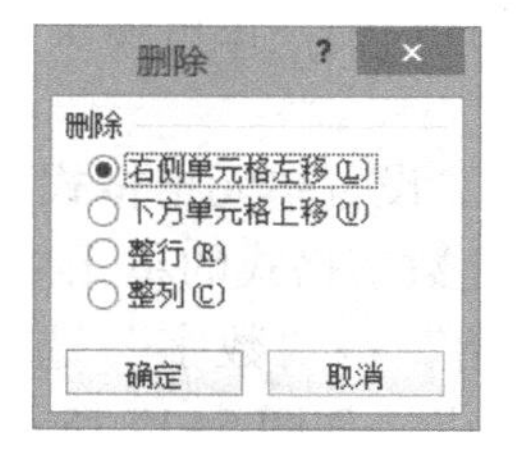

图5-15 “删除”对话框

5.1.3.4 工作表的格式化

在工作表的单元格中输入并编辑信息后，可以为文字或数据设置格式以突出重要信息，使工作表更易于阅读。

1. 设置单元格的格式

Excel为工作表提供了丰富的格式命令。利用这些命令，可以完成工作表的修饰工作，制作出各种美观的表格。

（1）设置字符格式

设置字符格式的具体操作步骤如下：

1）选定单元格或单元格区域。

2）选择“开始”→“字体”选项组的下拉按钮，打开“设置单元格格式”对话框，选择“字体”选项卡，如图5-16所示。

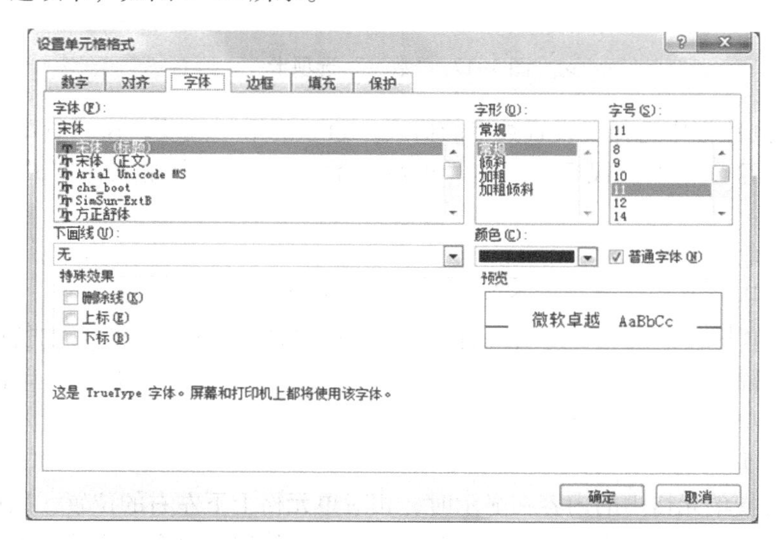

图5-16 “字体”选项卡

3）在“字体”选项卡中，设置字体、字形、字号、下画线和颜色等。

4）设置完成后，单击“确定”按钮。

（2）设置数字格式

默认情况下，数字是常规格式，当用户在工作表中输入数字时，数字以整数、小数或科学记数方式显示。此外，Excel 还提供了多种数字显示格式，如数值、货币、会计专用、日期、时间等。

数字格式的设置，同样也可通过“设置单元格格式”对话框和“开始”选项卡两种方法实现。

方法一：使用“设置单元格格式”对话框设置数字格式。

1）选定要设置数字格式的单元格。

2）选择“开始”→“数字”选项组的下拉按钮，打开“设置单元格格式”对话框，选择“数字”选项卡，如图 5-17 所示。

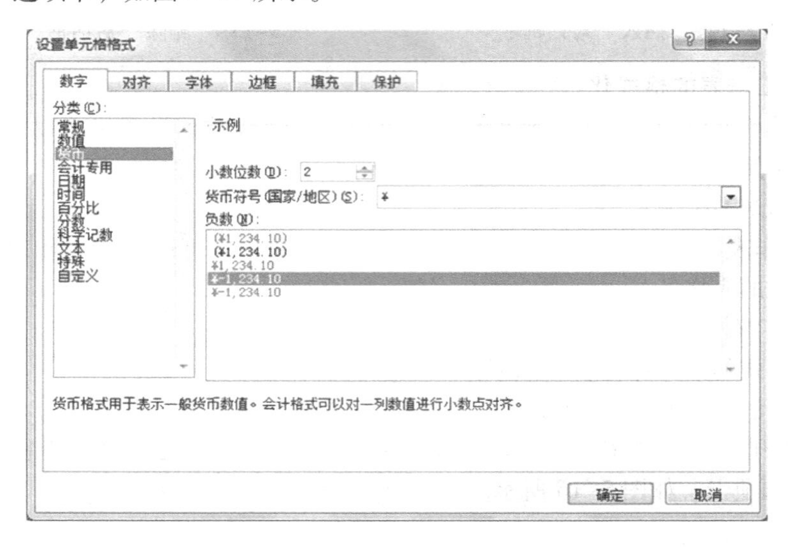

图 5-17 “数字”选项卡

3）在分类列表框中选择要设置数字的格式。如“货币”选项，在“货币符号”下拉列表中，选择货币符号，如人民币￥，在“小数位数”微调框中输入保留的小数位数，如“2”。

4）单击“确定”按钮。

方法二：使用“开始”选项卡下的“数字”选项组设置。

“开始”菜单下的“数字”选项组提供了一些设置数字格式的按钮。如货币样式、百分比样式、千位分隔样式、增加小数位数、减少小数位数，如图 5-18 所示。单击可以快速对选定的单元格或单元格区域进行数字格式设置。

（3）设置单元格的对齐方式

所谓对齐是指单元格中的内容在显示时，相对单元格上下左右的位置。默认情况下，单元格中的文本靠左对齐，数字靠右对齐，逻辑值和错误值居中对齐。设置单元格对齐方式的具体步骤如下：

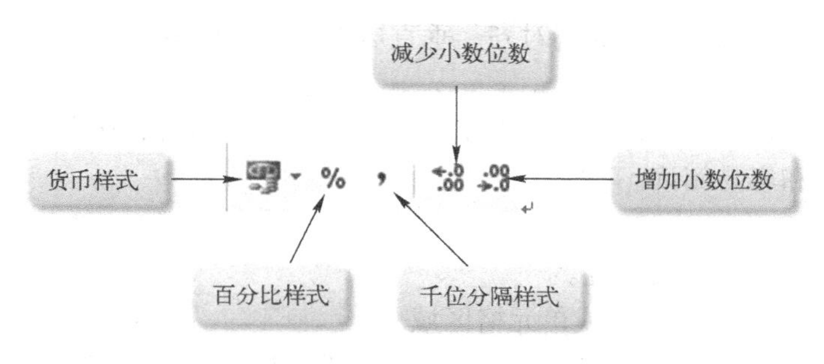

图 5-18　数字格式设置按钮

1）选定要设置格式的单元格或单元格区域。

2）选择“开始”→“对齐方式”选项组的下拉按钮，打开“设置单元格格式”对话框，选择“对齐”选项卡，如图 5-19 所示。

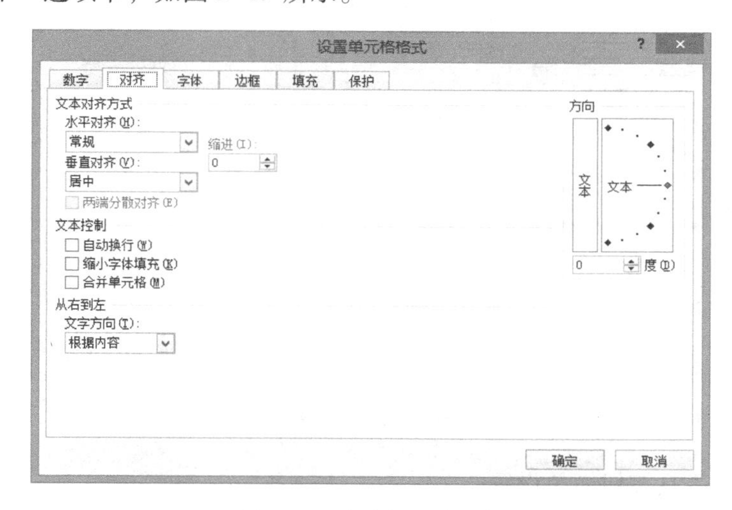

图 5-19　“对齐”选项卡

3）打开“水平对齐”下拉列表，选择一种水平对齐方式。

4）打开“垂直对齐”下拉列表，选择一种垂直对齐方式。

5）在“文本控制”选项区中设置文本的对齐方式。

- 选中“自动换行”复选框，则 Excel 根据单元格列宽把文本换行，并自动设置单元格的高度，使全部内容都显示在该单元格中。
- 选中“缩小字体填充”复选框，则自动缩小单元格中字符的大小，以使数据的宽度与列宽一致。
- 选中“合并单元格”复选框，则将多个相邻单元格合并为一个单元格。

6）在“方向”选项区中，用户可以使用鼠标拖动文本指针，或单击数值框中的微调按钮，调整单元格中字符的角度。

7）设置好相应选项后，单击“确定”按钮。

使用“开始”选项卡下的对齐方式选项组也可设置单元格中文本的水平对齐方式，如左对齐、右对齐、居中、合并后居中。同时对齐方式选项组中还包括减少或增加缩进量、自动换行、顶端对齐、底端对齐、垂直居中等操作按钮。

（4）设置边框与底纹

为工作表添加边框和底纹，可以让工作表突出显示重点内容，区分工作表的不同部分，使工作表更加美观和容易阅读。

1）设置边框。

方法一：在对话框中详细设置。

① 选择要设置边框的单元格或单元格区域。

② 选择“开始”→“字体”选项组的下拉按钮，打开“单元格格式”对话框，选择“边框”选项卡，如图5-20所示，可设置边框有无、线条及颜色。

图5-20 “边框”选项卡

方法二：使用工具按钮简单设置。

① 选择需要设置边框的单元格或单元格区域。

② 选择“开始”→“字体”选项组中“下框线”按钮右侧的下拉箭头，弹出“边框”下拉列表。

③ 选择不同的框线类型，设置不同的框线效果，一般情况下选择“所有框线”。单击“所有框线”按钮，表格的框线就会出现了。

2）添加底纹。底纹是为特定的单元格加上色彩和图案，从而不仅可以突出显示重点内容，还可以美化工作表的外观。设置底纹的具体操作步骤如下。

① 选择要设置底纹的单元格或单元格区域。

② 选择“开始”→“字体”选项组右下角的箭头，打开“设置单元格格式”对话框，选择“填充”选项卡，如图5-21所示。

③ 在“背景色”调色板中选择单元格的背景颜色。

④ 在“图案颜色”和“图案样式”下拉列表中，选择单元格所需的图案样式及颜色。

⑤ 在“示例”选项区中可以预览效果，如果对效果满意，单击“确定”按钮，即可将底纹添加到工作表中。

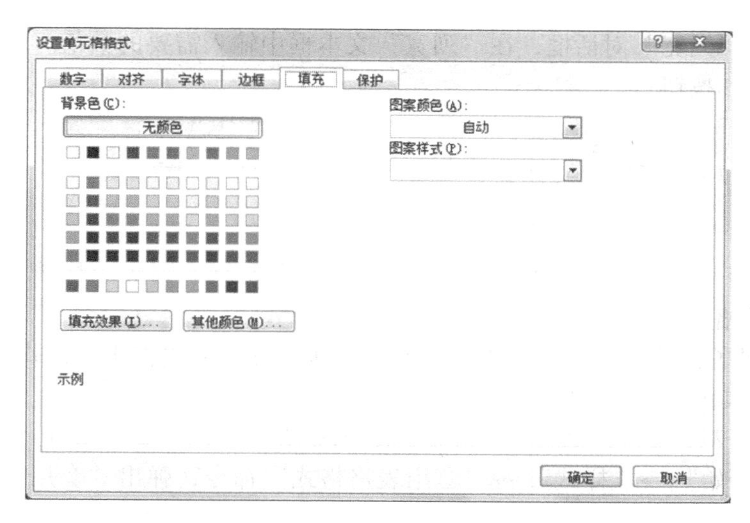

图 5-21 “填充”选项卡

（5）给工作表添加背景图案

在 Excel 中，除了可以给单元格添加背景及图案外，还可以为整个工作表添加背景图案。具体操作步骤如下。

1）选择“页面布局”→“页面设置”→“背景”命令，弹出“工作表背景”对话框。

2）在列表中选择要添加的图片，单击“插入”按钮，则所选图片即被插入到工作表中。

3）如果感觉插入的背景太乱，要将其删除，单击“页面布局”→“页面设置”→“删除背景”命令即可。

提示：给工作表添加的背景是不能被打印出来的，并且不会保留在保存为网页的单个工作表中。但是，如果将整个工作簿发布为网页，则背景将保留。

2. 调整行高和列宽

在单元格中输入文字或数据时，常常会出现单元格的文字只显示了一半或显示一串#号的情况，而在编辑栏中却能看见对应的单元格数据，其原因在于单元格的高度或宽度不够，不能正确显示。因此，需要对单元格的行高和列宽进行适当调整。调整行高、列宽的方法有两种：鼠标拖动和使用“格式”菜单。

（1）鼠标拖动

1）调整行高。将鼠标指针对准工作表中需要调整行高的行号的下边框，当鼠标指针变为“↕”形状时，按住鼠标左键拖动，当调整到合适位置时，释放鼠标。

2）调整列宽。将鼠标指针对准工作表中需要调整列宽的列号的右边框，当鼠标指针变为“↔”形状时，按住鼠标左键拖动，当调整到合适位置时，释放鼠标。

（2）使用“格式”菜单

1）调整行高。选定需调整行高的行，选择“开始”→“单元格”→“格式”→“行高”命令，打开“行高”对话框，在“行高”文本框中输入需要的数值，如图 5-22 所示。然后单击“确定”按钮。

2）调整列宽。选定需调整列宽的列，选择“开始”→“单元格”→“格式”→“列宽”命令，打开“列宽”对话框，在“列宽”文本框中输入需要的数值。如图 5-23 所示，然后单击“确定”按钮。

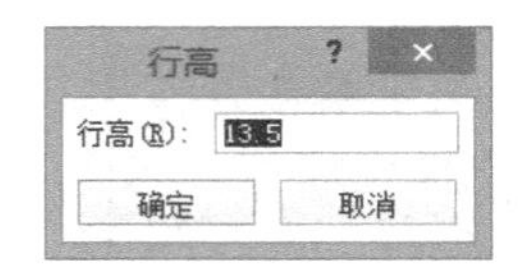

图 5-22 “行高”对话框

图 5-23 “列宽”对话框

3. 自动套用格式

Excel 也提供了自动格式化的功能，它可以根据预设的格式将用户制作的报表格式化，从而美化报表，具体操作步骤如下。

1）选中工作表中要格式化的单元格或单元格区域。

2）选择“开始”→“样式”→“套用表格格式”命令，弹出“套用表格格式”样式库，如图 5-24 所示。

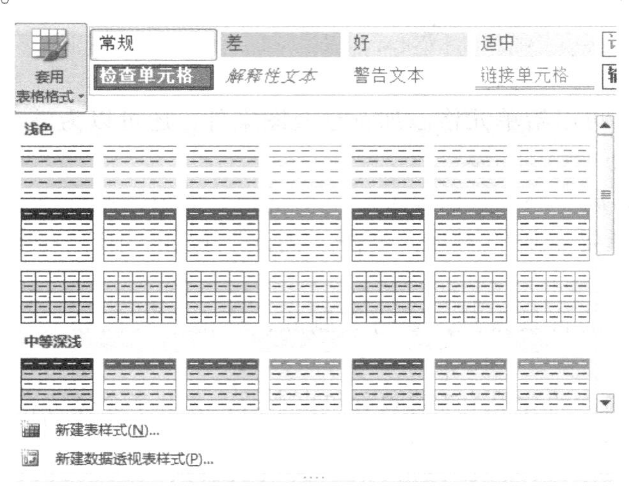

图 5-24 套用表格格式

3）在其中选择一种表格格式，单击“确定”按钮。

5.1.3.5 条件格式

条件格式可以对含有数值或者其他内容的单元格，或者含有公式的单元格应用某种条件，确定数值的显示格式。例如，将 C3:C6 单元格区域中数值大于或等于 10000 的数据的字体设置成“蓝色”，具体操作步骤如下。

1）选定 C3:C6 单元格区域。

2）选择“开始”→“样式”→“条件格式”→“突出显示单元格规则”→“其他规则”命令，弹出“新建格式规则”对话框。

3）在“新建格式规则”对话框中，在“只为满足以下条件的单元格设置格式”的第 1 个下拉框中选择“单元格值”，第 2 个下拉框中选择“大于或等于”，第 3 个下拉框中输入“10000”，如图 5-25 所示。

4）单击“格式”按钮，设置字体为“蓝色”，单击“确定”按钮。在单元格选定区域中即可显示设置后的效果。

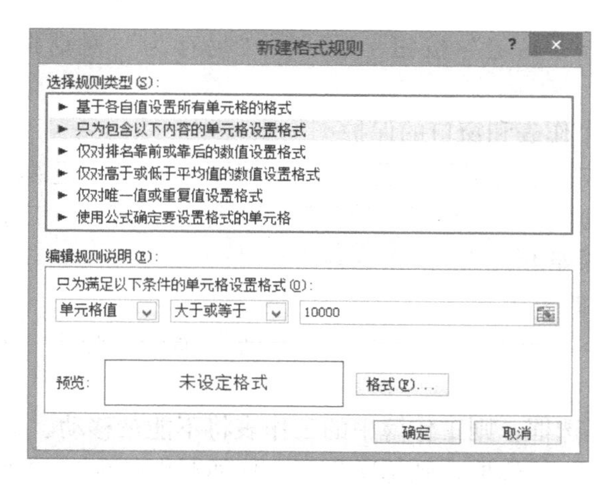

图 5-25 “新建格式规则”对话框

5.1.3.6 Excel 的安全性

1. 保护工作簿

工作簿的保护包括两个方面，一是保护工作簿，防止他人非法访问；二是禁止他人对工作簿中的工作表或工作簿的非法操作。

（1）对工作簿的保护

限制他人打开工作簿的具体操作步骤如下：

1）打开工作簿，选择“文件”→“另存为”命令，打开“另存为”对话框，如图 5-26 所示。

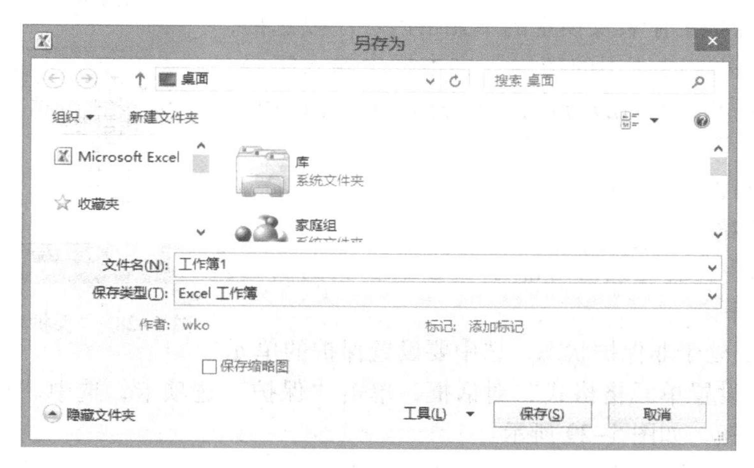

图 5-26 “另存为”对话框

2）单击“另存为”对话框中的“工具”按钮，打开“工具”下拉列表，单击“常规选项”，弹出“常规选项”对话框，如图 5-27 所示。

3）在对话框的“打开权限密码”文本框中输入密码，单击“确定”按钮后，会要求用户再次输入密码。

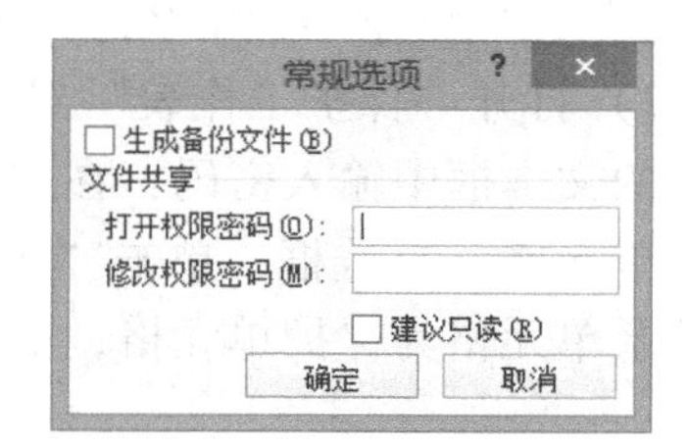

图 5-27 “常规选项”对话框

4）设置完成后单击“确定”按钮，返回到“另存为”对话框，单击“保存”按钮即可。

（2）对工作簿中的工作表和窗口的保护

为了防止他人对工作簿中的工作表进行移动、插入、删除、隐藏、取消隐藏、重命名，或对工作簿窗口进行移动、缩放、隐藏、取消隐藏等操作，需要对工作簿中的工作表和窗口进行保护，具体操作步骤如下。

1）选择要进行保护的工作簿。

2）选择“审阅”→“更改”→“保护工作簿”命令，弹出“保护结构和窗口”对话框。

3）选中“结构”复选框，则工作簿中的工作表将不能被移动、删除、插入。

4）如果选中“窗口”复选框，则每次打开工作簿时保持窗口的固定位置和大小，工作簿的窗口不能被移动、缩放、隐藏及取消隐藏。

5）输入密码，单击“确定”按钮。

如果要撤销密码保护，同样选择“审阅”→“更改”→“保护工作簿”命令，弹出“撤销工作簿保护”对话框，输入正确的密码，单击“确定”按钮即可。

2. 保护工作表

为了避免工作表的数据被随意改动，需要将工作表进行保护，具体操作步骤如下。

1）选择要保护的工作表。

2）选择“审阅”→“更改”→“保护工作表”命令，弹出“保护工作表”对话框，如图5-28所示。

3）勾选“保护工作表及锁定的单元格内容”复选框，在“取消工作表保护时使用的密码”文本框中输入密码，在“允许此工作表的所有用户进行”列表中勾选允许用户进行的操作。

4）输入密码，单击“确定”按钮。

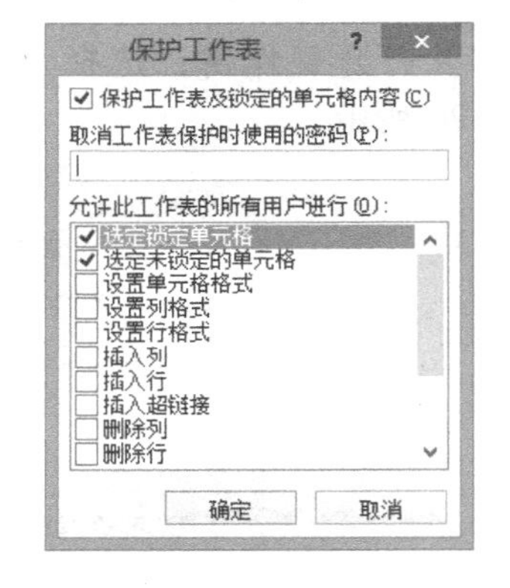

图5-28 “保护工作表”对话框

3. 保护单元格

在实际应用中，有时只需对部分单元格进行保护，其具体操作步骤如下。

1）使工作表处于非保护状态，选中要设置保护的单元格区域，打开“设置单元格格式”对话框，单击“保护”选项卡，选中“锁定”复选框，单击“确定”按钮，如图5-29所示。

如需取消锁定，则再次打开“设置单元格格式”对话框，单击“保护”选项卡，使“锁定”选项处于不选中状态，单击“确定”按钮。

2）打开“保护工作表”对话框，选中“保护工作表及锁定的单元格内容”复选框，在下面的文本框中输入密码；在“允许此工作表的所有用户进行”列表中只勾选“选定未锁定的单元格”复选框，单击“确定”按钮，则取消锁定的单元格区域仍然可以进行修改，而其余单元格为保护单元格，如图5-30所示。

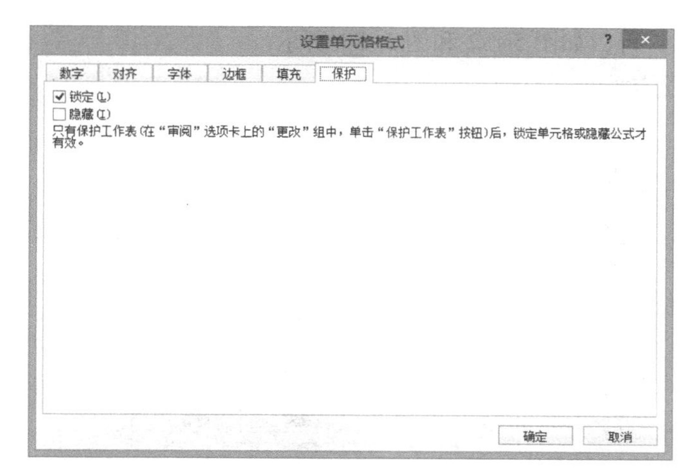

图 5-29　设置单元格格式

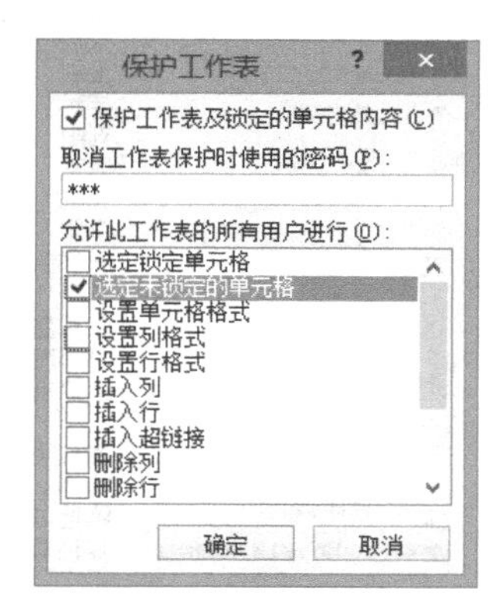

图 5-30　设置单元格保护

5.1.4　实训项目　工作表的编辑

尽管 Word 中也可以插入表格，但是要对表格中的数据进行分析和管理，还需使用 Excel 来完成。Excel 工作表中的数据主要包括文本、数字、特殊符号、时间和日期等，它们都可以直接输入到工作表单元格中，并且可以对数据进行修改、移动、复制和删除等编辑操作。

本项目利用 Excel 制作如图 5-31 所示的“员工基本信息表”。

员工基本信息表

上岗日期	编号	姓名	性别	籍贯	身份证号	港澳台侨外	健康状况	政治面貌
2009/9/1	0012	张　利	女	河南郑州	620402152612141000	是	良好	党员
2009/9/1	0013	王　刚	男	甘肃定西	620402152612141002	否	良好	群众
2009/9/1	0014	吴　超	女	北京市	620402152612141000	否	良好	群众
2009/9/1	0015	刘　阳	女	上海市	620402152612141000	否	良好	群众
2009/9/1	0016	李　东	女	陕西西安	620402152612141000	否	良好	群众
2009/9/1	0017	杨　帆	女	陕西西安	620402152612141000	否	良好	群众
2009/9/2	0018	李雅霏	男	陕西西安	620402152612141007	否	良好	群众
2009/9/3	0019	王梓源	男	陕西西安	620402152612141000	否	良好	群众
2009/9/4	0020	王雨凡	女	北京市	620402152612141000	否	良好	群众
2009/9/5	0021	张嘉益	男	北京市	620402152612141000	是	良好	党员
2009/9/6	0022	姚淳瑜	男	北京市	620402152612141000	否	良好	党员
2009/9/7	0023	荣怡帆	男	北京市	620402152612141000	否	良好	群众
2009/9/8	0024	王　华	女	河南郑州	620402152612141008	否	良好	群众
2009/9/9	0025	曹志明	女	河南郑州	620402152612141000	否	良好	群众
2009/9/10	0026	陈　炜	女	河南郑州	620402152612141000	否	良好	群众
2009/9/11	0027	陈世海	女	河南郑州	620402152612141009	否	良好	群众
2009/9/12	0028	陈晓梅	男	河南郑州	620402152612141000	否	良好	群众
2009/9/12	0029	程建军	男	甘肃定西	620402152612141000	否	良好	群众
2009/9/12	0030	焦云云	男	甘肃定西	620402152612141000	否	良好	党员
2009/9/12	0031	邹卓辰	女	甘肃定西	620402152612141000	否	良好	党员
2009/9/12	0032	董泽川	女	甘肃定西	620402152612141010	否	良好	党员
2009/9/12	0033	李明哲	女	甘肃定西	620402152612141000	否	良好	党员
2009/9/12	0034	张铖贯	女	甘肃定西	620402152612141000	否	良好	党员
2009/9/12	0035	刘　伫	女	甘肃定西	620402152612141000	否	良好	党员
2009/9/12	0036	程柏文	女	甘肃定西	620402152612141000	否	良好	党员
2009/9/12	0038	朱崇睿	男	陕西西安	620402152612141011	否	良好	党员
2009/9/12	0039	钟晨硕	男	陕西西安	620402152612141000	否	良好	党员

图 5-31　员工基本信息表

[操作步骤]

1. 新建空白工作簿并设置标题

1）启动 Excel，系统自动新建一个空白工作簿，将工作表标签修改为“员工基本信息表”，输入字段名内容。

2）制作表格标题时，首先在字段名前插入一行，右击第 1 行的行号，在右键菜单中选择“插入”命令，则在字段名前插入一行，如图 5-32 和图 5-33 所示。

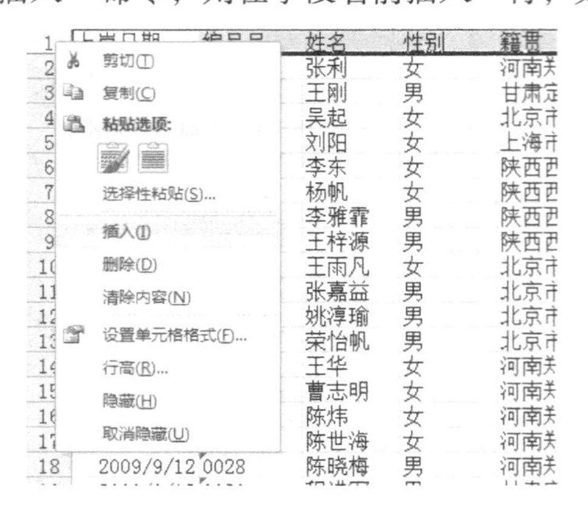

图 5-32 选择“插入”命令

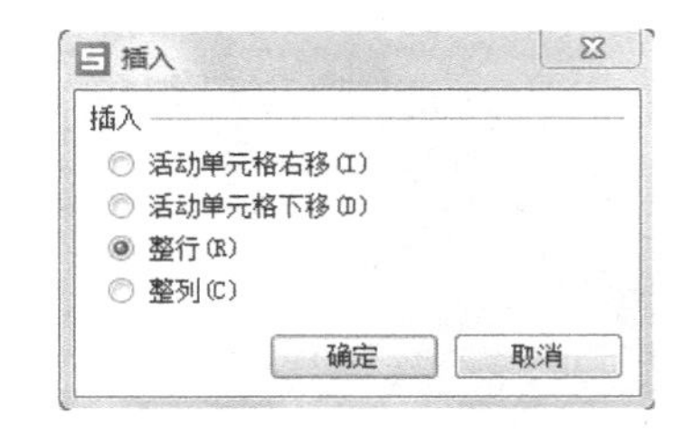

图 5-33 “插入”对话框

2）选中标题行，单击鼠标右键，在右键菜单中选择“设置单元格格式”命令，弹出“单元格格式”对话框，选择“图案”选项卡，设置“图案颜色”为绿色。如图 5-34 和图 5-35 所示。

图 5-34 “设置单元格格式”命令

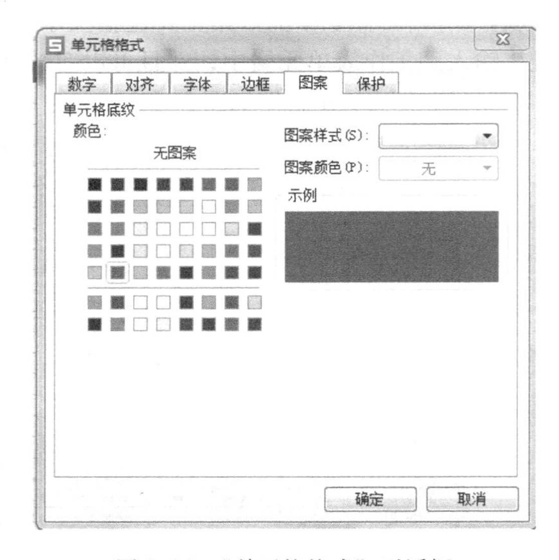

图 5-35 “单元格格式”对话框

3）选中标题行，在开始菜单单击“合并居中”按钮，如图 5-36 所示。

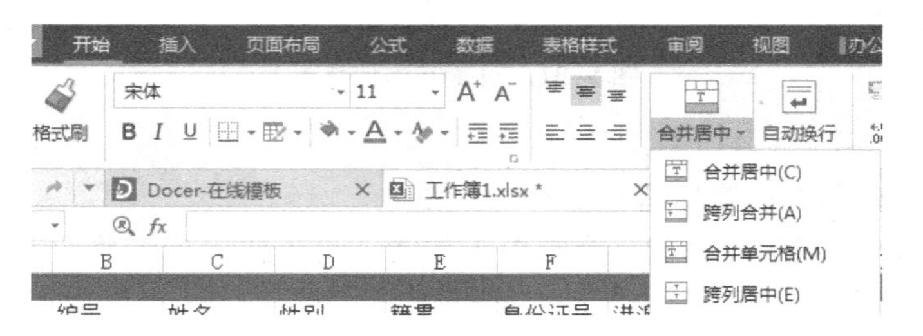

图 5-36 “合并居中”按钮

4）在标题行输入“员工基本信息表”，设置好字体格式，并使其居中显示，如图 5-37 所示。

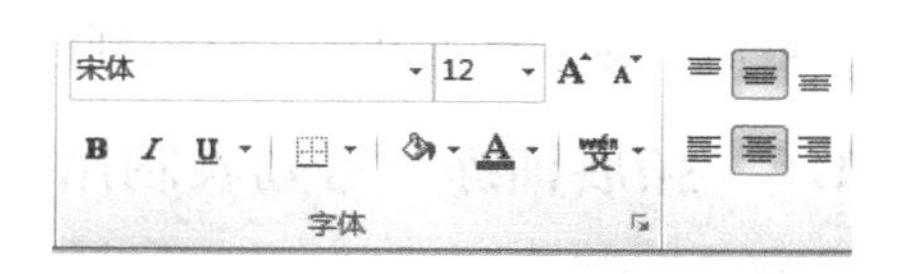

图 5-37　设置字体和居中样式

2. 设置单元格格式

1）选中单元格，单击鼠标右键，在右键菜单中选择“设置单元格格式”命令，弹出“单元格格式”对话框。选择“数字”选项卡，在“分类”列表中选择“文本”，如图 5-38 所示。

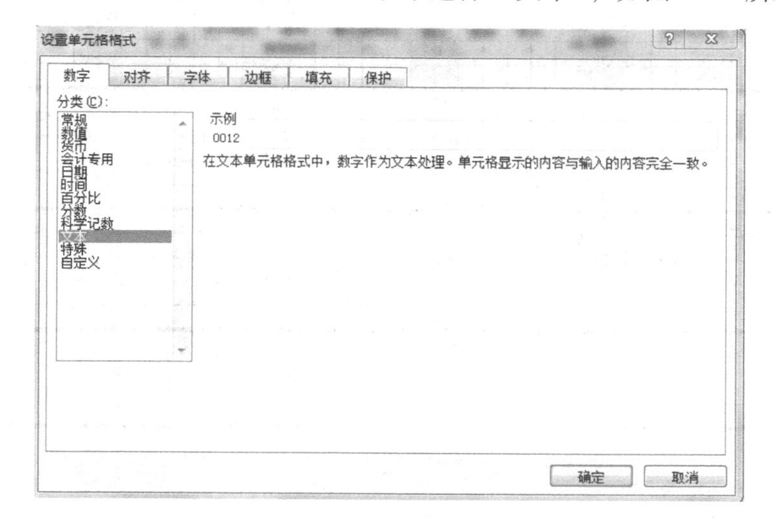

图 5-38　“数字”选项卡

2）输入其他信息，设置字体格式。

3. 设置边框

选中 A1:I30 单元格区域，打开“单元格格式”对话框，选择“边框”选项卡，在“预置”中单击“外边框”，在“线条”中选择“样式”为双线，单击“确定”按钮，如图 5-39 所示。

图 5-39　“边框”选项卡

最后，保存员工基本信息表到适当位置。

5.1.5 拓展训练　考勤表制作

在 Excel 中，制作员工考勤表，如图 5-40 所示。

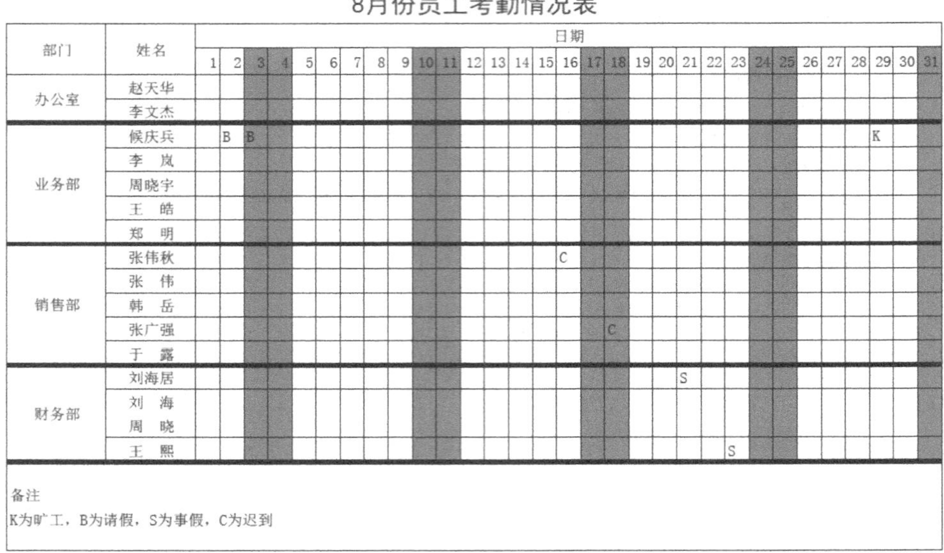

8月份员工考勤情况表

部门	姓名	日期																														
		1	2	3	4	5	6	7	8	9	10	11	12	13	14	15	16	17	18	19	20	21	22	23	24	25	26	27	28	29	30	31
办公室	赵天华																															
	李文杰																															
业务部	候庆兵		B	B																										K		
	李　岚																															
	周晓宇																															
	王　皓																															
	郑　明																															
销售部	张伟秋																C															
	张　伟																															
	韩　岳																															
	张广强																		C													
	于　露																															
财务部	刘海居																					S										
	刘　海 周　晓																															
	王　熙																							S								

备注

K为旷工，B为请假，S为事假，C为迟到

图 5-40　员工考勤表

5.2 公式和函数的使用

Excel 作为优秀的电子表格处理软件，最大的特色不是建立和修饰表格，而是对数据进行处理。Excel 可通过在单元格中输入公式和函数，对表中数据进行统计、求平均值及其他更复杂的运算，从而大大提高用户的工作效率。

5.2.1 公式的使用

公式是对单元格中的数据进行计算的等式，可以用来对数据执行各种运算，例如加法、减法、乘法、除法或比较运算。

1. 输入公式

公式的形式为：= 表达式。表达式由运算符（如 +、-、*、/等）、常量、单元格地址、函数及括号组成。

需要注意的是，公式中的表达式前面必须要有“等号”；且公式中不能有空格。

在单元格中输入公式的具体操作步骤如下：

1）选定要输入公式的单元格。

2）在编辑栏或单元格中输入“=”，再输入公式内容（数值、运算符、函数、单元格引用或名称）。

3）按〈Enter〉键或单击编辑栏中的“确认”按钮✓，计算结果将显示在单元格内。

输入单元格地址时，可以在编辑栏中手动输入单元格地址，也可以单击该单元格直接完成输入。

2. 公式中的运算符

公式中的运算符包括算术运算符、比较运算符、文本运算符和引用运算符4种。

（1）算术运算符

算术运算符见表5-1所示，用于完成基本的数学运算，如加、减、乘、除等。

表5-1 算术运算符

算术运算符	含　义	示　例
+（加号）	加	5+5
-（减号）	减、负号	4-1
*（乘号）	乘	5*5
/（斜杠）	除	5/5
%（百分号）	百分比	50%
^（乘幂符号）	乘幂	3^2

（2）比较运算符

比较运算符见表5-2所示，用来比较两个数值的大小。

表5-2 比较运算符

比较运算符	含　义	示　例
=（等号）	等于	A1=A2
>（大于号）	大于	A1>A2
<（小于号）	小于	A1<A2
>=（大于或等于号）	大于或等于	A1>=A2
<=（小于或等于号）	小于或等于	A1<=A2
<>（不等号）	不相等	A1<>A2

（3）文本运算符

文本运算符“&”可以用来将多个文本连接成组合文本。例如，“第一季度”&“销售额”，将产生“第一季度销售额”。

（4）引用运算符

引用运算符见表5-3所示，用于将单元格区域进行合并计算。

表5-3 引用运算符

引用运算符	含　义	示　例
:（冒号）	区域运算符，产生对包括在两个引用之间的所有单元格的引用	（A1:A2）
,（逗号）	联合运算符，将多个引用合并为一个引用	AVERAGE（A1:A2，B2:B3）
（空格）	交叉运算符，产生对两个引用共有的单元格的引用	（A1:A3　A2:D5）交叉区域A2:A3

3. 运算顺序

如果一个公式中的参数太多，就要考虑运算的先后顺序，各种运算符的优先级，见表 5-4 所示。

表 5-4 运算符优先级（从高到低排列）

运 算 符	说 明
：（冒号）	引用运算符
，（逗号）	引用运算符
空格	引用运算符
负号	如（-1）
%	百分比
^	乘幂
* 和 /	乘和除
+ 和 -	加和减
&	连接符
=<><=>=<>	比较运算符

如果公式中包含相同优先级的运算符，则从左到右进行运算。如果要改变运算的顺序，可以使用括号“（）”把要优先进行的运算括起来。

4. 编辑公式

输入公式后，有时需要对公式进行编辑和修改。编辑公式可以在数据编辑区的编辑栏中进行，操作步骤如下。

1）单击公式所在的单元格，该单元格的公式会显示在数据编辑区的编辑栏中。

2）将插入点移动到编辑栏的公式中需要修改的地方，进行增加、删除、修改等编辑操作。

3）修改完毕后，单击“确定”按钮或编辑栏左侧的✔按钮，Excel 将根据修改后的公式自动更新计算结果，并把该结果显示在单元格中。若单击“取消”按钮或✘按钮，则表示对公式的修改无效，恢复修改前的状态。

5. 复制公式

以图 5-41 所示的“某图书销售情况表”为例，计算各门店分类图书销售额和所占比例。其公式为：销售额 = 单价 × 数量，所占比例 = 销售额/总计。

首先，在工作表中输入已知的数据，并且对表格进行简单的排版。计算销售额和所占比例的操作步骤如下：

1）选择 F3 单元格，在编辑栏里或在单元格内直接输入“ = D3 * E3”，或者单击该单元格直接完成单元格地址的输入。按〈Enter〉键或者单击编辑栏左侧的✔按钮，完成公式的输入，如图 5-42 所示。

2）用鼠标单击 G3 单元格，用同样的方法输入“ = F3/F16”。

在示例销售额的计算中，只在 F3 单元格中输入了公式“ = D3 * E3”，在 G3 单元格中输入公式“ = F3/F16”，只解决了一个数据计算，还需要其他各行的数据计算，Excel 的公式复制功能。其单元格地址的变化规律由系统自动推算。

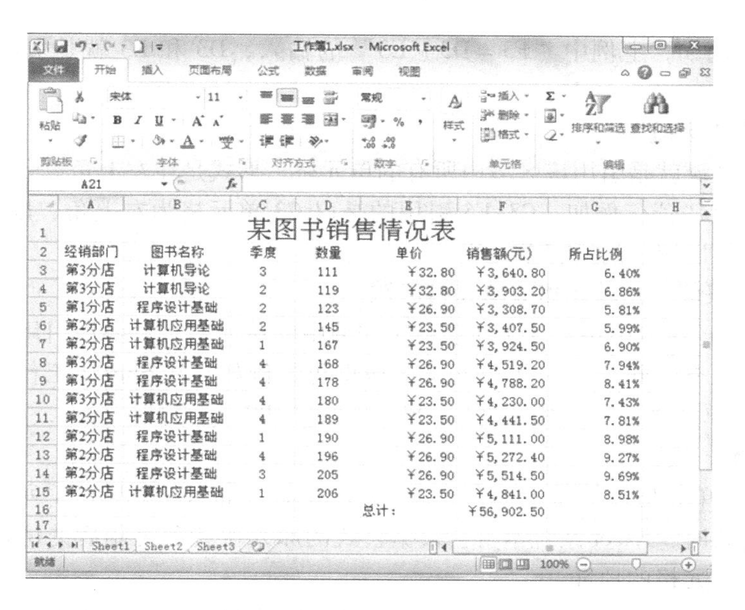

图 5-41　其图书销售情况表

图 5-42　公式编辑界面

复制公式与复制单元格的方法类似，以将 F3 单元格中的公式复制到 F4 单元格为例，常用的方法有以下两种，在实际应用中，方法二更为常用。

方法一：利用“快捷菜单”进行复制。

1）选中 F3 单元格，单击鼠标右键，在弹出的快捷菜单中选择“复制”命令。

2）选择 F4 单元格，单击鼠标右键，在弹出的快捷菜单中选择“粘贴”命令。

3）依此类推，粘贴到其他单元格。

方法二：利用“智能填充”功能进行复制。

1）单击 F3 单元格，将鼠标指针移到填充句柄上，此时指针呈 + 形状。

2）拖动填充句柄至 F15 单元格，完成公式的复制。

用复制公式的方法能免去重复输入的麻烦，从而为 Excel 处理大型数据表格的计算奠定了基础。

通过仔细观察，会发现在编辑栏里的公式会随着一定规律在计算中自动调整单元格地址，这在 Excel 中称为单元格的引用。

5.2.2　单元格的引用

引用用于标识工作表中的单元格或单元格区域，并指明在公式中所使用的数据位置。通过引用，可以简化公式的输入过程，并可使用工作表不同单元格区域的数据，还可以使用同一工作簿不同工作表中单元格的数据。对单元格的引用有以下几种情况。

1. 引用一个单元格

如要在公式中引用一个单元格，只需在该单元格上单击鼠标，单元格地址就会自动添加到公式中。例如，上例中“F3 = D3 * E3”的输入，D3 和 E3 就是引用一个单元格的例子。

2. 引用单元格区域

引用单元格区域就是引用该区域内所有的单元格，形式是在左上角单元格与右下角单元格的名称之间加上“:”。例如，C3:E5 引用的是以 C3 单元格为左上角、以 E5 单元格为右下角所构成的矩形区域内的所有单元格。

3. 不同工作表间引用单元格或单元格区域

在 Excel 中，还可以引用其他工作表或工作簿中的单元格，只要在引用的工作表名称后加上感叹号“!”，然后再输入引用单元格区域即可。例如，在 Sheet2 工作表中引用 Sheet1 工作表的 A1:B2 单元格区域，其形式为：Sheet1! A1:B2。

4. 相对引用

在 Excel 中，单元格地址描述了一个单元格的位置，如 A1 就表示 A 列与 1 行交叉的单元格。当复制公式时，Excel 系统本身会根据公式的原来位置和复制后的位置这两者间的变化规律自动调整单元格的地址。

例如上面提到的公式“ = D3 * E3”，原来的位置在 F3 中，现在要复制到 F4 中，F4 相对 F3，列号没变，而行号加 1。所以，Excel 系统就会把我们复制的公式中的单元格地址行号加 1，列号不变。也就是 D3 变成了 D4，E3 变成了 E4。

默认情况下，新公式使用相对引用。如图 5-43 所示就是一个相对引用的实例，B6 单元格的公式为“ = SUM(B3:B5)”，将 B6 单元格中的公式复制到 D6 单元格，则 D6 单元格中包含的公式自动调整为“ = SUM(D3:D5)”。

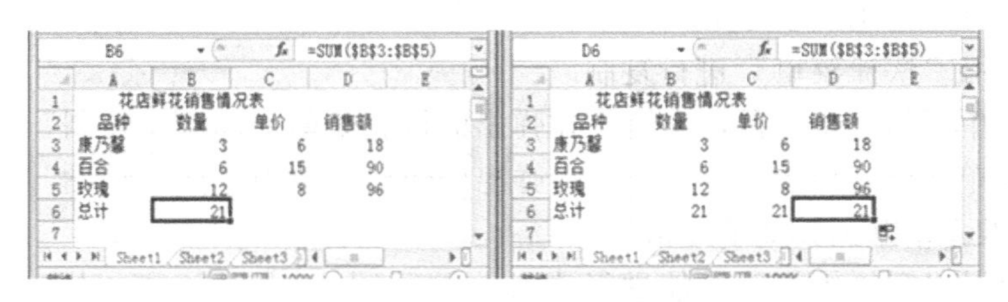

图 5-43　相对引用

5. 绝对引用

当需要引用一个固定的单元格地址，并不希望在复制公式时自动更改此地址，就是单元格的绝对引用。单元格中的绝对引用，是指在指定位置引用单元格。如果公式所在单元格的位置改变，绝对引用保持不变。如果复制公式，绝对引用将不作调整。

运用单元格的绝对引用时，通常在单元格引用前加一个“ $ ”符号，以区分相对引用。其说明如下。

- A1：相对地址（相对引用）。
- $A1：列号 A 是绝对地址，行号 1 是相对地址（混合引用）。
- A$1：列号 A 是相对地址，行号 1 是绝对地址（混合引用）。
- $A$1：列号 A 和行号 1 都是绝对地址（绝对引用）。

绝对引用如图 5-44 所示。

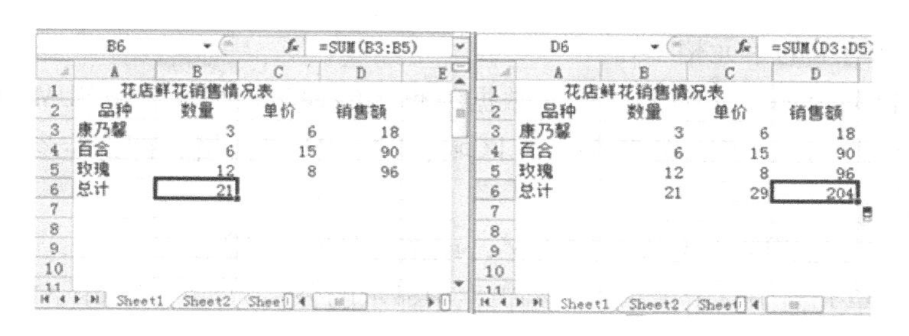

图 5-44　绝对引用

6. 混合引用

混合引用表示当含有该地址的公式被复制到目标单元格时，相对部分会根据公式的原位置和目标位置推算出公式中单元格地址相对于原位置的变化，而绝对部分地址永远不变；然后再使用变化后的单元格地址中的内容进行计算。

5.2.3　自动求和按钮的使用

在求和时可输入公式进行计算。也可以采用更为简便的方法实现，即通过“开始”菜单的“自动求和”按钮Σ来实现操作。

1. 求一组连续数据的和

其具体步骤如下。

1）选定参加求和的单元格区域的单元格。

2）单击“开始”菜单下“编辑”选项组中的“自动求和”按钮Σ。

可以看到存放结果的单元格计算出相应的结果。显然，用“自动求和”按钮Σ更方便快捷。

2. 求一组不连续数据的和

如图 5-45 所示，数据分布在不连续的单元格区域中（A1:A3、B2、B4)，如果将这些不连续单元格区域中的数据求和并将结果存入 C4 单元格中。其具体步骤如下。

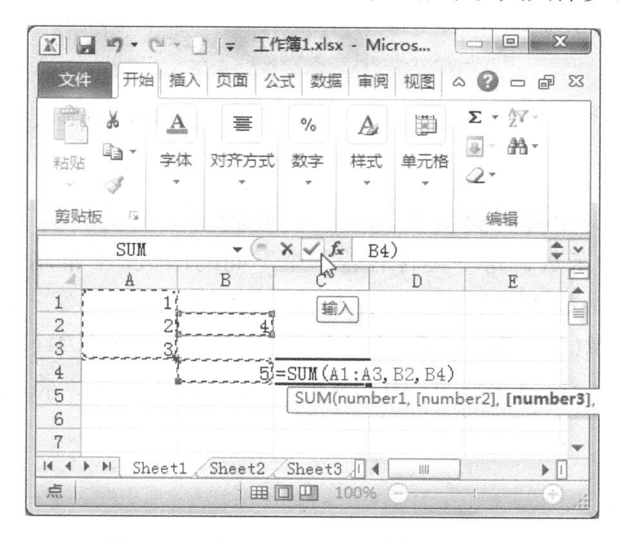

图 5-45　将一组不连续的数据求和示例

1）选定存放结果的单元格 C4。

2）单击"自动求和"按钮Σ，此时数据编辑区的编辑栏显示"=SUM()"。

3）按住〈Ctrl〉键，依次选定 A1:A3 区域、B2、B4 单元格，即选定参与求和的 3 个不连续单元格区域。

4）单击编辑栏左侧的"确认"按钮✔，或按〈Enter〉键。

此时，在 C4 单元格中显示出结果，编辑栏中显示的公式为："=SUM(A1:A3,B2,B4)"。

3. 快速计算（平均值、最小值、最大值）

其具体步骤如下。

1）单击要放置结果的单元格。

2）单击"开始"→"编辑"→"自动求和"按钮右侧的下三角按钮，打开其下拉菜单，如图 5-46 所示。

选择需进行的运算，如"平均值"，所选单元格将出现"=AVERAGE(B3:B5)"，如图 5-47 所示，然后按〈Enter〉键。如果所选数据区域不是所要计算的区域，用户可以对计算区域进行重新选择，然后按〈Enter〉键。

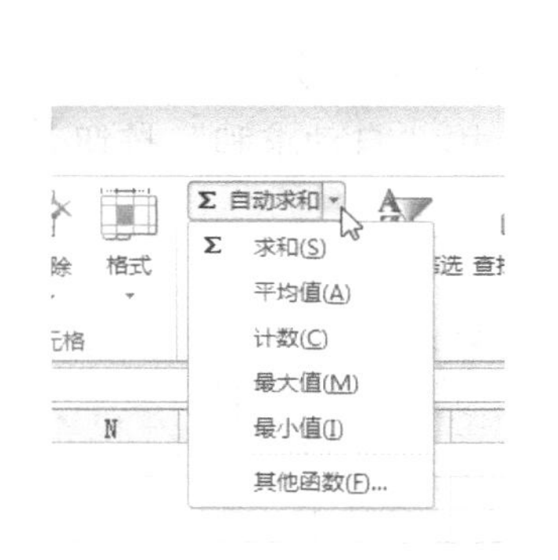

图 5-46 "自动求和"按钮下拉菜单

图 5-47 快速求平均值

5.2.4 函数的应用

Excel 提供了 11 类函数，每一类含有若干个不同的函数。"常用函数"类中有求和函数 SUM()、求平均值函数 AVERAGE()、求最大值函数 MAX()等。单击"自动求和"按钮Σ实际调用的是 SUM()函数。函数可以单独使用，如"=SUM(A1:B6)"；也可以出现在表达式中，如"=Al*3+SUM(D1:D4)"。合理使用函数，将大大提高电子表格的计算效率。

1. 函数的格式

函数格式为：

函数名([参数 1][,参数 2…])

在 Excel 中使用函数的要求如下。

- 函数必须有函数名。
- 必须有函数名后的圆括号。
- 参数可以是数值、文字、单元格引用或套用的其他函数。
- 各参数之间用“,”分隔开。
- 参数可以有，也可以没有；可以有一个，也可以有多个。

举例如下。

- SUM(A2:A3,C4:D5)有两个参数，表示求两个区域（共 6 个数据）的和。
- AVERAGE(26,C2,A1:C1)有 3 个参数，表示求 26、C2 中的数据、A1:C1 中数据共 5 个数据的平均值。
- PI()返回圆周率的值（3.14159265），此函数无参数。
- NOW()返回计算机系统内部时钟当前日期和时间，此函数无参数。

2. 函数的输入

如果要在公式中使用函数，可以在编辑栏中直接输入，也可以利用“公式”菜单打开“函数参数”对话框输入。“函数参数”对话框如图 5-48 所示，利用它可以编辑公式、插入函数、选择单元格区域，并可查看函数功能和参数，以及显示函数值和整个公式的运算结果。

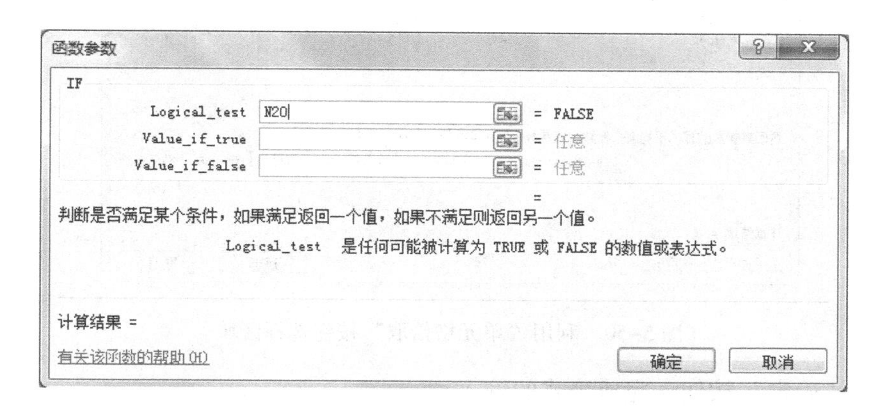

图 5-48 “函数参数”对话框

（1）利用“函数参数”对话框和“单元格拾取”按钮输入函数。

下面以输入公式“=A6+B6*AVERAGE(C6:E6)”为例，具体操作步骤如下。

1）单击需要输入公式的单元格（如 F6），使之成为当前单元格。

2）直接在编辑栏里输入“=A6+B6*”。

3）单击公式编辑界面左侧的“粘贴函数框” IF 的下拉按钮，出现下拉列表，如图 5-49 所示。从中选择 AVERAGE，此时弹出“函数参数”对话框，并在公式中出现该函数及系统预测的求平均的区域。

4）若系统判断的区域不正确，单击“单元格拾取”按钮，此时“函数参数”对话框缩为一个小条并释放鼠标，使之可以在工作表中进行单元格区域的选择操作，选择 C6:E6

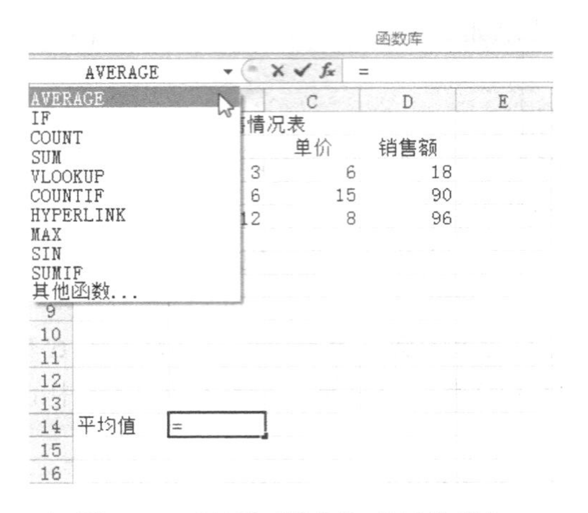

图 5-49 “粘贴函数框”的下拉列表

单元格区域。单击“单元格拾取返回”按钮，返回“函数参数”对话框，如图 5-50 所示。

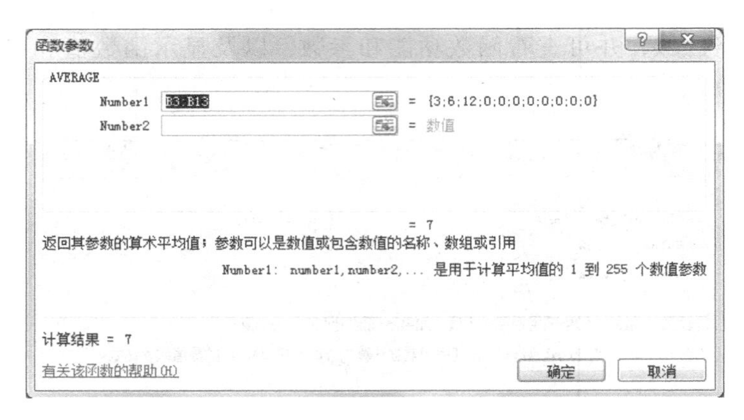

图 5-50 利用“单元格拾取”按钮选择区域

5）单击“确定”按钮，完成公式的输入。

（2）利用“公式”菜单插入函数

下面以输入公式“ = A6 + B6 * AVERAGE(C6:E6)”为例，具体操作步骤如下。

1）单击存放该公式的单元格（如 F6），使之成为当前单元格。

2）在编辑栏中直接输入“ = A6 + B6 * ”。

3）选择“公式”→“函数库”→“f_x插入函数”命令，或选择“开始→“编辑”→“自动求和”命令右侧的下拉按钮，单击下拉菜单中的“其他函数”，如图 5-51 所示。

4）打开“插入函数”对话框，在“或选择类别”下拉列表中选择“常用函数”，在“选择函数”列表框中选择“AVERAGE”，如图 5-52 所示。

5）单击“确定”按钮，此时会弹出“函数参数”对话框。

6）单击“单元格拾取”按钮并选择正确的单元格区域，操作方法同上。

7）单击“确定”按钮，完成公式的输入。

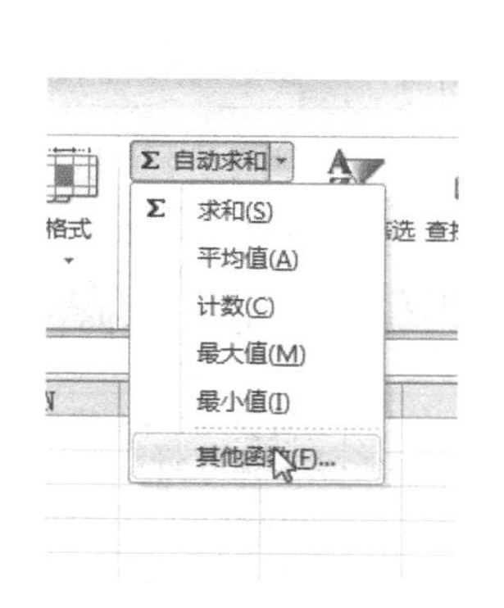

图 5-51 “自动求和”下拉菜单

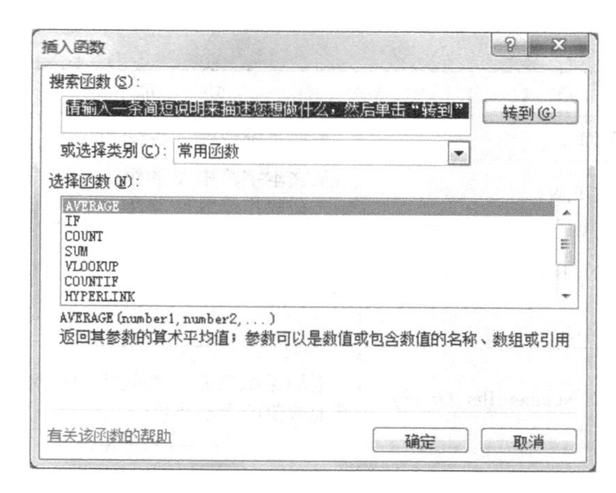

图 5-52 “插入函数”对话框

3. 常用函数

在 Excel 提供的众多函数中，有些是经常使用的。表 5-5 介绍了一些常用函数。

表 5-5 Excel 中的常用函数

函数名	功能	类别	应用示例
SUM(Al,A2,…)	求各参数的和。A1、A2 等参数可以是数值或含有数值的单元格的引用	数据计算	SUM(2,3) = 5
AVERAGE(Al,A2,…)	求各参数的平均值。A1、A2 等参数可以是数值或含有数值的单元格的引用	数据计算	AVERAGE(3,5) = 4
MAX(Al,A2,…)	求各参数中的最大值	数据计算	MAX(1,6) = 6
MIN(Al,A2,…)	求各参数中的最小值	数据计算	MIN(1,6) = 1
COUNT(Al,A2,…)	求各参数中数值型数据的个数参数的类型不限	条件统计	COUNT(12,6,A) = 2
COUNTA (Al, A2, …)	用于对值和单元格进行计算的参数可以是任何形式的信息	条件统计	COUNT(12,6,A) =3
ROUND(Al,A2)	根据 A2 对数值 A1 进行四舍五入。A2 >0 表示舍入到 A2 位小数，即保留 A2 位小数；A2 =0 表示保留整数；A2 <0 表示从整数的个位开始向左对第 K 位进行舍入，其中 K 是 A2 的绝对值	数据计算	ROUND(136.725,1) =136.7 ROUND(136.725,2) =136.73 ROUND(136.725,0) =137 ROUND(136.725, -1) =140
INT(A1)	取不大于数值 A1 的最大整数	数据计算	INT(12.23) =12 INT(-12.23) = -13
ABS(A1)	取 A1 的绝对值	数据计算	ABS(-12) =12
IF(P,T,F)	其中 P 是能产生逻辑值（真或假）的条件表达式，T 和 F 是表达式。若 P 为真，则取 T 表达式的值；若 P 为假，取 F 表达式的值	条件计算	IF(6 >5,10, -10) =10
COUNTIF(R,C)	统计选定单元格区域中符合指定条件的单元格数目，其中 R 指范围，C 指条件	条件统计	假设 B3:B6 单元格区域中的内容分别为 32、54、75、86，则 COUNTIF(B3:B6," >55") =2

（续）

函数名	功能	类别	应用示例
NOW( )	返回系统当前日期和时间	日期时间	2006-12-22 11:28
LEFT(T,N)	从文本字符串 T 的第 1 个字符开始，截取指定数目为 N 个字符	字符截取	LEFT("Sale Price",4) = "Sale"
SUMIF(Range,Criteria,Sum_range)	对满足条件的单元格求和	条件计算	假设 B3:B6 单元格区域中的内容分别为 32、54、75、86，则 SUMIF(B3:B6,">55",B3:B6,) =161
RANK(Number,Ref,Order)	返回某数字在一列数字中相对于其他数值的大小排位	排名计算	假设 B3:B6 单元格区域中的内容分别为 32、54、75、86，则 RANK(B3,B3:B6,0) =4
MODE(A1,A2,…)	返回一组数据或数据区域中的众数（出现频率最高的数）	统计计算	假设 B3:B6 单元格区域中的内容分别为 32、54、32、75、86，则 MODE(B3,B3) =32

4. 函数嵌套

函数嵌套是 Excel 应用中的一门技巧，它是指一个函数可以作为另一个函数的参数使用。例如函数：ROUND(AVERAGE(A2:C2),0)，其中 ROUND 作为一级函数，AVERAGE 作为二级函数。先执行 AVERAGE 函数，再执行 ROUND 函数。一定要注意，二级函数的返回值必须与一级函数参数类型相同。

以 IF 函数为例，计算如图 5-53 所示学生成绩表中备注列：如果“数学”、“语文”、“英语”的成绩均大于等于 100，在“备注”列内给出“优秀”信息，否则内容为“/”。用 IF 函数嵌套解决，公式为：

=IF(B6>=100,IF(C6>=100,IF(D6>=100,"优秀","/"),"/"),"/")

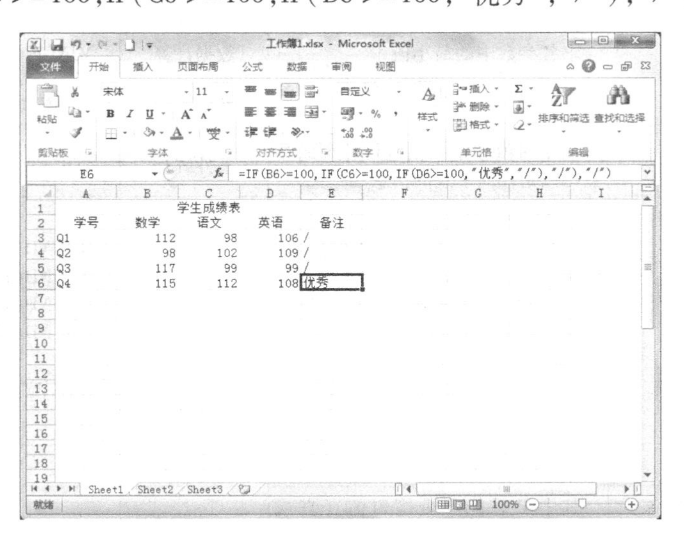

图 5-53　函数嵌套

5. 常见错误信息

如果公式有错误，或公式所引用的单元格有错误，Excel 将显示一个错误值，以提醒用户注意。常见错误信息见表 5-6。

表 5-6　常见错误信息

错误值	错误解释
#######	单元格公式所产生的结果太长，单元格容纳不下或对日期和时间做减法时产生了负值
#VALUE!	使用了错误的函数参数，或运算对象的类型有错误
#DIV/O!	公式中的分母为 0（零）
#NAME?	在公式中使用了 Excel 不能识别的文本
#N/A	在函数或公式中没有可用数值
#REF!	单元格引用无效
#NUM!	公式或函数中某个数字有问题
#NULL!	为两个并不相交的区域指定了交叉点

5.2.5　实训项目　公式函数的简单应用

在 Excel 中，公式是对工作表中的数据进行计算和操作的等式，使用公式可以使数据的计算更为简单和准确。函数是 Excel 中预先定义好的公式，可以直接调用，从而简化了公式的使用。这些公式使用一些特定数值按照特定的顺序或结构进行计算。在实际应用中，各行各业中关于数据计算、统计等如使用 Excel 中的公式和函数，可以事半功倍。本实训项目制作如图 5-54 所示的学生成绩报告单，重点练习公式函数的应用，从而将表格中预留的部分补充完整。

	A	B	C	D	E	F
1	甘肃交通职业技术学院成绩报告表					
2	（2013～2014 学年　第一学期）					
3	班级：高造价0101班			课程名称：计算及应用基础（一级B）		
4	学号	姓名	平时	期中	期末	总评
5	G1210101	白小琴	85	92.5	76	
6	G1210102	蔡小虎	80	67	89	
7	G1210103	柴　亮	65	78	66	
8	G1210104	程　芳	85	80	91.5	
9	G1210105	程　晓	45	60	59	
10	G1210106	党小妙	90	98	90	
11	G1210107	葛佳明	78	90	91.5	
12	G1210108	郭生贵	50	87	59	
13	G1210109	黄小茂	90	98	90	
14	G1210110	焦　红	77	78.6	78	
15	G1210111	孔　勇	85	92.5	77	
16	G1210112	雷　梅	90	98	90	
17	G1210113	李晓东	85	80	缺考	
18	G1210114	李友海	50	84	76	
19	G1210115	李永雨	85	92.5	90	
20	G1210116	李小琴	45	65	91.5	
21	G1210117	刘　超	80	61	77	
22	G1210118	刘海源	90	90	76	
23	G1210119	刘雪萍	90	78	59	
24	G1210120	刘宏伟	100	98	89	
25	G1210121	卢国胜	82.3	88	90	
26	全班总人数：					
27	应考人数：		实考人数：		缺考人数：	
28	最高分数：			姓名：		
29	最低分数：			姓名：		
30	优（90分以上）			人，	百分率为：	
31	良（80-89分）			人，	百分率为：	
32	中（70-79分）			人，	百分率为：	
33	及格（60-69分）			人，	百分率为：	
34	不及格（59分一下）			人，	百分率为：	
35	全班平均成绩：					

图 5-54　学生成绩报告单

[操作步骤]

1. 计算全班总人数

1）将光标定位于全班总人数对应的单元格，选择“公式”→“插入函数”命令，打开“插入函数”对话框，如图 5-55 所示。

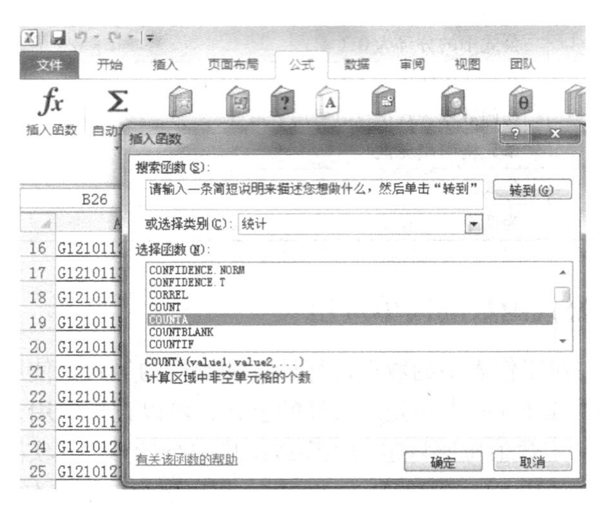

图 5-55 “插入函数”对话框

2）选择统计下的 COUNTA 函数。此时，弹出“函数参数”对话框，在“Value 1”中输入“B5:B25”，单击“确定”按钮，如图 5-56 所示。此时全班总人数对应表格就出现人数 21。

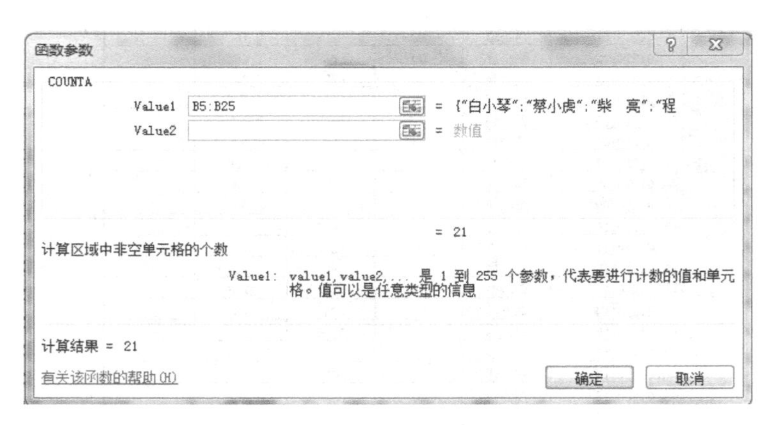

图 5-56 “函数参数”对话框

2. 计算学生总评成绩

假设平时成绩占 30%，期中和期末成绩分别占 30% 和 40%。如果有一次缺考，显示“缺考”字符。具体操作步骤如下。

1）将光标定位于 F5“总评”单元格，在“公式”菜单中选择常用函数“IF”，如图 5-57 所示。

2）弹出“函数参数”对话框，在“测试条件中”输入公式“=IF(E5="","缺考",

SUM(C5 * 30% + D5 * 30% + E5 * 40%))”，按住〈Enter〉键确认后得到第 1 人的总评成绩，如图 5-58 所示。自动填充其余人的总评成绩。

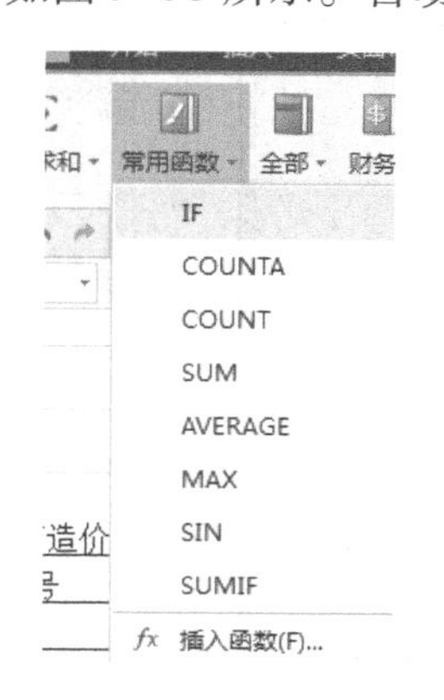

图 5-57　选择常用“IF”函数

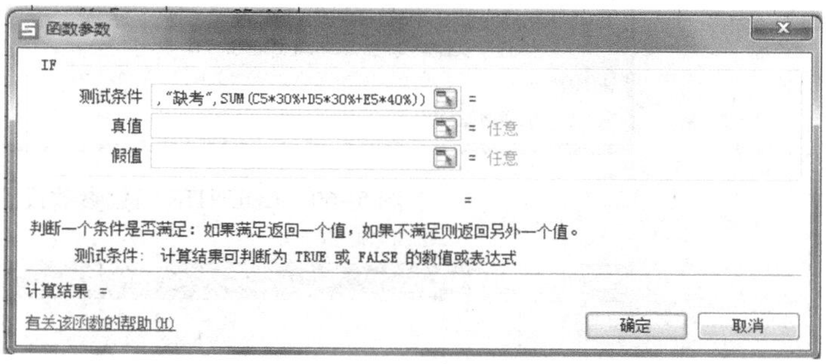

图 5-58　“函数参数”对话框

3）根据上面的条件筛选后，缺考学生的总评成绩栏会显示“缺考”文字，设置其字体为蓝色倾斜。

3. 统计实考人数和缺考人数

1）将光标定位于实考人数对应的 D27 单元格，在“公式”菜单中选择常用函数“COUNTA”。

2）弹出“函数参数”对话框在“值 1”中输入“E5:E25”，如图 5-59 所示，单击“确定”按钮后按〈Enter〉键确认，得到实考人数。

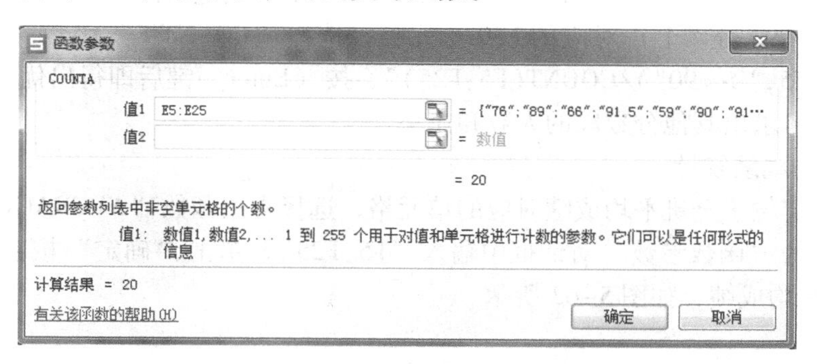

图 5-59　COUNTA 函数参数设置

3）选择 COUNTIF 函数，在“函数参数”对话框的“区域”和“条件”中分别输入“E5:E25”，“”，如图 5-60 所示，单击“确定”按钮后按〈Enter〉键确认，得到缺考人数。

4. 统计最高分数和最低分数

1）将光标定位于最高分数对应的单元格，选择常用函数“MAX”。

2）在弹出的“函数参数”对话框中输入“F5:F25”，单击“确定”按钮后按〈Enter〉键，得出最高分数，如图 5-61 所示。

3）同理插入“MIN”函数即可求出最低成绩。

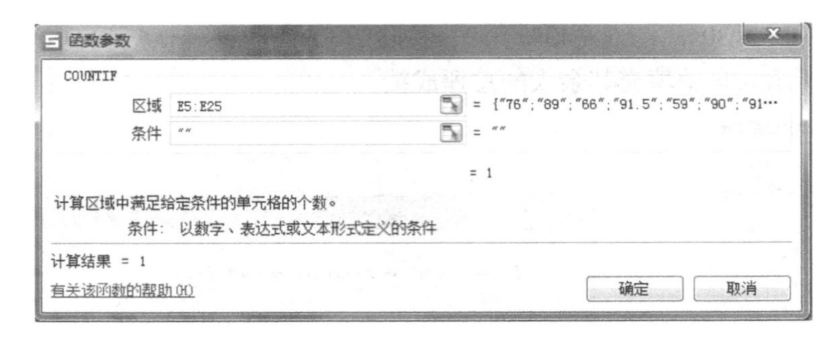

图 5-60　COUNTIF 函数参数设置

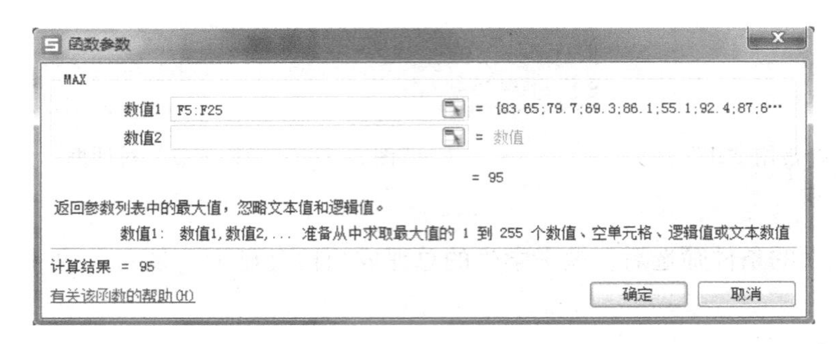

图 5-61　MAX 函数参数设置

5. 统计优、中、良人数和比率

1）单击优（90 分以上）对应的 C30 单元格，选择“COUNTIF”函数，输入公式“=COUNTIF(F5:F25," >=90")”，按〈Enter〉键后即得出成绩优秀的学生人数。

2）单击优（90 分以上）对应的 F30 单元格，选择“COUNTIF”函数，输入公式“=COUNTIF(F5:F25," >=90")/COUNT(F5:F25)”，按〈Enter〉键后即得出优秀率。

3）同理，可求出其他分数段的人数和比率。

6. 全班平均成绩统计

1）将光标定位于全班平均成绩对应的单元格，选择常用函数“AVERAGE”。

2）在弹出的“函数参数”对话框中输入“F5:F25”，单击“确定”按钮后按〈Enter〉键，得出全班平均成绩，如图 5-62 所示。

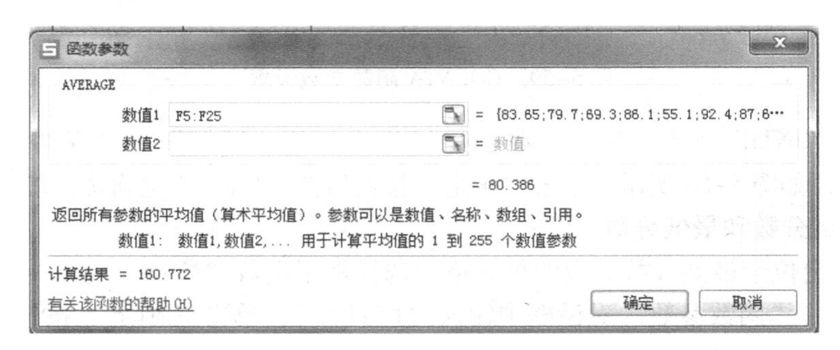

图 5-62　AVERAGE 函数参数设置

5.2.6 拓展训练　制作销售业绩表

在 Excel 中制作销售业绩表，如图 5-63 所示。素材、样文可参考教材配套资源。

9月份公司销售业绩表

员工代码	员工姓名	部门	计划指标	销售额	完成率	差旅费用	其他费用	实际金额
20010120091001	白小琴	销售部	20000.00	17400.00	87.00%	1214.00	254.30	15931.70
20010120091001	蔡小虎	销售部	34000.00	36500.00	107.35%	2541.00	254.30	33704.70
20010120091001	柴亮	销售部	28000.00	36500.00	130.36%	2541.00	254.30	33704.70
20010120091001	程芳	销售部	28000.00	36500.00	130.36%	2541.00	254.30	33704.70
20010120091001	程晓	销售部	28000.00	36500.00	130.36%	2541.00	254.30	33704.70
20010120091001	党小炒	销售部	28000.00	23240.00	83.00%	2541.00	254.30	20444.70
20010120091001	葛佳明	市场部	28000.00	23240.00	83.00%	2541.00	254.30	20444.70
20010120091001	郭生贵	市场部	26000.00	23240.00	89.38%	2541.00	254.30	20444.70
20010120091001	黄小茂	市场部	26000.00	23240.00	89.38%	2541.00	254.30	20444.70
20010120091001	焦红	市场部	26000.00	23240.00	89.38%	2541.00	254.30	20444.70
20010120091001	孔勇	市场部	26000.00	23240.00	89.38%	1775.00	254.30	21210.70
20010120091001	雷梅	市场部	26000.00	23240.00	89.38%	1775.00	254.30	21210.70
20010120091001	李晓东	市场部	32000.00	32700.00	102.19%	1775.00	254.30	30670.70
20010120091001	李友海	市场部	32000.00	32700.00	102.19%	1775.00	254.30	30670.70
20010120091001	李永雨	生产部	32000.00	32700.00	102.19%	1768.00	254.30	30677.70
20010120091001	李小琴	生产部	32000.00	32700.00	102.19%	1768.00	254.30	30677.70
20010120091001	刘雪萍	生产部	26000.00	34800.00	133.85%	1768.00	254.30	32777.70
20010120091001	刘宏伟	生产部	26000.00	34800.00	133.85%	1768.00	254.30	32777.70

图 5-63　销售业绩表

5.3 Excel 图表的使用

数据的图表化就是将工作表中的数据以各种统计图表的形式显示，使得数据更加直观、易懂，更容易发现数据之间的规律和联系。当工作表中的数据发生变化时，图表中的对应项也跟随数据变化而自动更新。

Excel 除了可以将数据以各种图表进行显示外，还可以在工作表中创建和绘制各种图形，以及插入一些图片，使工作表图文并茂。

5.3.1 图表的基本概念

1. 图表简介

Excel 能够创建的图表类型有两种：一种是嵌入式图表，它和创建图表的数据表放置在同一张工作表中，可以同时打印；另一种是独立图表，它独立占用一张工作表，打印时也将与数据表分开进行打印。

Excel 提供了 11 类图表，每一类图表又分为若干子集。图 5-64 列出了 4 种常用的图表，表 5-7 对这些图表进行了简单介绍。

表 5-7　4 种常用图表简介

类　　型	说　　明
柱形图	强调各项之间的区别
折线图	强调数值随时间的变化趋势
饼图	显示整体中各部分之间的关系
条形图	柱形图的水平表示

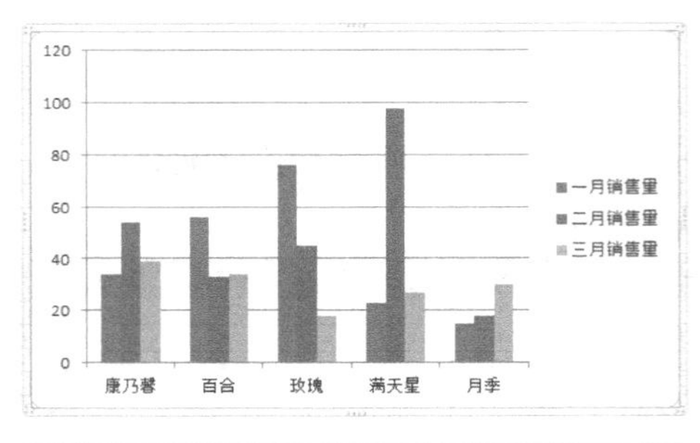

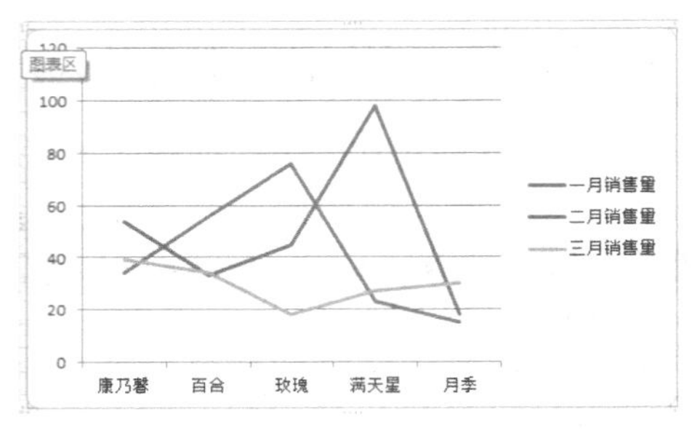

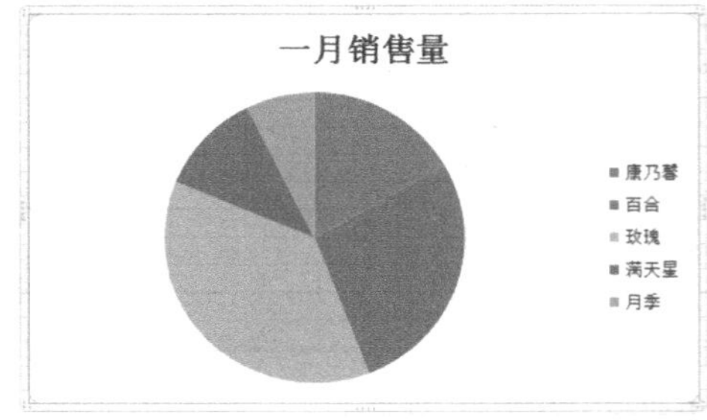

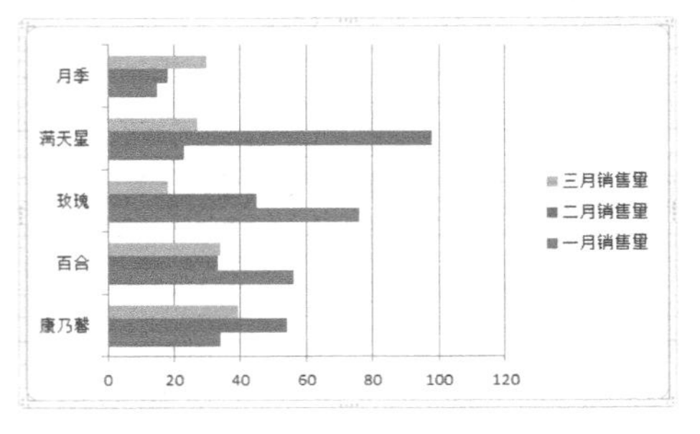

图 5-64　4 种常用图表

2. 图表与工作表的关系

图表是工作表中全部或部分数据的另一种表现形式，是以工作表中的数据为依据创建的一种图形。所以建立图表的前提是工作表中的数据已经建立，且准确无误。

图表数据源于工作表，图表因数据不同而形状各异，它会根据工作表中的数据的变化而自动进行调整。

3. 图表中的重要名词

（1）数据系列

数据系列是一组有关联的数据，来源于工作表中的一行或一列，例如鲜花销售情况表中的“一月销售量”、“二月销售量”、“三月销售量”等。在图表中，同一系列的数据用同一种形式表示。

（2）数据点

数据点是数据系列中的一个独立数据，通常源自一个单元格。

5.3.2　图表的创建

用 Excel 创建图表有多种方法，最常用的是单击“插入”→“图表”选项组的下拉按钮。下面以图 5-65 中所示的工作表为例，来说明建立图表的方法。

1）首先，确定需要用图表形式来表现的数据，然后选中这些数据。本例中选择工作表中的 A2:D7 单元格区域，如图 5-66 所示。（如果需要的数据是不连续的列，则在选择时加按〈Ctrl〉键。

2）单击“插入”→“图表”选项组的下拉按钮，打开“插入图表”对话框。

3）选择“柱形图”，在右侧窗格中选择“簇状柱形图”，单击“确定”按钮，如图 5-67 所示。

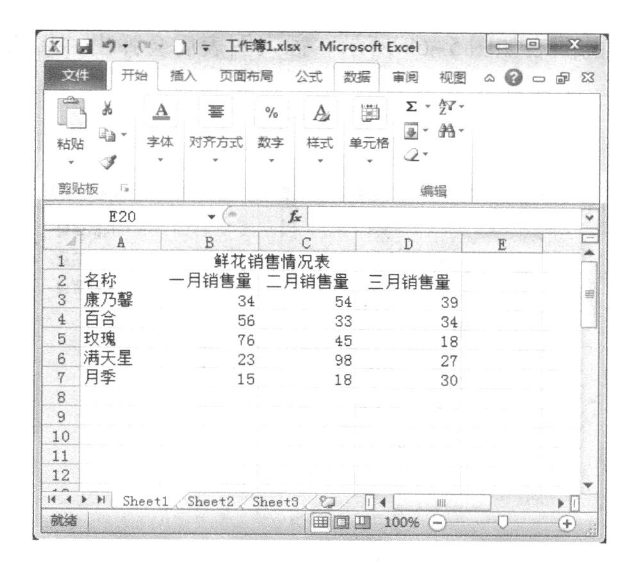

图 5-65　例表

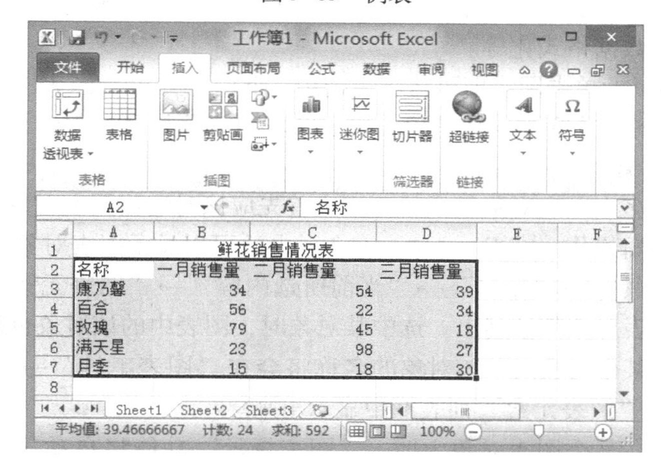

图 5-66　选定数据区域

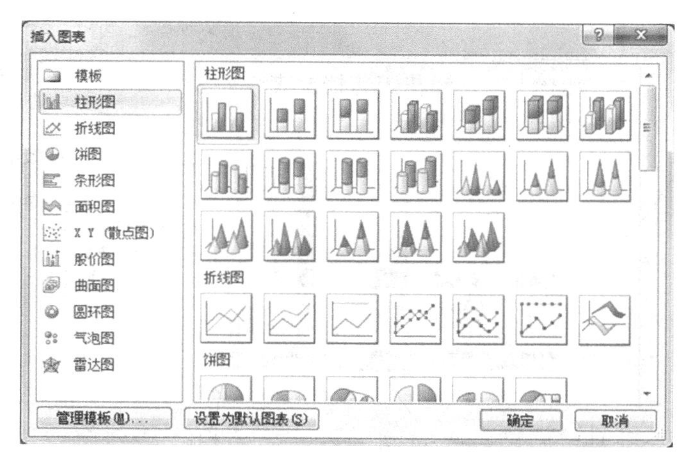

图 5-67　选择图表类型

按照上述方法插入的图表如图 5-68 所示。插入图表后会弹出“图表工具”选项卡。

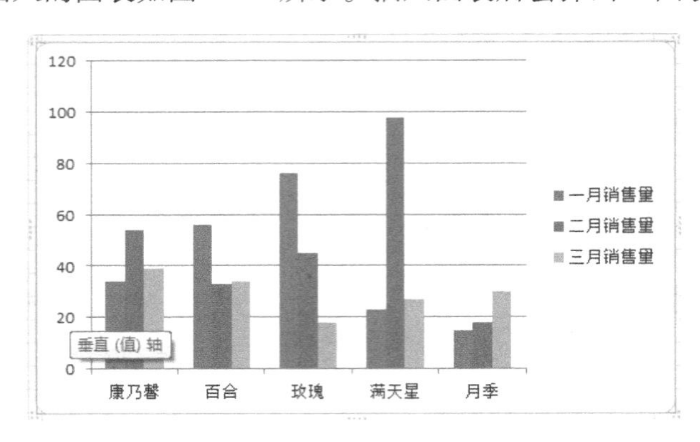

图 5-68　插入的簇状柱形图

5.3.3　图表的编辑

图表的编辑是指对图表及图表中的各个对象进行编辑修改，包括数据的增加、删除，图表类型的更改，以及数据格式化等。

在 Excel 中，用鼠标单击图表即可将图表选中，此时会弹出“图表工具”选项卡，提供“设计”、“布局”、“格式”3 类操作选项，用于图表的编辑美化。

1. 图表的组成要素

一个图表是由许多个图表对象组成的，用户首先应该对这些图表对象有正确的认识，否则就难以对其进行编辑操作。在 Excel 中，有 3 种办法可以显示图表对象的名称。

- 单击“图表工具”→“布局”→“当前所选内容”→“图表元素”列表框的下拉按钮，所有的图表对象都被列出。选中某对象时，图表中的该对象也被选中。
- 单击图表中的某个对象时，该对象的名称将会在“图表工具”→“布局”→“当前所选内容”→“图表元素”列表框中显示出来。
- 鼠标指针停留在某个图表对象上时，“图表提示”功能将自动显示该图表对象的名称。图表对象的名称如图 5-69 所示。

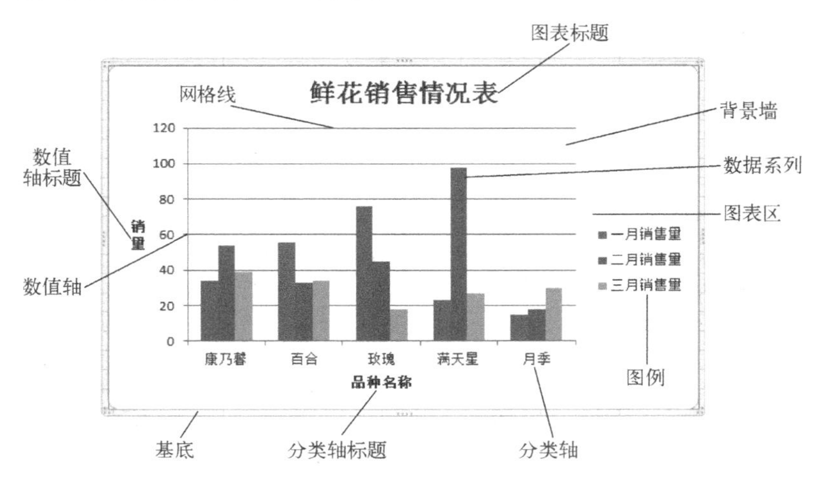

图 5-69　图表对象

一个图表通常由以下几部分组成。

图表区：即图表所在的白色区域，其他各个要素都放置在图表区中，相当于图表的一个“桌面”。

绘图区：图表的主体部分，用于表现数据的图形。

图例：对绘图区中的图形进行说明。

坐标轴：由横坐标轴和纵坐标轴两部分组成，上面可标注文字。

标题：包括图表的标题和横纵坐标轴的标题。

2. 图表的移动、复制、缩放和删除

对选定图表的移动、复制、缩放和删除操作与图形操作非常相似。即拖动图表进行移动，如按住〈Ctrl〉键进行拖动是对图表进行复制，按〈Del〉键可删除图表。也可以通过“复制”、“剪切”和“粘贴”命令对图表在同一工作表或不同工作表间进行移动或复制。

在默认情况下，Excel 中的图表为嵌入式图表，用户不仅可以在同一个工作簿中调整图表放置的工作表位置，而且还可以将图表放置在单独的工作表中。选择“图表工具”→“设计”→“位置”→“移动图表”命令，弹出“移动图表”对话框，选择图表放置的位置即可。图 5-70a 所示是插入到原工作表的效果，图 5-70b 所示是作为一个新工作表插入到工作簿中的效果。

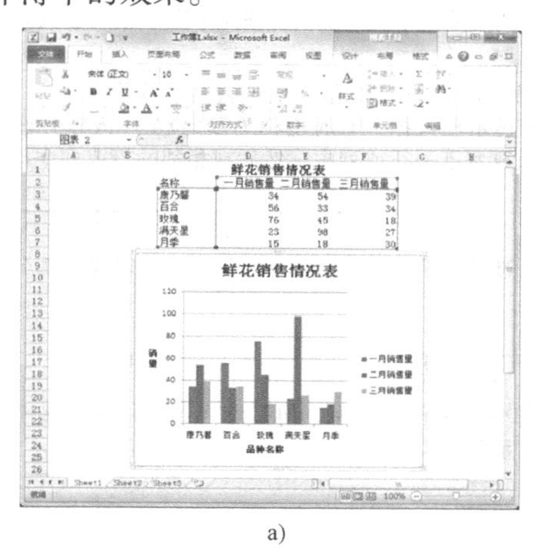

a)

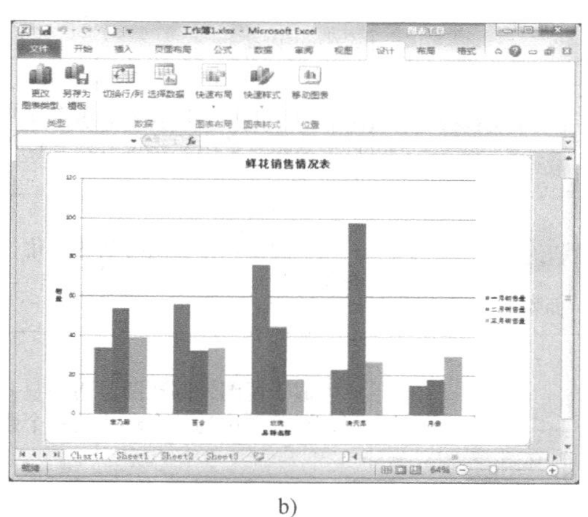

b)

图 5-70　插入图表效果

a）插入到原工作表效果　b）插入到新工作表效果

改变图表大小的方法如下：在图表上单击，图表的边框上会出现 8 个小黑块（尺寸拖动柄），将鼠标指针移动到小黑块上，指针形状变为双向箭头，按住左键拖动鼠标，就能使图表沿着箭头方向放大或缩小。

提示： 如果在拖动 4 个边角上的黑色控制点的同时按住〈Shift〉键，就能等比例改变图表的大小。

3. 图表类型的改变

Excel 提供了丰富的图表类型，对已创建的图表，可根据需要改变图表的类型。改变图表类型的常用方法有如下两种。

方法一：首先选中图表，然后选择“图表工具”→“设计”→“类型”→“更改图表类型”命令，在弹出的“更改图表类型”对话框中选择所需的图表类型和子类型。

方法二：单击“插入”菜单下“图表”选项组中的相应图表图标，在其下拉列表里改变图表类型。

表 5-8 列出了包括前面提到过的 4 种在内的 Excel 主要图表类型及说明。

表 5-8　Excel 主要图表类型及说明

图表类型	说　明
柱形图	柱形图用来显示一段时期内数据的变化或者描述各项之间的比较。分类项水平组织，数值垂直组织，从而可以强调数据随时间的变化。堆积柱形图用来显示各项与整体的关系。具有透视效果的三维柱形图可以沿着两条坐标轴对数据点进行比较
条形图	条形图描述了各个项之间的差别情况。分类项垂直组织，数值水平组织，这样可以突出数值的比较，而淡化随时间的变化。堆积条形图显示各个项与整体之间的关系
拆线图	折线图以等间隔显示数据的变化趋势
饼图	饼图显示了数据系列中每一项占该系列数值总和的比例关系。它一般只显示一个数据系列，在需要突出某个重要数据项时十分有用。如果要使一些较小的扇区更容易查看，可以使用复合饼图，即在紧靠主图表的一侧生成一个较小的饼图或条形图，用来放大显示这些较小的扇区
散点图	XY（散点）图既可用来比较几个数据系列中的数值，也可将两组数值显示为 XY 坐标系中的一个系列。它可以按不等间距显示出数据，有时也称为簇。XY（散点）图多用于科学数据。在组织数据时，可将 X 值放置于一行或列中，然后在相邻的行或列中输入相关的 Y 值
面积图	面积图强调幅度随时间的变化。通过显示绘制值的总和，面积图还可以显示部分和整体的关系
圆环图	类似于饼图，圆环图也用来显示部分与整体的关系，但是圆环图可以含有多个数据系列，圆环图中的每个环代表一个数据系列。
雷达图	在雷达图中，每个分类都拥有自己的数值坐标轴，这些坐标轴由中点向外辐射，并由折线将同一系列中的值连接起来，雷达图可以用来比较若干数据系列的总和值
曲面图	当需要寻找两组数据之间的最佳组合时，曲面图是很有用的。它类似于拓扑图形，曲面图中的颜色和图案用来指示出在同一取值范围内的区域
气泡图	气泡图是一种特殊类型的 XY（散点）图。数据标记的大小标示出数据组中第三个变量的值。在组织数据时，可将 X 值放置于一行或列中，然后相邻的行或列中输入相关的 Y 值和气泡大小
盘高—盘低—收盘图	盘高－盘低－收盘图经常用来描绘股票价格走势，这种图也可以用于科学数据，如随温度变化的数据。生成这种图和其他股价图时，必须以正确的顺序组织数据。计算成交量的股价图有两个数值坐标轴：一个代表成交量，另一个代表股票价格，在盘高－盘低－收盘图或开盘－盘高－盘低－收盘图中可以包含成交量

4. 图表中数据的编辑

（1）数据系列的调整

当生成的图表需要调整数据系列产生在行还是产生在列时，可以有以下两种操作方法。

方法一：直接选择“图表工具”→“设计”→“数据”→“切换行/列”命令。

方法二：选择“图表工具”“设计”→“数据”→“选择数据”命令，弹出“选择数据源”对话框，在对话框里单击“切换行/列”按钮。同样以鲜花销售情况表为例，数据系列产生在行和列的效果分别如图 5-71 和图 5-72 所示。

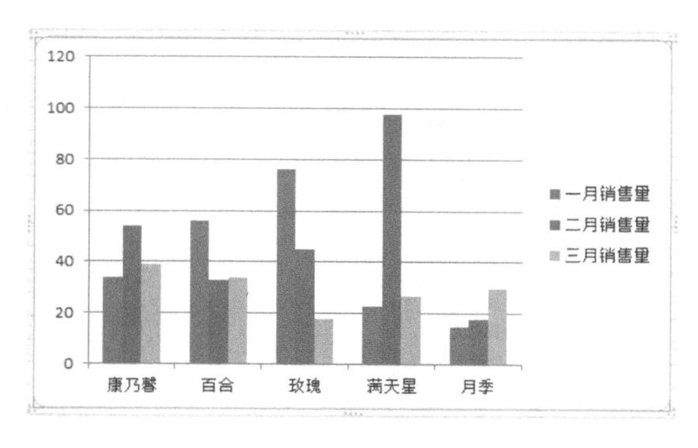

图 5-71　系列产生在列的效果

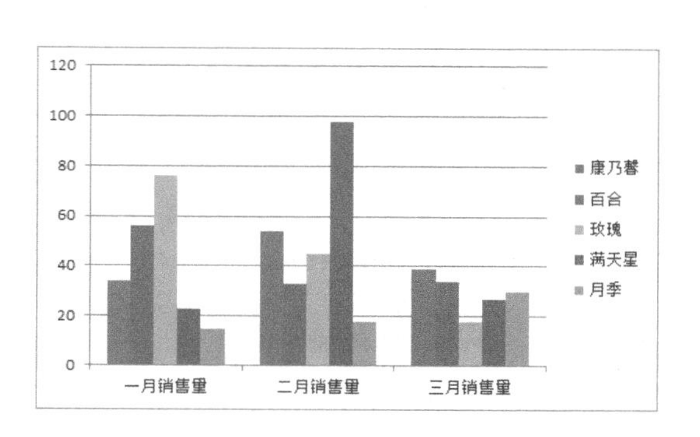

图 5-72　系列产生在行的效果

（2）选择数据源

构成图表的数据可以根据需要随时进行调整，包括重新选择数据区域、增加数据系列、删除数据系列以及调整数据系列次序等等，具体操作步骤如下。

1）选择“图表工具”→“设计”→“数据”→“选择数据”命令，弹出“选择数据源”对话框。

2）在“选择数据源”对话框的“图表数据区域”中，可以通过“单元格拾取”按钮来选择需要制作成图表的数据区域。

3）在图例项里可以通过选中需要调整的系列，单击“编辑”、“删除”及三角图标按钮来编辑，或者通过“添加”按钮来增加需要的系列。

提示： 以上数据系列的调整和数据源的编辑同样可以通过在图表上单击鼠示右键，打开快捷菜单中的“选择数据”命令来完成。

5. 图表中文字的编辑

图表中文字的编辑是指对图表增加一些说明性文字，以便更好地说明图表中的有关内容，也可对说明性文字进行删除或修改等操作。

（1）增加图表、坐标轴标题

首先选中图表，然后选择“图表工具”→“布局”→“标签”→“图表标题”或“坐标轴标题”命令，在其相应的下拉列表里选择需要的操作，会在图表的相应位置弹出编辑区域，直接输入即可；或选择下拉列表中的其他“标题选项”、“其他重要横坐标轴标题”、“其他重要纵坐标轴标题”，会弹出相应的对话框，可以进行更细致的设置，如图 5-73 所示。

（2）增加数据标志

可以为图表中的数据系列添加数据标志或显示数值（百分比），数据标志的形式与所创建的图表类型有关。选中图表，选择“图表工具”→“布局”→“标签”→“数据标签”命令可以完成相关设置；或者在其下拉列表里选择“其他数据标签”命令，打开“设置数据标签格式”对话框进行更具体的编辑，如图 5-74 所示。

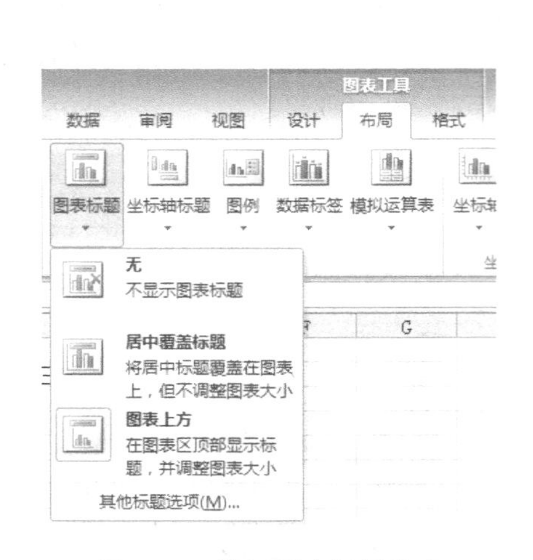

图 5-73　设置图表标题格式

图 5-74　设置数据标签格式

(3) 利用自选图形突出显示数据

为了引起用户注意，可以使用绘图工具对图表中的某个数据项增加一些标注和说明性文字。

例如，要对上述簇状柱形图中销售量最低的类别添加标注和文字，如图 5-75 所示，操作步骤如下。

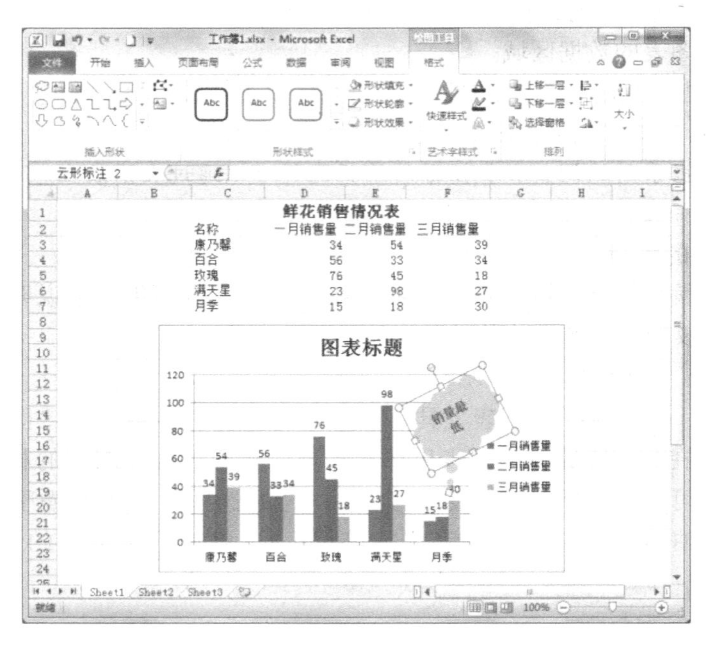

图 5-75　利用自选图形突出显示数据示例

1）选择“插入”→“形状”命令，在下拉菜单的“标注”选项组中选择“云形标注”样式，在图表中画出该图形并拖动到合适位置。

2）在“云形标注”自选图形上单击鼠标右键，在弹出的快捷菜单中选择“编辑文字”命令，输入所需的文字。

3）选中该自选图形，在弹出的“绘图工具”选项卡下的“形状样式”中，选中一种形状颜色，单击“确定”按钮。

（4）修改和删除文字

若要对图表中的文字进行修改，只需将插入点移动到要修改的位置直接修改即可；若要删除图表中的文字，则先选中文字，然后按〈Del〉键就可直接删除。

6. 显示效果的设置

显示效果的设置是指对图表对象（如图例、网格线等）按需要进行设置。

（1）图例的设置

在图表上添加图例的作用是解释图表中的数据。创建图表时，图例出现的默认位置是在图表的右边，用户可以根据需要对图例进行增加、删除和移动等操作。

需要增加图例时，首先选中图表，然后选择“图表工具”→“布局”→“标签”→“图例”按钮，在相应的下拉菜单中选择需要的操作；或者在下拉菜单中选择“其他图例选项”命令，在弹出的“设置图例格式”对话框中进行更具体的编辑设置，如图5-76所示。

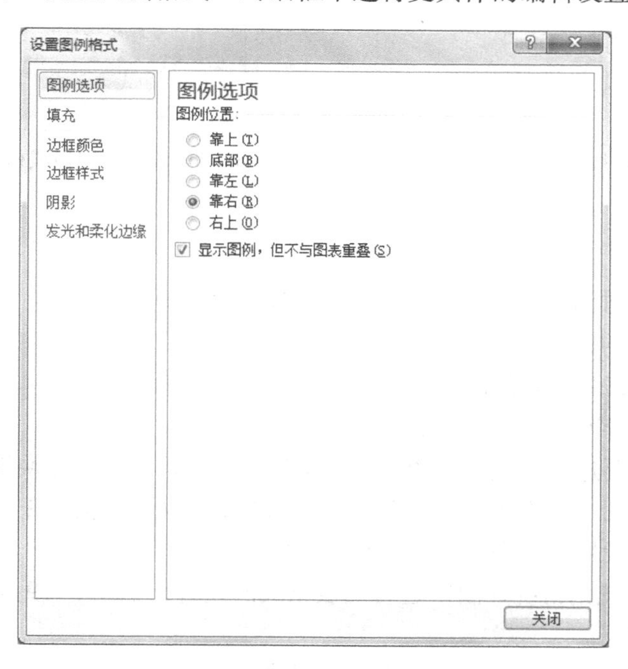

图5-76 “设置图例格式”对话框

如果要在图表中删除图例部分，只要选中该图例，直接按〈Del〉键删除即可。

如果要移动图例，最方便的方法是把选中的图例直接拖动到所需的位置即可。

（2）网格线的设置

在图表上添加网格线，可以帮助用户更加清楚地观察数据。网格线的设置可以通过选择

"图表工具"→"布局"→"坐标轴"命令，在下拉菜单里选择"主要横网格线"和"主要纵网格线"命令来设置，如图 5-77 所示；或者在下拉菜单里选择"其他主要横网格线选项"命令，打开"设置主要网格线格式"对话框来进行设置，如图 5-78 所示。选中相应的选项表示为图表增加网格线，不选则表示取消网格线。

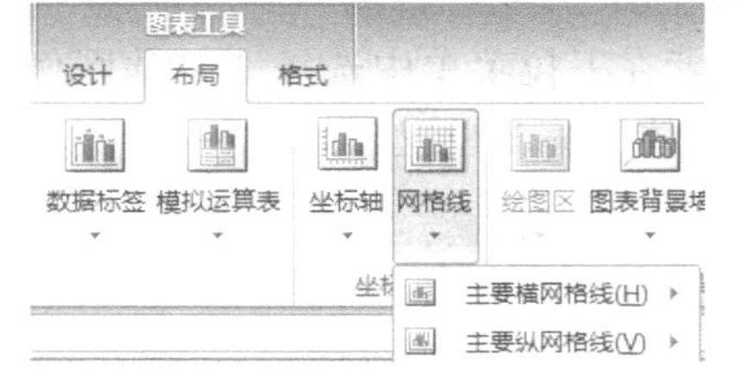

图 5-77 "网格线"命令

图 5-78 "设置主要网格线格式"对话框

5.3.4 图表的修饰

图表的修饰是指对图表对象进行格式设置，包括设置颜色、图案、线型、填充效果、边框等操作。图表格式的设置有如下 3 种方法。

- 选择需要进行格式设置的图表对象，通过选择"图表工具"→"格式"→"形状样式"和"艺术字样式"命令来编辑。
- 将鼠标指向需要进行格式设置的图表对象，单击鼠标右键，在快捷菜单中选择"设置图表区格式"命令，在弹出的"设置图表区格式"对话框中进行设置。
- 双击进行格式设置的图表对象，这是最方便的一种方法。

例如，要对"鲜花销售统计图"进行图表格式的设置，如图 5-79 所示。

具体操作步骤如下。

1）在图表区双击鼠标，弹出"设置图表区格式"对话框，在"填充"选项组中选择"渐变填充"，在"边框样式"选项组中选择"实线"，在"边框颜色"选项组中选择"深蓝"，在"阴影"选项中选择"颜色"为"浅蓝"。

2）利用上述方法，打开"设置图表区格式"对话框，在"填充"选项组中选择"图案填充"为"5%"，在"前景色"中选择"橄榄绿。

提示：除了以上介绍的相关图表设置，用户还可以通过选择"图标工具"→"布局"→

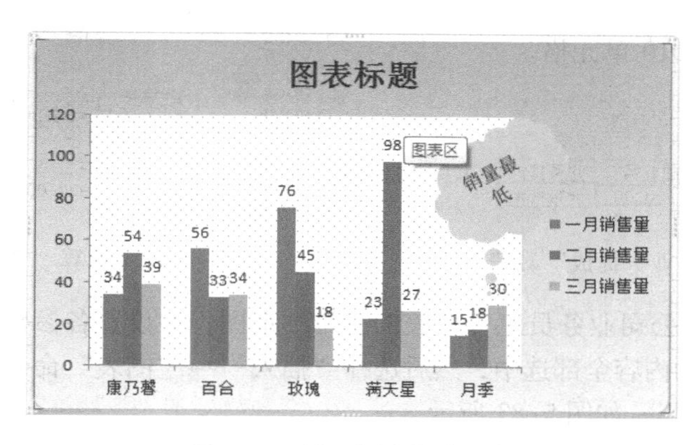

图 5-79　设置图表格式示例

“当前所选内容”→“设置所选内容格式”命令，对图表中相应区域进行更细致的格式设置。

5.3.5　实训项目　制作数据图表

Excel 作为目前使用最广泛的电子表格程序，它的数据处理及分析能力很强大。在企业日常办公事务中，很多情况下数据往往来源于各部门，同时，基于这些数据的统计查询及决策分析也有多种要求，这种数据的多源性和处理的复杂性可以利用 Excel 的综合数据处理能力来解决。下面通过具体的实训项目，介绍 Excel 通过不同的技术手段对大量相关数据进行多角度、多层次的统计分析，利用图表来直观地反映统计分析结果。

本实训项目制作金城科技公司业务员工资表，预览效果如图 5-80 所示。

金城科技公司业务员工资表				
姓名	基本工资	完成业务	业务提成	合计
张萌	2,000.00	4,900.00	245.00	2,245.00
刘李	2,000.00	8,900.00	445.00	2,445.00
谢华	2,000.00	5,400.00	270.00	2,270.00
陈莹	3,000.00	11,900.00	595.00	3,595.00
李新	4,000.00	54,140.00	2,707.00	6,707.00
陈丽萍	5,000.00	65,000.00	3,250.00	8,250.00
张宏波	5,000.00	180,000.00	9,000.00	14,000.00
计算方法： 提成方式：　完成业务*5% 合　　计：　基本工资+业务提成				

图 5-80　实训项目预览效果

[**操作步骤**]

1）建立金城科技公司业务员工资表，并自定义数值格式（参考图 5-80）。

2）计算“业务提成”数值。

① 在 D4 单元格中输入“=C4*5%”，如图 5-81 所示，然后按〈Enter〉键完成数值填写。

② 自动填充 D5:D10 单元格。

3）计算“合计”数值。

① 在 D4 单元格中输入“=B4+D4”，如图 5-82 所示，然后按〈Enter〉键完成数值填写。

② 自动填充 D5:D10 单元格。

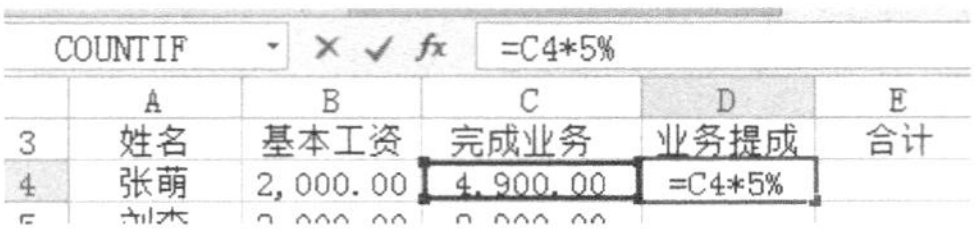

COUNTIF × ✓ fx =C4*5%

	A	B	C	D	E
3	姓名	基本工资	完成业务	业务提成	合计
4	张萌	2,000.00	4,900.00	=C4*5%	

图 5-81　计算“业务提成”数值

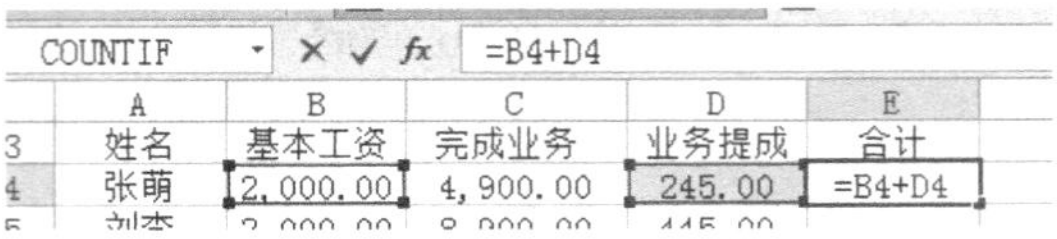

COUNTIF × ✓ fx =B4+D4

	A	B	C	D	E
3	姓名	基本工资	完成业务	业务提成	合计
4	张萌	2,000.00	4,900.00	245.00	=B4+D4

图 5-82　计算“合计”数值

4）绘制金城科技公司业务员工资图表的三维柱形图，并设置各参数。

① 将 A3 到 E10 的内容全部选中，然后选择“插入”→“图表”命令，弹出“插入图表”对话框，选择“柱形图”，如图 5-83 所示。

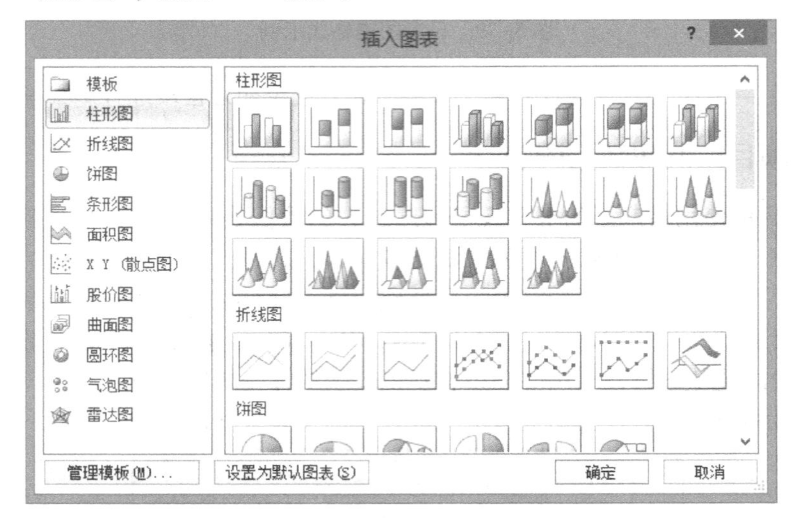

图 5-83　插入图表

② 然后在图 5-84 所示“图表工具”功能区进行设置，如图表标题、图例、坐标刻度等。

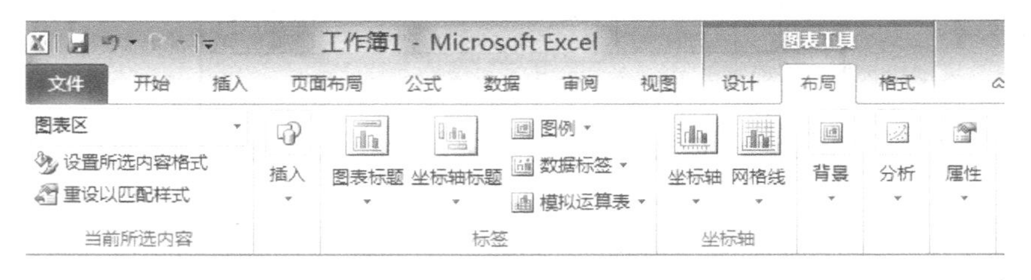

图 5-84　图表工具

③ 在图表中单击鼠标右键，在弹出的快捷菜单中选择“三维旋转”命令，弹出如图 5-85 所示的对话框，选择“图表缩放”区域的“直角坐标轴”复选框。

④ 选择“模拟运算表”→“显示模拟运算表”，完成整个图表的制作，效果如图 5-86 所示。

5.3.6　拓展训练　制作人口普查图表

在 Excel 中制作人口普查图表，如图 5-87 所示。素材、样文可参考教材配套资源。

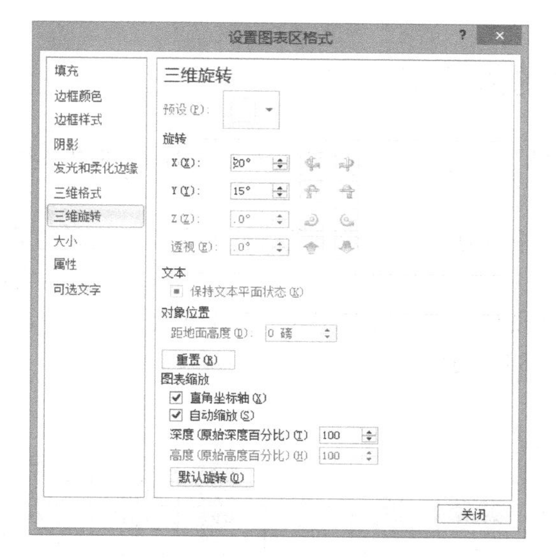

图 5-85　设置“三维旋转”

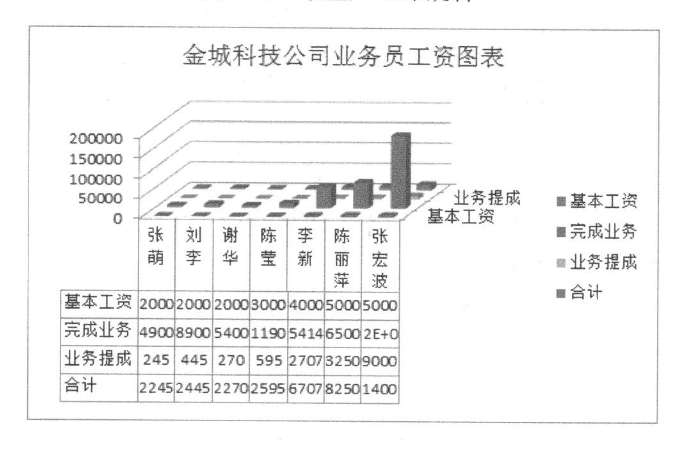

	张萌	刘李	谢华	陈莹	李新	陈丽萍	张宏波
基本工资	2000	2000	2000	3000	4000	5000	5000
完成业务	4900	8900	5400	1190	5414	6500	2E+0
业务提成	245	445	270	595	2707	3250	9000
合计	2245	2445	2270	2595	6707	8250	1400

图 5-86　图表效果展示

4-6　按年龄和性别分人口数（2004年）

本表是2004年人口变动情况抽样调查样本数据，抽样比为0.966‰.

年龄	人口数（人）			占总人口比重（%）			性别比
		男	女		男	女	（女=100）
总计	1253065	637167	615898	100.00	50.85	49.15	103.45
0-4	61874	34089	27784	4.94	2.72	2.22	122.69
5-9	76221	41433	34788	6.08	3.31	2.78	119.10
10-14	103771	54921	48850	8.28	4.38	3.90	112.43
15-19	109259	56583	52676	8.72	4.52	4.20	107.42
20-24	79604	39164	40440	6.35	3.13	3.23	96.85
25-29	88490	43530	44959	7.06	3.47	3.59	96.82
30-34	117954	59010	58944	9.41	4.71	4.70	100.11
35-39	122574	61490	61084	9.78	4.91	4.87	100.67
40-44	100595	50558	50038	8.03	4.03	3.99	101.04
45-49	89609	45320	44289	7.15	3.62	3.53	102.33
50-54	86438	43875	42563	6.90	3.50	3.40	103.08
55-59	61775	31459	30316	4.93	2.51	2.42	103.77
60-64	47599	24266	23333	3.80	1.94	1.86	104.00
65-69	40062	20110	19952	3.20	1.60	1.59	100.79
70-74	32538	16095	16442	2.60	1.28	1.31	97.89
75-79	19159	9111	10047	1.53	0.73	0.80	90.68
80-84	10469	4387	6082	0.84	0.35	0.49	72.12
85-89	3727	1348	2379	0.30	0.11	0.19	56.68
90-94	1115	355	759	0.09	0.03	0.06	46.80
95+	234	63	171	0.02	0.01	0.01	36.83

注：由于各地区数据采用加权汇总的方法，人口变动情况抽样调查样本数据合计与各分项相加略有误差

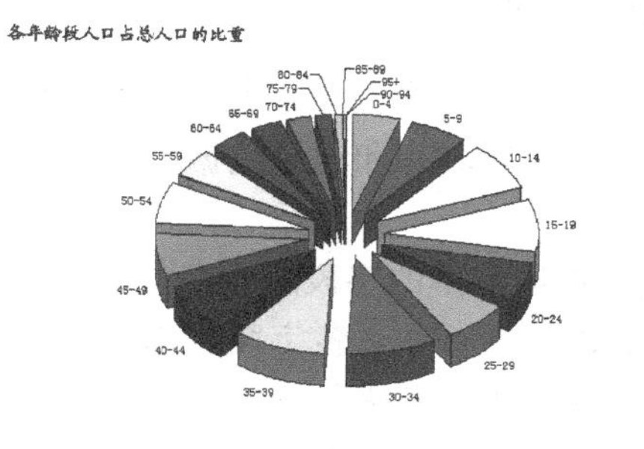

图 5-87　人口普查图表

5.4 Excel 工作表的数据库操作

Excel 不仅具有强大的数据计算能力，还具有数据库管理的一些功能，如排序、数据筛选和分类汇总等。

在关系数据库中，一个较复杂的数据库是由若干个互相关联的数据库表构成的。而一个数据库表可以简单理解为一张二维数据表格。每一个 Excel 数据表实际就是一个简单的数据库。每个数据库都包含字段和记录。所谓字段，指的就是 Excel 中的列。所谓记录，指的就是 Excel 中的行，如图 5-88 所示。

字段名

工资编号	姓名	性别	职称	工资	补助
28003	王萍	女	初级	1100	300
26003	王琦	女	初级	1200	300
27001	唐晓丽	女	高级	1800	600
28001	刘永超	女	高级	1850	600
27003	金延飞	男	初级	1100	300
27002	朱聚鹏	男	中级	1500	400
28002	李磊	男	中级	1550	400
26002	王小军	男	中级	1600	400
26001	李吉鸿	男	高级	2000	600

图 5-88　数据清单示例

为了使 Excel 能对工作表进行数据库操作，用户在建立工作表时应遵循以下准则。

- 一张工作表只建立一个数据表。
- 工作表的第 1 行建立各列标题，列标题使用的字体、格式等应与下面的数据有所区别。
- 同一列数据的类型应保持一致。
- 工作表数据区不出现空白行或列。

可以说，按照以上准则制作的数据表是一种特殊的工作表，我们将其称之为数据清单，又称为数据列表。Excel 可对这样的工作表按数据库中的表来进行处理，实现排序、筛选、分类汇总等数据库操作。

5.4.1 数据清单的建立

下面建立一个“人力资源情况表”数据清单，如图 5-89 所示。

数据清单由字段名称和记录数据组成。而字段名称就是表格的列标题，记录数据就是表格中各行数据。

（1）建立数据清单的字段结构

在工作表的第 1 行输入各字段名称，如“编号”、“部门”、“组别”、“年龄”、“性别”、“学历”、“职称”和“工资”。

（2）输入数据清单的各记录数据

可以直接采用建立工作表的方式，向行列中逐个输入数据，也可以使用记录单建立数据清单，如图 5-90 所示。

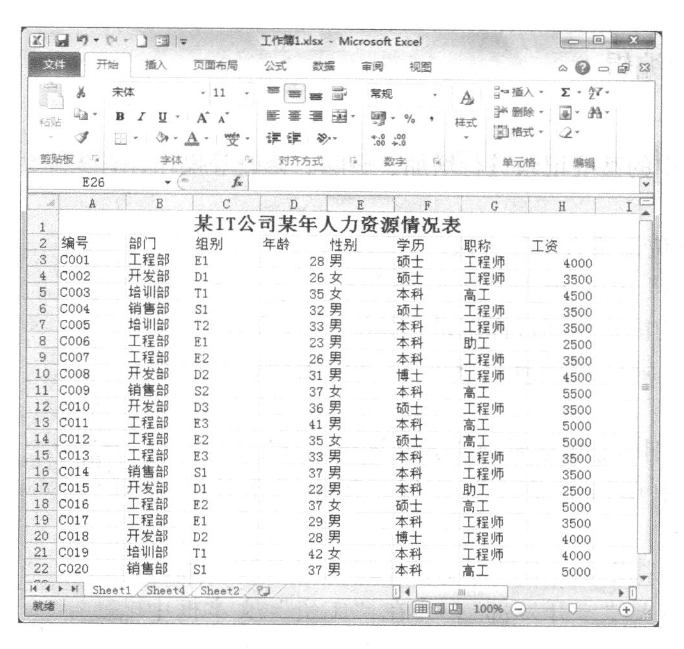

某IT公司某年人力资源情况表

编号	部门	组别	年龄	性别	学历	职称	工资
C001	工程部	E1	28	男	硕士	工程师	4000
C002	开发部	D1	26	女	硕士	工程师	3500
C003	培训部	T1	35	女	本科	高工	4500
C004	销售部	S1	32	男	硕士	工程师	3500
C005	培训部	T2	33	男	本科	工程师	3500
C006	工程部	E1	23	男	本科	助工	2500
C007	工程部	E2	26	男	本科	工程师	3500
C008	开发部	D2	31	男	博士	工程师	4500
C009	销售部	S2	37	女	本科	高工	5500
C010	开发部	D3	36	男	硕士	工程师	3500
C011	工程部	E3	41	男	本科	高工	5000
C012	工程部	E2	35	女	硕士	高工	5000
C013	工程部	E3	33	男	本科	工程师	3500
C014	销售部	S1	37	男	本科	工程师	3500
C015	开发部	D1	22	男	本科	助工	2500
C016	工程部	E2	37	女	硕士	高工	5000
C017	工程部	E1	29	男	本科	工程师	3500
C018	开发部	D2	28	男	博士	工程师	4000
C019	培训部	T1	42	女	本科	工程师	4000
C020	销售部	S1	37	男	本科	高工	5000

图 5-89　人力资源情况表示例

图 5-90　使用记录单

使用记录单建立数据清单的具体步骤如下。

1）单击快速访问工具栏的“其他命令”下拉按钮，弹出“Excel 选项”对话框，在“自定义快速访问工具栏”里将“记录单”命令添加到“快速访问工具栏”内。

2）选中需要建立数据清单的区域，包括已经输入的字段名行。

3）单击“记录单”命令，打开 sheet1，开始记录单的建立。

5.4.2 记录单的编辑

1. 查找记录

为了对记录单中的某些记录进行增加、删除、修改等操作，首先需要查找到待编辑的记录，即记录定位。

在记录单中定位记录有两种方法。

1）在“记录单”中，单击“上一条”或“下一条”按钮，或利用滚动条均能定位到目标记录，如图5-91所示。

图5-91 记录单

2）根据目标记录满足的条件来查找目标记录，其方法如下：

① 单击查找范围的起始记录（查找从该记录开始）。

② 在记录单中单击“条件”按钮，弹出“条件”对话框。

③ 在与查找条件相关的字段文本框中输入条件值。如在“部门”文本框中输入“=开发部”，并在“工资”文本框中输入“>3500”，表示查找在开发部工作的工资超过3500元的人员。

2. 修改记录

找到要修改的记录后，在字段文本框中直接修改字段值即可。注意，在记录单中，包含有公式的字段不能修改，当修改了与公式相关联的字段内容时，结果会自动更新。

3. 插入记录

利用记录单无法在现有记录中插入一条新记录，只能在数据清单的所有记录末尾追加记录即在数据清单中利用“插入行”或“插入单元格”的方法实现。

4. 追加记录

追加记录是指在数据清单的末尾增加新记录。追加记录的操作步骤如下：

1）单击快速访问工具栏中的“记录单”命令，弹出“记录单”对话框。

2）单击对话框中的“新建”按钮，左侧出现空记录，依次输入新记录的字段值。

3）单击“确定”按钮。

5. 删除记录

删除记录的操作步骤如下。

1）在记录单中找到要删除的记录。

2）单击“删除”按钮，并在弹出的“确认删除”对话框中单击“确定”按钮。

5.4.3 数据排序

在实际应用中，用户经常需要按某字段值的大小顺序对数据清单进行重新排列，即进行排序。排序时常以某一个或几个关键字为依据，按一定的顺序原则重新排列数据。排序依据的字段称为关键字，有时关键字不止一个。例如，对人力资源情况表按性别进行排序，若性别相同时，则按照工资高低进行排序。这里实际上有两个关键字，前一个关键字（性别）为主，称为“主要关键字”；后一个关键字（工资）是当主要关键字无法确定排列顺序时才起作用，故称为“次要关键字”。

1. 简单排序

利用“开始”或“数据”菜单下“排序和筛选”中的排序按钮可进行简单排序。具体操作步骤如下。

1）单击某字段名（如“工资”），该字段为排序关键字。

2）在“数据”→“排序和筛选”选项组下有两个排序按钮AZ↓ZA↓，分别是“升序”和“降序”。单击“降序”按钮ZA↓，数据清单的记录按工资从高到低进行排列。

或者在“开始”→“编辑”→“排序和筛选”命令的下拉菜单中选择“升序”或“降序”，如图5-92所示。排序后结果如图5-93所示。

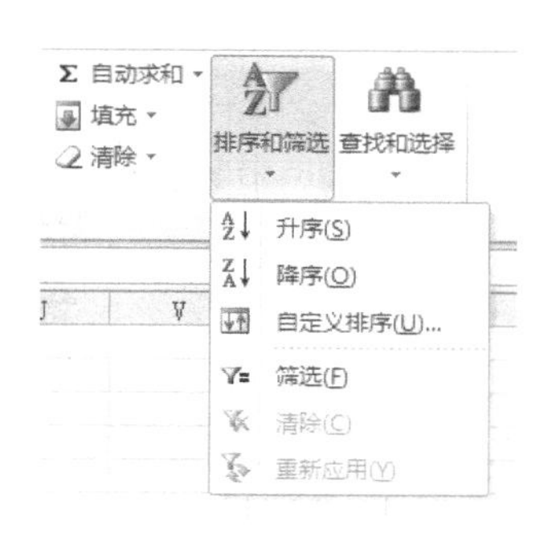

图5-92 “排序和筛选”下拉菜单

提示：当所选单元格区域旁边还有数据时，将弹出“排序警告”对话框，若对数据库的某一列进行排序时，为了保持数据的一致，应选择“扩展选定区域”选项。

某IT公司某年人力资源情况表

编号	部门	组别	年龄	性别	学历	职称	工资
C009	销售部	S2	37	女	本科	高工	5500
C011	工程部	E3	41	男	本科	高工	5000
C012	工程部	E2	35	女	硕士	高工	5000
C016	工程部	E2	37	女	硕士	高工	5000
C020	销售部	S1	37	男	本科	高工	5000
C003	培训部	T1	35	女	本科	高工	4500
C008	开发部	D2	31	男	博士	工程师	4500
C001	工程部	E1	28	男	硕士	工程师	4000
C018	开发部	D2	28	男	博士	工程师	4000
C019	培训部	T1	42	女	本科	工程师	4000
C002	开发部	D1	26	女	硕士	工程师	3500
C004	销售部	S1	32	男	硕士	工程师	3500
C005	培训部	T2	33	男	本科	工程师	3500
C007	工程部	E2	26	男	本科	工程师	3500
C010	开发部	D3	36	男	硕士	工程师	3500
C013	工程部	E3	33	男	本科	工程师	3500
C014	销售部	S1	37	男	本科	工程师	3500
C017	工程部	E1	29	男	本科	工程师	3500
C006	工程部	E1	23	男	本科	助工	2500
C015	开发部	D1	22	男	本科	助工	2500

图5-93 按工资降序排序示例

2. 高级排序

对于有两个或两个以上关键字的排序操作，需使用“排序”对话框。具体操作步骤如下。

1）选择“数据”→“排序和筛选”→“排序”命令，弹出“排序”对话框，如图5-94所示。

2）在“主要关键字”栏中选择排序的主要关键字（如“性别”），并选择排序方式（如“递减”）；在“次要关键字”栏中选择排序的次要关键字（如“工资”），并选择排序

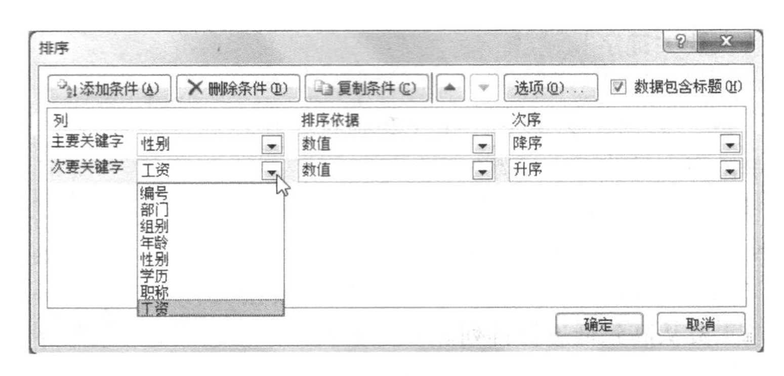

图 5-94 “排序”对话框

方式（如“递增”）。

3）选中“数据包含标题”复选框，表示标题行不参加排序。

4）单击“确定”按钮。

排序结果如图 5-95 所示。可以看到，首先以“性别”递减的顺序排列，当“性别”相同时，再按“工资”递增的顺序排列。

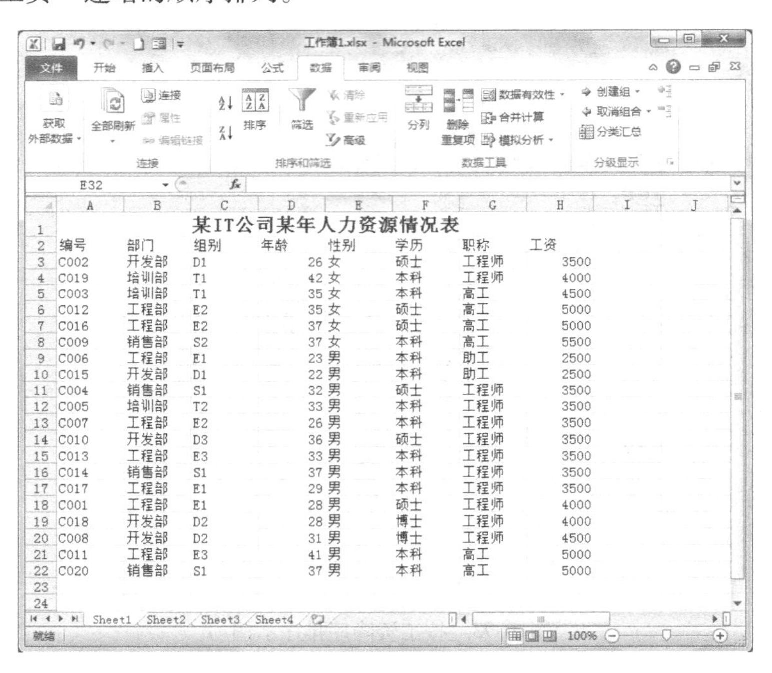

某IT公司某年人力资源情况表

编号	部门	组别	年龄	性别	学历	职称	工资
C002	开发部	D1	26	女	硕士	工程师	3500
C019	培训部	T1	42	女	本科	工程师	4000
C003	培训部	T1	35	女	本科	高工	4500
C012	工程部	E2	35	女	硕士	高工	5000
C016	工程部	E2	37	女	硕士	高工	5000
C009	销售部	S2	37	女	本科	高工	5500
C006	工程部	E1	23	男	本科	助工	2500
C015	开发部	D1	22	男	本科	助工	2500
C004	销售部	S1	32	男	硕士	工程师	3500
C005	培训部	T2	33	男	本科	工程师	3500
C007	工程部	E2	26	男	本科	工程师	3500
C010	开发部	D3	36	男	硕士	工程师	3500
C013	工程部	E3	33	男	本科	工程师	3500
C014	销售部	S1	37	男	本科	工程师	3500
C017	工程部	E1	29	男	本科	工程师	3500
C001	工程部	E1	28	男	硕士	工程师	4000
C018	开发部	D2	28	男	博士	工程师	4000
C008	开发部	D2	31	男	博士	工程师	4500
C011	工程部	E3	41	男	本科	高工	5000
C020	销售部	S1	37	男	本科	高工	5000

图 5-95 按性别降序和工资升序排列示例

3. 恢复原来次序

若要将经过多次排序的数据表恢复到未排序前的状态，可以事先在数据表中增加一个名为“记录号”的字段，并依次输入记录号 1，2，3，…。当对数据表进行多次排序后，原记录顺序已经改变，“记录号”字段值也不是原来的顺序。为了恢复到排序前的状态，只要将“记录号”字段按升序排列即可。

提示：排序导致数据顺序发生变动，但绝不只是简单地把排序的字段列数据进行了排序，同时调动的还有和此字段在同一行的其他字段，也就是一条记录会同时按某顺序同时进行排序。Excel 的排序功能将每一行的数据（一条记录）作为一个单位，排序后一行数据整体变动。

5.4.4 数据筛选

当数据清单中的记录很多时，用户可以使用数据筛选功能对符合条件的记录进行筛选，数据清单只显示符合条件的一部分记录，而将不符合条件的记录隐藏起来，使之不显示。这样可以缩小查找范围，提高操作速度。数据筛选的方法有两种：自动筛选和高级筛选。

1. 自动筛选

（1）自动筛选数据

以筛选人力资源情况表中“部门”为“销售部”的记录为例，具体操作步骤如下。

1）用鼠标单击数据清单中的任一单元格。

2）选择“数据”→“排序和筛选”→“筛选”命令，此时数据清单的每个字段名旁边增加了一个筛选按钮。单击“部门”字段的筛选按钮，将出现下拉列表。如图 5-96 所示。

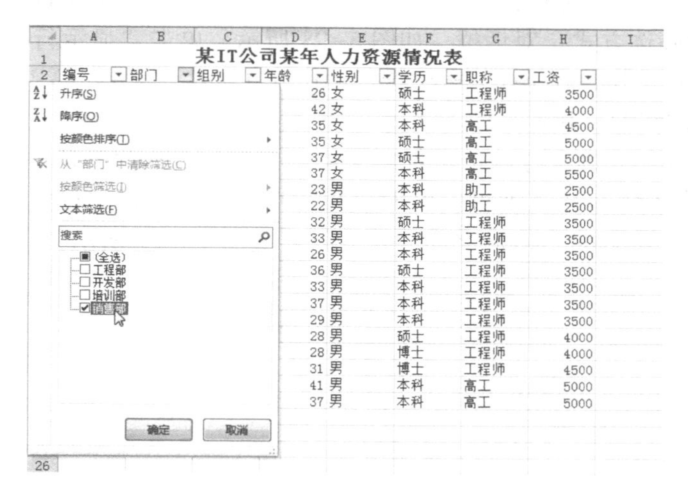

图 5-96 利用自动筛选功能示例

3）在下拉列表中选择“销售部”。则筛选后的工作表中只显示“部门”属于“销售部”的 4 条记录，如图 5-97 所示。

筛选后的字段名旁的筛选按钮会变成。筛选并不意味着删除不满足条件的记录，而只是暂时隐藏。如果想要恢复被隐藏的记录，只需在筛选列的下拉列表中选择“全部”即可。

（2）自定义条件筛选

筛选的条件还可以更复杂一些，例如我们想看工资在 3500～4500 之间的人员记录，具体操作步骤如下。

1）用鼠标单击数据清单中的任一单元格。

2）选择“数据”→“排序和筛选”→“筛选”命令。

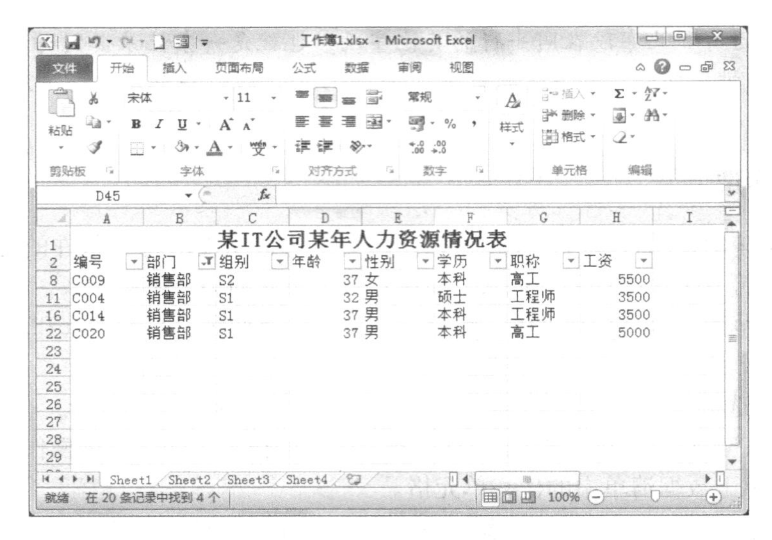

图 5-97　自动筛选后的数据清单

3）单击“工资”列的筛选按钮，在“数字筛选”下级菜单中选择“自定义筛选”，弹出“自定义自动筛选方式”对话框，如图 5-98 所示。单击“显示行”区域“工资”下的第 1 个列表框下拉按钮，在下拉列表中选择运算符（如大于），在第 2 个列表框中选择或输入运算对象（如 3500）；用同样的方法还可以指定第 2 个条件（如“小于”4500），两个条件中间的单选按钮用于确定这两个条件的关系，“与”表示两个条件必须同时成立，而“或”表示两个条件有一个成立即可。单击“与”单选按钮并按“确定”按钮返回，则数据清单中只显示工资在 3500 ~ 4500 之间的人员记录，如图 5-99 所示。

图 5-98　“自定义自动筛选方式”对话框

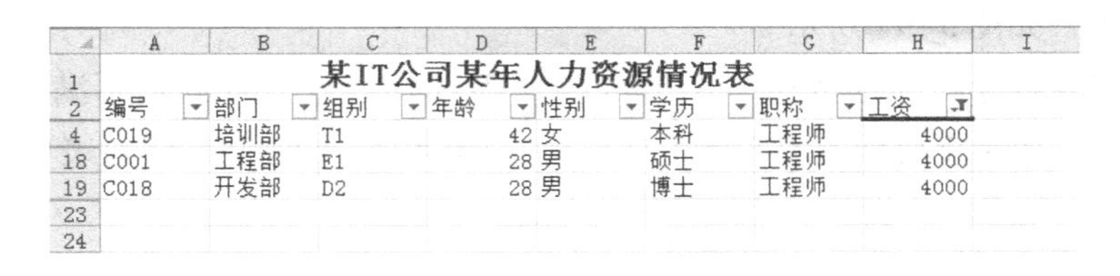

图 5-99　自定义自动筛选方式示例

2. 高级筛选

在自动筛选中，筛选条件可以是一个，也可以用“自定义”指定两个条件，但只能针对同一字段。如果筛选条件涉及多个字段，如“部门是销售部”且“工资 >= 3500”，用自动筛选要分两步执行才能实现，较为麻烦，而用高级筛选一次就能完成。

（1）建立筛选条件

在数据清单下面的空白行输入筛选条件，上方输入字段名，在字段名下方输入筛选条件。用同样方法构造其他筛选条件。多个条件的“与”、“或”关系用法如下：

- “与”关系的条件必须出现在同一行，如表示“部门为销售部”与“工资 >= 3500”的条件为如图 5-100 所示。
- “或”关系的条件不能出现在同一行，如表示“部门为销售部”或“工资 >= 3500”的条件为如图 5-101 所示。

	A	B	C	D	E	F	G	H
1			某IT公司某年人力资源情况表					
2	编号	部门	组别	年龄	性别	学历	职称	工资
3	C002	开发部	D1	26	女	硕士	工程师	3500
4	C019	培训部	T1	42	女	本科	工程师	4000
5	C003	培训部	T1	35	女	本科	高工	4500
6	C012	工程部	E2	35	女	硕士	高工	5000
7	C016	工程部	E2	37	女	硕士	高工	5000
8	C009	销售部	S2	37	女	本科	高工	5500
9	C006	工程部	E1	23	男	本科	助工	2500
10	C015	开发部	D1	22	男	本科	助工	2500
11	C004	销售部	S1	32	男	硕士	工程师	3500
12	C005	培训部	T2	33	男	本科	工程师	3500
13	C007	工程部	E2	26	男	本科	工程师	3500
14	C010	开发部	D3	36	男	硕士	工程师	3500
15	C013	工程部	E3	33	男	本科	工程师	3500
16	C014	销售部	S1	37	男	本科	工程师	3500
17	C017	工程部	E1	29	男	本科	工程师	3500
18	C001	工程部	E1	28	男	硕士	工程师	4000
19	C018	开发部	D2	28	男	博士	工程师	4000
20	C008	开发部	D2	31	男	博士	工程师	4500
21	C011	工程部	E3	41	男	本科	高工	5000
22	C020	销售部	S1	37	男	本科	高工	5000
23								
24	部门	工资						
25	销售部	>=3500						
26								

图 5-100 “与”关系的高级筛选示例

	A	B	C	D	E	F	G	H
1			某IT公司某年人力资源情况表					
2	编号	部门	组别	年龄	性别	学历	职称	工资
3	C002	开发部	D1	26	女	硕士	工程师	3500
4	C019	培训部	T1	42	女	本科	工程师	4000
5	C003	培训部	T1	35	女	本科	高工	4500
6	C012	工程部	E2	35	女	硕士	高工	5000
7	C016	工程部	E2	37	女	硕士	高工	5000
8	C009	销售部	S2	37	女	本科	高工	5500
9	C006	工程部	E1	23	男	本科	助工	2500
10	C015	开发部	D1	22	男	本科	助工	2500
11	C004	销售部	S1	32	男	硕士	工程师	3500
12	C005	培训部	T2	33	男	本科	工程师	3500
13	C007	工程部	E2	26	男	本科	工程师	3500
14	C010	开发部	D3	36	男	硕士	工程师	3500
15	C013	工程部	E3	33	男	本科	工程师	3500
16	C014	销售部	S1	37	男	本科	工程师	3500
17	C017	工程部	E1	29	男	本科	工程师	3500
18	C001	工程部	E1	28	男	硕士	工程师	4000
19	C018	开发部	D2	28	男	博士	工程师	4000
20	C008	开发部	D2	31	男	博士	工程师	4500
21	C011	工程部	E3	41	男	本科	高工	5000
22	C020	销售部	S1	37	男	本科	高工	5000
23								
24	部门	工资						
25	销售部							
26		>=3500						
27								

图 5-101 “或”关系的高级筛选示例

（2）执行高级筛选

以筛选条件为“部门是销售部”与“工资 >= 3500”为例，执行高级筛选的操作步骤如下。

1）在数据清单后的空白行输入筛选条件。

2）选择数据清单中任一单元格（注意：不要选中“条件区域”单元格），然后选择“数据”→“排序和筛选”→“高级”命令，弹出“高级筛选”对话框，如图 5-102 所示。

图 5-102 “高级筛选”对话框

3）在“方式”区域中选择筛选结果的显示位置，这里选“将筛选结果复制到其他位置”。在“列表区域”文本框中指定数据区域，可以直接输入“$A$2:$H$22”，也可以单击右侧的“单元格拾取”按钮，在数据清单中进行选择。用同样的方法在“条件区域”文本框中指定条件区域（$A$24:$B$25）。

4）单击“确定”按钮。高级筛选后的结果会显示在指定位置 Sheet1!$J$2 开头的区域，如图 5-103 所示。

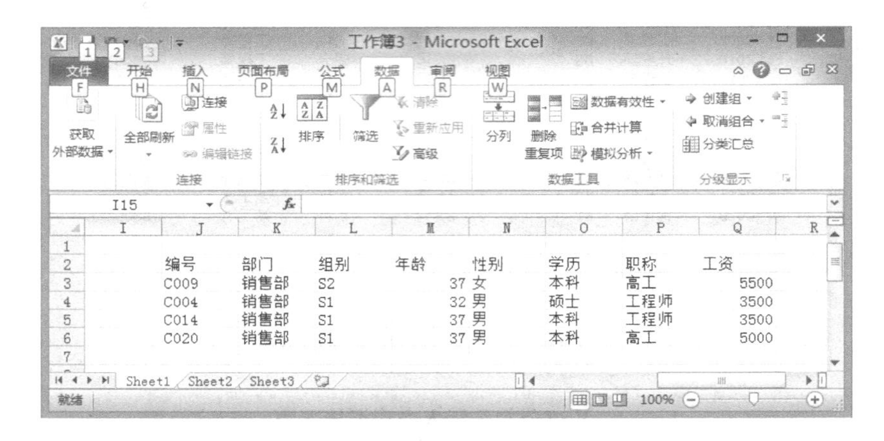

图 5-103 高级筛选结果

如果想要显示所有记录，可以单击“数据”→“排序和筛选”选项组中的“清除”命令。

（3）将筛选结果复制到指定区域

若不想保留原有数据，将经过高级筛选后的结果覆盖原有数据，则在上述步骤 3）中，选择“在原有区域显示筛选结果”即可。

5.4.5 数据分类汇总

分类汇总是分析数据清单的常用方法，在实际应用中经常要用到。例如，在商品的销售管理中，经常要统计各类商品的售出总量，或在工资表中要按部门分类并统计各部门人员的平均工资等。它们的共同点是首先要进行分类，将同类型的数据集中在一起，然后再进行求和、求平均之类的汇总计算。使用 Excel 提供的分类汇总功能，可以很容易地实现这种操作，为分析数据清单提供了极大的方便。

1. 自动分类汇总

以人力资源情况表为例，按部门进行分类并汇总各部门的平均工资。具体操作步骤如下。

1）首先，对“部门”字段按升序进行排列，即按部门进行分类，把同一部门的记录放在一起。

2）选择“数据”→“分级显示”→“分类汇总”命令，弹出“分类汇总”对话框，如图 5-104 所示。

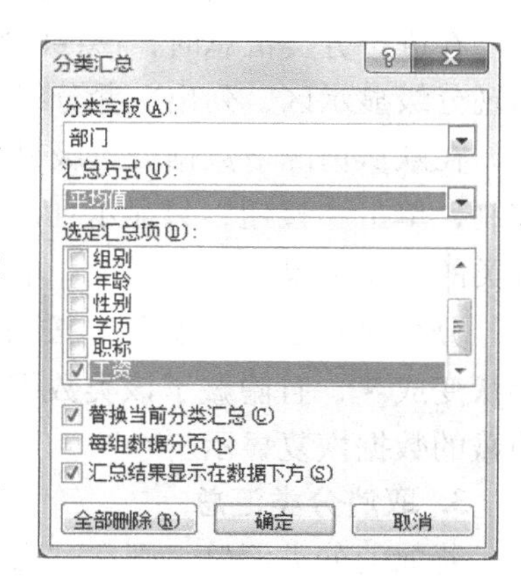

图 5-104 “分类汇总”对话框

3）在对话框“分类字段”的下拉列表中选择分类字段（如“部门”）。

4）单击“汇总方式”的下拉列表中选择汇总方式（如“平均值”）。

5）在“选定汇总项”列表中选择要汇总的一个或多个字段（如“工资”）。

6）若本次汇总前，已经进行过某种分类汇总，是否保留原来的汇总数据由“替换当前分类汇总”项决定。若不保留原来的汇总数据，可以选中该项；否则，将保留原来的汇总数据（这里选中该项）。若选中“每组数据分页”复选框（这里不选该项），则每类汇总数据将独占一页。若选中“汇总结果显示在数据下方”复选框（这里选中该项），则每类汇总数据将出现在该类数据的下方；否则将出现在该类数据的上方。

7）单击“确定”按钮，汇总结果如图 5-105 所示。

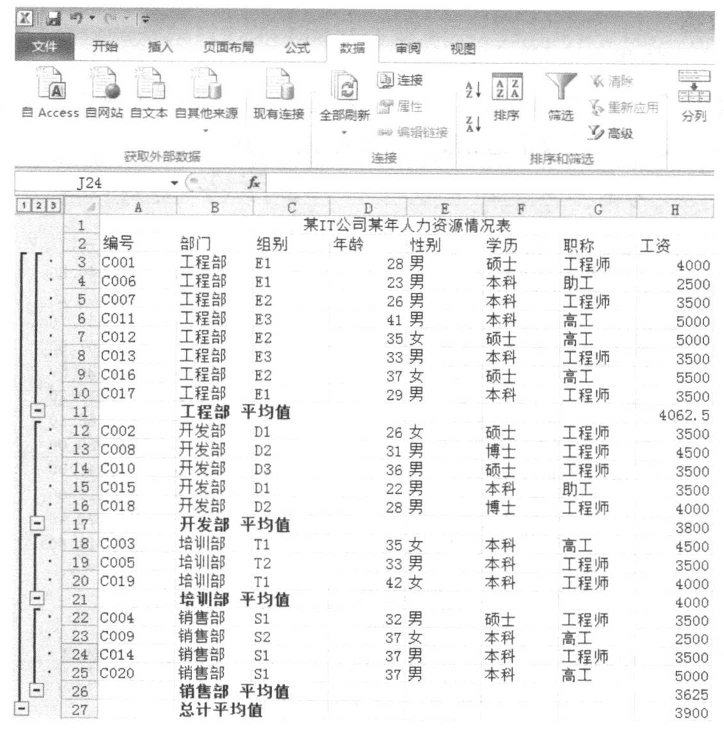

	A	B	C	D	E	F	G	H
1	某IT公司某年人力资源情况表							
2	编号	部门	组别	年龄	性别	学历	职称	工资
3	C001	工程部	E1	28	男	硕士	工程师	4000
4	C006	工程部	E1	23	男	本科	助工	2500
5	C007	工程部	E2	26	男	本科	工程师	3500
6	C011	工程部	E3	41	男	本科	高工	5000
7	C012	工程部	E2	35	女	硕士	高工	5000
8	C013	工程部	E3	33	男	本科	工程师	3500
9	C016	工程部	E2	37	女	硕士	高工	5500
10	C017	工程部	E1	29	男	本科	工程师	3500
11		**工程部 平均值**						4062.5
12	C002	开发部	D1	26	女	硕士	工程师	3500
13	C008	开发部	D2	31	男	博士	工程师	4500
14	C010	开发部	D3	36	男	硕士	工程师	3500
15	C015	开发部	D1	22	男	本科	助工	3500
16	C018	开发部	D2	28	男	博士	工程师	4000
17		**开发部 平均值**						3800
18	C003	培训部	T1	35	女	本科	高工	4500
19	C005	培训部	T2	33	男	本科	工程师	3500
20	C019	培训部	T1	42	女	本科	工程师	4000
21		**培训部 平均值**						4000
22	C004	销售部	S1	32	男	硕士	工程师	3500
23	C009	销售部	S2	37	女	本科	高工	2500
24	C014	销售部	S1	37	男	本科	工程师	3500
25	C020	销售部	S1	37	男	本科	高工	5000
26		**销售部 平均值**						3625
27		**总计平均值**						3900

图 5-105 分类汇总示例

可以看到每个部门均有汇总数据（平均工资），而且出现在各类数据的下方，最后还出现总计平均工资。

2. 分类汇总数据的分级显示

在进行分类汇总时，Excel 会自动对列表中的数据进行分级显示，在工作表窗口左边会出现分级显示区，列出一些分级显示符号，允许对数据的显示进行控制。

在默认情况下数据分三级显示，可以通过单击分级显示区上方的 1 2 3 3 个按钮进行控制，单击 1 按钮，只显示列表中的标题行和总计结果；单击 2 按钮，显示标题行、各个分类的汇总结果和总计结果；单击 3 按钮，显示全部数据和分类汇总结果。

分级显示区中“摘要”按钮 - 出现的行就是汇总结果所在的行。单击该按钮，则按钮形状变成 +，且隐藏了该类数据，只显示该类数据的汇总结果；再次单击 + 按钮，会使被隐藏的数据恢复显示。

3. 取消分类汇总

若取消分类汇总，则在“分类汇总”对话框中单击“全部删除”按钮即可。该按钮只会取消分类汇总结果，而不会删除数据清单中的内容。

5.4.6 数据透视表与数据透视图

1. 数据透视表

数据透视表从工作表的数据清单中提取信息，可以将数据的排序、筛选和分类汇总 3 个过程结合在一起，可以转换行和列的位置，用来查看源数据的不同汇总结果，可以显示不同页面以筛选数据，还可以根据需要显示所选区域中的明细数据，非常便于用户在一个清单中重新组织和统计数据。

（1）创建数据透视表

例如，要对如图 5-106 所示工作表中的数据清单建立数据透视表，显示各分店各型号产品的销售量总和、总销售额及汇总信息，具体操作步骤如下。

	A	B	C	D	E	F
1	某图书销售集团销售情况表					
2	经销部门	图书名称	季度	数量	单价	销售额(元)
3	第3分店	计算机导论	3	111	￥32.80	￥3,640.80
4	第3分店	计算机导论	2	119	￥32.80	￥3,903.20
5	第1分店	程序设计基础	2	123	￥26.90	￥3,308.70
6	第2分店	计算机应用基础	2	145	￥23.50	￥3,407.50
7	第2分店	计算机应用基础	1	167	￥23.50	￥3,924.50
8	第3分店	程序设计基础	4	168	￥26.90	￥4,519.20
9	第1分店	程序设计基础	4	178	￥26.90	￥4,788.20
10	第3分店	计算机应用基础	4	180	￥23.50	￥4,230.00
11	第2分店	计算机应用基础	4	189	￥23.50	￥4,441.50
12	第2分店	程序设计基础	1	190	￥26.90	￥5,111.00
13	第2分店	程序设计基础	4	196	￥26.90	￥5,272.40
14	第2分店	程序设计基础	3	205	￥26.90	￥5,514.50

图 5-106　建立数据透视表的数据清单

1）选中数据清单中的任一单元格，然后选择“插入”→“表格”→“数据透视表和数据透视图”命令，在其下拉菜单中选择“数据透视表”。

2）弹出“创建数据透视表”对话框，如图 5-107 所示。在“选择一个表或区域”的

“表/区域”中，已经自动选定工作表的（整个）数据区域。如果没有自动设置好或设置有误，还可以进行修改。单击右侧的“单元格拾取”按钮（这时“创建数据透视表”对话框会折叠起来），在工作表中用鼠标选定“表/区域”，按〈Enter〉键确认，返回“创建数据透视表”对话框。

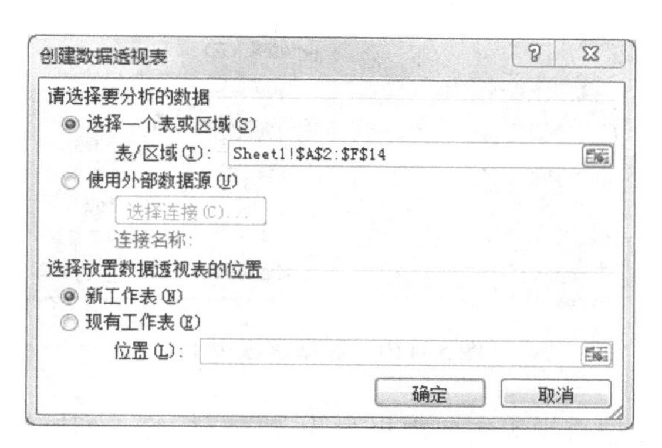

图 5-107 “创建数据透视表”对话框 1

3）在“选择放置数据透视表的位置”中选择“现有工作表”，在“位置”中输入“Sheet1！$H$2”，单击“确定”按钮。

4）弹出“数据透视表字段列表”对话框，如图 5-108 所示。

5）拖动“经销部门”到“行标签”区域，拖动“图书名称”到“列标签”区域，拖动“数量”到“数值”区域，如图 5-109 所示。

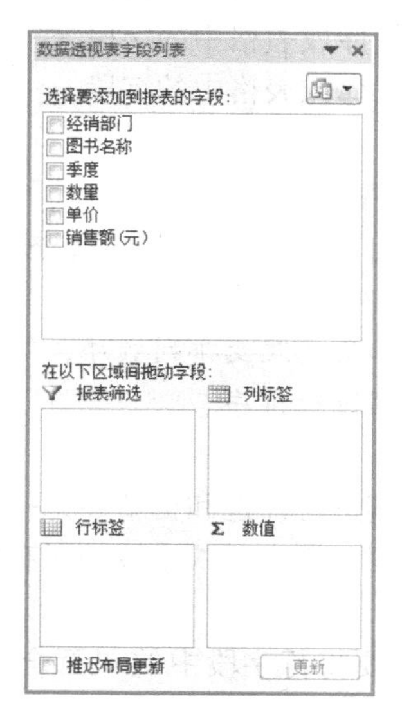

图 5-108 “数据透视表字段列表”对话框 1

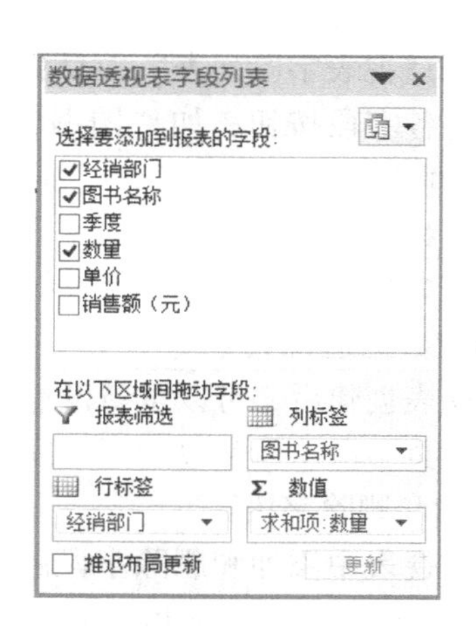

图 5-109 “数据透视表字段列表”对话框 2

6）关闭“数据透视表字段列表”对话框，则数据透视表已经在工作表中建立。根据需要还可以在“数据透视表字段列表”对话框中给数据透视表添加报表筛选条件等其他内容，如图 5-110 所示。

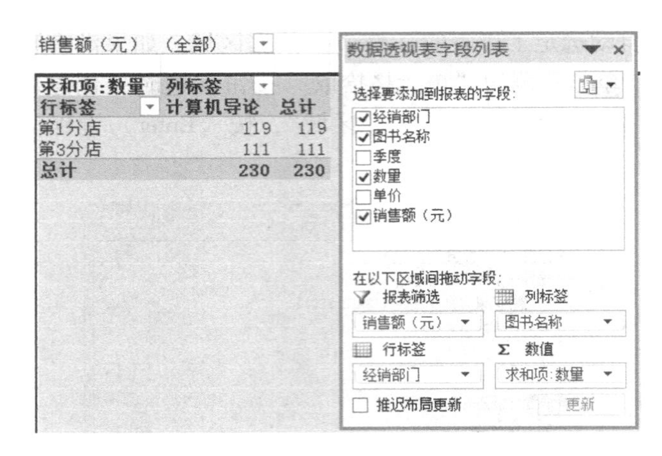

图 5-110 数据透视表 1

如图 5-111 所示，数据透视表主要由报表筛选、行标签、列标签以及数值组成。

求和项:数量	列标签			
行标签	程序设计基础	计算机导论	计算机应用基础	总计
第1分店	301			301
第2分店	591		501	1092
第3分店	168	230	180	578
总计	1060	230	681	1971

图 5-111 数据透视表 2

- 报表筛选：是数据透视表中用于对整个数据透视表进行筛选的字段。
- 行标签：在数据透视表中被指定为行方向的源数据库或表格中的字段。
- 列标签：在数据透视表中被指定为列方向的源数据库或表格中的字段。
- 数值：数据透视表中的各个数据。

在“数据透视表字段列表”对话框中，数据源中的字段被向导模板制成了按钮，可以分别用鼠标将各字段按钮，如“图书名称”、“经销部门”、“销售额”按钮按照需求拖至“在以下区域间拖动字段”下的各标签区域里完成数据透视表的制作。

提示：数据透视表中的数据是按升序进行排序的，如果想改变排列顺序，则在创建数据透视表之前，先对要进行创建数据透视表的字段中的数据进行排序。

（2）编辑数据透视表

数据透视表创建后，可以重新设置字段，也可以对其进行筛选和更新。每一个创建好的数据透视表的页字段、行字段和列字段都有一个下拉列表，用来反映字段的所有项目。

（3）添加和删除字段

在数据透视表中添加和删除字段的方法非常简单。要将行字段中的“百合”换成“玫瑰”，然后对“玫瑰”进行求和，可进行以下操作。

1）在要删除列字段的“百合”单元格中按住鼠标。

2）拖住鼠标至数据透视表外，则光标中将显示一个红色的小叉。

3）释放鼠标，则字段被删除。

4）在求和项“百合”单元格外按住鼠标拖动，该数据项也将删除。

删除该项后，与之相关联的数据将从数据透视表中删除。

5）在数据透视表字段列表中选择“玫瑰”字段，将其拖入行字段和数据项区域。对于创建的数据透视表，其中的数据只能用于筛选和更新，不能用于修改。要更新数据透视表中的数据，选择“数据透视表工具”→“选项”→“数据”→“刷新”命令即可。

（4）设置字段的汇总方式

在数据透视表中，汇总方式有多种，默认的汇总方式是“求和”方式，如果要更改数据透视表的汇总方式，可进行如下操作。

1）在数据项任一单元格处单击鼠标右键，在弹出的快捷菜单中选择“值字段设置”命令或者选择“数据透视表工具”→“选项”→“字段设置”命令，将弹出“值字段设置”对话框，如图5-112所示。

2）在“值字段汇总方式”列表中选择“平均值”。

3）单击“确定”按钮，则会显示选取平均值汇总方式后的数据透视表。

提示：调整数据透视表的汇总方式还可以在数据项任一单元格处单击鼠标右键，在弹出的快捷菜单里直接选择”值汇总方式“下级菜单里的汇总方式。

（5）设置数据透视表格式

数据透视表在创建时自动设置格式，如列宽和表格的大小等基本格式，它们会根据使用的数据透视表选项不同而自动变化。Excel为数据透视表提供了自动套用格式功能，用户可根据需要自己选择数据透视表的格式。具体操作步骤如下。

1）单击数据透视表中的任一单元格。

2）在数据透视表工具中选择“设计”→“数据透视表样式”命令，在下拉列表里可以选择预设的格式样式。如果用户不满意预设效果，可以选择“清除”命令，清除原有数据表样式；选择“新建表样式”命令，重新进行自定义。

2. 创建数据透视图

如果在创建数据透视表时没有创建数据透视图，可通过选择“插入”→“数据透视表”→“数据透视图”命令来建立，创建数据透视图的具体操作步骤如下。

1）选择“插入”→“数据透视表”→“数据透视图”命令，弹出“创建数据透视表及数据透视图”对话框，如图5-113所示。

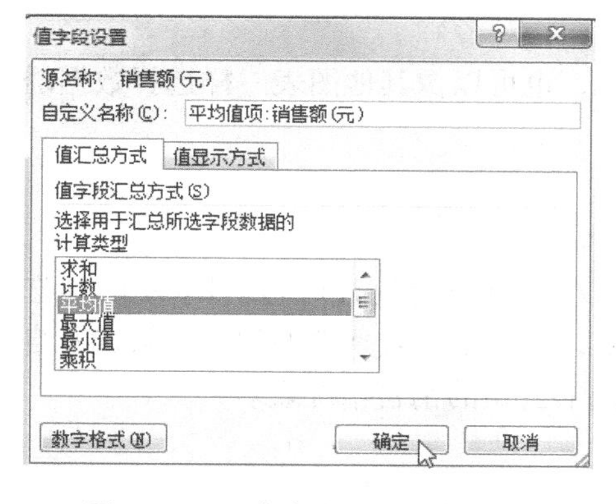

图5-112 “值字段设置”对话框

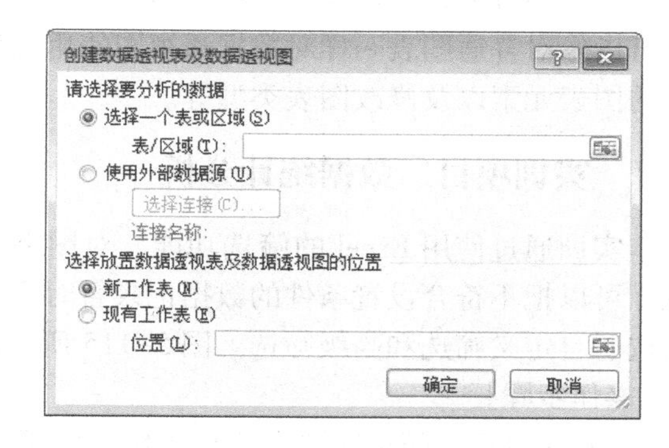

图5-113 “创建数据透视表及数据透视图”对话框

2）在“请选择要分析的数据”区域“选择一个表或区域”的“表/区域”中，已经自动选定工作表的（整个）数据区域。如果没有自动设置好或设置有误，还可以进行修改。

单击右侧的“单元格拾取”按钮（这时“创建数据透视表及数据透视图”对话框会折叠起来），在工作表中用鼠标选定表/区域，按〈Enter〉键确认，返回“创建数据透视表及数据透视图”对话框。

3）在“选择放置数据透视表及数据透视图的位置”区域中，选择数据透视图的放置位置，可以是在当前工作表里的选定位置也可以是在新工作表中。

4）单击“确定”按钮完成创建。

5）以插入现有工作表为例，在单击“确定”按钮后会在当前工作表中会弹出“数据透视表字段列表”对话框。这与数据透视表建立时相同，只要将需要的字段拖拽到相应的“报表筛选”、“图例字段”、“轴字段”和“数值”中就可以了，完成后的数据透视图如图 5-114 所示。

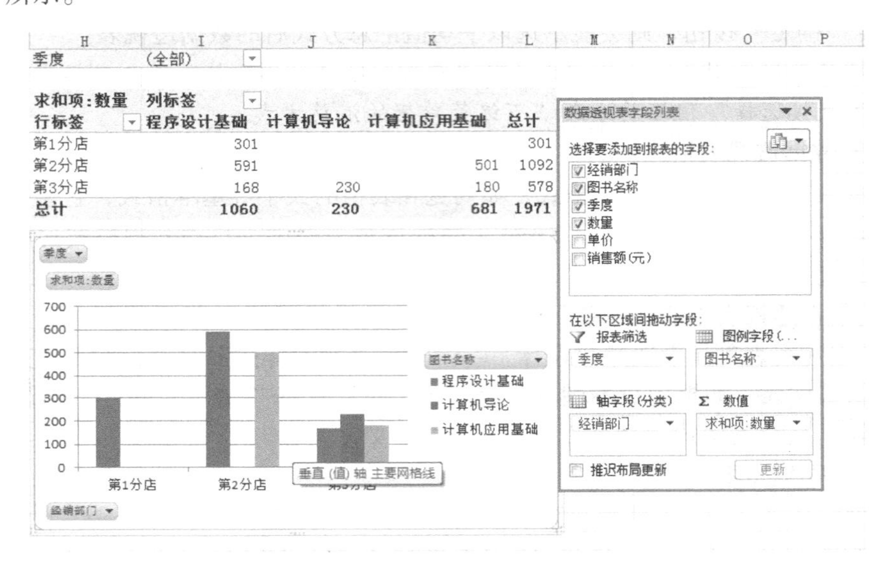

图 5-114 数据透视图

数据透视表和基于它的数据透视图显示相同的数据，而且数据透视图具有和数据透视表相同的带有字段列表的可移动字段按钮。

可以像对普通图表一样对数据透视图使用图表工具，也可以像其他图表一样选择数据透视图的图表元素以及修改图表类型等。

5.4.7 实训项目 数据统计分析

本实训通过使用 Excel 的筛选功能，对图书销售情况数据进行统计分析。Excel 的筛选功能，可以把不符合设置条件的数据记录暂时隐藏起来，只显示符合条件的记录。筛选有自动筛选、自定义筛选和高级筛选。图 5-115 所示是某图书公司的销售情况表。

[操作步骤]

1）利用自定义筛选筛选出“销售额”大于或等于“7260”的销售记录。

在销售情况表中单击任一单元格，选中整个数据库，选择“数据”→“筛选”命令，则在数据表的表头添加“自定义删选”按钮，在“销售额”字段定义筛选条件为“大于等于 7260”，单击“确定”按钮，筛选结果如图 5-116 所示。

	A	B	C	D	E	F
1	某图书销售公司销售情况表					
2	经营部门	图书类别	季度	数量(册)	销售额(元)	销售量排名
3	第3分部	少儿类	1	306	9180	9
4	第2分部	社科类	1	167	8350	19
5	第2分部	少儿类	1	312	9360	8
6	第1分部	计算机类	1	345	24150	5
7	第3分部	社科类	2	301	15050	10
8	第2分部	计算机类	2	256	17920	11
9	第1分部	社科类	2	435	21750	3
10	第1分部	少儿类	2	654	19620	1
11	第3分部	计算机类	3	124	8680	20
12	第3分部	社科类	3	189	9450	17
13	第3分部	少儿类	3	432	12960	4
14	第3分部	社科类	3	242	7260	12
15	第2分部	计算机类	3	234	16380	13
16	第2分部	少儿类	3	543	16290	2
17	第3分部	社科类	4	213	10650	15
18	第2分部	计算机类	4	196	13720	16
19	第2分部	社科类	4	219	10950	14
20	第1分部	计算机类	4	187	13090	18
21	第1分部	计算机类	4	323	22610	7
22	第1分部	计算机类	4	329	23030	6

图 5-115　某图书公司销售情况统计表

	A	B	C	D	E	F
1	某图书销售公司销售情况表					
2	经营部门	图书类别	季度	数量(册	销售额(	销售量排
4	第1分部	社科类	2	435	21750	3
8	第3分部	社科类	4	213	10650	15
12	第3分部	社科类	3	189	9450	17
13	第3分部	少儿类	3	432	12960	4
15	第3分部	社科类	3	242	7260	12
16	第3分部	社科类	2	301	15050	10
17	第3分部	少儿类	1	306	9180	9
21	第1分部	少儿类	2	654	19620	1

图 5-116　自定义筛选结果

2）利用高级筛选，筛选出图书类别为“少儿类”且销售量排名<10 的销售记录。

首先，在数据库的空白位置输入高级筛选的条件，选择“数据”→“高级筛选”，打开“高级筛选”对话框，选取“列表区域”、“条件区域”，单击“确定”按钮，筛选结果如图 5-117 所示。

25		图书类别				销售量排名
26		少儿类				<10
27	经营部门	图书类别	季度	数量(册)	销售额(元	销售量排名
28	第3分部	少儿类	1	306	9180	9
29	第2分部	少儿类	1	312	9360	8
30	第1分部	少儿类	2	654	19620	1
31	第3分部	少儿类	3	432	12960	4
32	第2分部	少儿类	3	543	16290	2

图 5-117　高级筛选结果

5.4.8　拓展训练　分类汇总和数据透视图

在 Excel 中，制作学生情况统计表分类汇总，结果如图 5-118 所示；制作股市分析数据透视表和数据透视图，结果如图 5-119 所示。素材、样文可参考教材配套资源。

	A	B	C	D	E	F
1	系别	学号	姓名	上级成绩	笔试成绩	考试成绩
2	计算机	20050243	郭婷	96	86	91
3	计算机	20050249	景红梅	80	65	73
4	计算机	20020245	马玉祥	78	86	82
5	计算机	20050241	毛雪梅	90	90	90
6	**计算机 汇总**			344	327	336
7	数学	20050251	成霖	80	78	79
8	数学	20050247	傅聪	90	70	80
9	数学	20050237	蒋涛	75	88	82
10	数学	20050239	王学银	70	78	74
11	**数学 汇总**			315	314	315
12	信息	20050240	康维良	70	79	75
13	信息	20050236	雷一兰	88	91	90
14	信息	20050244	王伟	60	83	72
15	信息	20050248	杨志宏	80	88	84
16	**信息 汇总**			298	341	321
17	自动控制	20050238	吕建良	63	84	75
18	自动控制	20050246	王凯	86	76	81
19	自动控制	20050250	翟黎明	90	68	79
20	自动控制	20050242	赵振东	92	90	91
21	**自动控制 汇总**			331	318	326
22	**总计**			1288	1300	1298

图 5-118　分类汇总结果

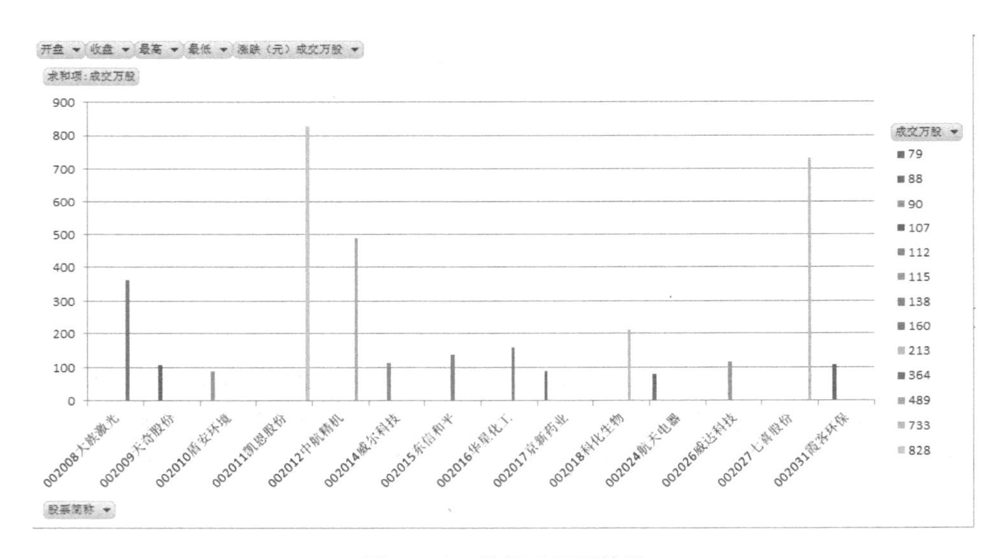

图 5-119　数据透视图结果

5.5　Excel 工作表的打印

工作表制作好后，为了提交或者留存查阅方便，常常需要打印出来。其操作顺序一般是：首先进行页面设置（如果只需打印工作表的一部分内容时，还需先选定要打印的区域），再进行打印预览，最后打印输出。

5.5.1　设置打印区域与分页

设置打印区域是指将选定的工作表单元格区域定义为打印区域，分页则是指人工设置分页符。

1. 设置打印区域

用户有时只想打印工作表中的部分数据或图表，可以通过设置打印区域来解决，设置方法如下。

1）在工作表中选择要打印的单元格区域。

2）选择“页面布局”→“页面设置”→“打印区域”命令，在下拉菜单中选择“设置打印区域”，这时所选区域的边框上会出现虚线，表示打印区域已设置好。此时，如果执行“打印”命令，则只打印被设定的区域内容，并且工作表被保存后，设置的打印区域一直有效。

3）如果用户想要改变打印区域的设置，可以选择“页面布局”→“页面设置”→“打印区域”命令，在下拉菜单中选择“取消打印区域”，则原先设置的打印区域被取消。

2. 设置分页与分页预览

工作表内容较多时，Excel会自动为工作表分页，如果用户不满意这种分页方式，可以根据需要对工作表进行人工分页。

（1）插入和删除分页符

插入分页符的方法如下。

1）单击要另起一页的起始行的行号（或选择该行最左边的单元格），或单击需要分页的单元格。

2）选择“页面布局”→“页面设置”→“分隔符”命令，在下拉菜单中选择“插入分页符”。

插入分页符后，Excel将自动按选定单元格的左边框和上边框或者选定行的上边框，将工作表划分为多个打印区域。

删除分页符的方法如下。

① 选择分页虚线的下一行或右一列的任一单元格。

② 选择“页面布局”→“页面设置”→“分隔符”命令，在下拉菜单中选择“删除分页符”。

如果在“分隔符”下拉菜单中选择“重置所有分页符”，则可以删除工作表中所有分页符。

提示：“重置所有分页符”后，工作表中所有手动分页符（包括分类汇总自动插入的分页符）都将被删除。

（2）分页预览

在分页预览视图下，可以直观地看到工作表的分页情况，还可以方便地改变原先设置的打印区域，调整分页符的位置。“分页预览”视图的使用方法如下。

选择“视图”→“工作簿视图”→“分页预览”命令，弹出“欢迎使用‘分页预览’视图”对话框，如图5-120所示。单击“确定”按钮，进入如图5-121所示的“分页预览”视图，可以看到非打印区域为深色背景，打印区域为浅色背景。工作表的分页处用蓝色线条表示，即为分页符，如果原先没有设置过分页符，则分页符用蓝色虚线表示，否则用实线表示。每页均有“第×页”的淡色水印页码，从图中可以看到水平分页符和垂直分页符所在的位置。

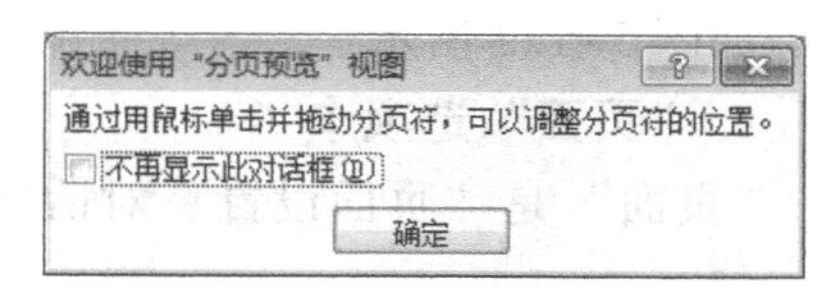

图5-120 “欢迎使用‘分页预览’视图”对话框

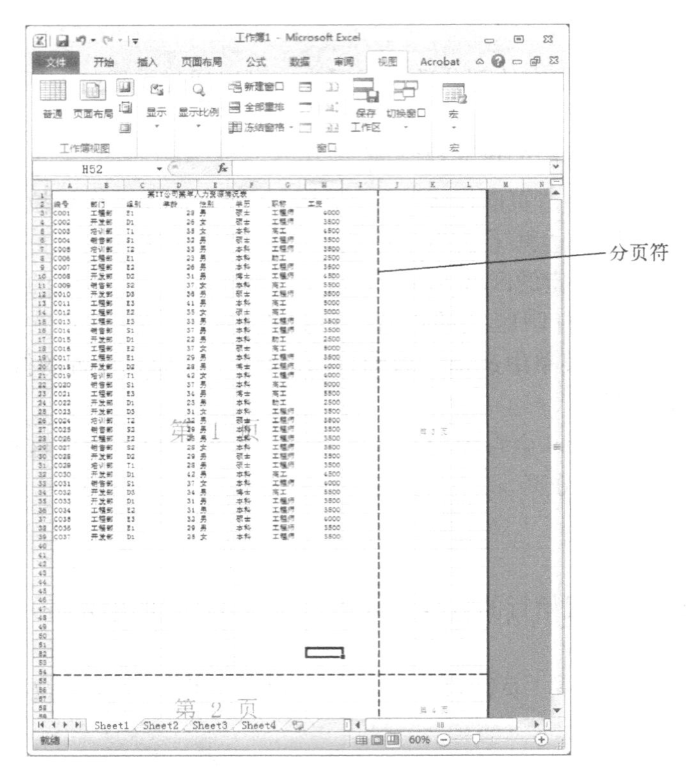

图 5-121 “分页预览”视图

在“分页预览”视图中直接调整分页符位置的操作方法是：将鼠标移动到表示分页符的蓝色线条上，指针形状变为双向箭头时，用鼠标直接拖动即可调整分页符的位置。

此外，在“分页预览”视图中还可方便地改变原先打印区域，其设置方法是：将鼠标移动到打印区域的边界上，指针形状变为双向箭头时，用鼠标直接拖动即可改变打印区域。

退出“分页预览”视图的方法是：选择“视图”→“工作簿视图”→“普通”命令，即可结束分页预览模式回到普通视图中。

5.5.2 页面设置

利用“页面设置”对话框可以设置工作表的打印方向、缩放比例、纸张大小、页边距、页眉、页脚等。单击“页面布局”→“页面设置”的下拉按钮，弹出“页面设置”对话框，如图 5-122 所示。

1. “页面”选项卡

“页面”是“页面设置”对话框的第 1 个选项卡，其中各区域的含义如下。

(1) 方向

“纵向”和“横向”两个单选按钮表示纸张打印的方向。

(2) 缩放比例

此处用于放大或缩小打印工作表，其中“缩放比例”的取值范围在 10% ~400% 之间。100% 为正常大小，小于 100% 为缩小，大于 100% 则放大。“调整为”选框表示把工作表拆分为几部分打印，如调整为3页宽、2页高表示水平方向截为3部分，垂直方向截为2部分，共分6页打印。

（3）纸张大小

在“纸张大小”下拉列表中，可以选择纸张的规格（如A4、B4等）。

（4）打印质量

在“打印质量”下拉列表中可以选择一种打印质量，如1200点/英寸。数值越大，打印质量越高。

（5）起始页码

此处输入数字，以确定工作表的起始页码，如输入1，则表示工作表的第1页的页码将为1。

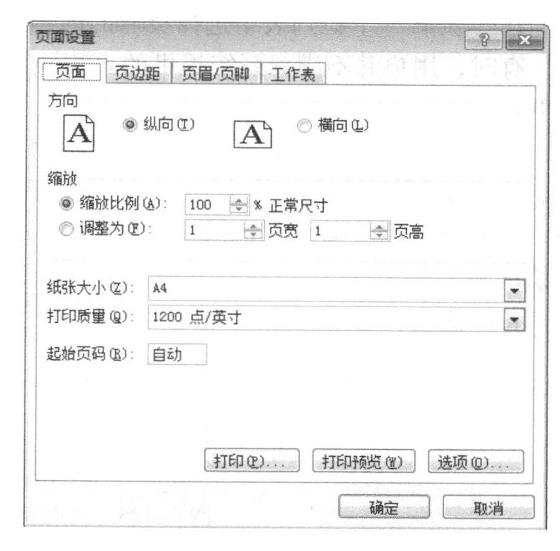

图5-122 “页面设置”对话框

2. “页边距”选项卡

“页面设置”对话框的“页边距”选项卡用于精确地设置页边距，如图5-123所示。

（1）设置页边距

在“上”、“下”、“左”、“右”栏中分别输入相应的页边距。

（2）设置居中方式

“居中方式”区域用于设置打印数据在纸张上的位置，一般情况下，选择“水平”或“垂直”居中方式。

3. “页眉/页脚”选项卡

页眉是指打印页顶部出现的文字，而页脚则是打印页底部出现的文字。通常，把工作簿名称作为页眉，页号作为页脚。“页面设置”对话框的“页眉/页脚”选项卡如图5-124所示。

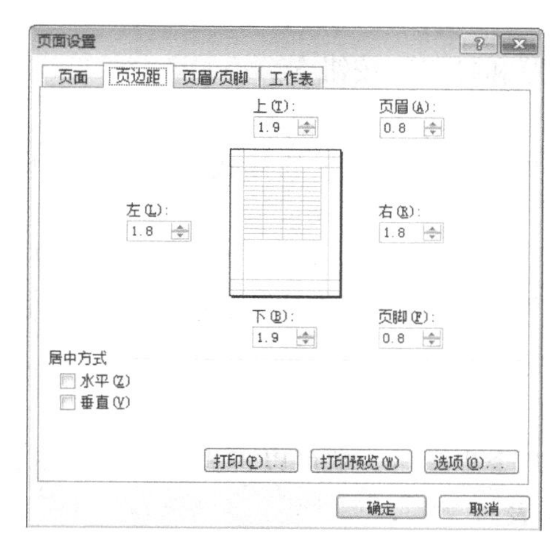

图5-123 “页边距”选项卡

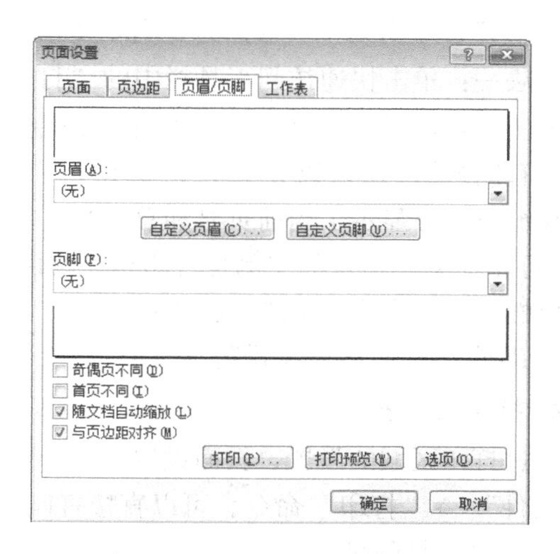

图5-124 “页眉/页脚”选项卡

在“页眉”下拉列表中选择页眉的内容，在“页脚”下拉列表中选择页脚内容。

有时，用户并不满意系统提供的页眉页脚，也可以自定义，方法如下（以自定义页眉为例）。

在“页眉/页脚”选项卡中单击“自定义页眉”按钮，弹出“页眉”对话框，在左、中、右框中的设置将会出现在页眉行的左、中、右位置，其内容可以是文字、页码、工作簿名称、时间、日期、图片等。文字需输入，其余均可单击选项卡中相应的按钮即可。

各按钮的含义如图 5-125 所示。

图 5-125　页眉对话框中各按钮的含义

单击左框，并单击“文件名”按钮；单击中框，输入文字“第”，并单击“页码”按钮，再输入文字“页，共”，单击“总页数”按钮，最后输入文字“页”；单击右框，并单击“日期”按钮。则页眉部分从左到右分别是“当前工作簿文件名”、“第 X 页，共 Y 页”和“当前日期”。

5.5.3　打印预览与打印

在打印前最好能看到实际打印的效果，以免浪费时间和纸张。Excel 提供的“打印预览”功能，能够实现“所见即所得”。在打印预览中，可能会发现页面设置不合适，如页边距太小、分页不恰当等问题，这些问题在预览模式下可以进行调整，直到满意后再进行打印。

1. 打印预览

调用“打印预览”功能的方法有以下两种。

方法一：单击快速访问工具栏中的“打印预览和打印”按钮。

方法二：选择“文件”→“打印”命令。

“打印预览”窗口以整页形式显示了工作表的首页，其显示的样式就是实际打印的效果。在窗口下方显示了当前页号和总页数。

“打印预览”窗口的左侧是打印相关的设置，包括“打印份数”、“打印机状态”、“打印机属性”、“打印区域选择”、“页数”、“调整”、“纸张方向”、“纸张大小”、“边距设置”、“缩放”和“页面设置”。

2. 打印工作表

经过打印区域的设置、页面设置和打印预览几个步骤后，就可以正式打印工作表了。选择“文件”→“打印”命令，可以直接打印工作表。

（1）设置打印机

若配备了多台打印机，则在“名称”下拉列表中选择一台当前要使用的打印机。

（2）设置打印范围

在“设置”中进行打印范围设置。

- “打印整个工作簿”：打印整个文档。
- “打印活动工作表”：仅打印活动工作表。
- “打印选定区域”：仅打印当前选定的区域。
- “忽略打印区域”：如果用户设置了打印区域，而又想打印“打印区域”以外的内容，可以选择此项。
- 单击“页”单选按钮则表示打印部分页，此时应在“由”和“至”栏中分别输入起始页号和终止页号。

（3）设置打印份数

在“打印份数”文本框中输入打印份数。一般情况下是采用逐页打印；若打印 2 份以上，还可以选择“逐份打印”。

5.5.4 实训项目　函数的高级应用

本实训项目的任务是练习利用 Excel 的高级函数，在如图 5-126 所示的客户登记表中完善身份证信息。

	A	B	C	D	E	F
1	客户登记表					
2	姓名	身份证号	住址	出生年月	性别	称谓
3	孔　新	430426198801155152	三国学院西城区阜外大街259号			
4	诸　亮	431121198710160073	三国学院北城区九龙街20号			
5	辛　丁	433130198305206128	三国学院西城区阜外大街265号			
6	司　马	13022519860312551X	三国学院东城区东中街58号			
7	杨　修	420683198712243431	三国学院西城区新界102号			
8	周　三	430321198701277459	江苏扬州瘦西湖			
9	李　菊	430281198707027844	西藏拉萨市			
10	锦　香	430723198705217621	湖北武汉市			
11	胡娟娟	430223198708169527	四川成都清江东路			
12	邝　文	533022198512313328	江西南昌市沿江路			
13	庞　刚	331021198703270011	浙江温州工业区			
14	刘　表	431122198702102977	四川宜宾市万江路			
15	谢小小	430521198709135689	浙江温州工业区			
16	司　懿	430481198512114535	吉林长春市			
17	谢小小	430703198704029465	四川绵阳科技路			
18	王　春	431228198804181844	广东惠州市			
19	赵春香	430626198811024229	四川大川市			
20	戴　美	430703198806228094	福建厦门市			
21	潘娟娟	431126198609206284	甘肃定西			
22	黄　刚	431027198511243416	陕西西安			

图 5-126　客户登记表

[操作步骤]

1）设置身份证号码格式。选择 B3:B22 中的所有身份证号后，单击鼠标右键，选择“设置单元格格式”命令，如图 5-127 所示。弹出的对话框中的“数字”选项卡内，将“分类”设置为“文本”，然后单击“确定”按钮，如图 5-128 所示。

2）提取出生日期。将光标放在“出生年月”列的单元格内，然后选择“公式”→“常用函数”下拉菜单中的“MID”函数，如图 5-129 所示。在弹出的“函数参数”对话框的 3 个文本框中分别输入“B3”“7”“8”，单击“确定”按钮，如图 5-130 所示。

图 5-127　选择“设置单元格格式”命令

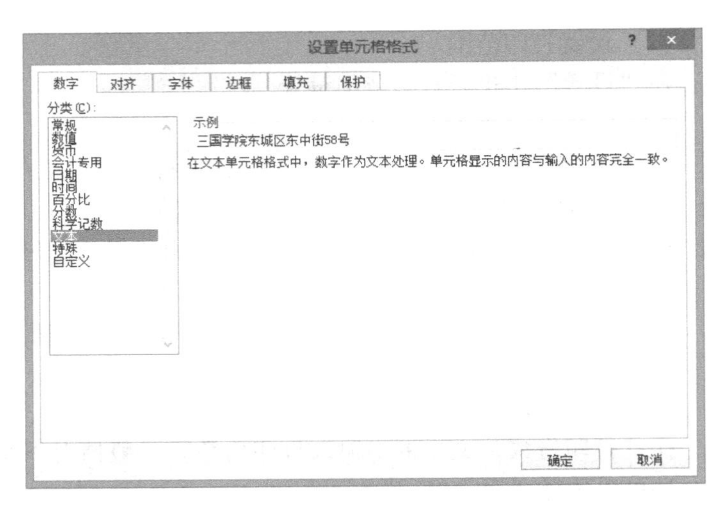

图 5-128　“设置单元格格式”对话框的“数字”选项卡

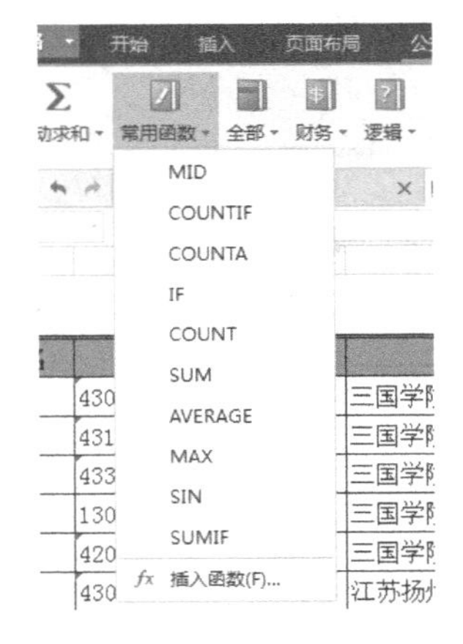

图 5-129　选择“MID”函数

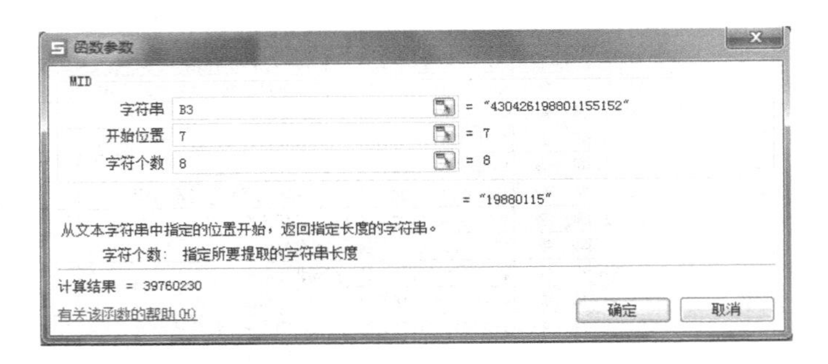

图 5-130　“MID”函数参数设置

3）提取性别。选中“性别”列单元格 E3，选择“公式”→“常用函数”下拉菜单中的“IF”函数，在弹出的“函数参数”对话框的 3 个文本框中分别输入“MID(B3,17,1)/2 = TRUNC(MID(B3,17,1)/2)”，“"女"”，“"男"”，如图 5-131 所示。拖动填充柄，将其他学生的性别也自动填充。

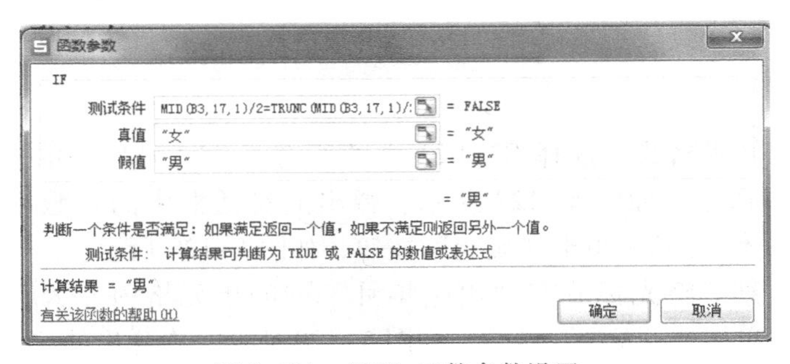

图 5-131　“IF”函数参数设置

4）将完成后的表格保存到适当位置，结果如图 5-132 所示。

	A	B	C	D	E	F
1	客户登记表					
2	姓名	身份证号	住址	出生年月	性别	称谓
3	孔　新	430426198801155152	三国学院西城区阜外大街259号	19880115	男	孔　新孔先生
4	诸　亮	431121198710160073	三国学院北城区九龙街20号	19871016	男	诸　亮诸先生
5	辛　丁	433130198305206128	三国学院西城区阜外大街265号	19830520	女	辛　丁辛女士
6	司　马	13022519860312551X	三国学院东城区东中街58号	19860312	男	司　马司先生
7	杨　修	420683198712243431	三国学院西城区新界102号	19871224	男	杨　修杨先生
8	周　三	430321198701277459	江苏扬州瘦西湖	19870127	男	周　三周先生
9	李　菊	430281198707027844	西藏拉萨市	19870702	女	李　菊李女士
10	锦　香	430723198705217621	湖北武汉市	19870521	女	锦　香锦女士
11	胡娟娟	430223198708169527	四川成都清江东路	19870816	女	胡娟娟胡女士
12	邝　文	533022198512313328	江西南昌市沿江路	19851231	女	邝　文邝女士
13	庞　刚	331021198703270011	浙江温州工业区	19870327	男	庞　刚庞先生
14	刘　表	431122198702102977	四川宜宾市万江路	19870210	男	刘　表刘先生
15	谢小小	430521198709135689	浙江温州工业区	19870913	女	谢小小谢女士
16	司　懿	430481198512114535	吉林长春市	19851211	男	司　懿司先生
17	谢小小	430703198704029465	四川绵阳科技路	19870402	女	谢小小谢女士
18	王　春	431228198804181844	广东惠州市	19880418	女	王　春王女士
19	赵春香	430626198811024229	四川大川市	19881102	女	赵春香赵女士
20	戴　美	430703198806228094	福建厦门市	19880622	男	戴　美戴先生
21	潘娟娟	431126198609206284	甘肃定西	19860920	女	潘娟娟潘女士
22	黄　刚	431027198511243416	陕西西安	19851124	男	黄　刚黄先生

图 5-132　完成后的客户登记表

5.5.5　拓展训练　工资条生成

在 Excel 中制作部门工资条，如图 5-133 所示。素材、样文可参考教材配套资源。

姓名	部门	职称	基本工资	奖金	津贴	实发工资	排名
王辉杰	设计室	技术员	850	600	100	1550	10
吴圆圆	后勤部	技术员	875	550	100	1525	12
张　勇	工程部	工程师	1000	568	180	1748	3
李　波	设计室	助理工程师	925	586	140	1651	7
司慧霞	工程部	助理工程师	950	604	140	1694	4
王　刚	设计室	助理工程师	920	622	140	1682	5
谭　华	工程部	工程师	945	640	180	1765	2
赵军伟	设计室	工程师	1050	658	180	1888	1
周健华	工程部	技术员	885	576	100	1561	9
任　敏	后勤部	技术员	910	594	100	1604	8
韩　禹	工程部	技术员	825	612	100	1537	11
周敏捷	工程部	助理工程师	895	630	140	1665	6

姓名	部门	职称	基本工资	奖金	津贴	实发工资	排名
王辉杰	设计室	技术员	850	600	100	1550	10
姓名	部门	职称	基本工资	奖金	津贴	实发工资	排名
吴圆圆	后勤部	技术员	875	550	100	1525	12
姓名	部门	职称	基本工资	奖金	津贴	实发工资	排名
张　勇	工程部	工程师	1000	568	180	1748	3
姓名	部门	职称	基本工资	奖金	津贴	实发工资	排名
李　波	设计室	助理工程师	925	586	140	1651	7
姓名	部门	职称	基本工资	奖金	津贴	实发工资	排名
司慧霞	工程部	助理工程师	950	604	140	1694	4
姓名	部门	职称	基本工资	奖金	津贴	实发工资	排名
王　刚	设计室	助理工程师	920	622	140	1682	5
姓名	部门	职称	基本工资	奖金	津贴	实发工资	排名
谭　华	工程部	工程师	945	640	180	1765	2
姓名	部门	职称	基本工资	奖金	津贴	实发工资	排名
赵军伟	设计室	工程师	1050	658	180	1888	1
姓名	部门	职称	基本工资	奖金	津贴	实发工资	排名
周健华	工程部	技术员	885	576	100	1561	9
姓名	部门	职称	基本工资	奖金	津贴	实发工资	排名
任　敏	后勤部	技术员	910	594	100	1604	8
姓名	部门	职称	基本工资	奖金	津贴	实发工资	排名
韩　禹	工程部	技术员	825	612	100	1537	11
姓名	部门	职称	基本工资	奖金	津贴	实发工资	排名
周敏捷	工程部	助理工程师	895	630	140	1665	6

图 5-133　部门工资条

模块 6　PowerPoint 2010 商务应用

本章要点

- 了解 PowerPoint 的界面和菜单的功能。
- 了解创建 PowerPoint 演示文稿的一般步骤。
- 掌握利用主题、母版美化和统一幻灯片样式。
- 掌握在幻灯片中插入多种媒体内容的方法。
- 掌握幻灯片的动画效果设置。
- 掌握幻灯片的放映方式设置。

6.1　PowerPoint 2010 概述

PowerPoint 是微软公司推出的功能最强大的幻灯片处理软件，是 Microsoft Office 中文办公软件系列中的一个重要组成部分。通过使用 PowerPoint，用户可以方便地制作各种演示文稿，其中可以包含文字、表格、图片、声音等多媒体信息。为节约篇幅，以下的 PowerPoint 均指 PowerPoint 2010。

6.1.1　PowerPoint 2010 的启动和退出

启动和退出 PowerPoint 是使用该软件的第 1 步，在正确安装 PowerPoint 中文版之后，便可以启动它了。启动与退出的方法与 Word 相同，在此不再赘述。

6.1.2　PowerPoint 2010 的工作界面

PowerPoint 2010 的工作界面与其他 Office 2010 组件类似，主要包括标题栏、功能选项卡、幻灯片编辑区、“大纲/幻灯片”窗格、“备注”窗格、状态栏等部分，如图 6-1 所示。

1. “大纲/幻灯片”窗格

“大纲/幻灯片”窗格用于显示演示文稿的幻灯片数量及位置，通过它可更加方便地掌握整个演示文稿的结构。“幻灯片”窗格中显示了整个演示文稿中幻灯片的编号及缩略图，“大纲”窗格中列出了当前演示文稿中各张幻灯片中的文本内容。

2. 幻灯片编辑区

幻灯片编辑区是整个工作界面的核心区域，用于显示和编辑幻灯片，在其中可输入文字内容、插入图片表格或设置动画效果等，是使用 PowerPoint 制作演示文稿的操作平台。

3. “备注”窗格

“备注”窗格位于幻灯片编辑区的下方，在其中可添加幻灯片的说明和注释，以供幻灯片制作者或幻灯片演讲者查阅。

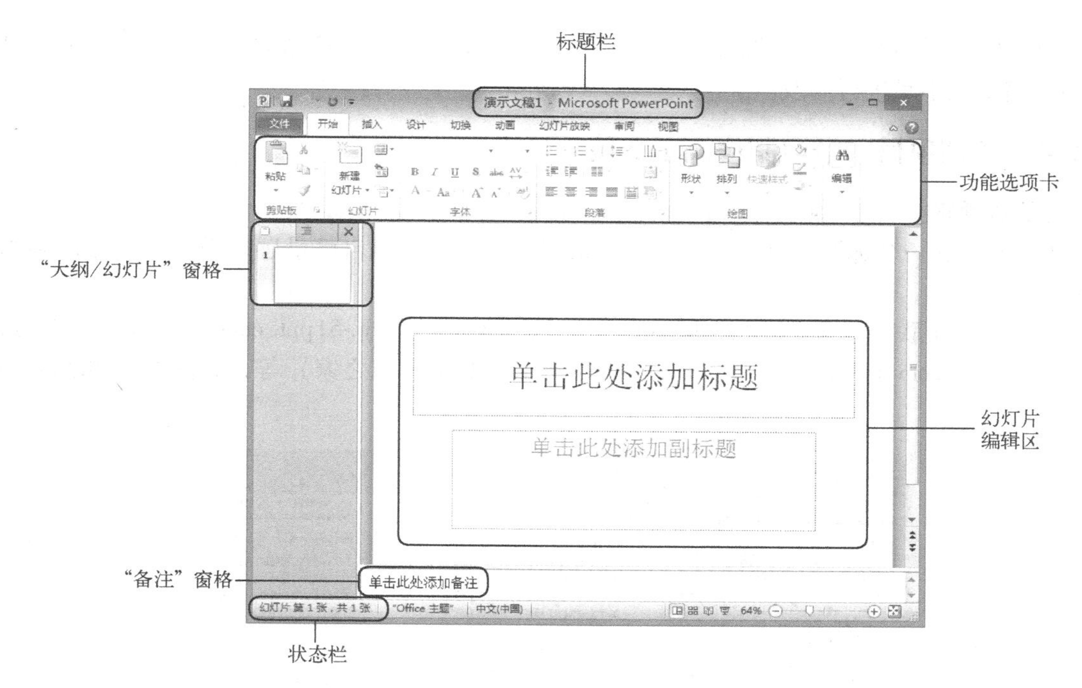

图 6-1　PowerPoint 2010 的工作界面

4. 状态栏

状态栏位于工作界面最下方，用于显示演示文稿中当前所选幻灯片的页数、幻灯片总张数、幻灯片采用的模板类型，另外还有“视图切换”按钮以及页面显示比例等内容。

6.1.3　PowerPoint 2010 的视图

为了满足在不同场合的使用需求，PowerPoint 2010 提供了多种视图模式供用户编辑和查看幻灯片。幻灯片“视图切换”按钮位于状态栏右侧，单击其中的任意一个按钮，即可切换到相应的视图模式下。

1. 普通视图模式

PowerPoint 2010 默认显示的视图模式为普通视图，在该视图中可以同时显示幻灯片编辑区、“大纲/幻灯片”窗格以及“备注”窗格等内容。普通视图主要用于编辑单张幻灯片中的内容及调整演示文稿的结构等。

2. 幻灯片浏览视图模式

在幻灯片浏览视图模式下可浏览幻灯片在演示文稿中的整体结构和效果。在此视图下也可以改变幻灯片的版式和结构，如更换演示文稿的背景、移动或复制幻灯片等，但不能对单张幻灯片的具体内容进行修改。

3. 阅读视图模式

阅读视图仅显示标题栏、阅读区和状态栏，主要用于浏览幻灯片的内容。在此模式下，演示文稿中的幻灯片将以窗口大小进行放映。

4. 幻灯片放映视图

在幻灯片放映视图模式下，演示文稿中的幻灯片将以全屏状态进行放映。该模式主要用于在制作完成后预览幻灯片的放映效果，测试插入的动画、声音等效果，以便及时对放映过程中的错误或不足进行修改。

6.1.4 实训项目　学习制作演示文稿

［任务预览］

1）要求有一个标题幻灯片及多个内容幻灯片，内容选取自己最感兴趣、最熟悉内容来制作。

2）通过互联网了解学习经典幻灯片。推荐网址：www.51ppt.com.cn（无忧 PPT），www.rapidppt.com（锐普 PPT），www.ppthome.net（PPT 资源之家）等，如图 6-2 和图 6-3 所示。

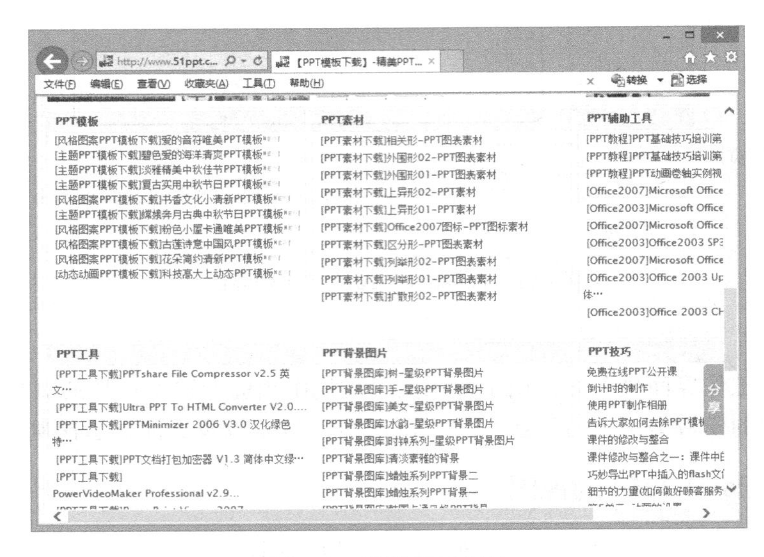

图 6-2　无忧 PPT 网站

图 6-3　锐普 PPT 商城

[操作步骤]

1）创建空白文档，并保存。

2）通过网络来学习成品 PPT，并试着制作自己的第一个幻灯片。

6.2 创建与编辑演示文稿

6.2.1 创建演示文稿

用创建空白演示文稿的方式，可以创建具有自己风格和特点、符合自己需要的演示文稿。新建一个空白演示文稿，可以按照下述步骤进行操作。

方法一：通过“文件”菜单创建。

1）选择“文件”→“新建”命令。

2）在中间的窗格中单击“空白演示文稿”，然后单击“创建”按钮，如图 6-4 所示。

3）应用 PowerPoint 2010 中的内置模板或主题，或者应用从 Office. com 下载的模板或主题。

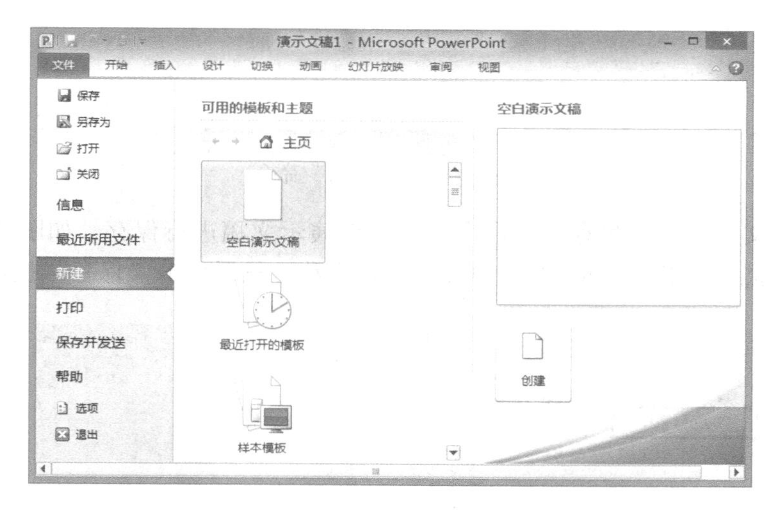

图 6-4　创建演示文稿

方法二：通过桌面右键菜单创建。

1）在桌面上单击鼠标右键，在弹出的快捷菜单中选择“新建”→“PowerPoint 演示文稿”命令。

2）双击桌面上的新演示文稿。

方法三：启动 PowerPoint 2010 后，按〈Ctrl + N〉组合键可快速新建一个空白演示文稿。

6.2.2 幻灯片的基本操作

1. 打开演示文稿

1）选择“文件”→“打开”命令。

2）在“打开”对话框的左窗格中，单击包含所需演示文稿的驱动器或文件夹。

3）在“打开”对话框的右窗格中，打开包含该演示文稿的文件夹。

4）单击该演示文稿，然后单击“打开”按钮。

提示： 默认情况下，PowerPoint 2010 在“打开”对话框中仅显示 PowerPoint 演示文稿。若要查看其他文件类型，则单击“所有 PowerPoint 演示文稿”。

2. 演示文稿的关闭和保存

1）选择“文件”→“关闭”命令，即可关闭当前演示文稿，如图 6-5 所示。

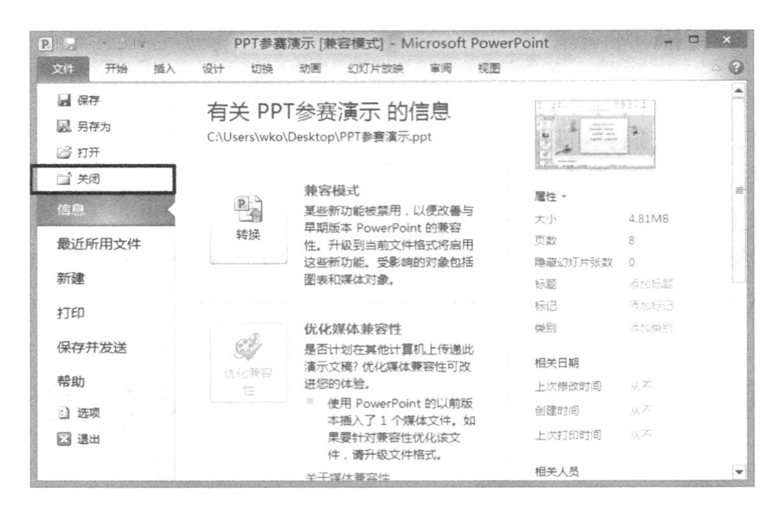

图 6-5　选择“关闭”命令

2）选择“文件”→“另存为”命令，即可对演示文稿进行保存，如图 6-6 所示。在“文件名”文本框中，输入 PowerPoint 演示文稿的名称，然后单击“保存”按钮。

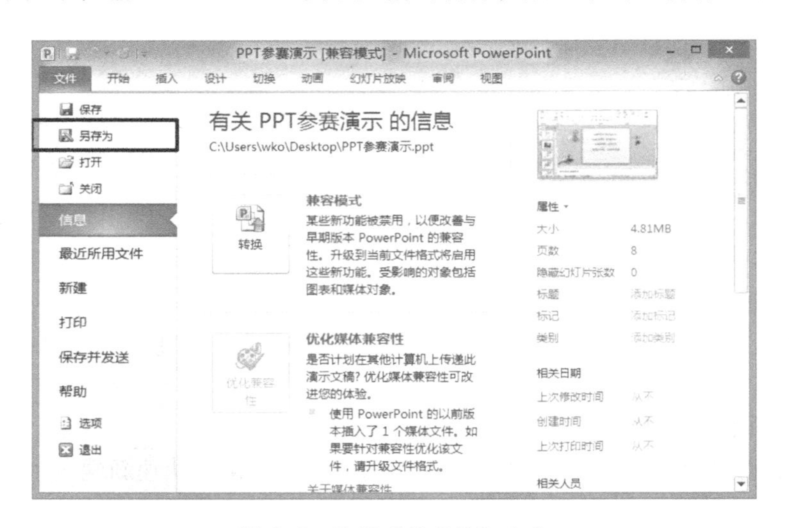

图 6-6　选择“另存为”命令

默认情况下，PowerPoint 2010 将文件保存为 PowerPoint 演示文稿，文件格式为 .pptx。若要以非 .pptx 格式保存演示文稿，则单击“保存类型”下拉列表，选择所需的文件格式，如图 6-7 所示。

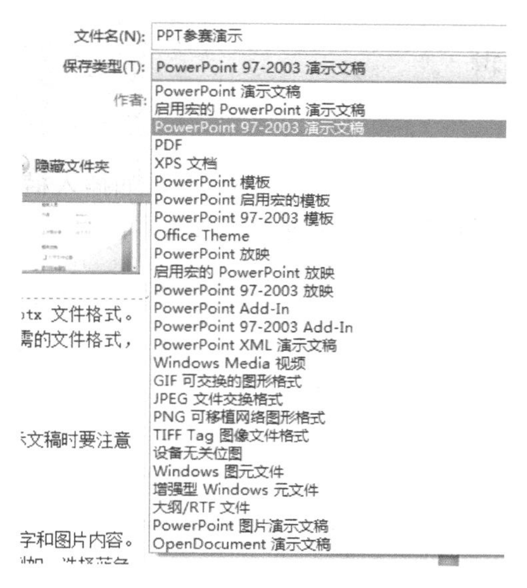

图 6-7　保存类型设置

6.2.3　幻灯片的版式设计

逻辑结构清晰、层次鲜明的演示文稿可以让观众明确演示目的。设计演示文稿时要注意文字不宜过多，颜色搭配合理，恰当使用动画效果和幻灯片切换效果。

1. 色彩搭配与对比度

要注意选择合适的背景和文字颜色，以保证观众可以看清演示文稿中的文字和图片内容。如果选择颜色较深的背景色，则需要将文字设置成较亮的颜色，反之亦然。例如，选择蓝色背景时，可选择黄色或白色文字等。因为演示文稿大多数情况是在投影机上播放，所以建议选择三基色（红、绿、蓝）进行搭配。

2. 字体与字号

在字体方面，要注意选择线条粗犷的字体，建议选择黑体字并且加粗；字号方面建议在保证演示文稿美观和整洁的基础上，尽量加大，另外还应注意合理断句。

3. 幻灯片版式

“幻灯片版式”实际上是系统预置的各种占位符布局，在使用时可根据需要进行选择，建议不要采用绘制文本框的形式在幻灯片上输入文字，因为绘制的文本框在更改版式时不会随版式的改变而改变。选择“开始”→“版式”命令，可选择所需的版式，如图 6-8 所示。

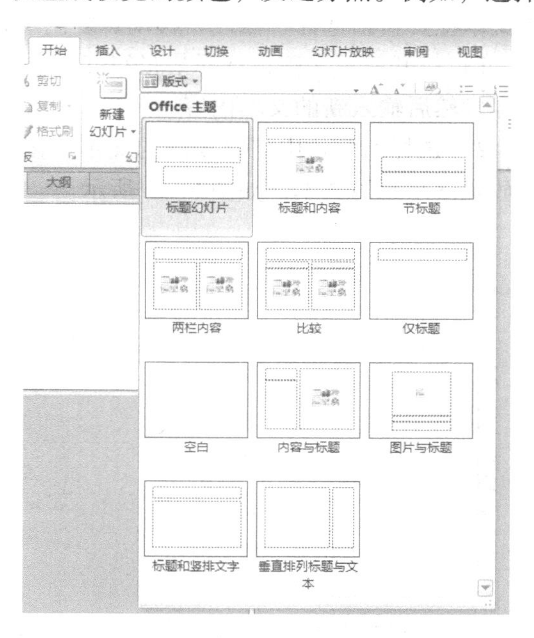

图 6-8　幻灯片版式

6.2.4 文字的输入与编辑

1. 插入文本框

1）选择“插入”→“文本”→“文本框”命令。如插入横排文字，在下拉菜单中选择“横排文本框”；如插入竖排文字，则选择“竖排文本框”，如图 6-9 所示。

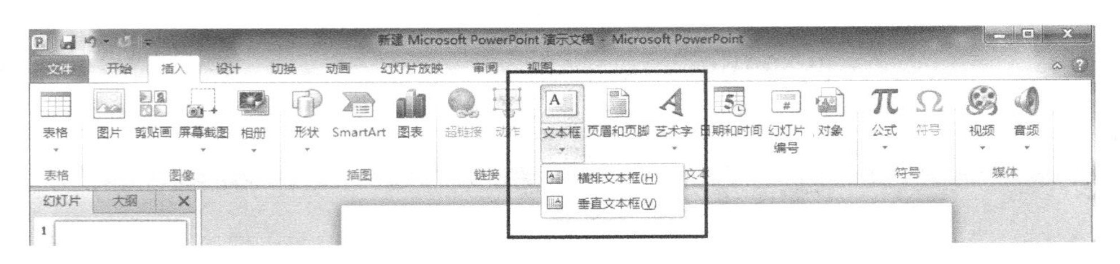

图 6-9 “文本框”命令

2）在想要插入文字的地方单击鼠标，则出现文本框，在文本框中录入文字，如图 6-10 所示。

2. 文字的编辑

在幻灯片中输入文本后，需要检查文本中的错误，并对检查出来的错误进行编辑。不仅如此，还要对幻灯片中的文本进行修饰，包括修改文本级别、设置文本格式和段落格式等，从而增加幻灯片美观性。PowerPoint 中的文字编辑类似于 Word 中的文字编辑。

（1）编辑文本

输入文本内容后，如发现输入的内容有误或遗漏，此时可对文本内容再次进行编辑。编辑文本主要包括选择、修改、移动、复制、查找和替换等，具体操作步骤如下。

1）打开演示文稿，选择某张幻灯片中需要修改的文本，按〈Backspace〉键删除选择的文本，然后输入新的文本内容。

2）选择幻灯片中需要复制的文本，按住〈Ctrl〉键不放，将文本拖动到要粘贴的地方释放鼠标复制该文本，如图 6-11 所示。

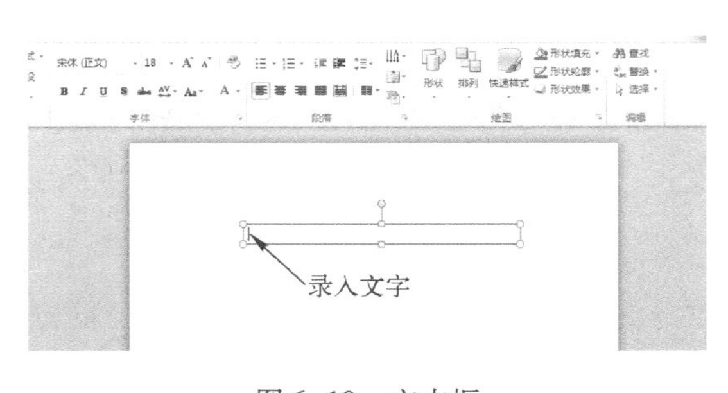

图 6-10 文本框

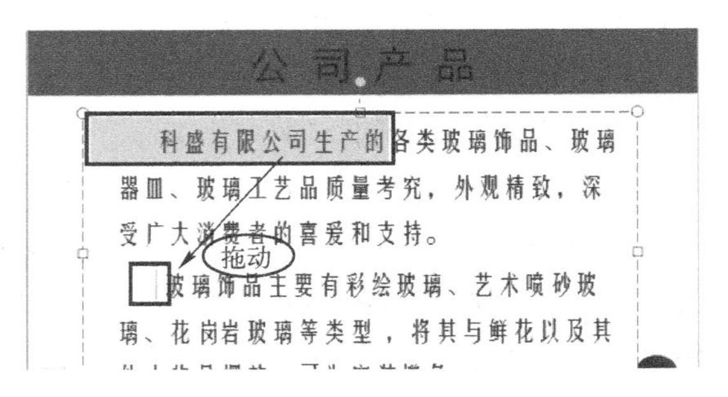

图 6-11 复制文本

3）将光标定位到文本占位符中，选择“开始”→“编辑”→“替换”命令，打开“替换”对话框，在“查找内容”下拉列表中输入被替换的内容，在“替换为”下拉列表中输入替换内容，如图 6-12 所示。

4）单击“查找下一个”按钮查找所需的内容，单击“替换”按钮进行替换，返回进行相同操作，直到完成所有文本的替换，最后单击“关闭”按钮关闭该对话框，完成文本的编辑。

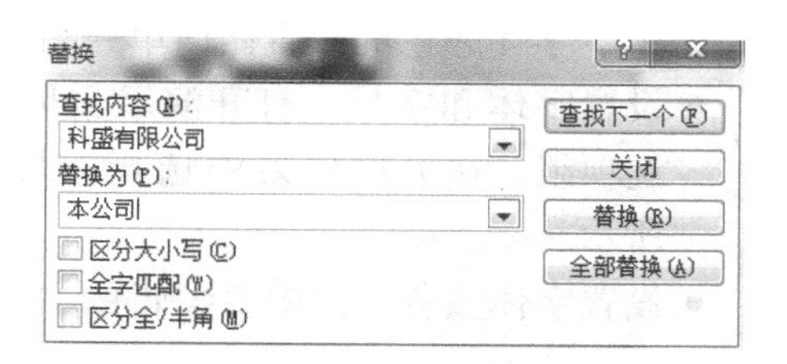

图 6-12 “替换”对话框

（2）修改文本级别

在幻灯片中，每一段文本都有一定的级别，在输入文本时按〈Enter〉键分段后输入的文本，将自动应用上一级的项目符号，但这些文本属于同一级别，如果需要对文本的级别进行修改，可通过以下两种方法进行。

- 在“大纲”窗格中修改文本级别。在“大纲”窗格中选择相应文本后单击鼠标右键，在弹出的快捷菜单中选择“升级”命令，可升级当前选择的文本；选择“降级”命令，则降级当前文本；选择“上移”命令，可将当前文本移动到上段文本前；选择“下移”文本，可将当前文本移动到下段文本后。图 6-13 所示为在“大纲”窗格中修改文本级别。
- 在幻灯片编辑区中修改文本级别。选中需要修改的文本，选择“开始”→“段落”→“升级”或“降级”命令，即可提升或降低当前文本的级别。除此之外，在选中文本后出现的浮动工具栏中单击相应按钮也可修改文本级别，如图 6-14 所示。

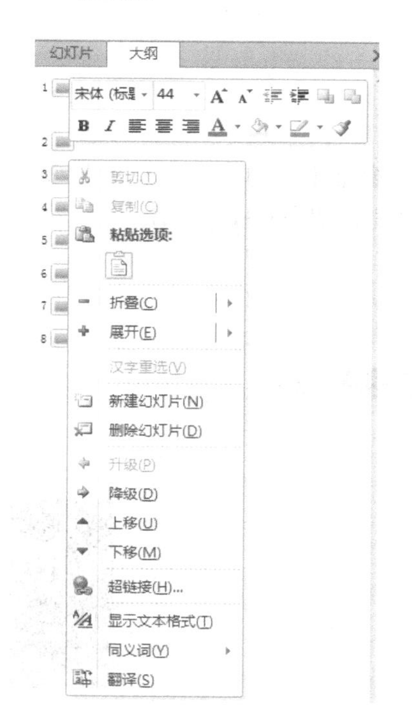

图 6-13 在“大纲”窗格中修改文本级别

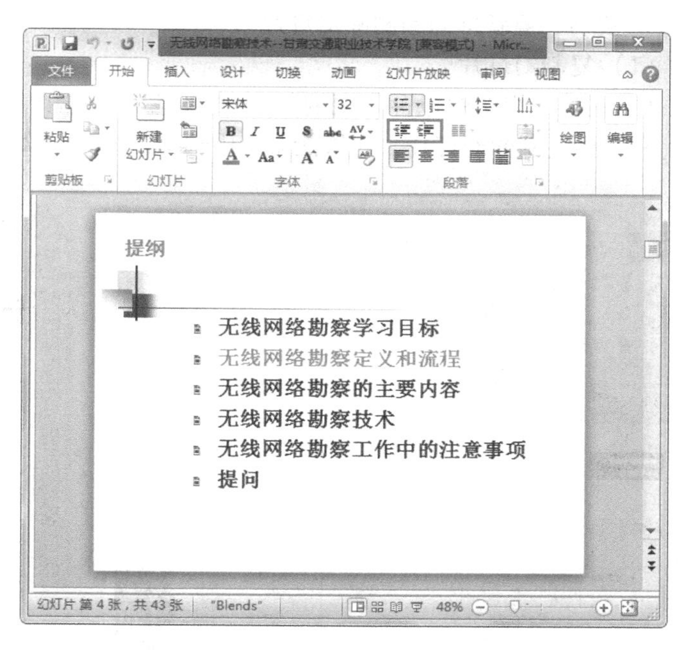

图 6-14 在幻灯片编辑区中修改文本级别

合理设置字体格式，可以使幻灯片更加美观且易于讲解，下面就对演示文稿中文本字体、字号、字体颜色的设置做简单介绍，具体操作步骤如下：

- 设置字体和字号：打开演示文稿，选中编辑的文本，然后选择“开始”→“字体”选项组，在下拉列表中选择字体，在“字号”下拉列表中选择字号，如图6-15所示。
- 设置字体颜色：选中要编辑的文本，单击“字体颜色”按钮A的下拉按钮，在弹出的下拉列表中选择颜色，选择“其他颜色”可设置自定义颜色，如图6-16所示。

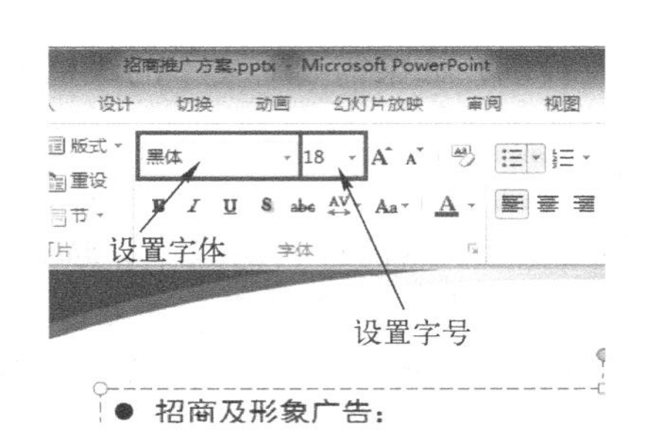

图6-15　设置字体和字号

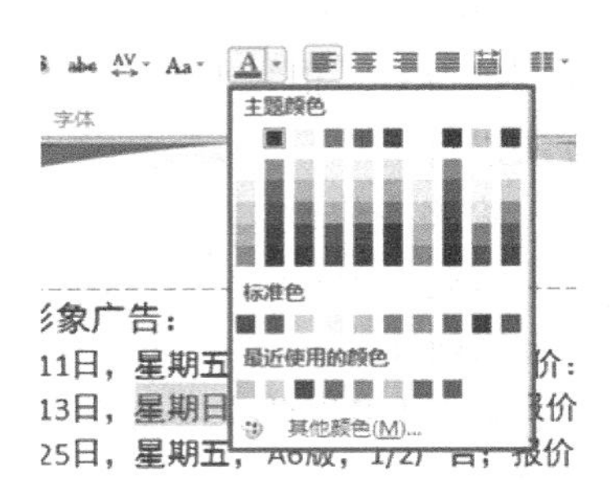

图6-16　设置字体颜色

3. 插入新幻灯片

若要在演示文稿中插入新幻灯片，则执行下列操作：在“开始”菜单的“幻灯片”选项组中，单击“新建幻灯片”下的箭头，然后单击所需的幻灯片布局，如图6-17所示。

4. 复制、重新排列和删除幻灯片

（1）复制幻灯片

1）在普通视图中包含“大纲”和“幻灯片”选项卡的窗格上，单击“幻灯片”选项卡，右击要复制的幻灯片，在快捷菜单中选择“复制”幻灯片，如图6-18所示。

图6-17　插入新幻灯片

图6-18　复制幻灯片

2）在“幻灯片”选项卡上，右击要添加幻灯片的新副本的位置，在快捷菜单中选择“粘贴选项”，确定一种粘贴方式如图 6-19 所示。还可以使用此过程将幻灯片副本从一个演示文稿插入另一个演示文稿。

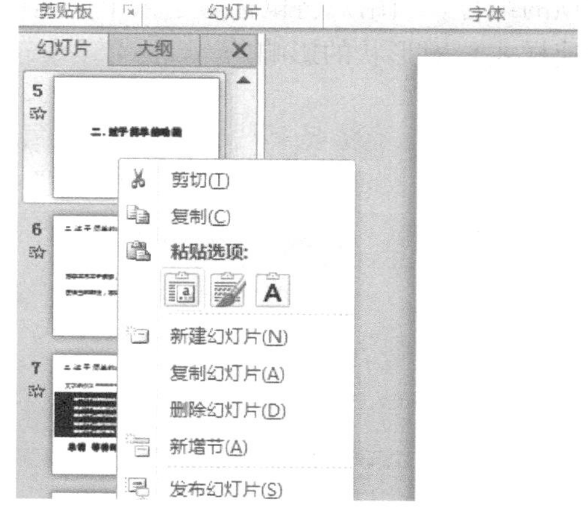

图 6-19 粘贴幻灯片

（2）重新排列幻灯片的顺序

在普通视图中包含“大纲”和“幻灯片”选项卡的窗格上，单击“幻灯片”选项卡，再单击要移动的幻灯片，然后将其拖动到所需的位置。要选择多个幻灯片，则单击某个要移动的幻灯片，然后按住〈Ctrl〉键并单击要移动的其他每个幻灯片。

（3）删除幻灯片

在普通视图中包含“大纲”和“幻灯片”选项卡的窗格上，单击“幻灯片”选项卡，右击要删除的幻灯片，在快捷菜单中选择“删除幻灯片”。

6.2.5 插入图片、图形、艺术字

1. 插入图片

1）选择“插入”→“图像”→“图片”命令，如图 6-20 所示。

2）在弹出的对话框里选择要插入的图片，单击“打开”按钮。

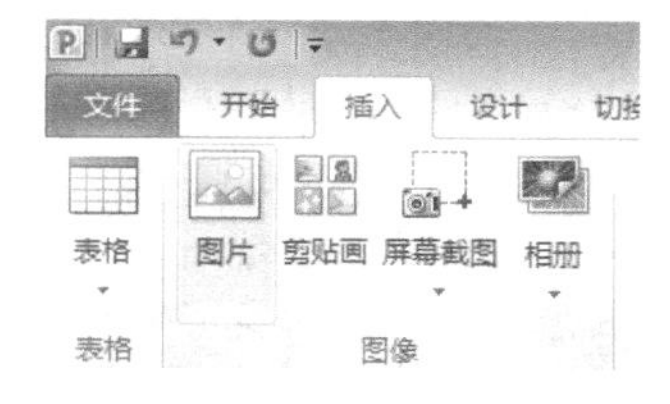

图 6-20 选择“图片”命令

2. 图形编辑

（1）在文件中添加单个形状

1）打开“开始”→“绘图”→“形状”命令，打开下拉列表，如图 6-21 所示。

2）在其下拉列表中单击所需形状，接着单击幻灯片中的任意位置，然后拖动以放置形状。要创建规范的正方形或圆形（或限制其他形状的尺寸），则在拖动的同时按住〈Shift〉键。

（2）在文件中添加多个形状

1）选择“开始”→“绘图”→“形状”命令。

2）在其下拉列表中右击要添加的形状，然后选择“锁定绘图模式”命令，如图 6-22 所示。

3）单击幻灯片上任意位置，然后拖动以放置形状。

4）对要添加的每个形状重复以上过程。

（3）在形状中添加文本

单击要向其中添加文字的形状，然后输入文字，如图 6-23 所示。添加的文字将成为形状的一部分，如果旋转或翻转形状，文字也会随之旋转或翻转。

（4）向形状添加快速样式

快速样式是在“形状样式”选项组中“快速样式”库中，以缩略图显示的、不同格式

选项的组合。当用户将鼠标置于某个快速样式的缩略图上时，就可以看到“形状样式”（或快速样式）对形状的影响。

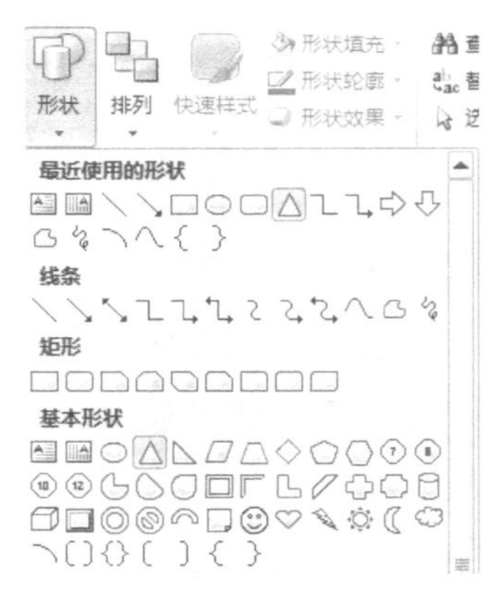

图 6-21 “形状”下拉列表

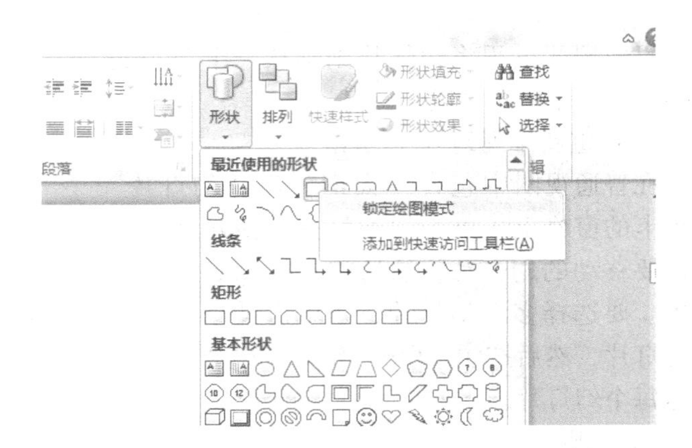

图 6-22 锁定绘图模式

1）单击要对其应用新的快速样式或其他快速样式的形状。

2）在“绘图工具”→“格式”→“形状样式”选项组中，单击所需的快速样式，如图 6-24 所示。

如要删除形状，则单击选中形状后按〈Delete〉键。

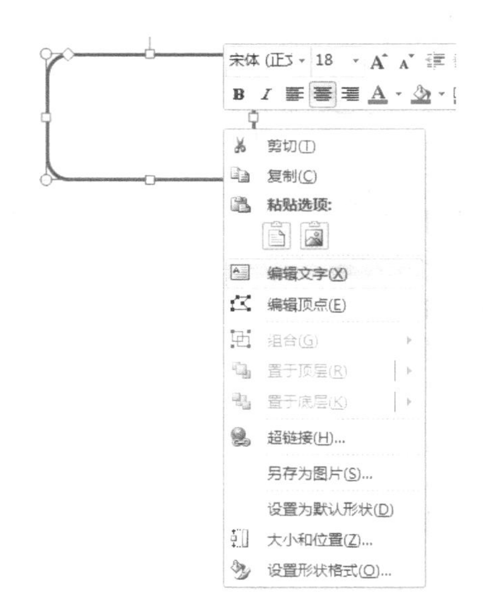

图 6-23 在形状中添加文本

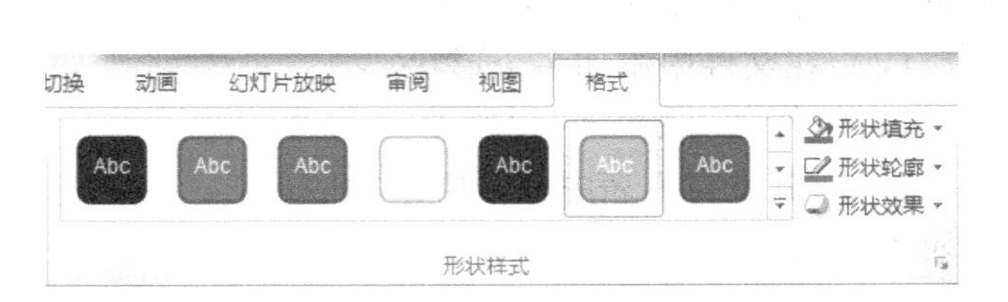

图 6-24 形状添加快速样式

3. 插入艺术字

1）选择“插入”→“文本”→“艺术字”命令，在其下拉列表中选择艺术字样式，如图 6-25 所示。

2）在幻灯片的文本框中输入艺术字内容，如图 6-26 所示。

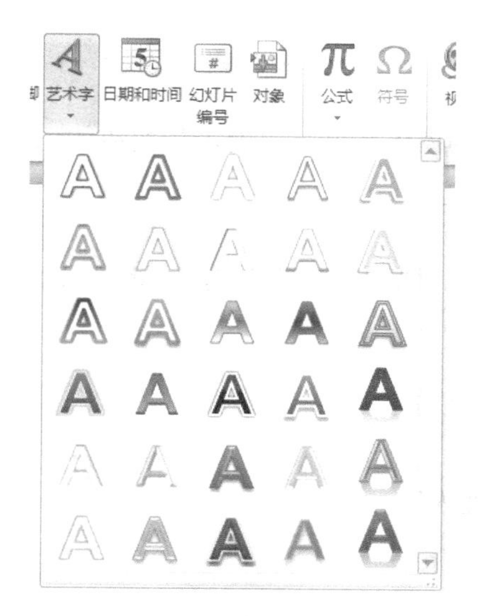

图 6-25　选择艺术字样式

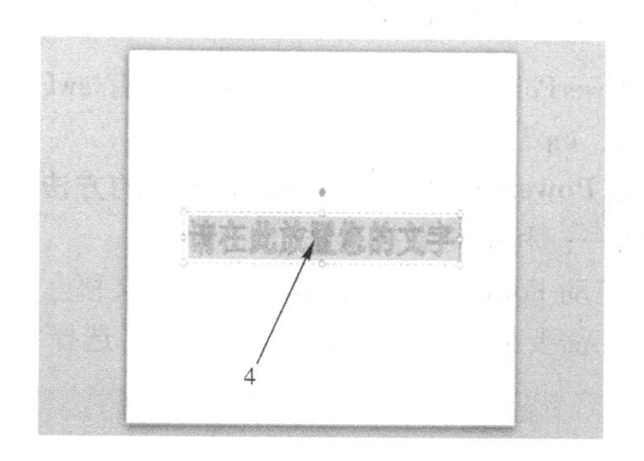

图 6-26　输入艺术字内容

6.2.6　插入表格和图表

1. 插入表格

1）选择“插入”→“表格”命令，如图 6-27 所示。

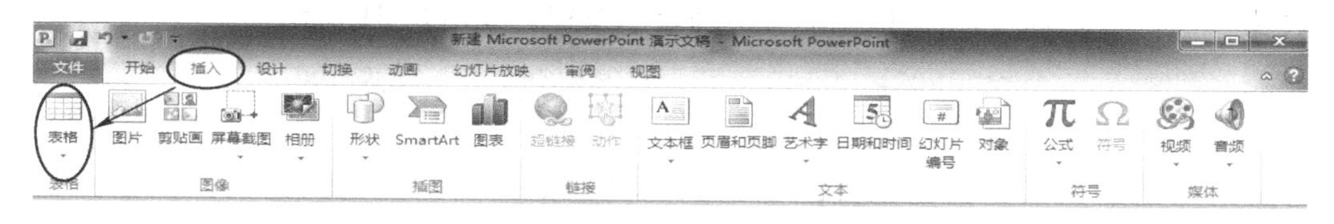

图 6-27　选择“表格”命令

2）在其下拉菜单中，直接移动鼠标选择行数和列数并单击确定，如图 6-28 所示；或选择“插入表格”命令，在“插入表格”对话框中输入行数和列数并单击“确定”按钮，如图 6-29 所示。

图 6-28　“表格”下拉菜单

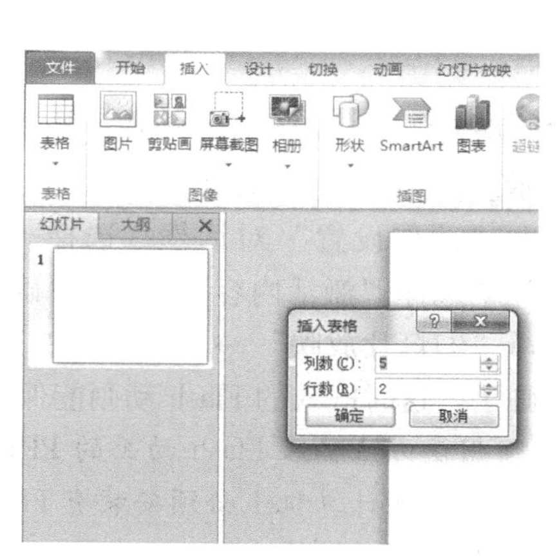

图 6-29　“插入表格”对话框

2. 插入图表

1）选择“插入”→“插图”→“图表”命令。

2）在弹出的“插入图表”对话框中选择需要的模板，单击“确定”按钮。

6.2.7 插入视频和音频

在 PowerPoint 中能插入的动画格式有 swf、gif，视频格式有 mpg、wmv，音频格式有 wav、mid、mp3。

1. 在 PowerPoint 中插入 Flash 影片的方法

方法一：利用对象插入法

1）启动 PowerPoint 后创建一新演示文稿。

2）在需要插入 Flash 动画的那一页，选择“插入”→“对象”命令，如图 6-30 所示。

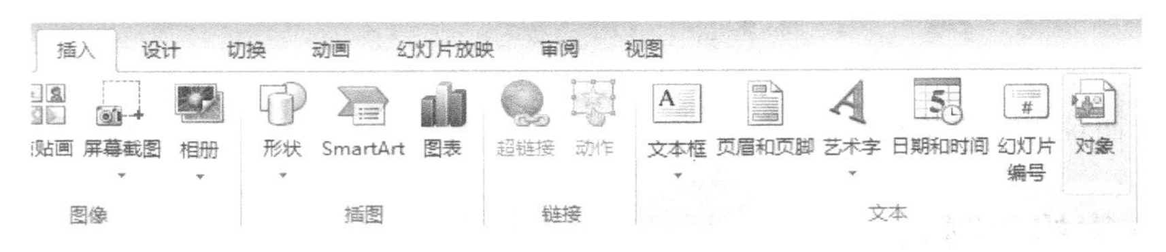

图 6-30 “对象”命令

3）弹出“插入对象”对话框，单击“由文件创建”单选按钮，然后单击“浏览”按钮选择需要插入的 Flash 动画文件，单击“确定”按钮，如图 6-31 所示。

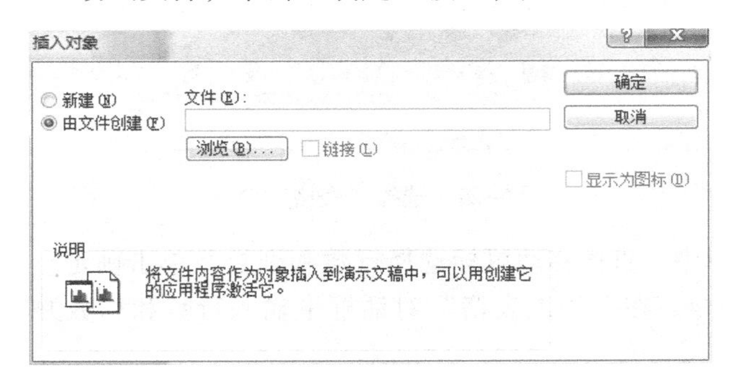

图 6-31 “插入对象”对话框

4）在刚插入的 Flash 动画的图标上，单击鼠标，选择“插入”→“动作”命令，如图 6-32 所示。

5）弹出“动作设置”对话框，选择“单击鼠标”或“鼠标移过”选项卡均可，在“对象动作”中选择“激活内容”，单击“确定”按钮，如图 6-33 所示。

6）选择“幻灯片放映”→“观看放映”命令，当把鼠标移过该 Flash 对象，就可以演示 Flash 动画了。这时嵌入的 Flash 动画能保持其功能不变，按钮仍有效。

提示： *使用该方法插入 Flash 动画的 PPT 文件在播放时，是启动 Flash 播放软件来完成动画播放的，所以在计算机上必须安装有 Flash 播放器才能正常运行。*

方法二：利用超链接插入 Flash 动画

1）启动 PowerPoint 后创建一新演示文稿。

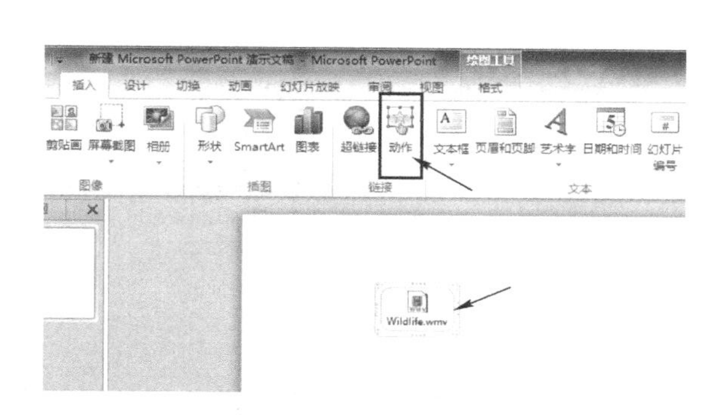

图 6-32　选择“动作”命令

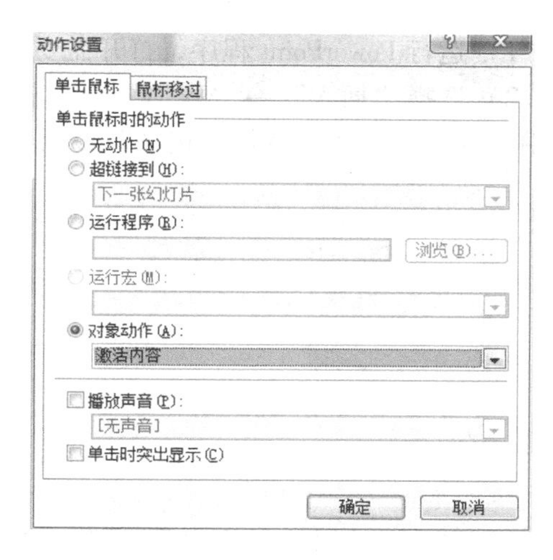

图 6-33　“动作设置”对话框

2）在幻灯片页面中插入图片或文字用于编辑超链接，这里以插入一个圆为例。

3）右击该圆，在快捷菜单中选择“超链接”命令，如图 6-34 所示。

4）弹出“插入超链接”对话框，在“地址”文本框中输入 Flash 动画文件地址，最后单击“确定”按钮，如图 6-35 所示。

图 6-34　“超链接”命令

利用超链接插入动画时需要注意，动画文件名称或存储位置改变将导致超链接“无法打开指定的文件”。解决方法是，在进行文件复制时，要连同动画文件一起复制，并重新编辑超链接。计算机上要安装有 Flash 播放器才能正常播放动画。

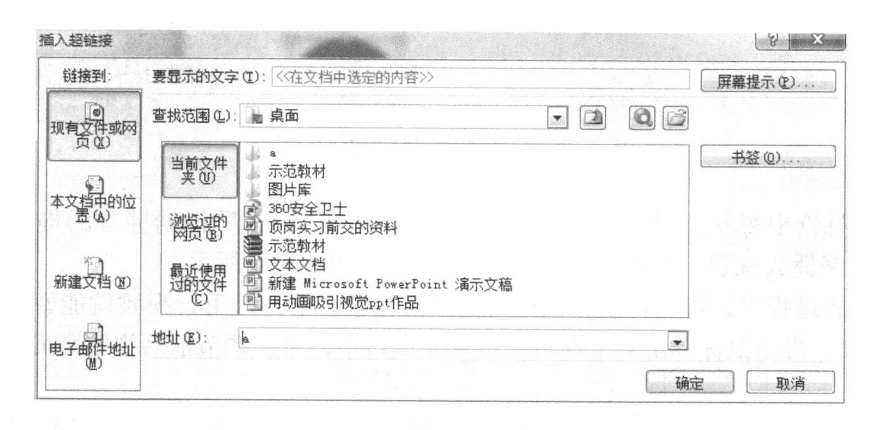

图 6-35　“插入超链接”对话框

2. 在 PowerPoint 中插入视频

将预先准备好的视频文件直接插入到幻灯片中，具体操作步骤如下。

1）运行 PowerPoint 程序，打开需要插入视频文件的幻灯片。

2）选择“插入”→“媒体”→“视频”命令，其下拉菜单中有 3 种视频可插入“文件中的视频”、“来自网站的视频”以及“剪贴画视频”，如图 6-36 所示。

图 6-36 “视频”命令

3）单击“文件中的视频”，弹出“插入视频文件”对话框，选择事先准备好的视频文件，单击“插入”按钮，这样就能将视频文件插入到幻灯片中了，如图 6-37 所示。

图 6-37 “插入视频”文件对话框

4）用鼠标选中视频文件，并将它移动到合适的位置，然后根据屏幕的提示直接单击“播放”按钮来播放视频，或者选中自动播放方式，如图 6-38 所示。

5）在播放过程中，可以将鼠标移动到视频窗口中，单击一下，视频就能暂停播放。如果想继续播放，再用鼠标单击一下即可。在视频窗口中，可以调节前后视频画面，也可以调节视频音量。

6）在 PowerPoint 中还可以随心所欲地选择实际需要播放的视频片段：选择“播放”→“编辑”→“剪裁视频”命令，在“剪裁视频”对话框中可以重新设置视频文件的播放起始点和结束点，从而达到随心所欲地选择需要播放视频片段的目的。也可以在“播放”→“视频选项”选项组中设置视频是否需要“循环播放，直到停止”，或者“播完返回开头”，如图 6-39 所示。

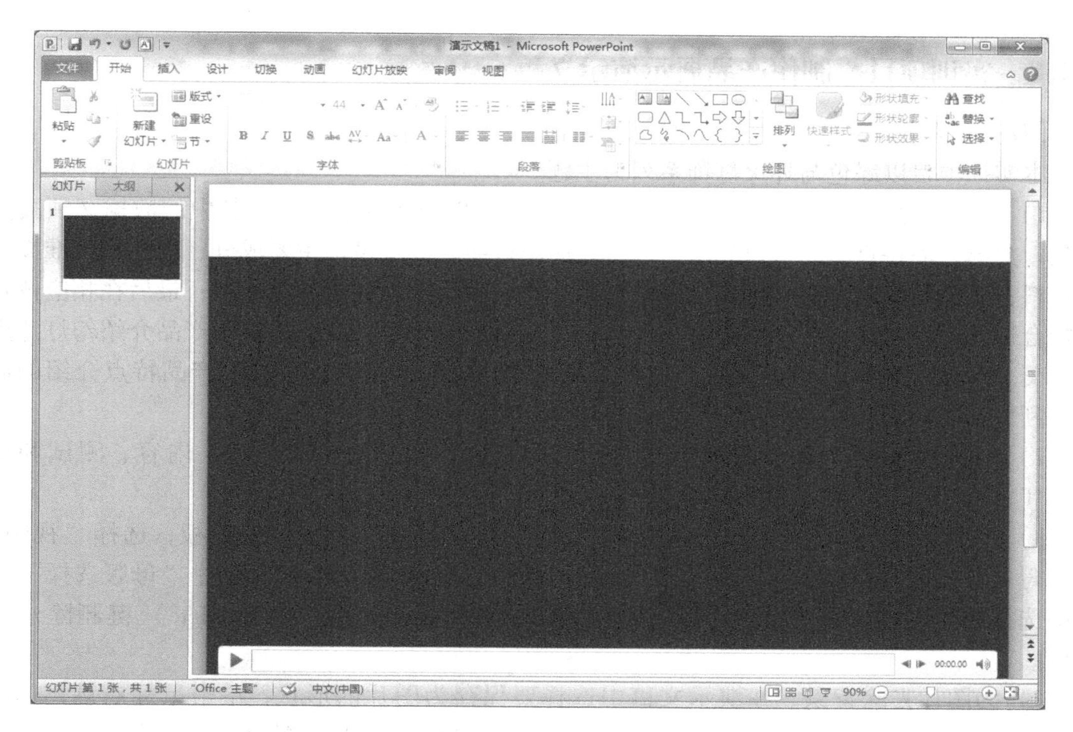

图 6-38　调整视频位置

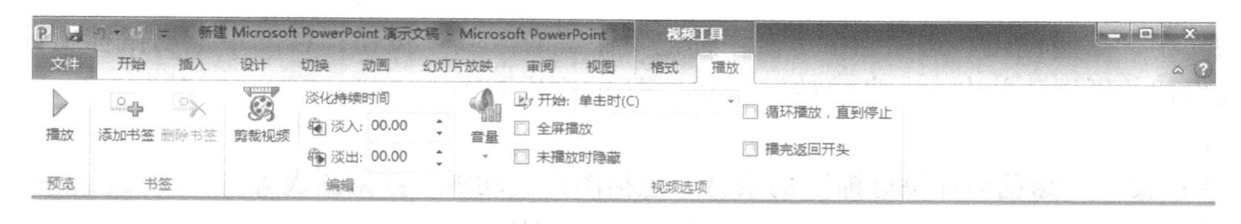

图 6-39　“视频工具”菜单

3. 在 PowerPoint 中插入声音的方法

演示 PowerPoint 的时候，不停地翻页或文字、图片的重重叠叠会让观众觉得枯燥乏味，如果给演示文稿配上一段美妙的音乐，就可以让我们在演示或演讲时更容易吸引观众。如何在 PowerPoint 中加入背景音乐呢？下面将介绍一下在 PowerPoint 中加入背景音乐的方法。

1）准备好一个音乐文件，可以是 WAV、MID 或 MP3 文件格式。

2）选择“插入”→“媒体”→“音频”命令，其下拉菜单中有 3 种音频可插入：文件中的音频、剪切画音频、录制音频，这里选择“文件中的音频”。弹出“插入音频”对话框，输入音频文件的路径后单击“确定”按钮，则幻灯片上出现一个“喇叭”图标，这就是插入的音频文件。在“喇叭”的下面携带着试听播放器，可以单击播放以及控制音量。

3）背景音乐加入后，可以发现在 PowerPoint 上面的菜单中多了一个“播放”，在“播放”菜单中可以看到“剪裁音频”等功能。也可以给加入的背景音乐设置是否自动播放。

4）如果担心这首背景音乐在 PowerPoint 播放途中播放完了，则可以将“音频选项”设置为“循环播放直到停止”。

6.2.8 实训项目　制作产品展示演示文稿

[任务预览]

本实训项目以绿色与环保灯饰系列为主题。

1）制作产品介绍幻灯片，要让客户了解产品的性能和发展前景，其中的数据必须真实有效。介绍产品特点时，可以先对产品进行简单说明，如规格、主要成分、配方和批准文号等资料；其次是介绍作用、产品优势、适用人群、注意事项和搭配方法等；最后在相应位置添加合适的对象元素，如产品图片、宣传资料和背景音乐等，从而使整个产品介绍幻灯片更加精美。产品发展前景可通过表格数据或图表等方式来体现，一般放在产品特点介绍的后面，利用产品的实际市场参数来进行销售前景的预测。

2）制作流程为：策划 PPT、搜集素材、搭建 PPT 框架、添加 PPT 内容、测试和播放 PPT。

3）去除模板上的水印，其方法是：在 PowerPoint 中打开要使用的模板，选择“视图”→“母版视图”→“幻灯片母版”命令，进入幻灯片母版视图，在幻灯片“母版选择”窗格中选择第 1 种样式，然后在幻灯片母版编辑区中选择水印，按〈Delete〉键删除水印即可。

4）为图片去除背景。在演示文稿中选择要保存为图片的形状，单击鼠标右键，选择“另存为图片”命令，在弹出的“另存为图片”对话框中设置图片的保存位置和名称，然后单击“保存”按钮；此时图像中出现一个控制框，该内容即为要被删除的部分；调整控制框的大小，在“优化”选项组中单击“标记要保留的区域”按钮；在图中拖动鼠标指针绘制要保留的区域；单击“保留更改”按钮，即可应用设置。

[操作步骤]

1）收集“绿色与环保灯饰”的素材，包括图片、动画、数据图表等。

2）新建空白文档，并保存成“.pptx”格式的文件。

3）选择合适的母版作为此第 1 页的母版（在产品介绍类演示文稿中的第 1 页常常不同于其他页），在第 1 页醒目的位置写明本演示文稿的主题，并调整标题文字的字体。

4）第 2 页是本演示文稿的目录页，选择合适的母版以后，填写本演示文稿的目录，并调整文字格式。

5）从第 3 页开始可以用同一个母版，选择好一张母版以后单击“设置背景格式”对话框中的“全部应用”按钮即可。这样即使再创建新的幻灯片，也会自动沿用已经设置的背景。

6）添加标题。第 3 页以后（除最后一页）的每页都有一个标题，一般在每一页的最上部，填写标题（与目录对应）并调整字体。

7）添加文字内容。选择“插入”→“文本框”命令，根据需要选择是横排文本框还是垂直文本框，然后放在演示文稿上的鼠标会变成“十”形状，这时在要写文字的地方按住鼠标左键就可以“拉”出一个文本框。

8）添加图片。单击“插入”→“图片”命令，在弹出的对话框中找到本地要插入的图片并按“确定”按钮，图片就会显示在演示文稿上，可以通过拖曳的方式调整图片的位置。如果要调整图片的大小，可以双击图片，在弹出的对话框中调整图片的大小等属性。

6.3 设置幻灯片的外观

6.3.1 使用母版

1. 添加自己喜欢的背景图片

1）选择“视图”→“幻灯片母版”命令。

2）在幻灯片的第 1 张的空白处单击鼠标右键，选择“设置背景格式”，在弹出的对话框中选择“图片或纹理填充”单选项，然后选择自己喜欢的图片作为背景，然后单击“全部应用”和“关闭”按钮。

2. 对现有模板进行编辑

在“设计”选项卡中选择现成模板，单击鼠标右键，在快捷菜单中选择“版式”命令进行修改。

3. 快速换母版

如果用户想更换整个幻灯片的风格，可以在“视图”→“幻灯片母版”进行更换或修改，如图 6-40 所示。

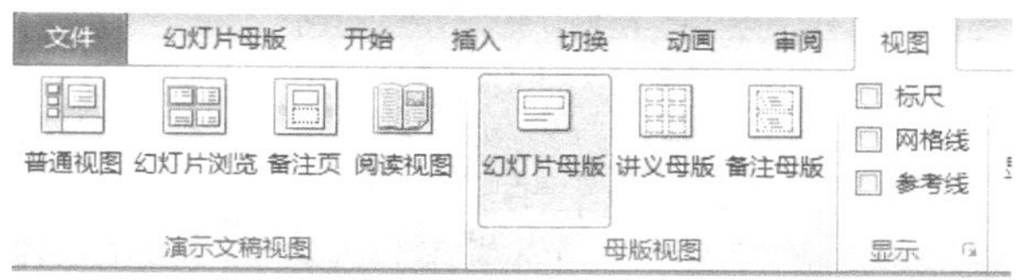

图 6-40　更换幻灯片母版

6.3.2 使用设计主题

1. 选择幻灯片主题

PowerPoint 中提供了很多模板，它们将幻灯片的配色方案、背景和格式组合成各种主题。这些模板称为幻灯片主题。

通过选择幻灯片主题并将其应用到演示文稿，可以制作所有幻灯片均与相同主题保持一致的设计，如图 6-41 所示。

图 6-41　选择幻灯片主题

2. 选择相册幻灯片主题

1）启动 PowerPoint 并打开新的演示文稿。

2）在标题幻灯片中输入文本，如图 6-42 所示。

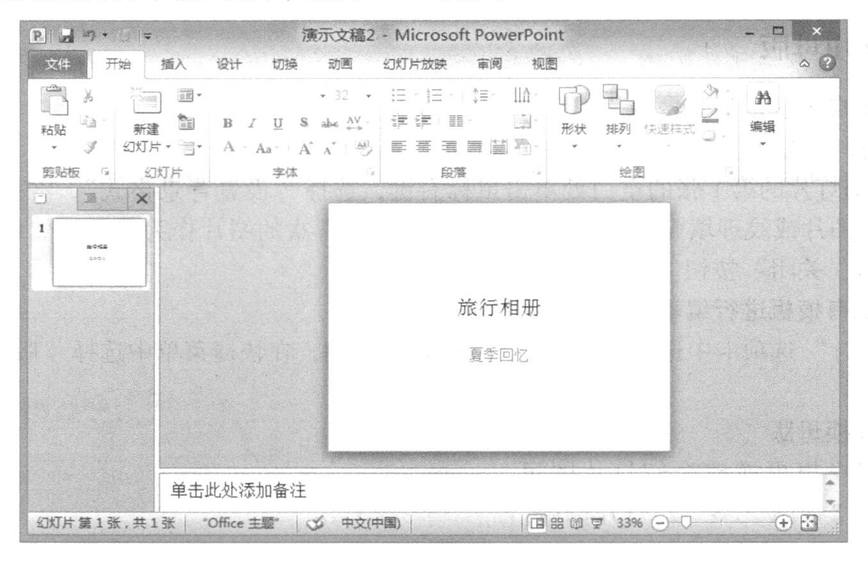

图 6-42　在标题幻灯片中输入文本

3）在添加的幻灯片上输入文本，如图 6-43 所示。

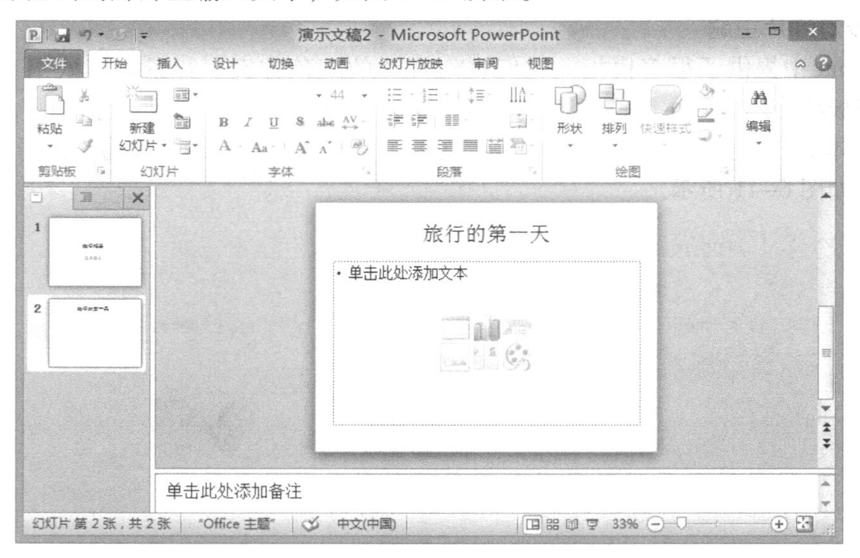

图 6-43　在添加的幻灯片上输入文本

4）选择“设计”→“主题”命令，可在其下拉列表中选择主题。

此外，当单击“更多”按钮时，将会显示所有的可用幻灯片主题，如图 6-44 所示。

当鼠标指向“主题”中的幻灯片主题时，可以检查主题在应用后的实际效果，如图 6-45 所示。

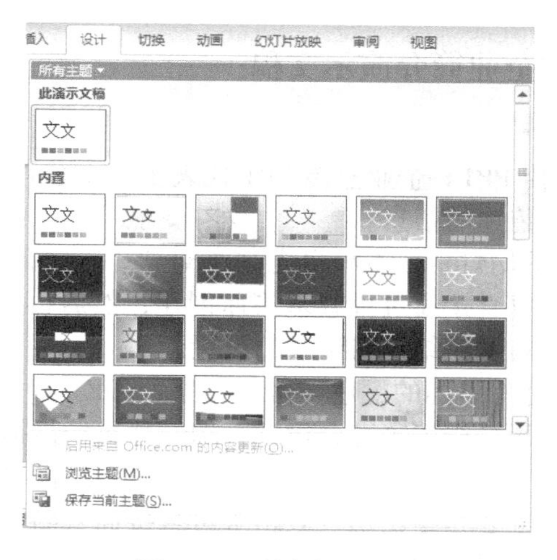

图 6-44　所有主题列表

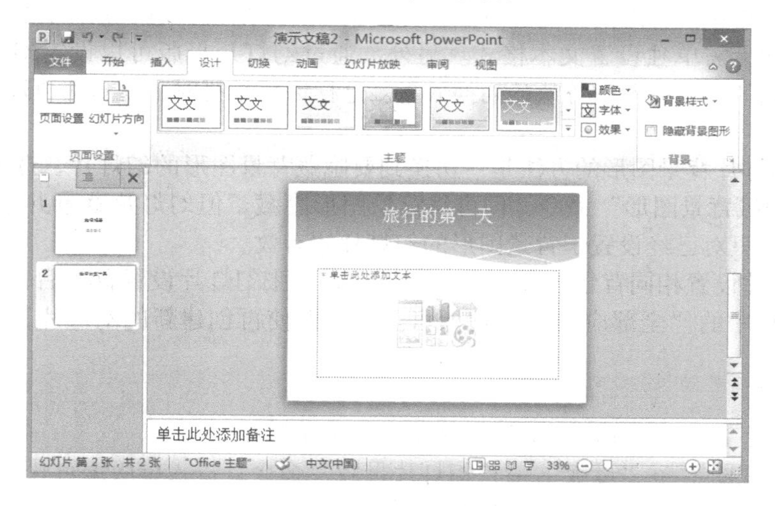

图 6-45　预览主题

5）将幻灯片主题应用到所有幻灯片，如图 6-46 所示。

图 6-46　应用主题

6.3.3 实训项目 制作企业简介演示文稿

［任务预览］

1）为公司制作企业宣传 PPT。企业宣传 PPT 代表了整个公司，所以制作必须专业，能够直观、清晰地表达出所需传递的信息。

2）为了设计统一风格的幻灯片，本项目先制作幻灯片母版，以后无论制作何种内容的公司宣传类演示文稿，都可以直接通过母版来快速创建，然后再进行简单的内容编辑即可。幻灯片母版的制作重点在于布局、结构与格式的设置。

3）幻灯片风格是指幻灯片整体的配色与修饰方案，如幻灯片主题、背景等。幻灯片风格需要结合幻灯片类型、使用场合等来综合设计。幻灯片布局是指幻灯片中占位符和其他对象的分布方式。同时，演示文稿中的所有幻灯片布局也可以通过母版来统一风格，从而使幻灯片相互协调。幻灯片对象主要是指图形、表格等可直接插入的元素。在母版中建立一些共性对象，这样编排幻灯片时就无需逐张插入了。幻灯片格式指每张幻灯片中的标题文本及正文文本格式。在编排内容之前，通过母版预先定义好，以后编排时，只需直接在占位符中输入文本即可，而无需单独设置文本格式。另外，通过幻灯片母版可以设定幻灯片中的占位符、对象的动画效果，以及幻灯片的切换效果。这样以后编排时，就不用再逐个对象设置动画效果了。

4）隐藏幻灯片背景图形的方法是：切换到要隐藏背景图形的幻灯片，选择“设计”→“背景”→“隐藏背景图形”命令，即可将背景图形隐藏，但幻灯片背景并不会受到影响。需注意，该功能只对已经设置了背景图形的幻灯片才有效。

5）为幻灯片设置相同背景的方法是：在为任意一张幻灯片设置背景后，单击“设置背景格式”对话框中的“全部应用”按钮即可。这样即使再创建新的幻灯片，也会自动沿用已经设置的背景。

［操作步骤］

1）新建一个 PowerPoint 演示文稿并保存为“企业简介”。

2）选择“视图”→“母版”→“幻灯片母版”命令，进入母版编辑状态。

3）设置模板背景。单击绘图工具中的“插入图片”按钮（或选择“插入”→“图片”→“来自文件”命令），选中要作为模板的图片，单击“确定”按钮。调整图片大小，使之与母版大小一致。在图片上单击鼠标右键，选择“叠放次序”→“置于底层”命令，使图片不能影响对母版排版的编辑。

4）编辑文本框。可以通过拖曳的方式改变文本框的位置。选中文本框双击，在弹出的对话框中编辑文本框的颜色、尺寸和位置等。

5）插入图片。选择“插入”→“图片”命令，可选择本地图片。通过拖曳的方式移动图片的位置。

6）选择“开始”→“保存”命令，至此就做好了一张 PPT 模板。

6.4 设置幻灯片的动态效果

6.4.1 设置动画效果

制作幻灯片 PPT，不仅需要在 PPT 的内容设计上制作精美，还需要在 PPT 的动画上下工夫，好的 PPT 动画能给 PPT 演示带来一定的帮助，提升 PPT 的吸引力。最新版本的 PowerPoint 2010 动画效果更是主打绚丽，比起之前版本的 PPT 动画，PowerPoint 2010 展示出了更强大的动画效果。

1. PowerPoint 2010 自定义动画

PowerPoint 2010 动画效果分为自定义动画以及切换效果两种。自定义动画，即 PowerPoint 2010 演示文稿中的文本、图片、形状、表格、SmartArt 图形和其他对象制作成动画，赋予它们进入、退出、大小或颜色变化，甚至移动等视觉效果。

PowerPoint 2010 具体有以下 4 种自定义动画效果。

（1）“进入”效果

选择“动画”→“添加动画”命令，在其下拉菜单中可选择“进入”效果或“更多进入效果”选项，如图 6-47 所示，包括使对象逐渐淡入焦点、从边缘飞入幻灯片或者跳入视图中等。

（2）“强调”效果

强调效果如图 6-48 所示。它包括“基本型”、“细微型”、“温和型”和“华丽型”4 种特色动画效果，这些效果可以使对象缩小或放大、更改颜色或沿着其中心旋转。

（3）“退出”效果

“退出”效果与“进入”效果类似但是相反，它是自定义对象退出时所表现的动画形式，如让对象飞出幻灯片、从视图中消失或者从幻灯片旋出。

（4）“动作路径”效果

“动作路径”效果是根据形状或者直线、曲线的路径来展示对象游走的路径，使用“动作路径”效果可以使对象上下移动、左右移动，或者沿着星形或圆形图案移动。

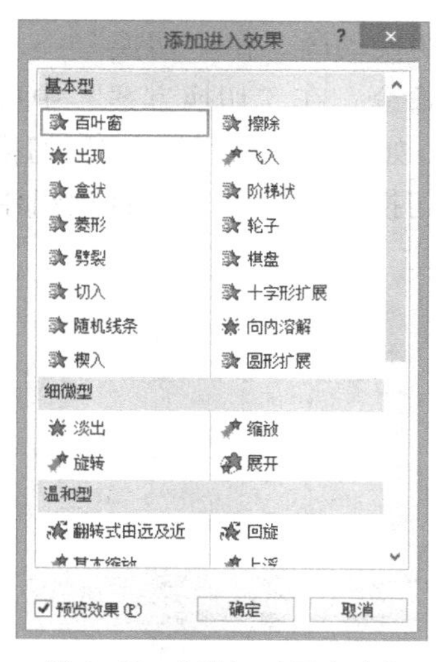

图 6-47 “添加动画命令”

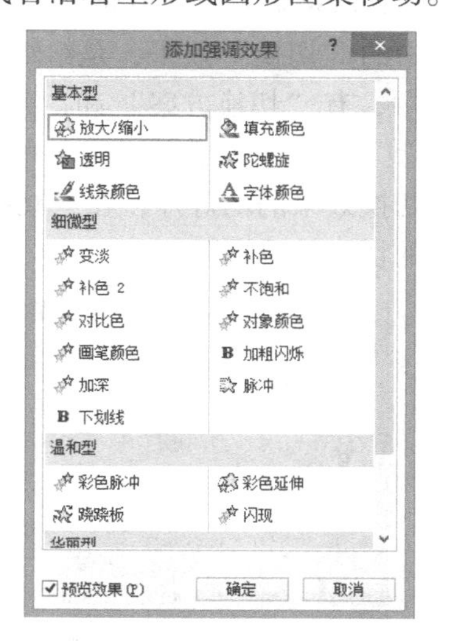

图 6-48 更多强调效果

以上 4 种自定义动画，可以单独使用任何一种动画，也可以将多种效果组合在一起。例如，可以对一行文本应用“飞入”进入效果及“陀螺旋”强调效果，使它旋转起来，如图 6-49 所示。也可以对自定义动画设置出现的顺序以及开始时间、延时或者持续动画时间等。

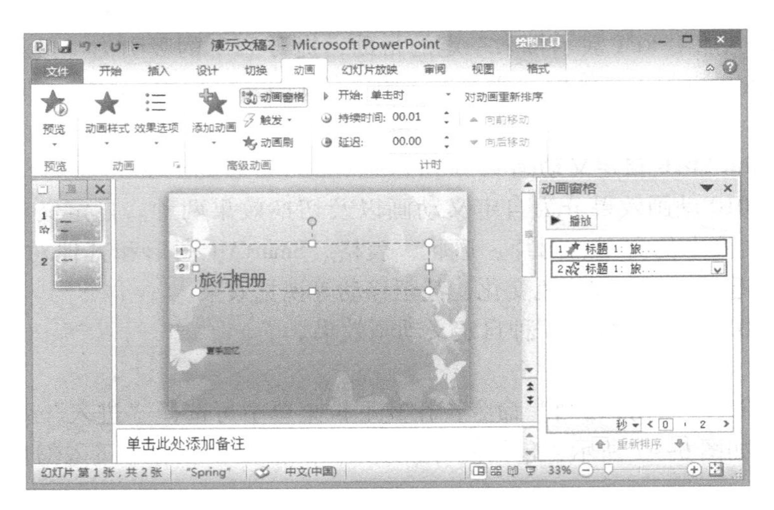

图 6-49　自定义动画

设置幻灯片自定义动画时可使用“动画刷”。“动画刷”是能复制一个对象的动画，并应用到其他对象的动画工具。调用“动画刷”，可选择“动画”→“高级动画”→“动画刷”命令，如图 6-50 所示。

使用“动画刷”时，可单击有设置动画的对象，双击“动画刷”按钮，当鼠标变成刷子形状的时候，单击需要设置相同自定义动画的对象即可。

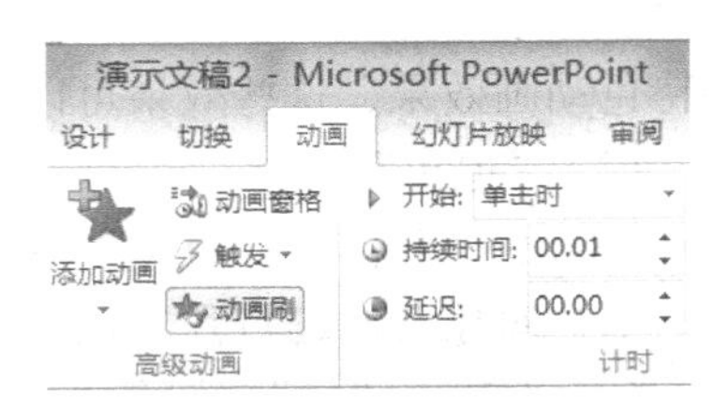

图 6-50　“动画刷”命令

2. PowerPoint 2010 的切换效果

动画效果中的“切换”效果，是给幻灯片添加切换动画。在“切换”→“切换到此幻灯片”选项组中，有“切换方案”和“效果选项”命令，在“切换方案”中可以看到“细微型”、“华丽型”以及“动态内容”3 种动画效果，如图 6-51 所示。应用切换效果时，则选择想要应用切换效果的幻灯片，在“切换”→“切换到此幻灯片”选项组中，选择要应用于该幻灯片的切换效果即可。

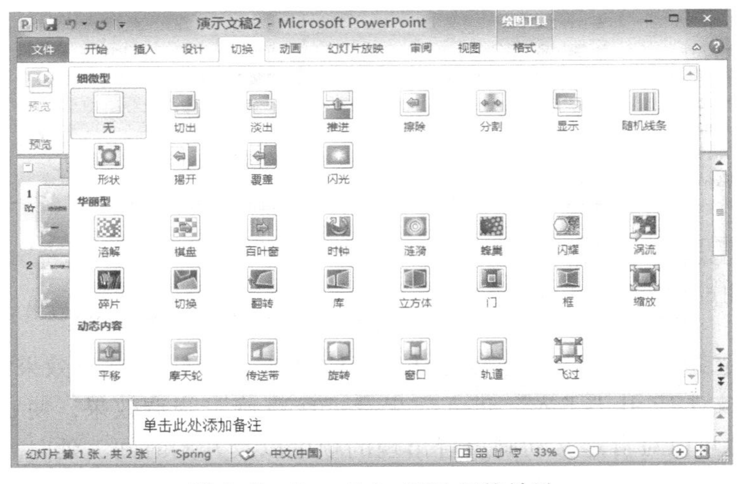

图 6-51　PowerPoint 2010 切换效果

6.4.2 设置超链接

Powerpoint 中提供了功能强大的超链接功能，使用它可以实现跳转到某张幻灯片、另一个演示文稿或某个网址等。创建超链接的对象可以是任何对象，如文本、图形等，激活超链接的方式可以是单击或鼠标移过。下面将简单介绍在 PowerPoint 中超链接的设置方法。

1. 利用“插入”菜单创建超链接

在幻灯片视图中，选中幻灯片中要创建超链接的文本或图形对象，选择“插入”→“超链接”命令，弹出“插入超链接”对话框。左侧的“链接到”列表中提供了“原有的文件或网页”、“本文档中的位置”、“新建文档”、“电子邮件地址”等选项，单击相应的按钮就可以在不同项目中输入链接的对象，如图 6-52 所示。

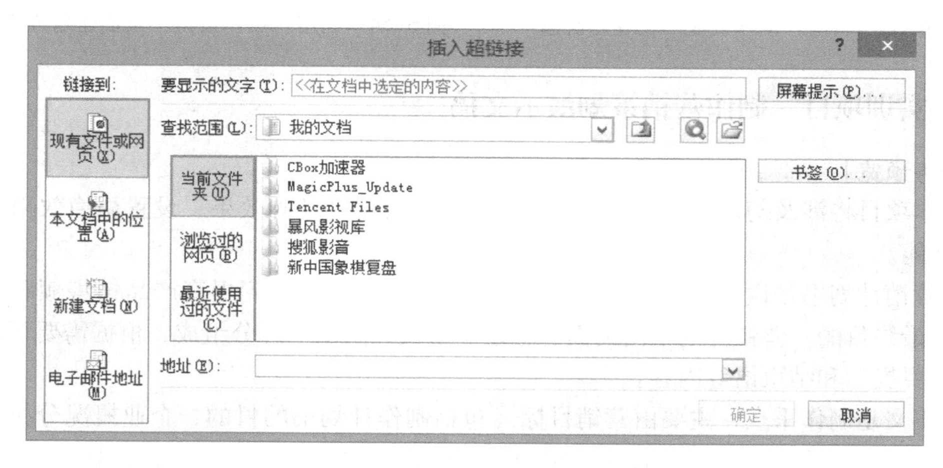

图 6-52 “插入超链接”对话框

2. 利用“动作设置”创建超链接

在幻灯片视图中，选中幻灯片中要创建超级链接的对象，选择“插入”→“动作”命令。在弹出的“动作设置”对话框中有“单击鼠标”和“鼠标移过”两个选项卡，如果要使用单击启动跳转，则选择“单击鼠标”选项卡；如果要使用鼠标移过启动跳转，则选择“鼠标移过”选项卡。单击“超级链接到”下拉框，在这里可以选择链接到本幻灯片的其他张、其他文件等选项，最后单击“确定”按钮，如图 6-53 所示。

3. 利用“动作按钮”创建超链接

前面两种方法的链接对象基本上都是幻灯片中的文字或图形，而“动作按钮”链接的对象是添加的按钮。在 PowerPoint 中提供了一些按钮，将这些按钮添加到幻灯片中，可以快速设置超级链接。选择“插入”→“形状”命令，在其下拉菜单中会显示“动作按钮”级联菜单，这里一共有 12 个动作按钮，如图 6-54 所示。选择所需的按钮，光标变成十字，在幻灯片中的适当位置拖动光标，然后弹出“动作设置”对话框，接下来的设置和上述“利用‘动作设置’创建超链接”一样。

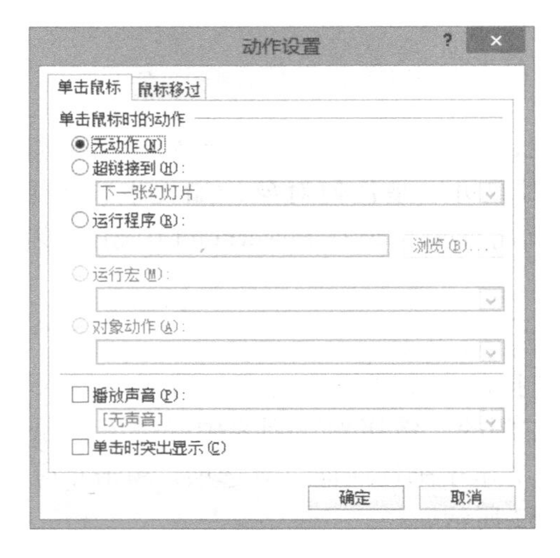

图 6-53　利用“动作设置”创建超链接

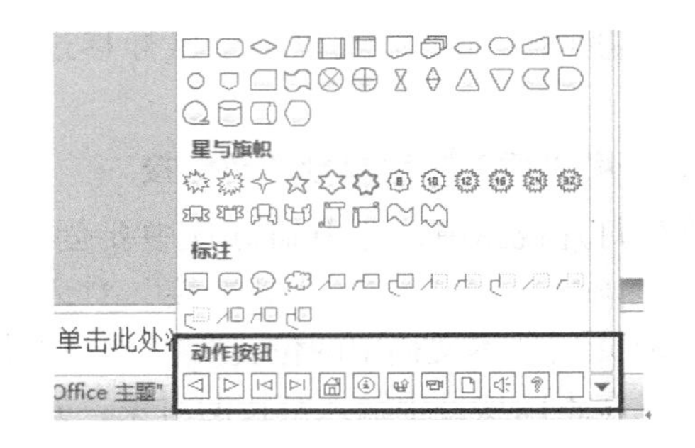

图 6-54　利用“动作按钮”来创建超链接

6.4.3　实训项目　制作营销策划演示文稿

［任务预览］

1）本项目将涉及幻灯片的高级制作功能，包括自定义动画效果、设置切换效果以及添加交互功能。

2）营销计划书是说明性文档，是为产品和服务制定的以达到提高产品销售额和增强企业效益的最终目的。营销计划书由封面、目录、正文和附录等部分组成，根据需要可以添加前言、概要提示和结束语等内容。

3）正文是制作重点，主要由营销目标（包括制作计划书的目的、企业概况分析、营销环境分析和最终目标），营销战略（指定明确的营销方案，主要包括营销宗旨、产品策略、价格策略、销售渠道、广告宣传和行动方案），营销预算（在营销过程中投入到各环节的费用，包括阶段费用、项目费用及总费用），营销方案调整（对营销策略环节制定的具体方案进行补充说明）。营销计划书可分为传统型营销计划书、新型营销计划书、网络营销计划书。

4）巧用“选择性粘贴”清除文本格式，其方法是：复制带格式的文本后，将插入点定位到目标位置，单击鼠标右键，在弹出的快捷菜单中选择“粘贴选项”→“只保留文本”即可清除文本格式，然后将默认格式的文本复制到该处。

［操作步骤］

1）创建空白文档并保存。

2）选择合适的母版。

3）添加内容，包括图片、文字等。

4）自定义动画。打开“自定义动画”，这时右部分会显示“自定义动画”的一些选项。然后选择要添加效果的文字或者图片，单击“添加效果”按钮，设置想要的效果。

5）设置切换效果。

6）可以选择切换时的效果、切换速度和声音等。

6.5 放映演示文稿

6.5.1 设置放映方式

默认情况下，Powerpoint 2010 会按照演讲者预设的放映方式来放映幻灯片，但放映过程需要人工控制。在 Powerpoint 2010 中，还有两种放映方式，一是观众自行浏览，二是展台浏览。

打开一个演示文稿，选择“幻灯片放映”→“设置”→“设置幻灯片放映”命令，如图 6-55 所示。

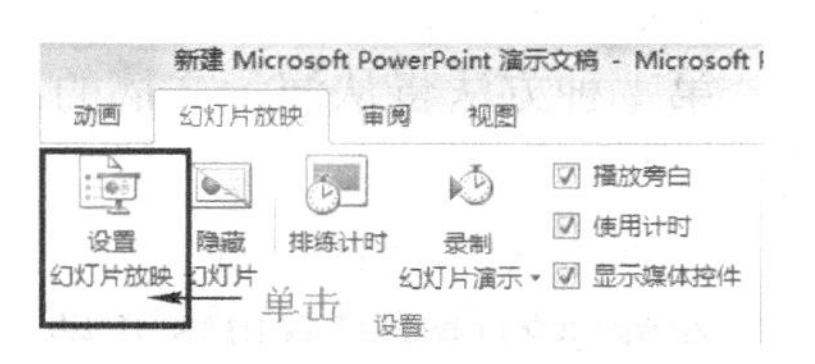

图 6-55 “设置幻灯片放映”命令

弹出“设置放映方式”对话框，在“放映类型”选项区中看到 3 种放映方式，如图 6-56 所示。

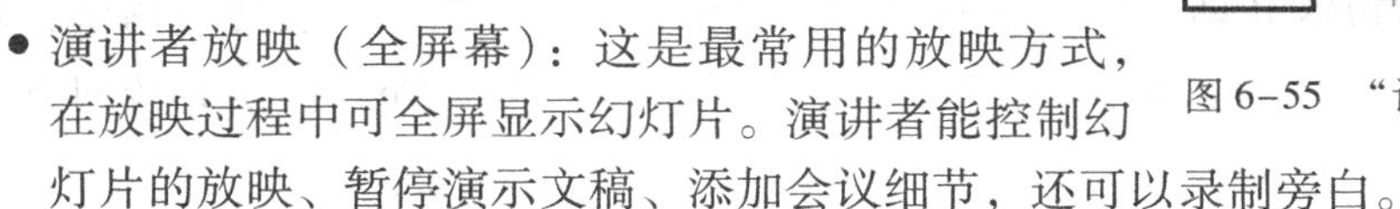

- 演讲者放映（全屏幕）：这是最常用的放映方式，在放映过程中可全屏显示幻灯片。演讲者能控制幻灯片的放映、暂停演示文稿、添加会议细节，还可以录制旁白。
- 观众自行浏览（窗口）：可以在标准窗口中放映幻灯片。在放映幻灯片时，可以拖动右侧的滚动条，或滚动鼠标上的滚轮来实现幻灯片的放映。
- 在展台浏览（全屏幕）：这是 3 种放映类型中最简单的方式，这种方式将自动全屏放映幻灯片，并且循环放映演示文稿，在放映过程中，除了通过超链接或动作按钮来进行切换以外，其他的功能都不能使用，如果要停止放映，只能按〈Esc〉键来终止。

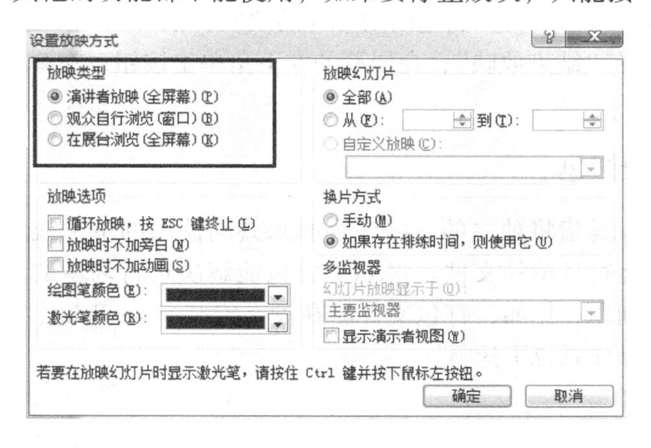

图 6-56 “设置放映方式”对话框

6.5.2 启动演示文稿的放映

1. 放映演示文稿

如果直接在 PowerPoint 2010 中放映演示文稿，主要有以下几种启动放映方法。

方法一：单击 PowerPoint 2010 状态栏右侧的“幻灯片放映”按钮，可以从当前幻灯片开始放映，如图 6-57 所示。

方法二：选择“幻灯片放映”→“从头开始”命令，从头开始放映。放映时，屏幕上将显示第 1 张幻灯片的内容，如图 6-58 所示。

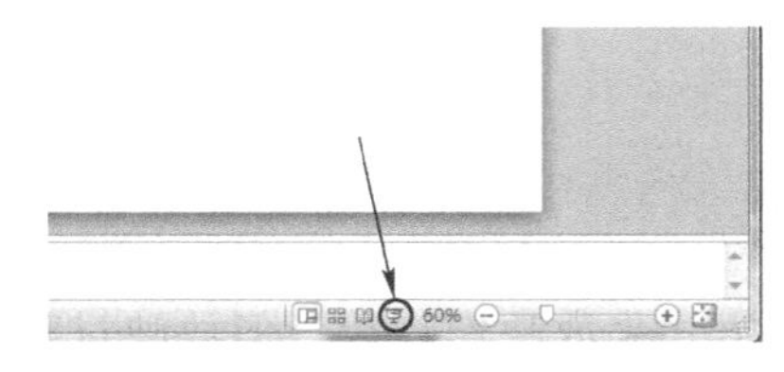

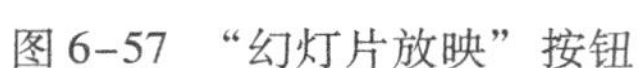

图 6-57 “幻灯片放映”按钮

图 6-58 “从头开始”命令

方法三：直接按〈F5〉键。

第 1 种方法将从演示文稿的当前幻灯片开始播放，而其他两种方法将从第一张幻灯片开始播放。

2. 控制幻灯片的前进

在放映幻灯片时有以下几种方法控制幻灯片的前进：按〈Enter〉键；按空格键；鼠标单击；右击鼠标，在弹出的快捷菜单中选择“下一张”；按〈Page Down〉键；按向下或向右方向键；在屏幕的左下角单击“下一页”按钮。

3. 控制幻灯片的后退

在放映幻灯片时有以下几种方法控制幻灯片的后退：单击鼠标右键，在弹出的快捷菜单中选择“上一张”；按〈Backspace〉键；按〈page Up〉键；按向上或向左方向键；在屏幕的左下角单击“上一页”按钮。

4. 幻灯片的退出

在放映幻灯片时有以下几种方法退出幻灯片的放映：按〈ESC〉键；单击鼠标右键，在弹出的快捷菜单中选择“结束放映”；在屏幕的左下角单击按钮，在弹出的菜单中选择“结束放映”。

6.5.3 演示文稿的打包

演示文稿的打包，是指将独立的、已综合起来共同使用的单个或多个文件，集成在一起，生成一种独立于运行环境的文件。将 PPT 打包能解决运行环境的限制和文件损坏或无法调用的不可预料的问题，比如，打包文件能在没有安装 PowerPoint、Flash 等环境下运行，或在目前主流的各种操作系统下运行。

1. PPT 打包成 CD

在 PowerPoint 中打开想要打包的 PPT 演示文稿，并将其打包为 CD 的具体操作步骤如下。

1）选择“文件”→“保存并发送”命令，在右侧窗格中选择“将演示文稿打包成 CD”→“打包成 CD”选项，如图 6-59 所示。

2）在弹出的“打包成 CD”对话框中，可以选择添加更多的 PPT 文档一起打包，也可以删除不要打包的 PPT 文稿。单击“复制到文件夹”按钮，如图 6-60 所示。

3）弹出“复制到文件夹”对话框，可以设置打包后的文件夹名称，选择想要存放的位置路径，也可以保持默认不变。系统默认有“在完成后打开文件夹”的功能，不需要可以取消前面的对勾，如图 6-61 所示。

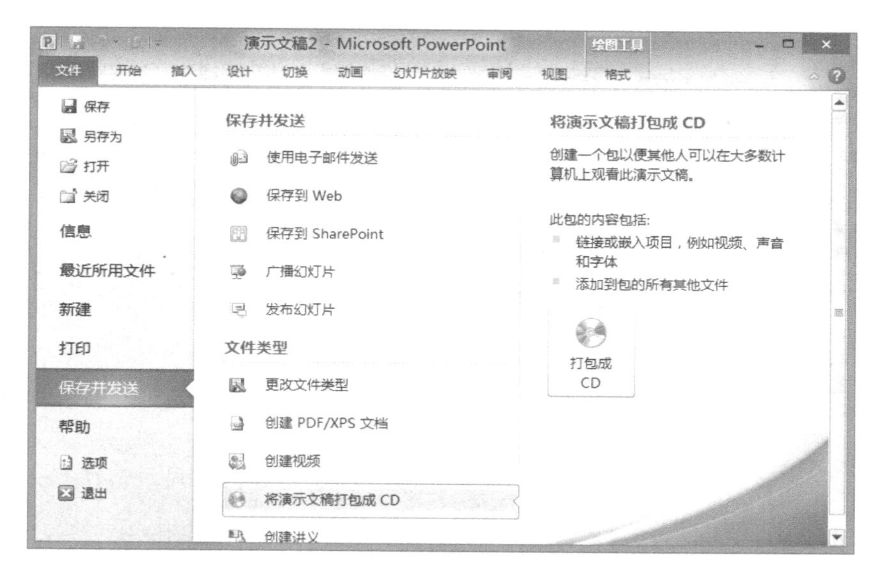

图 6-59　“打包成 CD”选项

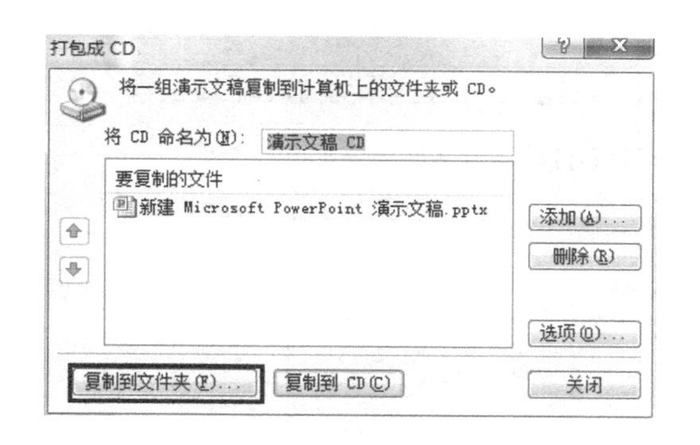

图 6-60　打包成 CD 窗口

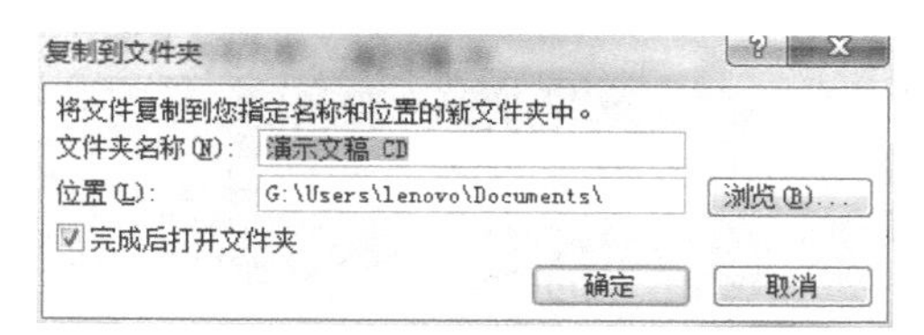

图 6-61　“复制到文件夹”对话框

4）单击“确定”按钮后，系统会自动运行打包复制到文件夹程序，在完成后自动弹出打包好的 PPT 文件夹，其中看到一个 AUTORUN. INF 自动运行文件，如果是打包到 CD 光盘上的话，它是具备自动播放功能的，如图 6-62 所示。

5）打包好的文档再刻录成 CD 就可以拿到没有 PowerPoint 软件或者 PowerPoint 版本不兼容的计算机上播放了。

2. PPT 打包成视频

1）单击“文件”→“保存并发送”命令，在右侧窗格选择“创建视频”→“创建视频”选项，如图 6-63 所示。

2）在弹出的“另存为”对话框中，选择存储位置，更改文件名称，单击“保存”按钮，如图 6-64 所示。

提示： PPT 文稿转换成视频，就不怕在别的计算机或者不同的操作系统演示不了的情况了，不但方便还可以起到保护源文件的作用。同时，完全不需要其他高级程序，只要有视频播放软件就能实现。

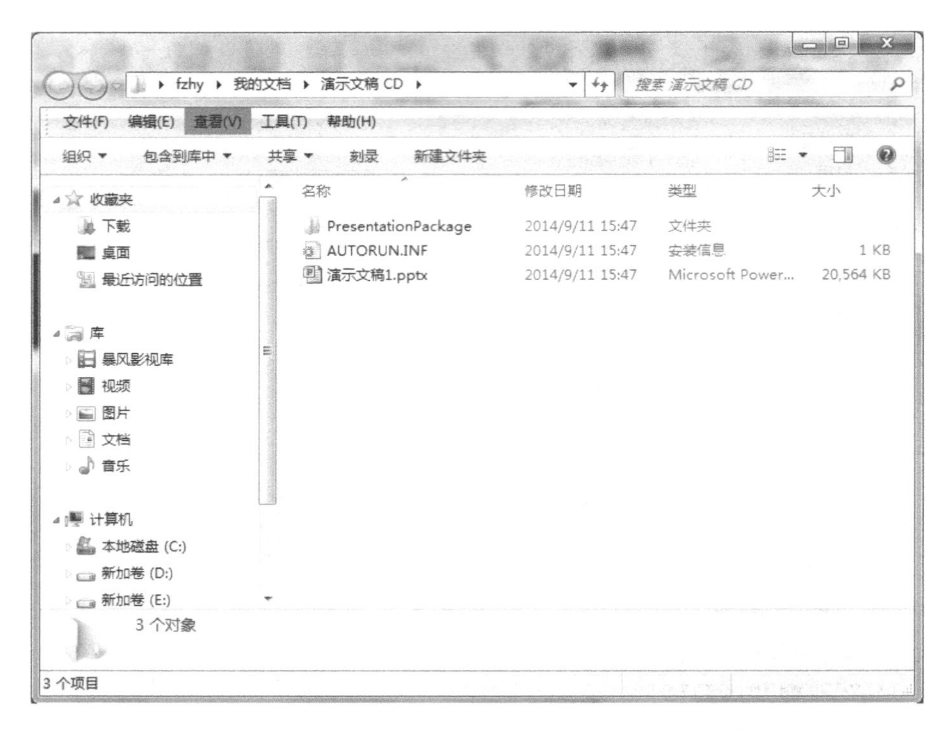

图 6-62　生成 AUTORUN. INF 自动运行文件

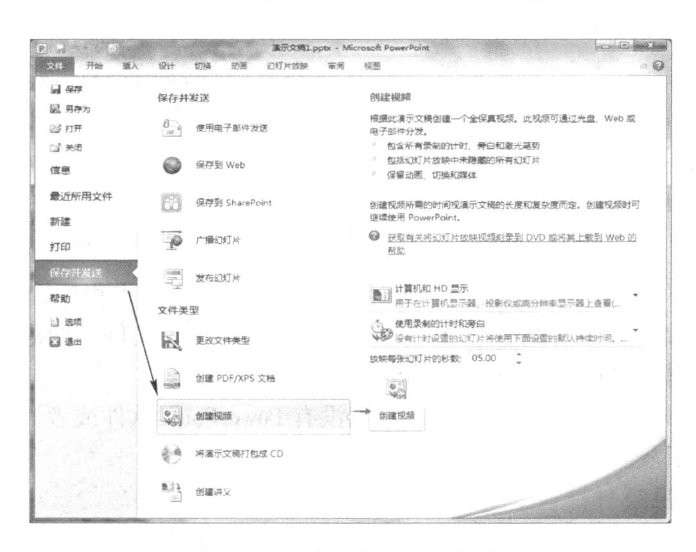

图 6-63　“创建视频”选项

6.5.4　实训项目　分组综合练习

[任务预览]

1）为自己熟悉的项目制作演示文稿，主题自拟。

2）以自己所在系、所在专业为主题，制作宣传演示文稿，让同学们更进一步认识自己所学的专业。

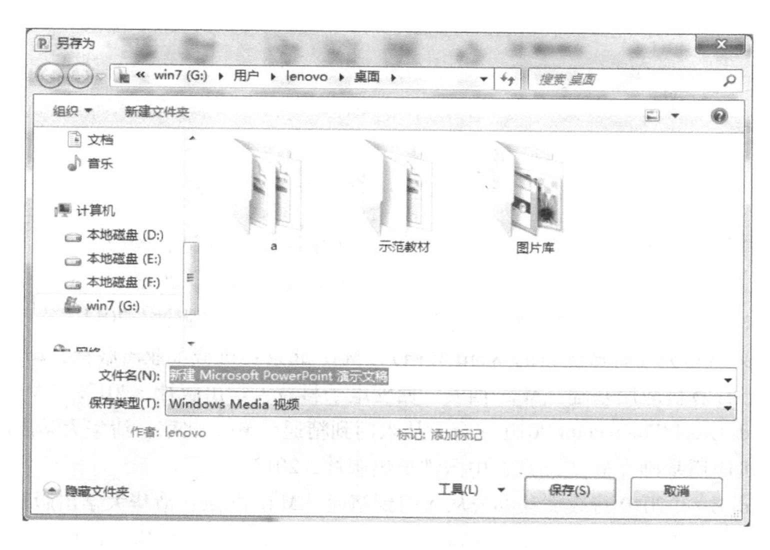

图 6-64 “另存为”对话框

3）以班级为单位，按学号进行分组，每组 6 人左右。由教师根据实际教学设计主题，每组团结协作完成一件 PPT 作品，并选派代表上台演示讲解，时间规定在 10 分钟。由评委代表为每组打分，参照每组排名，给出学生本模块的成绩。

4）搜集图表：网上下载或自行绘制（最好使用软件 SmartArt 工具）。

5）搜集图片：网上搜集、相机拍摄或其他途径获取。

6）搜集文字资料：通过自己编写，网上下载或对已有资料进行编辑。

7）搭建 PPT 框架：选择框架要根据所做 PPT 内容多少而定。

8）可以选择已有的 PPT 模板，也可自行设计新的模板，但应注意模板形式应适合于教学使用。

9）对内容进行合理的归纳和总结，切忌将全部文字照搬到演示文稿中。

10）幻灯片动画效果应协调美观，切忌使用过多种类的效果，以免影响演示。

11）整个演示文稿的布局结构应具有一定的内在连续性，结构清楚，内容划分准确。

12）字体和段落设置得当，并适合在投影仪上使用（即不要使用过小的字号，且字体颜色与背景要有一定的反差）。

[操作步骤]

1）创建空白文档，将其命名并保存。

2）根据主题确定模板。

3）对 PPT 添加图片、文字、图表等内容信息，也可自行绘制，要以美观大方、突出主题为原则。

4）为了使幻灯片更加生动形象，通过自定义动画或插入 Flash 动画方式添加动画效果。

5）通过设置幻灯片的切换效果，达到最佳播放效果。

6）添加背景音乐、视频等。

7）对 PPT 编辑完成后，需要对制作的 PPT 效果进行测试和放映，以避免在演示过程中出现错误。

参考文献

［1］田红．全国计算机等级考试一级 B 教程［M］．北京：中国铁道出版社，2012.
［2］杨娜，连卫民．办公自动化实例教程［M］．北京：中国铁道出版社，2013.
［3］郭外萍，陈承欢．办公软件应用案例教程［M］．北京：人民邮电出版社，2011.
［4］恒盛杰资讯．文档之美（打造优秀的 Word 文档）［M］．北京：机械工业出版社，2012.
［5］刘杰，朱仁成．计算机应用基础［M］．西安：西安电子科技大学出版社，2013.
［6］九州书源．Word/Excel/PowerPoint 2010 三合一从入门到精通［M］．北京：清华大学出版社，2012.
［7］袁爱娥．计算机应用基础［M］．北京：中国铁道出版社，2013.
［8］九州书源．Word/Excel 2010 行政文秘办公从入门到精通［M］．北京：清华大学出版社，2012.
［9］阳东青，徐也可，谢晓东．计算机应用基础项目教程［M］．北京：中国铁道出版社，2010.
［10］孙杰，苏畅．办公自动化［M］．北京：中国广播电视大学出版社，2011.
［11］李强华．办公自动化教程［M］．重庆：重庆大学出版社，2010.
［12］全国高等职业教育计算机系列规划教材丛书编委会．办公自动化应用案例教程［M］．北京：电子工业出版社，2011.
［13］孙家启．大学计算机基础教程［M］．合肥：安徽大学出版社，2010.
［14］畅年生．办公自动化实用教程［M］．北京：电子工业出版社，2010.